现代材料分析测试技术

（第二版）

主　编　管学茂　王庆良
　　　　王庆平　胡文全
副主编　李　强　罗　勇

中国矿业大学出版社

内容提要

本教材以无机非金属和金属材料常用的X射线衍射分析、电子显微分析和热分析基本测试方法为主要内容，辅以红外光谱分析和核磁共振分析及用于表面分析的光电子能谱分析。在本书的编写过程中，以面向应用为主，尽量简化(甚至去除深奥的理论推导)理论深度，采用以应用实例传递知识，增加理解，以达到易学易用的目的。同时，注重与分析测试技术的前沿发展相结合，在分析测试方法应用方面采用了科研工作中的大量实际问题作为案例。由于学时有限，对于繁多的材料分析与测试技术和各种分析测试技术的多种应用，材料专业的本科生不可能在有限的学时内掌握所有内容，因此本教材以本科生培养目标为准则，介绍各种分析测试技术的基本理论、基本方法与基本技能，重点放在分析测试技术最常用的分析测试方法的应用方面。

本教材可作为高等院校材料专业本科教材，还可作为研究生、材料工作者的入门参考用书。

图书在版编目(CIP)数据

现代材料分析测试技术/管学茂等主编．—2版．—徐州：中国矿业大学出版社，2018.4

ISBN 978-7-5646-3947-1

Ⅰ．①现… Ⅱ．①管… Ⅲ．①工程材料—分析方法—高等学校—教材②工程材料—测试技术—高等学校—教材 Ⅳ．①TB3

中国版本图书馆CIP数据核字(2018)第082630号

书　　名　现代材料分析测试技术
主　　编　管学茂　王庆良　王庆平　胡文全
责任编辑　杨　洋
出版发行　中国矿业大学出版社有限责任公司
（江苏省徐州市解放南路　邮编221008）
营销热线　(0516)83885307　83884995
出版服务　(0516)83885767　83884920
网　　址　http://www.cumtp.com　**E-mail**:cumtpvip@cumtp.com
印　　刷　江苏淮阴新华印刷厂
开　　本　787×1092　1/16　**印张** 19.5　**字数** 487千字
版次印次　2018年4月第2版　2018年4月第1次印刷
定　　价　34.00元

前　言

本教材在保证内容的系统性和连续性的基础上，根据目前各高校的课程课时安排的总体情况，对内容容量进行相应的调整。其中，第1章建议采用12课时，第2章建议采用10课时，第3章建议采用8课时，第4章建议采用6课时，第5章建议采用6课时，第6章建议采用6课时，第7章建议采用2课时，第8章建议采用2课时。科学的安排提高了教学效率，体现了教材设置的科学性。不同学校不同专业可以按照自己的授课目的与学时安排进行增减。本书除可作为高等院校材料类各专业本科教材外，还可作为研究生、材料工作者的入门参考书。

材料组成、结构及物理性能分析测试在材料研究工作中占有重要的地位，有时甚至起决定性的作用。作为未来的材料工作者——材料类专业的学生，学习和掌握材料的分析测试方法以及有关基本理论和基本技术是十分必要的，最起码要达到针对相应的分析测试项目能选择正确的分析测试方法，并能够对分析测试结果进行正确的分析处理。本书提供了科学系统的理论与方法。

本书的编写分工如下：第1章由安徽理工大学王庆平编写，第2章由中国矿业大学王庆良编写，第3章由河南理工大学李强编写，第4章由河南理工大学杨雷编写，第5章由辽宁工程技术大学胡文全编写，第6章由河南理工大学孙广、勾密峰编写，第7章由中国矿业大学罗勇编写，第8章由河南理工大学管学茂、李强和中国矿业大学罗勇共同编写。全书由河南理工大学管学茂统稿。

本书即将出版之际，在此谨向中国矿业大学出版社表示衷心的感谢，并对所引用文献资料的作者致以诚挚的谢意！

限于编者的水平和时间，恳请各位读者和专家对本书的疏漏及不当之处予以批评指正。

作　者

2017年12月

目　录

第1章 X射线衍射

1.1 前言

多晶X射线衍射分析法又常称为粉末X射线衍射分析法，因为此法通常都要先把样品制成很细的粉末才便于实验使用。多晶X射线衍射分析法有着广泛的应用，它有很多独特的优点，不易用其他方法简单地代替，是一种重要的物理化学实验方法。

① 特别适用于物相分析，是物相分析的最主要的方法。它依据分析对象的晶体结构数据来进行固态物质的相组成分析，因此结论常常比较准确。物相分析在物质材料的组成分析、结构与性能关系的研究、物质材料制备、生产过程的控制或性能控制等方面都十分重要。多晶X射线衍射分析法不仅能完成对样品物相组成的定性鉴定，也能完成定量分析，是一种完整的物相分析方法。它是固溶体(例如合金、类质同象矿物)研究中不可缺少的实验手段。

② 它是测定晶态物质的晶体结构参数以及物质的一些与晶体结构参数有关的物理常数或物理量(如晶体的密度、热膨胀系数，金属材料中的宏观应力等)的重要方法。

③ 作为测定晶体结构的方法，多晶X射线衍射分析法现在也越来越受到重视，有了许多突破和进展。

④ 多晶X射线衍射分析法也是观测物质结构微小变化，研究物质的结构灵敏性质的有力工具。例如：研究薄膜的结构与性能的关系，催化剂的结构与催化性能的关系，研究亚微观晶粒的大小及其分布或晶粒中的缺陷，研究高分子材料或玻璃态物质的结晶度，研究金属材料中的微观应力等。

⑤ 多晶X射线衍射分析法是织构分析的主要方法，织构分析在材料科学技术中有着重要的应用。

⑥ 多晶X射线衍射分析法也是非晶态物质结构的重要研究手段，是研究原子径向分布函数的主要方法。

此外，多晶X射线衍射分析法还有一些独特的优点，因而应用易普及：

① 用少量的晶态粉末或多晶块状样品便能得到其X射线衍射图。因为大多数样品是固态的，而大多数固态物质又都是晶态的或是准晶态的，而且常常本来就是粉末状的或容易制成粉末状的或具有部分平整表面的多晶块状样品，所以多晶X射线衍射分析法所需的样品制备容易，用量很少，因而适用的范围很广。

② 多晶X射线衍射分析法是一种非破坏性分析方法，分析过程一般不会使样品受到化学破坏，实验后的样品还能用于继后的其他测试研究工作。

③ 随着仪器技术的改进和自动化程度的提高，实验操作日益简化。多晶X射线衍射分

析法容易掌握。对于一般的应用，不要求操作者必须具备专门的高深的理论知识。

因此，多晶 X 射线衍射分析法的应用范围遍及广泛的部门和领域，如地质、矿产、冶金、陶瓷、建材、机械以至考古、刑侦分析等。粉末衍射仪是多晶 X 射线衍射分析法的基本仪器，它是很多科研机构、高等学校以及质量检测部门的必备设备。

1.2 X 射线基础

1.2.1 概述

1895 年伦琴（W. C. Roentgen）研究阴极射线管时，发现管的对阴极能放出一种有穿透力的肉眼看不见的射线。由于其本质在当时是一个“未知数”，故称为 X 射线。这一伟大发现当即在医学上获得非凡的应用——X 射线透视技术。1912 年劳埃（M. von Laue）以晶体为光栅，发现了晶体的 X 射线衍射现象，确定了 X 射线的电磁波性质。此后，X 射线的研究在科学技术上给晶体学及其相关学科带来突破性的飞跃发展。由于 X 射线的重大意义和价值，所以人们又以它的发现者的名字为其命名，称之为伦琴射线。X 射线和可见光一样属于电磁辐射，但其波长比可见光短得多，介于紫外线与 γ 射线之间，为 $10^{-2}\sim10^{2}$ Å（图 1-1）。X 射线的频率大约是可见光的 10^{3} 倍，所以它的光子能量比可见光的光子能量大得多，表现出明显的粒子性。由于 X 射线具有波长短、光子能量大这个基本特性，所以 X 射线光学（几何光学和物理光学）虽然具有和普通光学一样的理论基础，但两者的性质却有很大的区别。X 射线与物质相互作用时产生的效应和可见光迥然不同。

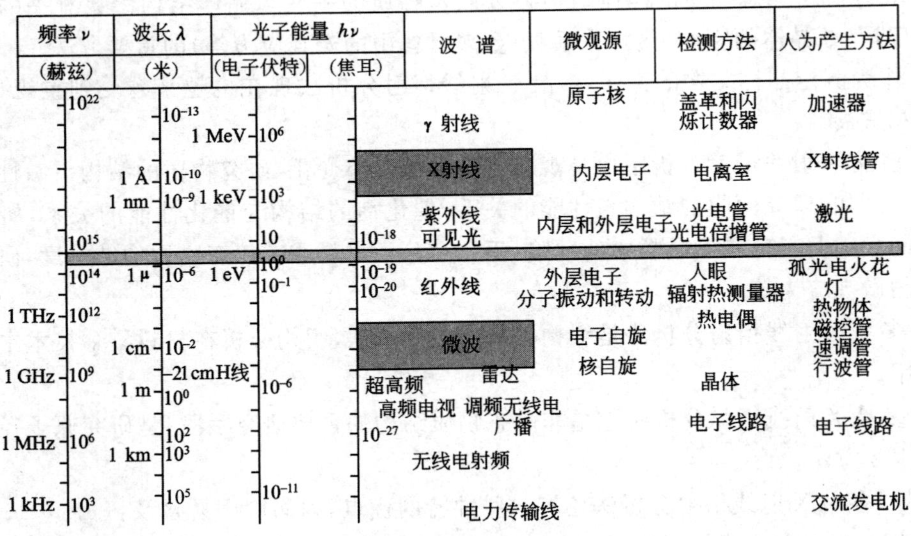

图 1-1 电磁波谱

X 射线和其他电磁波一样，能产生反射、折射、散射、干涉、衍射、偏振和吸收等现象。但是，在通常实验条件下很难观察到 X 射线的反射。对于所有的介质，X 射线的折射率 n 都很接近于 1（但小于 1），所以几乎不能被偏折到任一有实际用途的程度，不可能像可见光那样用透镜成像。因为 n 非常接近于 1，所以只有在极精密的工作中才需考虑折射对 X 射线作用介质的影响。X 射线能产生全反射，但是其掠射角极小，一般不会超过 $20'\sim30'$。

在物质的微观结构中，原子和分子的距离（1～10 Å）正好落在 X 射线的波长范围内，所以物质（特别是晶体）对 X 射线的散射和衍射能够传递极为丰富的微观结构信息。可以说，大多数关于 X 射线光学性质的研究及其应用都集中在散射和衍射现象上，尤其是衍射方面。X 射线衍射方法是当今研究物质微观结构的主要方法。

X 射线穿透物质时都会被部分吸收，其强度将被衰减变弱。吸收的程度与物质的组成、密度和厚度有关。在此过程中 X 射线与物质的相互作用是很复杂的，会引起多种效应，产生多种物理、化学过程。例如，它可以使气体电离；使一些物质产生二次 X 射线或发出可见的荧光；能破坏物质的化学键，引起化学分解，也能促使新键的形成和物质的合成；作用于生物细胞组织，还会导致生理效应，使新陈代谢发生变化甚至造成辐射损伤。然而，就 X 射线与物质之间的物理作用而言，可以分为两类：入射线被电子散射的过程和入射线能量被原子吸收的过程。

X 射线散射的过程又可分为两种：一种是只引起 X 射线方向的改变，不引起能量变化的散射，称为相干散射，这是 X 射线衍射的物理基础；另一种是既引起 X 射线光子方向改变，也引起其能量改变的散射，称为不相干散射或康普顿散射（或康普顿效应），此过程同时产生反冲电子（光电子）。

物质吸收 X 射线的过程主要是光电效应和热效应。物质中原子被入射 X 射线激发，受激原子产生二次辐射和光电子，入射线的能量因此被转化从而导致衰减。二次辐射又称为荧光 X 射线，是受激原子的特征射线，与入射线波长无关。荧光辐射是 X 射线光谱分析的依据。如果入射光子的能量被吸收，却没有激发出光电子，那么其能量只是转变为物质中分子的热振动能，以热的形式成为物质的内能。

综上所述，X 射线的主要物理性质及其穿过物质时的物理作用可以概括地用图 1-2 表示。

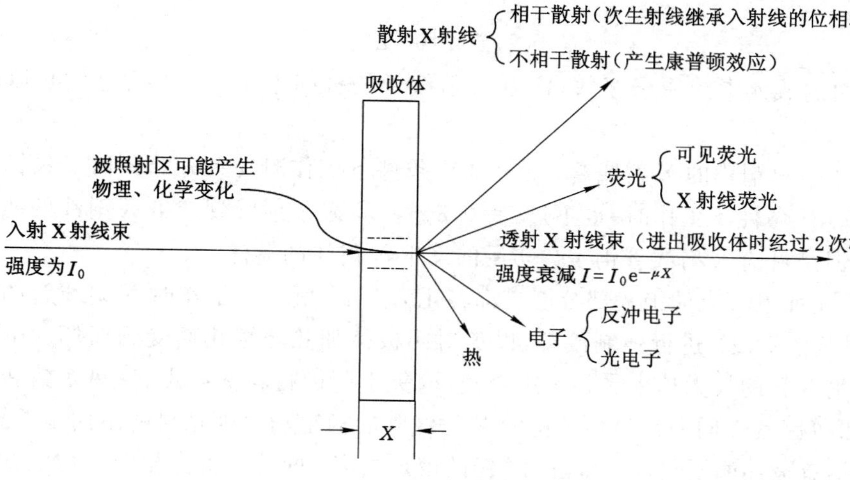

图 1-2　X 射线的物理性质和穿过物质时的作用

1.2.2　X 射线的产生

现在人们已经发现了许多的 X 射线产生机制，其中最为实用的能获得足够强度的 X 射线的方法仍是当年伦琴所采用的方法——用阴极射线（高速电子束）轰击对阴极（靶）的表面。各种各样专门用来产生 X 射线的 X 射线管工作原理可用图 1-3 表示。

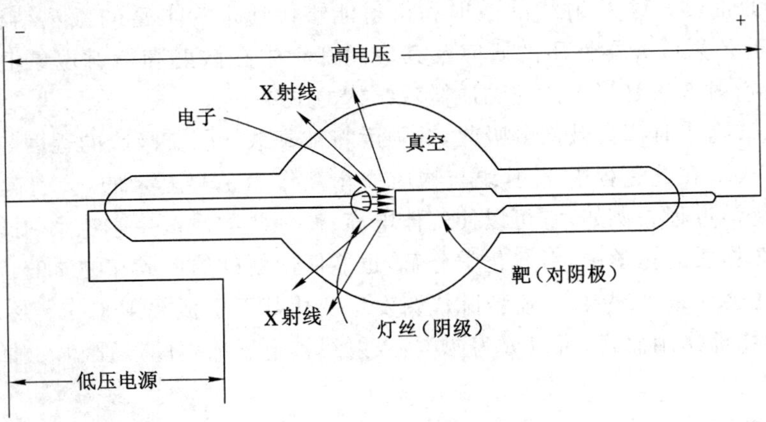

图 1-3　X 射线管的工作原理

X 射线管实际上是一只真空二极管,它有两个电极:作为阴极的用于发射电子的灯丝(钨丝)和作为阳极的用于接受电子轰击的靶(又称对阴极)。X 射线管供电部分至少包含有一个使灯丝加热的低压电源和一个给两极施加高电压的高压发生器。由于总是受到高能量电子的轰击,阳极还需要强制冷却。

当灯丝被通电加热至高温时(达 2 000 ℃),大量的热电子产生,在极间的高压作用下被加速,高速轰击到靶面上。高速电子到达靶面,运动突然受阻,其动能部分转变为辐射能,以 X 射线的形式放出,这种形式产生的辐射称为韧致辐射。轰击到靶面上电子束的总能量只有极小一部分转变为 X 射线能。靶面发射的 X 射线能量与电子束总能量的比率 ε 可用下面的近似公式表示:

$$\varepsilon = 1.1 \times 10^{-9} ZV \tag{1-1}$$

式中,Z 为靶材组成元素的原子序数;V 为 X 射线管的极间电压(又称管电压),以伏特为单位。

例如,对于一只铜靶的 X 射线管,在 30 kV 条件下工作时,$\varepsilon=0.2\%$,而一只钨靶的 X 射线管在 100 kV 条件下工作时,也不过 $\varepsilon=0.8\%$。可见 X 射线管产生 X 射线的能量效率是十分低的,但是目前 X 射线管仍是最实用的发生 X 射线的器件。

因为轰击靶面电子束的绝大部分能量都转化为热能,所以在工作时 X 射线管的靶必须采取水冷(或其他手段)进行强制冷却,以免对阴极被加热至熔化而受到损坏。也是由于这个缘故,X 射线管的最大功率受到一定限制,取决于阳极材料的熔点、导热系数和靶面冷却手段的效果等因素。同一种冷却结构的 X 射线管的额定功率因靶材的不同是差异很大。例如,铜靶(铜有极佳的导热性)和钼靶(钼的熔点很高)的功率常为相同结构的铁、钴、铬靶的两倍。

在晶体衍射实验中,常用的 X 射线管按其结构设计的特点可分为三种类型:

① 可拆式管——这种 X 射线管在动真空下工作,配有真空系统,使用时需抽真空使管内真空度达到 10^{-8} Pa 或更佳的真空度。不同元素的靶可以随时更换,灯丝损坏后也可以更换,这种管的寿命可以说是无限的。

② 密封式管——这是最常使用的X射线管,它的靶和灯丝密封在高真空的壳体内。壳体上有对X射线"透明"的X射线出射"窗孔"。靶和灯丝不能更换,如果需要使用另一种靶,就需要换用另一只相应靶材的管子。这种管子使用方便,但若灯丝烧断,它的寿命也就完全终结了。密封式X射线管的寿命一般为1 000～2 000 h,其报废往往并不是因为灯丝损坏,而是因为靶面被熔毁或受到钨蒸气及管内受热部分金属的污染,致使发射的X射线谱线"不纯"而被废用。

③ 转靶式管——这种管采用一种特殊的运动结构以大大增强靶面的冷却,即所谓旋转阳极X射线管,是目前最实用的高强度X射线发生装置。管子的阳极设计成圆柱体形,柱面作为靶面,阳极需要用水冷却。工作时阳极圆柱高速旋转,这样靶面受电子束轰击的部位不再是一个点或一条线段而是被延展成阳极柱体上的一段柱面,使受热面积展开,从而有效加强了热量的散发。所以,这种管的功率能远远超过前两种管子。对于铜或钼靶管,密封式管的额定功率目前只能达到2.5 kW左右,而转靶式管最高可达90 kW。

1.2.3　X射线管工作条件的确定

大多数晶体衍射实验都需要使用单一波长的X射线。特征谱线的存在,尤其是强度很大而且分得很开的K_α线的存在,给晶体衍射实验带来极大的方便。因为只要适当选择工作条件,一只X射线管就可视为近似单色的辐射源。

如何确定X射线管的最佳工作条件呢?这需要分析特征光谱强度与连续光谱强度之比随着X射线管的工作电压的改变是如何改变的。实验证明,特征光谱的强度I_c是管电流I及管电压V的函数:

$$I_c = CI(V - V_k)^n \tag{1-2}$$

式中,指数n约为1.5;V_k为特征谱线的激发电压;C为比例常数。

设W为X射线管可以采用的最大功率,则管电流i最多等于W/V,故特征光谱的最大强度I_c为:

$$\begin{aligned} I_c &= CW(V - V_k)^{1.5}/V \\ &= CWV_k^{0.5}(V/V_k - 1)^{1.5}/(V/V_k) \end{aligned} \tag{1-3}$$

I_c作为V/V_k的函数可用图1-4中的曲线a表示:电压V越高,特征线的强度越大,但是它的增加变慢。连续光谱的总强度I_w是与W、Z、V成正比的[式(1-1)],我们可推求特征光谱与连续光谱的强度比:

$$I_c/I_w = (I/V_k^{0.5}) \times (V/V_k - 1)^{1.5}/[(V/V_k)^2/Z] \tag{1-4}$$

图1-4中的曲线b给出了对于某一对阴极的I_c/I_w函数的曲线图:初始随V/V_k增大而迅速增加,直到V/V_k增至3左右以后,在一个比较大的范围内维持不变,而后缓慢减小。对于给定的V/V_k,对阴极元素的原子序数越大,连续光谱所占的比例也越高,因为I_w正比于Z。

从上面的分析可知:在实验中,当需要用某个管子的特征谱线(例如用其K_α线)作为单色辐射源时,最有利的管压应该为该特征谱线激发电压的3倍以上。但也不宜太高,若太高,连续光谱所占的比例也增加(虽然比较慢)。对于原子序数较小的对阴极,其K_α线的能量与其波长附近同宽度带连续光谱的能量相比较虽然较高,例如在30 kV下工作的Cu靶X射线管,发射光束中CuK_α辐射的强度约为其附近连续光谱强度的90倍,但是在X射线

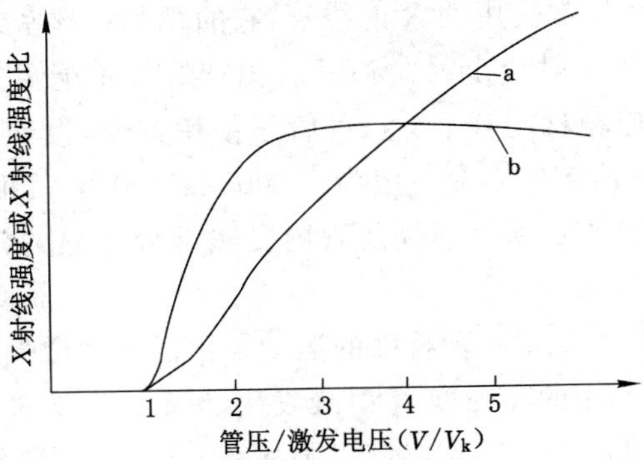

图 1-4　X 射线管发射强度与管工作电压的关系

a——某一特征 K_α 线的最大发射强度；b——K_α 线与连续谱线强度比

管的光束总能量中，特征光谱只占很小的一个份额，因为 I_c/I_w 是远小于 1 的。所以，当需要使用“单色”射线时，除应选用适当的工作电压外，还必须选择适当的“单色化”手段。当同一宽带的连续光谱起作用时，必须注意到它的作用是否可以同 K_α 线单独作用相比拟。

当需要“白色”X 射线时，通常使用钨靶 X 射线管在 50 kV 以上工作比较合适。在此条件下，光谱中只含有弱的钨的 L 线；K 线仅在电压高于 69 kV 时才会出现，但是此时它们的强度还是很弱的，因为 V/V_k 才略大于 1。

1.2.4　X 射线光谱

由 X 射线管所得到的 X 射线，其波长组成是很复杂的。按其特征可以分成两部分：连续光谱和特征光谱（图 1-5），后者只与靶的组成元素有关。这两部分射线是基于两种不同的机制产生的。

1.2.4.1　连续光谱

连续光谱又称为“白色”X 射线，包含了从短波限 λ_m 开始的全部波长，其强度随波长变化连续地改变。从短波限开始随着波长的增加强度迅速达到一个极大值，之后逐渐减弱，趋向于零（图 1-5）。连续光谱的短波限 λ_m 只取决于 X 射线管的工作高压。

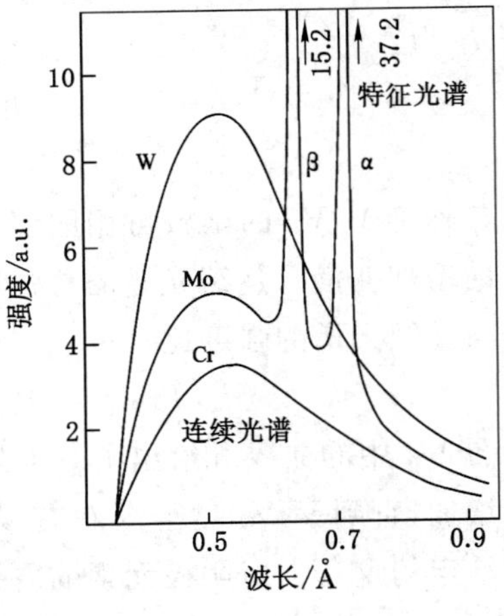

图 1-5　X 射线管产生的 X 射线的波长谱

目前还没有一个简单的理论能够对连续光谱变化的现象给予全面清楚的解释，但应用量子理论可以简单说明为什么连续光谱具有一个短波极限。该理论认为，当能量为 eV 的电子和物质相碰撞产生光量子时，光量子的能量至多等于电子的能量，因此辐射必定有一个频率上限 ν_m，此上限值应由下面的关系式决定：

$$h\nu_m = hc/\lambda_m = eV \tag{1-5}$$

式中，h 为普朗克常数；c 为光速。

当 V 以伏特为单位，波长 λ 以埃为单位时，短波极限 λ_m 可以表示为：

$$\lambda_m = 12395/V \tag{1-6}$$

如果一个电子射入物质后在发生有效碰撞（产生光量子）之前速度有所降低，则碰撞产生光量子的能量就会减小。由于多种因素使得发生有效碰撞的电子速度可以从零到初速连续的取值，因而出现了连续光谱，其波长自 λ_m 开始向长波长方向伸展。但是，量子论的这个解释并不能给出能量从电子传递到光子的机制。

实验指出，X射线管对阴极所接受的能量与高压 V 成正比，而输出辐射能占所得总能量的百分数[式(1-1)]又与原子序数 Z 以及高压 V 成正比，因此可推求出光谱的总能量(图 1-5 中某一连续谱线下的面积)是和 ZV^2 成正比的。可见，对于在一定条件(管电流 I 和管电压 V)下工作的管子，因为连续光谱的强度和对阴极元素的原子序数 Z 成正比，所以当需要用“白色”辐射(即包含有所有波长的连续辐射)时，选择重元素金属作靶的管子将更为有效，例如，用钨靶所得的“白色”辐射总能量是铜靶的 2.6 倍。从图 1-5 中还应注意到，连续光谱是从短波极限处突然开始的，大部分能量都集中在接近短波极限的位置，高电压对连续光谱有利。随着使用电压的增加，λ_m 变短，“白色”辐射的能量相对更集中在短波极限一侧的一个范围内。在晶体衍射实验中，只有 Laue 法和能量色散型衍射仪需要使用连续光谱的 X 射线。而在其他的晶体衍射方法中，通常要求使用“单色”X 射线，连续光谱对这些方法所得的结果是不利的。因为连续光谱是这些衍射方法的衍射图背景产生的一项主要原因，此时需要适当选取 X 射线管的工作条件，同时需要采取必要的手段来避免连续光谱的不利影响。

1.2.4.2 特征光谱

在连续光谱上会有几条强度很高的线光谱（图 1-5)，但是它只占 X 射线管辐射总能量的很小一部分。这些线光谱的波长与 X 射线管的工作条件无关，只取决于对阴极组成元素的种类，是对阴极元素的特征谱线。

阴极射线的电子流轰击到靶面，如果能量足够高，靶内一些原子的内层电子会被轰出，使原子处于能级较高的激发态。图 1-6(b)表示的是原子的基态和 K、L、M、N 等激发态的能级图，K 层电子被击出称为 K 激发态，L 层电子被击出称为 L 激发态，依次类推。原子的激发态是不稳定的，寿命不超过 10^{-8} s，此时内层轨道上的空位将被离核更远轨道上的电子所补充，从而使原子能级降低，这时多余的能量便以光量子的形式辐射出来。图 1-6(a)描述了上述激发机理。处于 K 激发态的原子，当不同外层的电子（L，M，N…）向 K 层跃迁时放出的能量各不相同，产生的一系列辐射统称为 K 系辐射。其余依次类推。基于上述机制产生的 X 射线，其波长只与原子处于不同能级时发生电子跃迁的能级差有关，而原子的能级是由原子结构决定的，因此，这些有特征波长的辐射能够反映原子的结构特点，我们称之为特征光谱。

元素的每条线光谱都是近单色的，衍射峰的半高宽小于 0.01 Å。参与产生特征 X 射线的电子层是原子的内电子层，内层电子的能量可以认为仅取决于原子核而与外层电子无关(外层电子决定原子的化学性质和它们的紫外、可见光谱)，所以元素的 X 射线特征光谱比较简单且随原子序数作有规律的变化，特征光谱只取决于元素的种类而不论物质处于何种化学或物理状态。各系 X 射线特征辐射都包含几个很接近的频率。例如，K 系辐射包含 $K_{\alpha1}$、$K_{\alpha2}$ 和 K_β 三个频率，$K_{\alpha1}$、$K_{\alpha2}$ 波长非常接近，相距 0.004 Å，在实际使用时不易分开，统称为 K_α 线，K_β 线比 K_α 线频率要高，波长要短一些(图 1-5)。K_α 线是电子由 L 层跃迁到 K 层

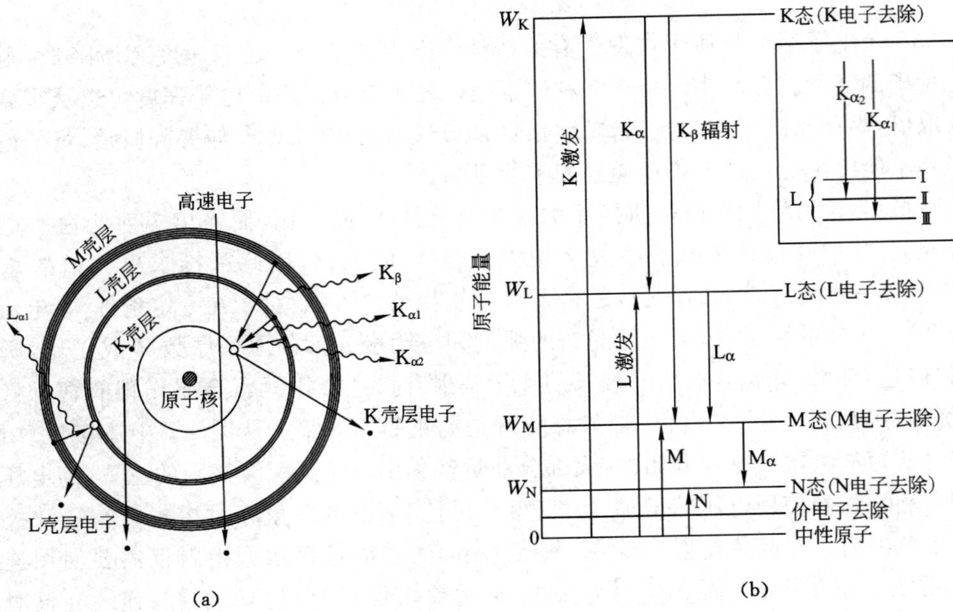

图 1-6 元素特征 X 射线的激发机理

时产生的辐射,而 K_β 线是电子由 M 层跃迁到 K 层时产生的[图 1-6(a)]。实际上 L、M 等能级又可分化成几个亚能级,依照选择法则,在能级之间只有满足一定规律要求时跃迁才会发生。例如跃迁到 K 层的电子如果来自 L 层,则只能从 $L_{Ⅱ}$ 和 $L_{Ⅲ}$ 亚层跃迁过来;如果来自 M 层,则只能从 $M_{Ⅱ}$ 及 $M_{Ⅲ}$ 亚层跃迁过来。所以,K_α 线就有 $K_{\alpha1}$ 和 $K_{\alpha2}$ 之分,K_β 线理论上也应该是双重的,但是 K_β 线的两根线中有一根非常弱,因此可以忽略。

各个系 X 射线的相对强度与产生该射线时能级的跃迁机遇有关。由于从 L 层跃迁到 K 层的机遇最大,所以 K_α 强度大于 K_β 的强度。而在 K_α 线中,$K_{\alpha1}$ 的强度又大于 $K_{\alpha2}$ 的强度。$K_{\alpha2}$、$K_{\alpha1}$ 和 K_β 三线的强度比约为 50∶100∶22。考虑到 $K_{\alpha1}$ 的强度是 $K_{\alpha2}$ 强度的两倍,所以 K_α 的平均波长应取两者的加权平均值:

$$\lambda K_\alpha = (2\lambda K_{\alpha1} + \lambda K_{\alpha2})/3 \tag{1-7}$$

1.2.5 物质对 X 射线的吸收、实验波长及滤波片的选择

X 射线穿过物质之后,强度会衰减。前面已经指出,这是因为 X 射线同物质相互作用时经历各种复杂的物理、化学过程,从而引起各种效应转化了入射线的部分能量,如图 1-7 所示。

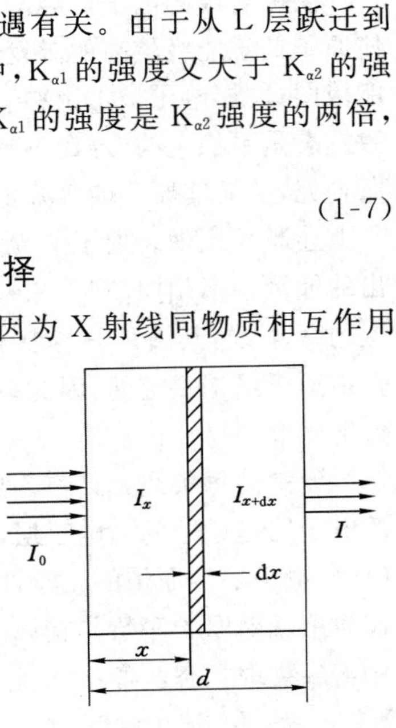

图 1-7 X 射线的衰减

1.2.5.1 物质线吸收系数

实验证明,X 射线穿透物质后的强度衰减与射线在物质中经过的距离成正比。假设入射线的强度为 I_0,进入一块密度均匀的吸收体,在 x 处时其强度为 I_x,当通过厚度 dx 时强度的衰减为 dI。定义 μ 为 X 射线通过单位厚度时被吸收的比率,则有:

$$-dI = \mu I_x dx \tag{1-8}$$

考虑边界条件并进行积分，则得：

$$I_x = I_0 e^{-\mu x} \tag{1-9}$$

式中，μ 为线衰减系数；x 为试样厚度。

我们知道，衰减至少应被视为物质对入射线的散射和吸收的结果，系数 μ 应该是这两部分作用之和。但由于因散射而引起的衰减远小于因吸收而引起的衰减，故通常直接称 μ 为线吸收系数，而忽略散射的部分。

1.2.5.2　质量吸收系数

式(1-9)常写成如下形式：

$$I_x = I_0 e^{-(\mu/\rho)\rho x} \tag{1-10}$$

式中，ρ 为吸收体的密度；μ/ρ 为质量吸收系数，是物质固有的特性，对于一定波长的入射 X 射线，每种物质都具有一定的值。质量吸收系数常用 μ^* 或 μ_m 来表示。X 射线被物质吸收的性质与物质的化学组成有关。在理想情况下，作为一级近似，元素的质量吸收系数可以认为与元素的物理化学状态无关，由两种以上元素组成的化合物、混合物、溶液等物质的质量吸收系数，可以由各组成元素的 μ/ρ 进行线性叠加得到。假定物质的各组成元素的 μ/ρ 分别为 μ_1/ρ_1，μ_2/ρ_2，μ_3/ρ_3…，其质量百分数分别为 x_1，x_2，x_3…，则物质的 μ_m 可按下式计算：

$$\mu_m = x_1(\mu_1/\rho_1) + x_2(\mu_2/\rho_2) + x_3(\mu_3/\rho_3) + \cdots \tag{1-11}$$

1.2.5.3　吸收系数与波长及元素的关系

元素的吸收系数是入射线的波长和吸收元素原子序数的函数。如图 1-8(a)所示，对于一种元素，其质量吸收系数 μ_m 随着波长的变化有若干突变，发生突变的波长称为吸收限(或称为吸收边)。在各个吸收限之间，质量吸收系数随波长增加而增大。所以短波长的 X 射线(硬 X 射线)穿透能力大，而长波长的 X 射线(软 X 射线)容易被物质吸收。对于 X 射线的实验技术来说，最有用的是第一吸收限，即 K 吸收限。质量吸收系数随着波长的变化有突变的原因，也就是元素特征光谱产生的原因。当入射 X 射线的能量足够把内层电子轰出时，能量便被吸收并会部分转化为元素二次辐射的能量。各个吸收限之间的区域内质量吸收系数符合下面的近似关系：

$$\mu/\rho = K\lambda^3 Z^3 \tag{1-12}$$

式中，K 为常数。

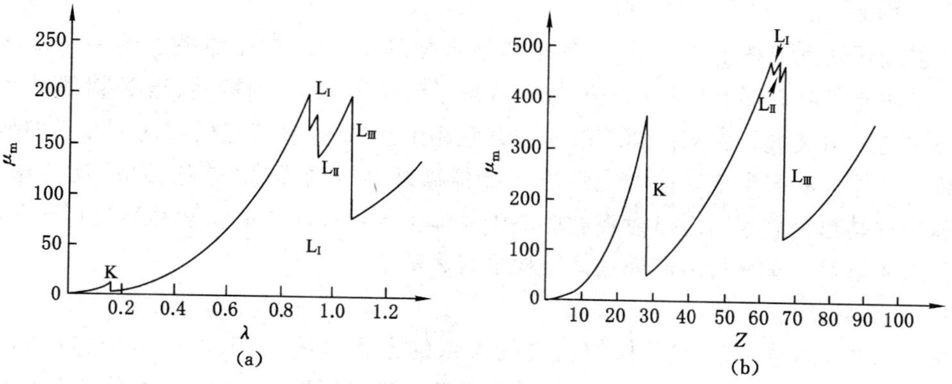

图 1-8　物质的质量吸收系数

(a) Pt(Z=78)μ_m 随入射 X 射线波长的变化；(b) CuK_α(λ=1.541 78 Å)的 μ_m 随原子序数的变化

对于给定的波长 λ，μ_m 随 Z 的增大也有类似的规律，如图 1-8(b)所示。

1.2.5.4　实验波长的选择

在 X 射线衍射实验中，如果所用 X 射线波长较短，正好小于样品组成元素的吸收限，则 X 射线将大量被吸收，产生荧光现象，造成衍射图上不希望有的深背景；如果所用 X 射线波长正好等于或稍大于吸收限，则吸收最小。因此进行衍射实验时应该依据样品的组成来合理选择工作靶的种类：应保证样品中最轻元素（钙和原子序数比钙小的元素除外）的原子序数比靶材元素的原子序数稍大或相等。如果靶材元素的原子序数比样品中的元素原子序数大 2～4，则 X 射线将被大量吸收因而产生严重的荧光现象，不利于衍射分析。

1.2.5.5　滤波片

使 X 射线管产生的 X 射线单色化，常采用滤波片法。利用滤波片的吸收限进行滤波，除去不需要的 K_β 线，使用滤波片是最简单的单色化方法，但只能获得近似单色的 X 射线。原子序数低于靶元素原子序数 1 或 2 的元素，其 K 吸收限波长正好在靶元素的 K_α 和 K_β 波长之间，因此对于每种元素作为靶的 X 射线管，理论上都能找到一种物质制成它的 K_β 滤波片。使用 K_β 滤波片还可以吸收掉大部分的“白色”射线（图 1-9）。滤波片的厚度通常按 K_β 的剩余强度为透过滤波片前的 0.01 计算，此时 K_α 通常被衰减掉一半。

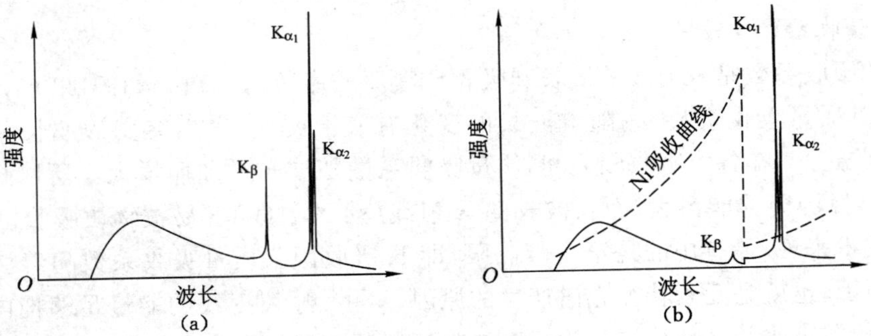

图 1-9　Cu 的 X 射线光谱在通过 Ni 滤片之前和之后的比较

(a) 通过滤片之前；(b) 通过滤片之后

1.2.6　晶体对 X 射线的衍射

X 射线照射到晶体上发生散射，其中衍射现象是 X 射线被晶体散射的一种特殊表现。晶体的基本特征是其微观结构（原子、分子或离子的排列）具有周期性，当 X 射线被散射时，散射波中与入射波波长相同的相干散射波会互相干涉，在一些特定的方向上互相加强，产生衍射线。晶体可能产生衍射的方向取决于晶体微观结构的类型（晶胞类型）及其基本尺寸（晶面间距，晶胞参数等）；而衍射强度取决于晶体中各组成原子的元素种类及其分布排列的坐标。晶体衍射方法是目前研究晶体结构最有力的方法。

1.2.6.1　衍射方向

联系 X 射线衍射方向与晶体结构之间关系的方程有两个：劳埃（Laue）方程和布拉格（Bragg）方程。前者基于直线点阵，后者基于平面点阵，这两个方程实际上是等效的。

（1）劳埃（Laue）方程

首先考虑一行周期为 a_0 的原子列对入射 X 射线的衍射。如图 1-10 所示（忽略原子的大小)，当入射角为 α_0 时，在 α_h 角处观测散射线的叠加强度。相距为 a_0 的两个原子散射的 X 射线光程差为 $a_0(\cos\alpha_h-\cos\alpha_0)$，当光程差为零或等于波长的整数倍时，散射波的波峰和波谷分别互相叠加而使强度达到极大值。光程差为零时，干涉最强，此时入射角 α_0 等于出射角，衍射称为零级衍射。

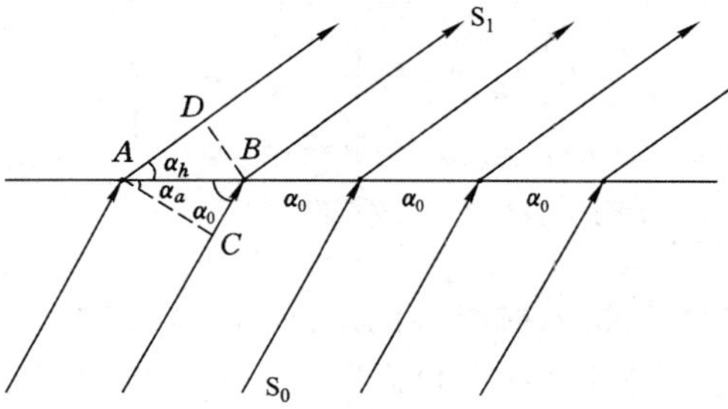

图 1-10　一行原子列对 X 射线的衍射

晶体结构是一种三维的周期结构，设有三行不共面的原子列，其周期大小分别为 a_0、b_0、c_0，入射 X 射线同它们的交角分别为 α_0、β_0、γ_0，当衍射角分别为 α_h、β_k、γ_l，则必定满足下列的条件：

$$\begin{cases} a_0(\cos\alpha_h-\cos\alpha_0)=h\lambda \\ b_0(\cos\beta_k-\cos\beta_0)=k\lambda \\ c_0(\cos\gamma_l-\cos\gamma_0)=l\lambda \end{cases} \tag{1-13}$$

式中，h,k,l 为整数(可为零和正或负的数)，称为衍射指标；λ 为入射线的波长。

式(1-13)是晶体产生 X 射线衍射的条件，称为劳埃方程。衍射指标 h,k,l 的整数性决定了晶体衍射方向的分立性，每一套衍射指标规定了一个衍射方向。

(2) 布拉格(Bragg)方程

晶体的空间点阵可划分为一族平行且等间距的平面点阵(hkl)，或者称为晶面。同一晶体不同指标的晶面在空间的取向不同，晶面间距 $d_{(hkl)}$ 也不同。设有一组晶面，间距为 $d_{(hkl)}$，一束平行 X 射线射到该晶面族上，入射角为 θ。对于每一个晶面散射波的最大干涉强度的条件应该是：入射角和散射角的大小相等，且入射线、散射线和平面法线三者在同一平面内(类似镜面对可见光的反射条件)，如图 1-11(a)所示，因为在此条件下光程都是一样的，图中入射线 s_0 在 P,Q,R 处的相位相同，而散射线 s 在 P'、Q'、R'处仍是同相，这是产生衍射的必要条件。

现在考虑相邻晶面产生衍射的条件。如图 1-11(b)所示的晶面 1，2，3…，间距为 $d_{(hkl)}$，相邻两个晶面上的入射线和散射线的光程差为：$MB+BN$，而 $MB+BN=d_{(hkl)}\sin\theta_n$，即光程差为 $2d_{(hkl)}\sin\theta_n$。当光程差为波长 λ 的整数倍时，相干散射波就能互相加强从而产生衍射。由此得晶面族产生衍射的条件为：

$$2d_{(hkl)}\sin\theta_n=n\lambda \tag{1-14}$$

式中，n 为 1，2，3 等整数；θ_n 为相应某一 n 值的衍射角；n 为衍射级数。

式 (1-14)称为布拉格方程，是晶体学中最基本的方程之一。

根据布拉格方程，可以把晶体对 X 射线的衍射看做“反射”，并乐于借用普通光学中“反

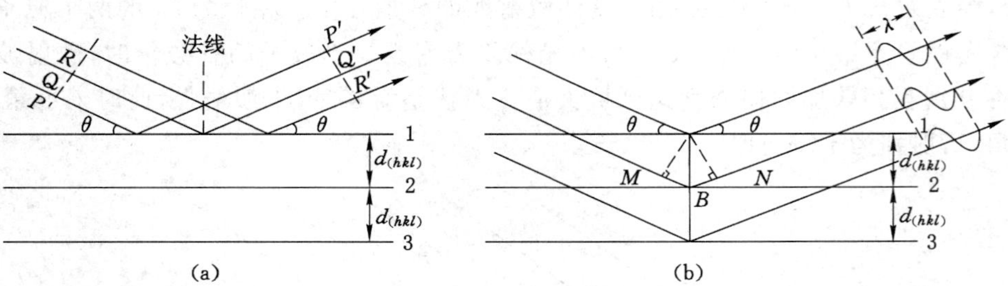

图 1-11　布拉格方程的推引

射”这个术语，因为晶面产生衍射时，入射线、衍射线和晶面法线的关系符合镜面对可见光的反射定律。但是，这种反射并不是任意入射角都能产生的，只有符合布拉格方程的条件才能发生，故又常称为选择反射。据此，每当观测到一束衍射线，就能立即想象出产生这个衍射的晶面族的取向，并且由衍射角 θ_n 便可依据布拉格方程计算出这组平行晶面的间距（当实验波长也是已知时）。

由布拉格方程可以知道如果要进行晶体衍射实验，其必要条件是：所用 X 射线的波长 $\lambda<2d$。但是 λ 不能太小，否则衍射角也会很小，衍射线将集中在出射光路附近的很小的角度范围内，观测就无法进行。晶面间距一般在 10 Å 以内，此外考虑到在空气中波长大于 2 Å的 X 射线衰减很严重，所以在晶体衍射工作中常用的 X 射线波长范围是 0.5～2 Å。对于一组晶面(hkl)，它可能产生的衍射数目 n 取决于晶面间距 d_0，因为必须满足 $n\lambda<2d$。如果把第 n 级衍射视为和晶面族(hkl)平行但间距为 d/n 的晶面的第一级衍射(依照晶面指数的定义，这些假想晶面的指数为 nh,nk,nl，在 n 个这样的假想晶面中只有一个是实际晶体结构的一个点阵平面)，于是布拉格方程可以简化表达为：

$$2d_0\sin\theta=\lambda\quad(d_0=d/n)\tag{1-15}$$

因为在一般情况下一个三维晶体对一束平行而单色的入射 X 射线是不会使之发生衍射的，如果要产生衍射，则至少要求有一组晶面的取向恰好能满足布拉格方程，所以对于单晶的衍射实验，一般采用以下两种方法：① 用一束平行的“白色”X 射线照射一颗静止的单晶，这样对于任何一组晶面总有一个可能的波长能够满足布拉格方程；② 用一束平行的单色 X 射线照射一颗不断旋转的晶体，在晶体旋转的过程中各个取向的晶面都有机会通过满足布拉格方程的位置，此时晶面与入射 X 射线所成的角度就是衍射角。对于无织构的多晶样品(如微晶的聚晶体)，当使用单色的 X 射线作为入射光时，总是能够产生衍射的。因为在样品中，晶粒的取向是随机的，所以任意一种取向的晶面总是有可能在某几颗取向恰当的晶粒中处于能产生衍射的位置，这就是目前大多数多晶衍射实验所采用的方法，称为“角度色散”型方法。对于多晶样品采用“白色”X 射线照射，在固定的角度位置上观测，则只有某些波长的 X 射线能产生衍射极大，依据此时的角度和产生衍射的 X 射线波长就能计算得出相应的晶面间距大小，这就是“能量色散”型的多晶 X 射线衍射方法。

1.2.6.2　衍射强度

劳埃方程和布拉格方程只是确定了衍射方向与晶体结构基本周期的关系，通过对衍射方向的测量，理论上可以确定晶体结构的对称类型和晶胞参数。而 X 射线对于晶体的衍射强度则取决于晶体中原子的元素种类及其排列分布的位置，此外还与诸多其他的因素有关。

衍射强度是指积分强度，积分强度是一个能量的概念，一个在理论上能够计算并且实验中也能测量的量。在晶体衍射的记录图中（照片、照片的光度计扫描图或衍射仪记录图等），照片的黑度或衍射仪记录图的强度曲线下面的面积，应该与检测点处的衍射线功率成正比，比例系数是仪器条件的函数。在理论上以检测点处通过单位截面积上衍射线的功率定义为某衍射线的强度。纯物质衍射线强度的表达式很复杂，但是可以简明地写成下面的形式：

$$I = I_0 K |F|^2 \tag{1-16}$$

式中，I_0 为单位截面积上入射的单色 X 射线功率；$|F|$ 为结构因子，取决于晶体的结构以及晶体所含原子的性质；K 为系数。

结构因子可由式(1-17)求算：

$$F_{(hkl)} = \sum f_n \cdot \exp[2\pi i(hx_n + ky_n + lz_n)] \tag{1-17}$$

式中，f_n 为晶体单胞中第 n 个原子的散射因子；(x_n, y_n, z_n) 为第 n 个原子的坐标；h,k,l 为所观测的衍射线的衍射指标，公式求和计算时需包括晶体单胞内所有原子。

K 为一个综合因子，与实验时的衍射几何条件，试样的形状、吸收性质，温度以及一些物理常数有关，对于粉末衍射仪而言（粉末衍射仪使用时将样品压成平板状，入射线和衍射线对样品平面的交角总是相等的），K 由式(1-18)求得：

$$k = \underset{①}{\frac{A}{32\pi R}} \cdot \underset{②}{\frac{I^4\lambda^3}{mc^4}} \cdot \underset{③}{j} \cdot \underset{④}{\frac{1}{V^2}} \cdot \underset{⑤}{\frac{1+\cos^2 2\theta}{\sin^2\theta\cos\theta}} \cdot \underset{⑥}{e^{-m}} \cdot \underset{⑦}{\frac{1}{\mu}} \tag{1-18}$$

式中，因子①与实验条件有关：A 为样品受照射的面积，R 为衍射仪圆的扫描半径；因子②是一些物理常数：e 为电子的电荷，m 为电子的质量，c 为光速，λ 为实验时 X 射线的波长；因子③为多重性因子，在粉末衍射中，晶面间距相等的晶面其衍射角相等，由于对称性的联系，这些晶面可能有 j 种晶面指标；因子④中 V 是单位晶胞的体积；因子⑤是衍射仪条件下的洛伦茨偏振因子；因子⑥为温度因子，原子的热振动将使衍射减弱，故衍射强度与温度有关；因子⑦是衍射仪条件下的吸收因子，只与样品的吸收性质有关。

1.2.7　X 射线的检测

利用 X 射线和物质相互作用的一些效应，人们可以有很多有效的检测 X 射线的方法。常用的检测手段如下。

1.2.7.1　荧光板

荧光板是将 ZnS、CdS 等荧光材料涂布在纸板上制成，常用来确认光源产生的原射线束的存在。

1.2.7.2　照相法

照相法是最早使用的检测并记录 X 射线的方法，直到现在仍是一种常用的基本方法。X 射线与可见光一样，能够使感光乳剂感光。当感光乳剂受到 X 射线照射后，AgBr 颗粒离解形成显影核，经过显影而游离出来的单质银微粒使感光处变黑。

在一定的曝光条件下，黑度是与曝光量成比例的。黑度也与波长有关。测量黑度的简单方法是目估，较为准确的测量方法则需要事先制作好黑度标准，或者用光电黑度计来扫描测量。

1.2.7.3　正比计数管（PC）

正比计数管（PC）和电离室、盖革计数管都是气体器件，但后两者在 X 射线分析仪器中已经不常使用。PC 一般以一个内径约 25 mm 的金属圆筒作为阴极，圆筒中心有一根拉成直线的钨丝作为阳极，筒内充满 0.5 至 1 个大气压的氩气或氙气，并加有 10%左右的淬灭气体（一般为 CH_4、乙醇或 Cl_2）。圆筒的侧壁或一端设有入射 X 射线的“窗”，由于衍射实验使用的 X 射线的多为软 X 射线，因此要求窗壁极薄，所用窗口材料通常为云母片或者铍片。正比计数管的结构如图 1-12 所示。

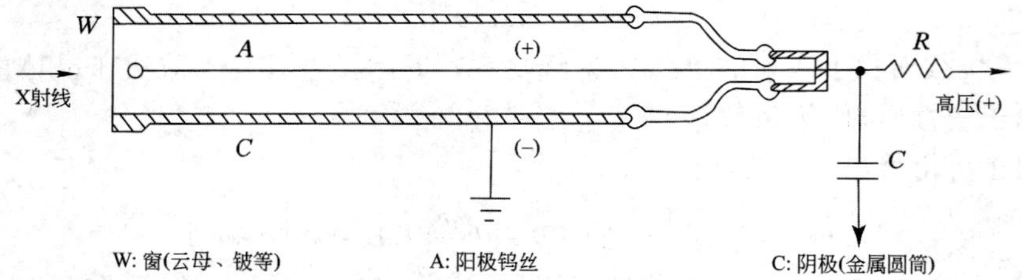

图 1-12　正比计数管的结构

在使用正比计数管时，两电极间需要加上 1 000～2 000 V 的直流高压。计数管在被 X 射线照射时，管内气体被电离，初始产生的离子对数目与 X 射线的量子能量成比例，在极间电压的作用下，离子定向运动并在运动过程中不断碰撞其他的中性气体分子，由此产生二次以至多次的电离并伴随着光电效应，此时电离的数目大量增值从而形成放电（称为电子雪崩或气体放电），直到所有电荷都聚集到相应的电极上，放电才停止，每次放电的时间历程极短，0.2～0.5 μs。因此，每当有一个 X 射线量子进入计数管时，两极间将有一脉冲电流通过。正比计数管工作在气体放电的正比区，脉冲电流在负载电阻上产生的平均电压降（脉冲电压幅度）与入射 X 射线的量子能量成正比，故称为正比计数管。

1.2.7.4　NaI(Tl)闪烁计数管(SC)

X 射线衍射分析中使用的闪烁计数管，其闪烁体大多数使用掺有 Tl 的 NaI 晶体。它由三部分组成——闪烁体、光电倍增管和前置放大器。

目前，闪烁计数管仍是各种晶体 X 射线衍射工作中通用性最好的检测器。它的主要优点是：对于晶体 X 射线衍射工作使用的各种 X 射线波长，均具有很高的接近 100%的量子效率（图 1-13）；稳定性好；使用寿命长；此外，它和正比计数管一样具有很短的分辨时间（10^{-7} s），因而实际上不必考虑检测器本身所带来的计数损失；它对晶体衍射用的软 X 射线也有一定的能量分辨力。因此现在的 X 射线衍射仪大多配用 SC。

1.2.7.5　固体检测器(SSD)

SSD 又称为半导体检测器，图 1-14 示出 Si(Li)半导体检测器的基本结构。

Si(Li)半导体检测器的缺点是需要在液氮温度（约−170 ℃）下才能正常工作，且售价很高。现在已有可适用于 X 射线衍射工作的半导体电致冷 Si 检测器，能量分辨力为 250 eV，是近年来 X 射线检测实用技术的重要突破。

SSD 原为核谱研究而发展的，有极佳的能量分辨本领，不仅作为射线计数器用来测量射线的强度，同时也能测量射线的能量。20 世纪 60 年代中期 SSD 开始应用到 X 射线发射光谱分析（X 射线荧光分析），特别是用到电子探针中；应用到 X 射线衍射研究中，出现了能量色散型的 X 射线衍射仪。高能量分辨率的 SSD 用做衍射仪的 X 射线检测器，可以同时作为一种高效的（近乎 100%）“单色化”方法。滤波片、晶体单色器等物理“单色化”方法不

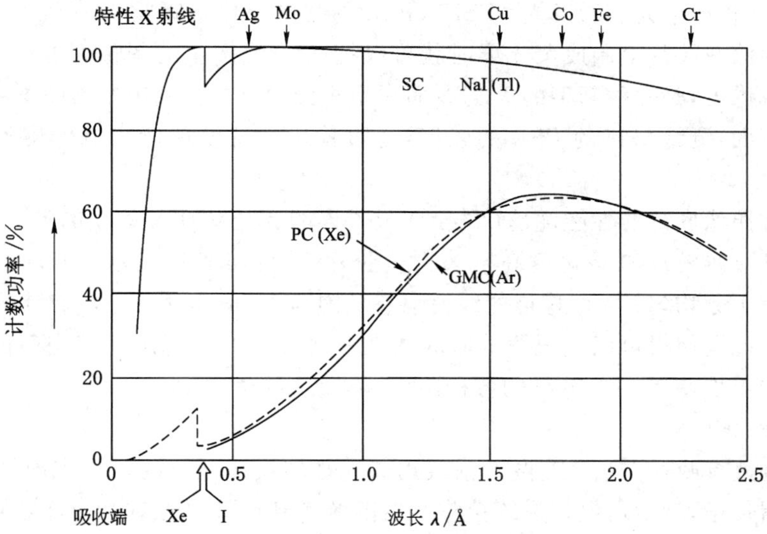

图 1-13　计数管计数效率的比较

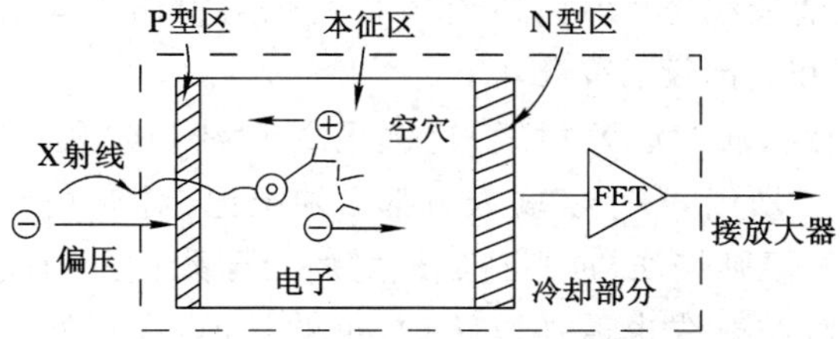

图 1-14　Si(Li)半导体检测器的基本结构

可避免地会造成强度的损失，因而是低效率的；借助 SSD 的高能量分辨率仅对 K_α 进行测量，避免了强度的损失，从而能成倍地增加 X 射线的接收强度。在衍射仪上使用 SSD 还能实现 X 射线衍射和 X 射线能谱同时分析，这对于物相分析非常有价值。SSD 的这些优越性能在衍射分析中已引起人们的重视，现在高能量分辨率的 SSD 已列为 X 射线衍射仪基本配置的一种选择。

1.2.7.6　位敏正比计数管（多丝正比计数管）

测量正比计数管阳极丝两端产生脉冲的时间差有可能使正比计数管在丝线方向上具有位置分辨力，这就是一维的位敏正比计数管。从这个基本思想出发，正比计数管的阳极采用并排平行的多根丝，便发展成为二维面积型的位敏正比计数管。这类器件的位置分辨能力可达 0.1 mm，可以对整个窗口范围内的每个位置同时进行测量，不用扫描。所以可以在极短的（微秒级）的时间内同时完成 X 射线衍射的强度和方向的测量，高速记录 X 射线衍射图，动态跟踪 X 射线衍射图的变化。

1.2.7.7　成像屏

成像屏技术是 1990 年前后开始应用于 X 射线分析的新技术。一些荧光材料（掺 Eu 的 BaFBr）有光刺激发光性质：当受 X 射线照射时，荧光体中的一些“色”中心受激发跃迁至亚稳态的能级上，从而贮存了一部分被吸收的 X 射线的能量。而后当受到可见光或红外辐射刺激的时候，将产生光刺激发光（PSL），PSL 的强度正比于吸收 X 射线光子的数目。当把这些荧光粉涂在胶片上制成荧光屏时就可以把 X 射线产生的图像暂时贮存起来。这种荧光屏称为成像屏，是一种新型的 X 射线面积型积分检测器。利用聚焦的 He-Ne 激光束逐点扫描屏的表面，测量每点的 PSL 的强度，通过检出系统便能读出成像屏贮存的 X 射线图像。

成像屏比照像底片的性能优越得多：① 成像屏的荧光粉对 X 射线的吸收效率很高（对 CuK 射线接近 100%）；② 灵敏度高于 X 射线胶片 60 倍而背景约为其 1/300；③ 成像屏整个面积的响应十分均匀；④ 成像屏的线性动态范围为 $1:10^5$，实际上没有计数速率的限制。如此高的动态范围使得可以在很短的时间内在一块成像屏上记录一张完整的 X 射线衍射图。成像屏的出现使 X 射线分析的各种照相方法焕发新的生机。

1.2.7.8 X 射线电视

X 射线电视有两种方法：① 将 X 射线用荧光板转换成微弱的可见光图像，通过光偶合由图像增强器倍增，然后用电视系统接收并把图像送到计算机处理；② 直接使用 X 射线摄像管。X 射线电视的优点是能够进行 X 射线图像的直接连续观察、录像、远距离观察等。

1.2.8 X 射线的防护

X 射线对人体组织能造成伤害。人体受 X 射线辐射损伤的程度与受辐射的量（强度和面积）和部位有关，眼睛和头部较易受伤害。

衍射分析用的 X 射线（属“软”X 射线）比医用 X 射线（属“硬”X 射线）的波长长，穿透弱，吸收强，故危害更大。所以，每个实验人员都必须牢记：对 X 射线“要注意防护！”。人体受超剂量的 X 射线照射，轻则烧伤，重则造成放射病乃至死亡。因此，一定要避免受到直射 X 射线束的直接照射，对散射线也需加以防护，也就是说，在仪器工作时对其初级 X 射线（直射线束）和次级 X 射线（散射 X 射线）都要警惕。前者是从 X 射线焦点发出的直射 X 射线，强度高，它通常只存在于 X 射线分析装置中限定的方向中。散射 X 射线的强度虽然比直射 X 射线的强度小几个数量级，但在直射 X 射线行程附近的空间都会有散射 X 射线，所以直射 X 射线束的光路必须用重金属板完全屏蔽起来，即使小于 1 mm 的小缝隙，也会有 X 射线漏出。

防护 X 射线可以用各种铅的或含铅的制品（如铅板、铅玻璃、铅橡胶板等）或含重金属元素的制品，如含高量锡的防辐射有机玻璃等。

按照 X 射线防护的规定，以下的要求是必须遵守的：

① 每一个使用 X 射线的单位必须向卫生防疫主管部申请办理“放射性工作许可证”和“放射性工作人员证”，负责人需经过资格审查。

② X 射线装置防护罩的泄漏必须符合防护标准的限制：在距机壳表面外 5 cm 处的任何位置，射线的空气吸收剂量率必须小于 2.5 μ/(Gy · h)（Gy——戈瑞，吸收剂量单位）。在使用 X 射线装置的地方要有明确的警示标记，禁止无关人员进入。

③ X 射线操作者要使用防护用具。

④ X 射线操作者要具备射线防护知识，要定期接受射线职业健康检查，特别注意眼、皮肤、指甲和血象的检查，检查记录要建档保存。

⑤ X 射线操作者可允许的被辐照剂量当量定为一年不超过 5 雷姆或三个月不超过 3 雷姆（考虑到全身被辐照的最坏情况而进行的估算）。

请参照以下标准：

①《放射卫生防护基本标准》(GB 4792—84)。

②《辐射防护规定》(GB 8703—88)。

③《放射工作人员健康管理规定》(GWF 01—88)。

1.3　多晶X射衍射仪器

1.3.1　概述

记录、分析物质X射线衍射图谱的仪器形式多种多样，用途各异，但其构成都可以纳入图1-15所示的框图里，其基本的组成部分如下：

① X射线源（通常是X射线发生器）——提供测量时所需的X射线（连续波长或单一波长），强度可调节控制。

② 样品及样品位置取向的调整机构系统——样品必须是单晶、粉末、多晶或微晶的固体块。

③ 衍射线方向和强度的测量系统。

④ 衍射图的处理分析系统。现代的X射线衍射仪器一般都带有一套衍射图处理分析系统，极大地减少了繁琐的需人工数据处理的工作量。

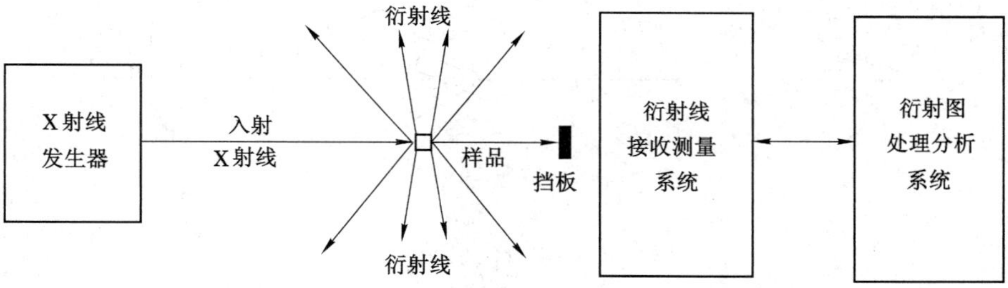

图1-15　X射线衍射分析仪器构成的基本框图

衍射分析的样品一般为单粒的晶体（单晶）或多晶样品，其中多晶样品最为普遍，如粉末状或块状的固态物质，绝大多数都是多晶物质，是许多晶态或准晶态物质的微细颗粒的聚集体。多晶样品的衍射图和单晶的不同。测量记录单晶样品的衍射图时入射X射线的方向必须以晶体的晶轴系为参考坐标，因此研究单晶衍射的仪器必须带有一套精细的用来精确调整控制晶体取向的机构；而研究多晶衍射的仪器这一部分的机构一般比较简单。两类衍射仪器除样品部分之外，其他各部分都是相类似的。

多晶衍射仪器按其设计所采用的衍射几何来区分，有两大类型——平行光束型和聚焦光束型。

多晶衍射仪器通常按其采用的X射线的检测记录方法分为两大类型——使用感光胶片的各种衍射照相机和应用不同的射线检测器的各种衍射仪。

1.3.2　两种衍射几何

多晶衍射仪按仪器设计所采用的衍射几何来区分，有两大类型——平行光束型和聚焦光束型。

1.3.2.1 平行光束型

平行光束型的衍射几何较为简单。入射于样品的 X 射线束为一束很细的对于方向角度测量而言可以视为平行几何直线的射线，而样品的受照射面积相对于测量的距离而言可以看做一个几何点，例如使用的 X 射线束的截面的宽度在 0.8 mm 或更小；样品制成针细的小棒或很薄的薄片置于光路上；检测的位置(感光软片或射线检测器的接收狭缝的位置)和样品受照射点的距离至少在几个厘米以上。

在这种布局下，如果样品是其中颗粒的取向完全随机而且颗粒的大小足够微细的晶体粉末，根据晶体衍射的布拉格公式，我们知道样品中同一物相的众多晶粒中的某一晶面组(d 值相同)，若其衍射角为 θ，则只有其中少部分取向凑巧的晶粒能使晶粒中的这一晶面组能且凑巧能与以入射线为轴，半张角为 θ 的锥面相切，这些晶粒才能产生这一晶面组的衍射。因此，不难想象在这样的条件下样品中该物相的不同晶粒若能产生某一晶面组的衍射，这些衍射线将构成一个以入射线为轴，张角为 4θ 的射线锥面。样品可能给出的全部衍射将形成一套同以入射线为轴的，有多种张角的射线圆锥面族(图 1-16)，这些形成同轴锥面的衍射线是由间距不同的晶面组所衍射而成的。

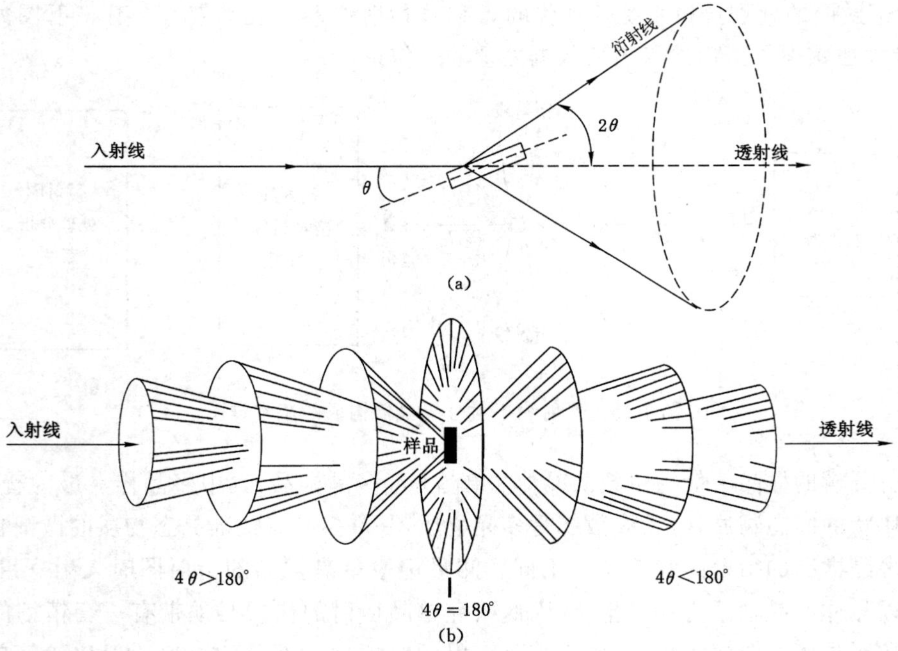

图 1-16　多晶样品对“单色”平行 X 射线束的衍射

(a) 衍射角为 θ 的晶面产生的衍射圆锥；(b) 多晶样品产生的同轴衍射圆锥面族

这一类多晶衍射仪器的衍射角测值容易进行校正，样品需用量可以很少，但其角度分辨能力受光束的直径和发散度的限制，且光源能量的利用效率极差。

1.3.2.2 聚焦光束型

聚焦光束型的多晶衍射仪器采用了晶体衍射的聚焦原理。聚焦原理示意说明在图1-17中：设在半径为 r 的圆 C 的圆周 F 点上，有一个仅在该圆平面上发散的 X 射线点光源；X 射线受发散狭缝 Fs 的限制，以发散角 α 沿 FO 方向射出；样品粉末置于该圆周上的受照射区——弧段 AB 上。如此，在弧段 AB 中的任一点上能发生衍射的同一晶面族的衍射线，因为衍射角都是相同的，所以都应汇聚在该圆周上的同一点 J 上，不同晶面族的衍射线则分别聚焦于该圆周上不同的点上，该圆称为聚焦圆。例如，图 1-17 中衍射角为 $\theta_1,\theta_2,\theta_3\cdots$的各衍射线分别汇聚在 J_1,J_2,J_3 等点上。

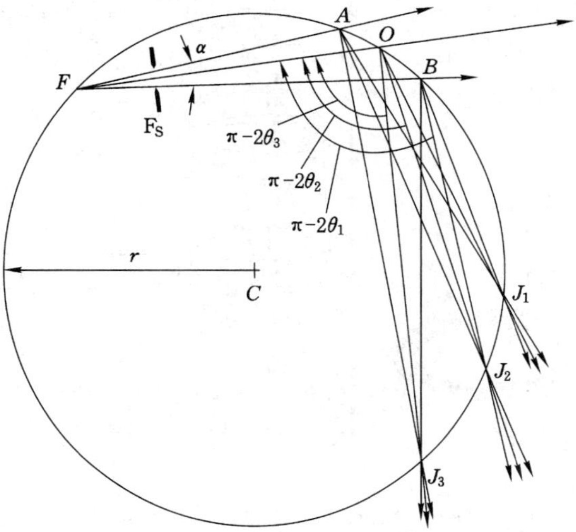

图 1-17　晶体衍射的聚焦原理

应用聚焦原理设计的粉末衍射仪器有许多优点：① 实验时可以使用大发散角的点发散 X 射线束，样品受照射的表面可以很大，大大增加参与衍射的晶粒数目，有利于减小强度测量的统计误差。② 由于聚焦作用，样品表层中取向凑巧能使其某一晶面组满足衍射条件的各个晶粒所产生的这一衍射，能够同时聚焦集中在同一位置上，因而能得到强度很高的衍射线，有利于测量。③ 由于 X 射线源焦点的尺寸可以做得很小，所以聚焦型衍射仪有极好的角度分辨能力。④ 聚焦光束型的设计正好便于应用"弯晶单色器"，从而获得严格单色的粉末衍射图。但是，聚焦型的仪器由于衍射几何较为复杂，衍射角的校正也难于计算，而且需要样品的量较平行光束型的仪器多。

1.3.3　两类 X 射线测量记录方法

X 射线的检测记录方法有感光胶片（照相法）、X 射线检测器、成像屏等。

以感光胶片为测量记录手段的衍射仪器构成比较简单，从衍射方法创始至今仍是基本的衍射仪器，它们统称为衍射照相机。与之相配合的，有专门用以测量底片上衍射点或者线的位置的灯箱，还有测量衍射点或者线条的黑度的设备（黑度标、微光度计等）。而采用各种射线检测器为测量记录手段的衍射仪器则都需要应用电子学方法。成像屏技术更是精密机械、激光、电子学和计算机技术结合的成果。这些衍射仪器都统称为衍射仪。

1.3.3.1　照相法

照相法采用感光底片来检测衍射线的方向和强度。有多种各具特点的衍射照相机，它们的区别在于所采用的衍射几何的不同以及感光软片的安放相对于样品的几何关系的不同。历史最悠久的粉末照相机（Debye-Scherrer 照相机）和各种平板照相机，均属平行光束型，前者软片作圆柱面状安放，样品处于柱面的轴上，X 射线垂直柱面轴线射到样品上(图 1-18)，而后者软片作平面式安放，垂直于入射线，位于样品与射线源之间(背射式)或位于入射线穿透样品之后的光路上(透射式)(图 1-19)。

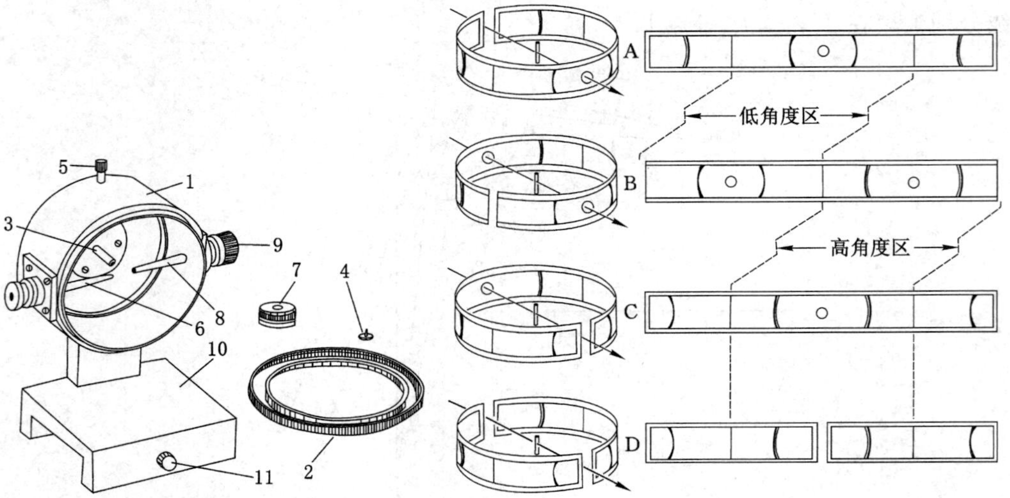

图 1-18　德拜—谢乐 (Debye-Scherrer) 照相机及其不同的底片安装方式的德拜图

A——对称式；B——不对称式；C——倒置式；D——半分式

1——机身；2——盖；3——样品架；4——样品室；5——调节螺杆；6——光阑；7——镜头罩；8——吸收锥；9——荧光屏；10——相机座；11——固紧螺丝

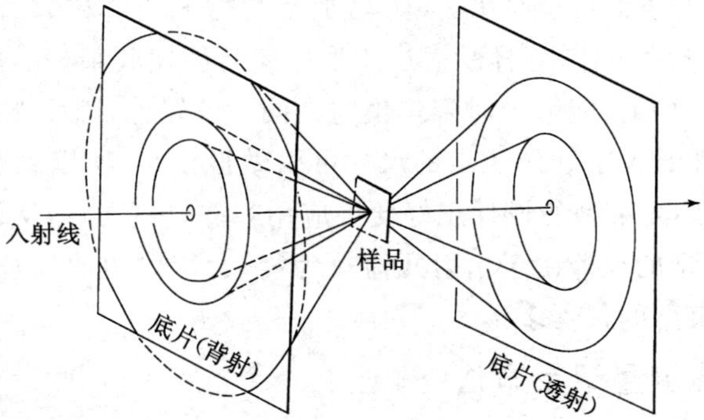

图 1-19　背射和透射平板照相法

由于射线源、样品、软片在聚焦圆上可以有多种布局，聚焦光束型相机也有几种型式。现在的聚焦相机均结合弯晶单色器技术来获得严格“单色”的点光源，又称 Guinier 相机(图 1-20)。由于聚焦法的优点并使用晶体单色器，Guinier 相机能够得到分辨率极好的高质量多晶衍射图。

1.3.3.2　衍射仪法

衍射仪法采用射线检测器来检测衍射强度或同时检测衍射方向以及衍射强度，通过仪器测量记录系统或计算机处理系统可以得到以图形或数字形式表达的多晶衍射图谱数据。现在常见的粉末衍射仪以及新出现的各种新型衍射仪都是与射线检测技术以及计算机技术

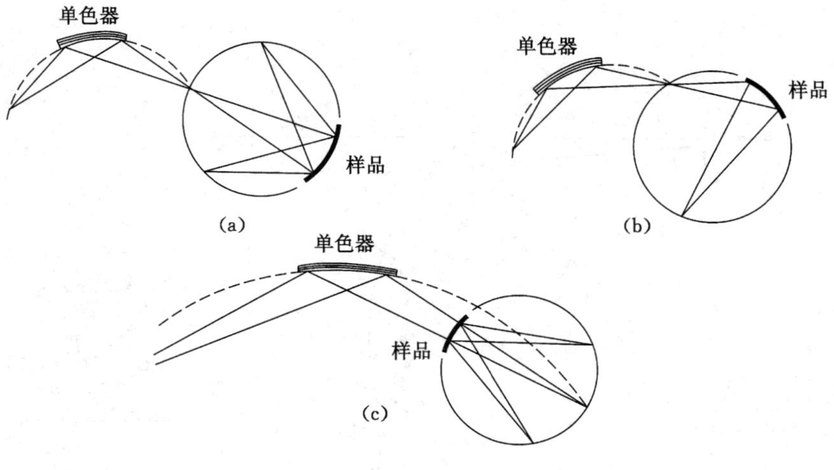

图 1-20　Guinier 相机的几种样品底片安装方式

(a) 对称反射；(b) 非对称反射；(c) 透射

的发展分不开的，其特点是自动化和智能化。现在已有许多种类型的衍射仪，简要介绍如下。

(1) 粉末衍射仪

粉末衍射仪是目前研究粉末的 X 射线衍射最常用且最方便的设备。它的光路系统设计采用聚焦光束型的衍射几何，一般使用普通的 NaI(Tl) 闪烁检测器或正比计数管检测器以电子学方法进行衍射强度的测量。衍射角的测量通过一台精密的机械测角仪来实现。

衍射仪中聚焦原理的实现不像聚焦照相机那样直接明了，不是直接按图 1-17 实现的。在图 1-17 中，各衍射线的位置和试样间的距离随衍射角的不同而异，而在实际的衍射仪的测角仪中如图 1-21 所示。检测器的接收狭缝 J 与样品中心的距离是固定的：

$$OJ = R = OF$$

只有当符合条件：

$$r = R/(2\sin\theta)$$

时，衍射角为 θ 的衍射线才能聚焦在 J 处进入接收狭缝，也就是说，要求样品表面的曲率半径 r 要随 θ 的不同而改变。实际上这很难做到，但是当 R 取值较大并且限制光束的发散角 α 不太大时，可以用平的试样表面代替弯的表面，即在图 1-21 中以切线段 $A'B'$ 代替弧线段 AB，由此引起聚焦点的发散和位移并不严重，这是测角仪设计中的一个近似处理，这一近似使测角仪能以比较简单的结构按聚焦原理进行工作。

当入射线与样品的夹角 θ 自 0°附近开始增加时，如果有衍射产生，聚焦点 J 应自 FO 的延线上的 P 点($OP=R=OF$，此位置 $2\theta=0°$)附近开始，沿以 O 为中心、R 为半径的圆周运动，而弧线段 AB 也以 O 为轴转动并改变着曲率，且 OJ 与弧线段 AB 在 O 点的切线段 $A'B'$ 的夹角恒为 θ，所以 OJ 转过的角度即为 2θ。因此，在测角仪中，只需检测器与样品以同一转轴 O 转动，样品平面与 O 轴重合，并要求 $OJ=R=OF$，且当样品表面转过 θ 时，检测器转过 2θ，即检测器与样品表面角位移之比为 2∶1，则能保证样品表面在任意的 θ 位置时 OJ 与样品表面($A'B'$)间的夹角也为 θ，如此便能保持上述的近似聚焦条件。2θ 可以根据检测器转

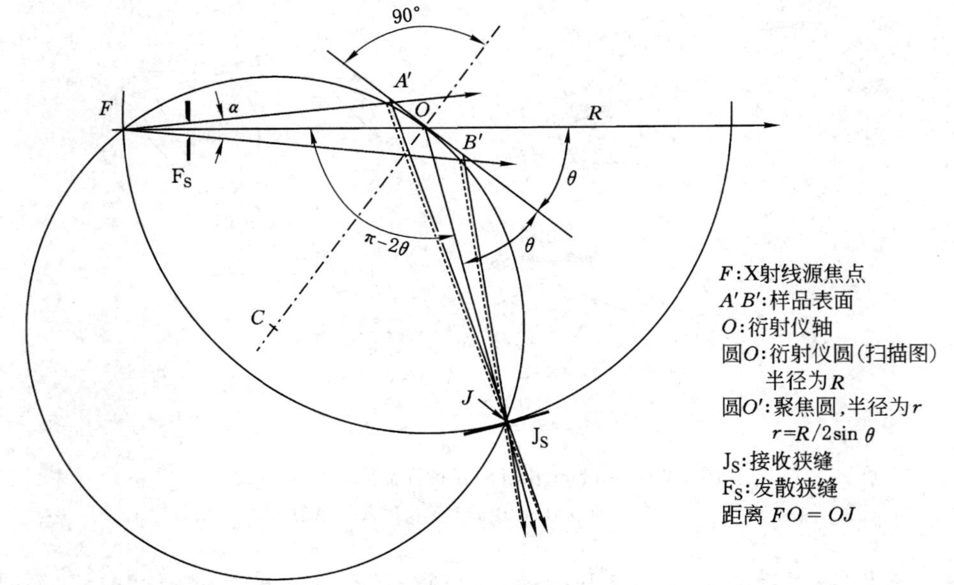

图 1-21　X 射线粉末衍射仪中平板样品的准聚焦（忽略 X 射线的轴向发散）

过的角度直接读出。

在测角仪中,R 称为扫描半径,圆 R 称为扫描圆或衍射仪圆,轴 O 称为测角仪轴。国内外的制造厂均生产卧式(扫描圆平行于水平面)和立式(扫描圆垂直于水平面)的测角仪,扫描半径 R 为 180 mm 或更大。测角仪的角度测量准确度优于 ±0.005°。粉末衍射仪能够连续测量记录的衍射角(θ)范围很大。因为衍射仪的“扫描方式”是连续地或逐点步进地对不同角度位置上 X 射线强度依次进行测量的,所以要求使用的 X 射线源的强度在整个实验过程中要高度稳定,否则需要对射线源的强度同时进行监测。

粉末衍射仪能直接记录到高质量、衍射角范围很宽的衍射数据,并且由于它所采用的衍射几何的特点,使得衍射数据的吸收校正很简单(吸收因子与衍射角无关),因而特别有利于进行定量测定。它还便于添加特殊的附件来进行特殊条件下的衍射测量,如高温、低温等。现代的粉末衍射仪都是自动化和智能化的,采集、处理衍射数据都是用计算机控制的。

(2) 微区衍射仪

微区衍射仪是按平行光束型衍射几何设计的,使用特殊的大窗口闪烁检测器或环形窗口的正比检测器。工作时,检测器沿入射线方向移动,通过固定直径的环形狭缝对各衍射锥面的总强度依次进行测量。由于它使用细平行光束,故能对样品的一个微区(直径可小至 30 μm)进行衍射分析。

(3) 位敏正比检测器衍射仪

位敏正比检测器(PSPC)是一种新型射线检测器。它不仅能进行粒子计数测量,而且通过与它配合的一套时间分析系统能够同时得到粒子进入检测器窗口的位置坐标。因此用 PSPC 进行测量可以获得如用感光软片进行记录时同样丰富的信息。PSPC 得到的信息直接实时地由计算机系统进行处理,能立即得到实验结果。应用 PSPC 已经成功地发展了一种新型的衍射仪——PSPC 衍射仪,它能对整个可测量范围内的衍射进行同时记录,是一种高速多晶衍射设备，特别适用于跟踪动态过程的衍射研究。

(4) 能量色散型X射线衍射仪

半导体固体检测器(SSD)是一种具有极高能量分辨本领的射线强度检测器，能用来测量软X射线的能量和波长。能量色散型X射线衍射仪(EDXRD)是一种以SSD为基础的一种新型衍射仪，使用连续波长的X射线照射样品，在一个固定的角度位置测量衍射线的波长谱，从而计算各衍射晶面的间距 d 值。EDXRD也是一种高速多晶衍射设备。

1.3.4　X射线源

现在通常用于晶体衍射研究的X射线是利用X射线管产生的，此类X射线发生器习惯上称为X光机。

一般的X射线管制成密封真空管的形式，阳极耗散功率为1～2.7 kW，需用水冷却，但使用方便。高强度的X射线发生器其阳极不但需要用水冷却，而且要采用高速旋转阳极的方法以避免热量聚集在电子轰击靶面的焦点上，目前功率最高可达到90 kW。

常用做阳极材料的物质有Mo、Cu、Fe、Co、Cr五种，这些元素的特征X射线波长正好在晶体衍射适用的范围内：0.709 Å(Mo)至2.28 Å(Cr)，其中以Cu和Mo为靶材的X射线管可以实现的功率为最大，也最为常用。

粉末衍射仪和微区衍射仪需要逐点依次进行扫描，测量X射线强度的时间较长，所以要求X射线发生器的强度必须是高度稳定的。利用回旋加速器能得到超高强度的X射线，而且能连续调谐，这种特殊的X射线源为晶体衍射研究工作提供了更为有利的条件。

1.3.5　几种常用粉末X射线衍射实验技术的比较

研究粉末样品的X射线衍射最常用的实验方法目前除粉末衍射仪法外，还有粉末照相法和Guinier照相法。

粉末照相法即Debye-Scherrer照相法，其历史最悠久，从1916年Debye和Scherrer取得第一张粉末X射线衍射图至今已有将近90年了，但是粉末照相法仍然是普遍使用的最基本的研究粉末衍射实验的方法。Guinier聚焦照相机的设计中应用了弯晶单色器，从而使这种照相机能够得到分辨率很高的严格单色辐射的粉末衍射照片，其应用现在也越来越广。

而具有实用价值的采用X射线检测器作为X射线强度测量手段的粉末X射线衍射仪直到1945年才出现，当时使用的检测器是Geiger-Muller计数管，称为X射线谱仪。1947年，W. Parrish改进了狭缝系统的设计，提高了衍射仪的角度分辨能力；以后Geiger-Muller检测器又逐渐被性能更为优越的正比检测器和闪烁检测器所代替，并且使用了脉冲幅度分析技术。新的X射线强度测量系统比Geiger-Muller计数测量系统更为复杂，它对X射线波长有一定的甄别本领，如果和适当的滤波片配合使用，能够取得单色化较好的接收效果，大大改善粉末衍射图的峰高/背底比，几乎可以和使用晶体单色器所得的衍射图相媲美。现代的粉末衍射仪还通过使用石墨弯晶单色器来得到严格单色的X射线衍射图，或通过使用高能量分辨本领的SSD；同时配有计算机系统，具有一定的自动工作和自动处理数据的功能。粉末衍射仪以其产生的粉末衍射数据的高质量(精确、高分辨)、测量的迅速、自动化与智能化程度高等优异的性能，现在已成为应用最广、最普遍的一种粉末衍射实验技术。

粉末衍射仪法和粉末衍射照相法各有其优缺点，现比较如下：

(1) 方法的特点

粉末衍射仪法是在一个平面内用检测器连续地逐点测量每一个角度位置的强度,因此得到的是空间中一个剖面上衍射强度的分布曲线;而照相法则是用底片同时记录可摄角度空间内的全部衍射线。所以,若只需研究样品的个别衍射的线条或仅监测其存在和变化,用粉末衍射仪法更显特别的方便和迅速,但在需观察衍射环的外貌特点时(是否不连续,样品中是否存在择优取向等),则用照相法较为方便。

(2) 对样品的要求

两种方法样品的最少需用量差别很大。要得到一张好的衍射记录图,粉末衍射仪所需的粉末的体积至少为 0.1 cm^3,如果对谱线的强度数据要求不高,则只用 0.02 cm^3 体积的粉末即可,这和使用线焦点的聚焦型照相机时样品所需的最少量差不多。Debye-Scherrer 照相法需要的样品量很少,用 0.001 5 cm^3 便可以摄录一张很好的粉末照片。因此 Debye-Scherrer 照相法便于鉴定不均匀样品的物相组成——通过颗粒外观形状的差别或硬度、颜色、光性等的差异,用手检分离出少量颗粒,便足以供照相所用了。而对于成块样品,则用衍射仪比较方便——不一定要把样品转变成粉末,只需加工出一个平面,便可用衍射仪进行检测。

两种方法中,把粉末制成试样(粉末棒或粉末平板)的手续都很简单,但若样品需要避免环境气氛的影响(如样品易潮和易氧化的情况),则用 Debye-Scherrer 照相法容易解决。

(3) 强度数据的质量

用粉末衍射仪法获得的衍射强度数据的准确度远高于照相方法。用衍射仪能直接获得衍射线的剖面,而照相法只能间接地通过测微光度计测量底片谱线黑度的剖面来得到。衍射仪的 X 射线强度测量系统能在背底计数(1 计数/秒) 至 104 计数/秒这样大的强度范围内有很好的线性。而在照相方法中借助黑度标用眼力对比可测定一张底片上的衍射强度范围仅为 20 : 1,由于黑度与 X 射线强度一般不呈线性关系,需经过黑度—强度校正后才能得到强度的数据。用多重底片法可以扩展强度的测量范围,但也增加了黑度—强度校正的复杂性。使用晶体单色器能够得到质量很好的衍射图。在粉末衍射仪中单色器可以有两种位置选择——放在入射侧或衍射侧的光路上,把单色器放在衍射侧可以避免由于单色器对入射线光谱剖面的影响而产生的衍射线剖面的畸变。在 Guinier 照相中只能放在入射侧,Debye-Scherrer 照相法则实际上不使用晶体单色器。在衍射仪方法中还可以应用电子学的脉冲幅度分析技术作为一种单色化手段,因而即使不用单色器,仅用滤波片结合正比检测器或闪烁检测器加脉冲幅度分析器,便能得到峰高/背底比很好的衍射图,常可以和使用晶体单色器的效果相媲美。在衍射仪方法中应用高能量分辨本领的 SSD 是一种几乎无损失的高效率的单色化方法,能成倍地提高衍射线的接收强度,衍射图有极佳的峰高/背底比。

(4) 衍射角 θ 测量的准确度

在粉末衍射仪上用双重扫描法可以测量角度准至 $0.005°(2\theta)$ 的精度,而剖面重心的测量可以准至 $0.001°(2\theta)$;而在照相法中若用 114.6 mm 直径的照相机,用游标尺测量衍射线的位置,对 Debye-Scherrer 照片可做到 114.6 mm(相当于 2θ 精确到 $\pm 0.1°$) 的精度,对 Guinier 照片可做到 ± 0.1 mm(相当于 2θ 精准到 $\pm 0.1°$) 的精度。用测微光度计扫描照片测定衍射线的位置,准确度能比用游标卡尺测量时高些,但仍然不及衍射仪法。但是 2θ 测量系统误差的高精确校正,衍射仪法较其他方法都复杂。在进行高精确度 2θ 测量时,无论用衍射仪法或照相法测量，都要求精心安排实验步骤，都需要很长时间。

(5) 2θ 分辨能力

粉末衍射仪的记录图和 Guinier 照片都可以达到很好的分辨效果。在良好的校直条件下，$CuK_{\alpha1}$、$K_{\alpha2}$ 双重线在衍射仪图上于 30°(2θ) 附近的范围上便能显现出来，而在 Debye-Scherrer 照片上很少能在 90°(θ) 以前的区域上能显现出来的。同一样品的衍射仪记录图和 Guinier 照片的光度计扫描图，其衍射峰的半高度宽仅为 Debye-Scherrer 照片的几分之一(在最佳分辨条件下进行比较)，Guinier 照相机的分辨力几乎是 Debye-Scherrer 相机的 5 倍。

(6) 速度

粉末衍射仪能立即得到数据，因此若只需观测若干个衍射时，实验时间节省，而照相方法则不能按这种方式进行。衍射仪特别便于进行在动态过程中跟踪测量某些衍射峰的变化。

(7) 特殊条件

在衍射仪上，样品周围有较大的空间，较之照相方法易于添加一些附属装置以便在一些特殊条件下（高温、低温、气氛、等）研究样品的变化。

(8) 设备

照相法需要备有一个暗室，冲洗底片等暗室工作是一件麻烦的事情。但它对 X 射线发生器的要求不像衍射仪那么高，照相设备的使用、调整等也较简单，设备费用较低。衍射仪法的设备复杂，费用昂贵，但技术先进，容易自动化、智能化。

通过上面的比较，可见粉末衍射实验方法的选择，要看样品的形式与量以及对数据的要求。下表中列出了一些典型情况中方法的适用性。

表 1-1　粉末衍射实验方法选择的比较

实验目的或实验条件	选择方法
鉴定样品(人工解图)	Debye-Scherre 照相法和衍射仪法
鉴定样品(计算机解图)	Guinier 照相法和衍射仪法
样品量十分有限	Debye-Scherre 照相法
衍射剖面的研究	衍射仪法
样品衍射线很多且密集	Guinier 照相法和衍射仪法
准确测量衍射线相对强度	衍射仪法
求晶胞参数，准至 1/15 000	各法均可
求晶胞参数，准确度要求高于 1/15 000	Guinier 背射照相法和衍射仪法
低角度区($K_{\alpha1}$ 和 $K_{\alpha2}$ 不能充分分辨)峰的位移	Guinier 透射照相法和衍射仪法
样品中晶粒易于择优取向	Debye-Scherre 照相法
样品需隔绝空气	Debye-Scherre 照相法
样品含大晶粒颗粒	Debye-Scherre 照相法
有干扰：荧光（例如研究含 Fe 等元素而用 CuK_{α}）；在连续光谱中存在高次分谐波；样品具有放射性等	衍射仪法，用闪烁检测器或正比检测器加脉冲幅度分析器并联合使用晶体单色器
快速跟随相变	衍射仪法

1.4 多晶自动 X 射线衍射仪

1.4.1 概述

X 射线多晶衍射仪（X 射线粉末衍射仪）由 X 射线发生器、测角仪、X 射线强度测量系统以及衍射仪控制与衍射数据采集、处理系统四大部分组成。图 1-22 示出了 X 射线多晶衍射仪的构成方块图。

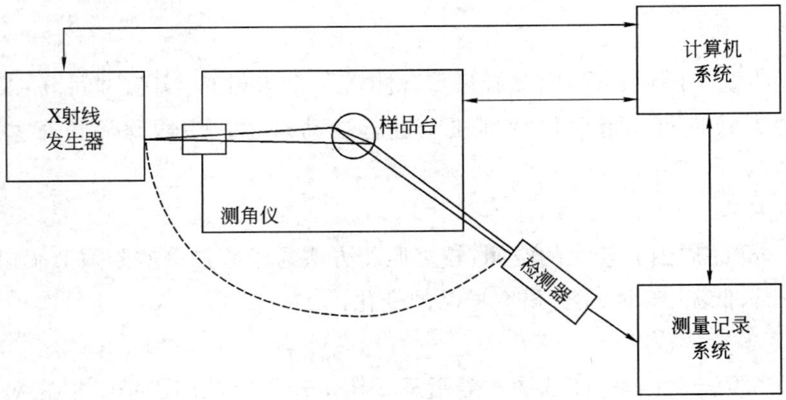

图 1-22　射线多晶衍射仪构造示意图

1.4.2 X 射线发生器

X 射线多晶衍射仪的 X 射线发生器是高稳定度的。它由 X 射线管、高压发生器、管压管流稳定电路和各种保护电路等组成。

1.4.2.1 X 射线管

衍射用的 X 射线管实际上都属于热电子二极管，有密封式和转靶式两种。前者最大功率不超过 2.7 kW，视靶材料的不同而异；后者是为获得高强度的 X 射线而设计的，一般功率在 10 kW 以上。密封式 X 射线管的结构如图 1-23 所示。X 射线管工作时阴极接负高压，阳极接地。灯丝附近装有控制栅，使灯丝发出的热电子在电场的作用下聚焦轰击到靶面上。阳极靶面上受电子束轰击的焦点便成为 X 射线源，向四周发射 X 射线。在阳极一端的金属管壁上一般开有四个射线出射窗口，实验利用的 X 射线就从这些窗口得到。密封式 X 射线管除了阳极一端外，其余部分都是玻璃制成的。管内真空度达 10^{-6}～10^{-5} mmHg（1 mmHg=101 325/760 Pa），高真空可以延长发射热电子的钨质灯的寿命，防止阳极表面受到污染。早期生产的 X 射线管一般用云母片作为窗口材料，而现在的衍射用射线管窗口材料都用 Be 片（厚 0.25～0.3 mm），Be 片对 MoK_α、CuK_α、CrK_α 分别具有 99%、93%、80% 左右的透过率。

阳极靶面上受电子束轰击的焦点呈细长的矩形状（称为线焦点或线焦斑），从射线出射窗中心射出的 X 射线与靶面的掠出角为 6°。因此，从出射方向相互垂直的两个出射窗观察靶面的焦斑，看到的焦斑形状是不一样的，由出射方向垂直焦斑长边的两个出射窗口观察，焦斑呈线状，称为线光源；由另外两个出射窗口观察，焦斑呈点状，称为点光源。粉末衍射仪

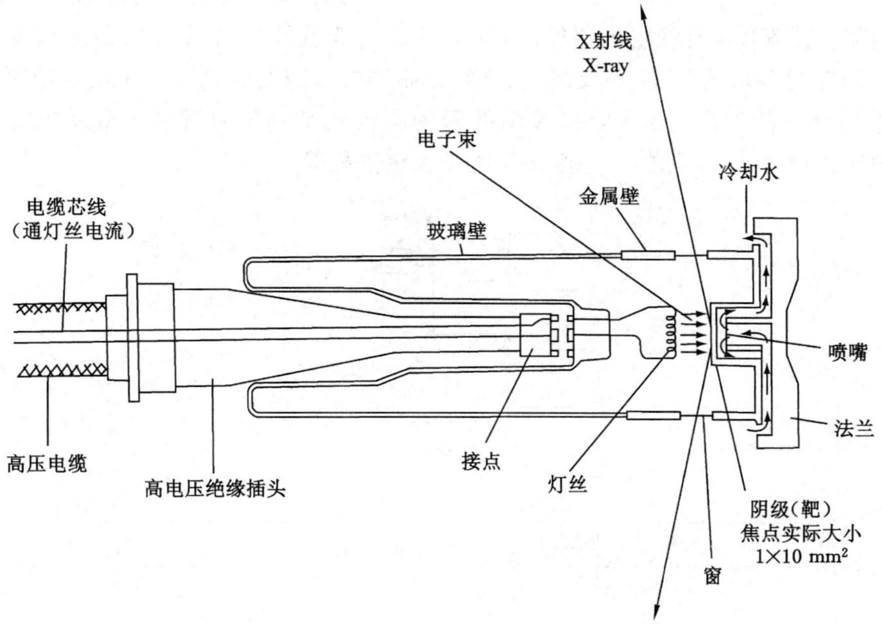

图 1-23　密封式衍射用 X 射线管结构示意图

要求使用线光源，因而在衍射仪安装管子的时候必须检查所使用的 X 射线出射窗是否为线焦点方向(管子上有标记)。此外，还应选择使用适当掠射角(要求测角仪或相机相对于靶面平面要有适当的倾斜角)。

密封管靶面的电子束焦点有三种规格：细焦点 $0.4\times8\ \mathrm{mm}^2$，普通焦点 $1\times10\ \mathrm{mm}^2$，大焦点 $2\times12\ \mathrm{mm}^2$。常用的规格是“普通焦点”，实际上细焦点管更适用于衍射仪。X 射线管的额定功率因靶面的种类及厂家而异，表 1-2 给出了各种靶材的密封 X 射线管的额定功率。长时间连续运行时，使用功率建议在额定值的 80%以下，有利于管子寿命的延长。

表 1-2　　密封式 X 射线管的额定功率

焦点种类	焦点尺寸/mm^2	靶材种类					
		W	Mo	Cu	Co	Fe	Cr
细焦点	0.4×8	2.0 kW	2.0 kW	1.5 kW	1.3 kW	0.9 kW	1.3 kW
普通焦点	1×10	2.4 kW	2.4 kW	2.0 kW	1.8 kW	1.5 kW	1.8 kW
大焦点	2×12	2.7 kW	2.7 kW	2.7 kW	2.7 kW	2.2 kW	2.7 kW

X 射线管消耗的功率只有很小部分转化为 X 射线的功率，99%以上都转化为热而消耗掉，因此 X 射线管工作时必须用水流从靶面后面加以冷却，以免靶面熔化毁坏。为提高靶与水的热交换效率，冷却水流是用喷嘴喷射在电子焦点的背面上的，流量要求大于 3.5 L/min。X 射线发生器的停水报警保护电路必须可靠。

1.4.2.2　高压发生器及其控制电路

给 X 射线管工作提供高压的高压发生器过去一直使用工频高压发生器，随着固体电路和电子技术的发展近年已多采用性能更佳的高频高压电源。

常用的工频高压发生器有三种基本电路形式（图 1-24）。X 射线管的工作电压（管压）和阳极电流（管流）均有稳定电路控制，以保持 X 射线管发生的 X 射线强度高度稳定。管压和管流的控制多采用“二次侧检测，一次侧控制”方式，即通过检测高压发生器输出侧实际施加于 X 射线管的工作电压 kV 和 X 射线管的阳极电流 mA 的值来反馈控制高压发生器输入侧的输入电压，使实际的 kV 和 mA 值与设定值相等。

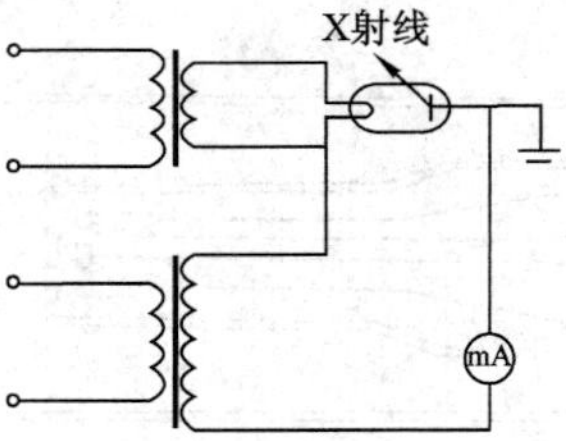

(a)

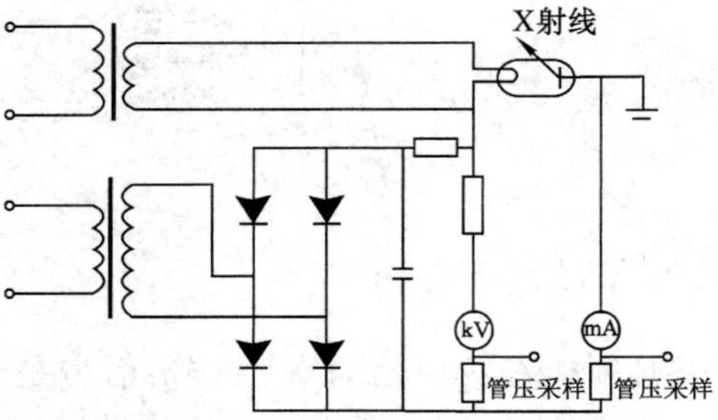

(b)

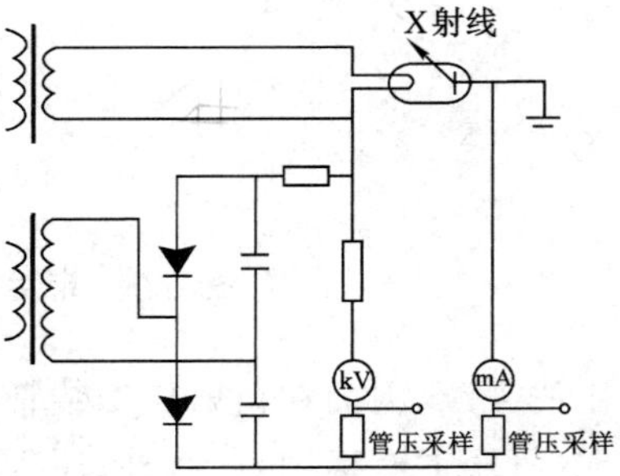

(c)

图 1-24　高压发生器的三种基本电路形式

(a) 自整流电路；(b) 桥式整流电路；(c) 倍压整流电路

因为一般衍射线的强度不高，测量的统计误差都是比较大的（常大于 1%），所以对于大多数的 X 射线衍射工作，管电压和管电流具有±0.1%的稳定度已可满足测量的要求。此外，仪器环境温度的变化影响空气的吸收性质，也会引起 X 射线强度的变化：当气温变化 1 ℃时，假设 X 射线从管的出射窗口到达检测器所通过的路程为 40 cm，引起 X 射线强度的变化对 CuK_{α} 为 0.16%，对 CrK_{α} 为 1.55%，因此，若要求更高的强度稳定度，还必需同时稳定实验仪器的环境条件。

X 射线衍射仪可在电源波动 10%的情况下工作，其管压和管流的稳定度优于±0.1%（在电源电压 220 V±5 V 条件下，稳定度为±0.03%）。

1.4.2.3　保护电路

X 射线发生器配置有下列的安全保护电路：

① 冷却水保护电路——冷却水流量不足时，将自动断开 X 射线发生器的电源，以免 X 射线管受到损坏。

② 功率过载保护电路——当管子的运行功率超过设定值时，自动切断 X 射线发生器的电源。

③ 过电压和过电流保护电路——当管压管流发生异常时，自动切断 X 射线发生器的电源。

④ 防辐射保护电路——门连锁机构。

⑤ 报警——当上列的保护电路起作用时，将发出相应提示。

1.4.3　测角仪的光路系统

测角仪是衍射仪上最精密的机械部件，用来精确测量衍射角。图1-25表示“卧”式测角仪的光路，扫描圆平行水平面；“立”式测角仪的光路与此类似，不同的是其扫描圆垂直于水平面。X射线源使用线焦点光源，线焦点与测角仪轴平行。测角仪的中央是样品台，样品台上有一个作为放置样品时使样品平面定位的基准面，用以保证样品平面与样品台转轴重合。样品台与检测器的支臂围绕同一转轴旋转，即图1-25的O轴。

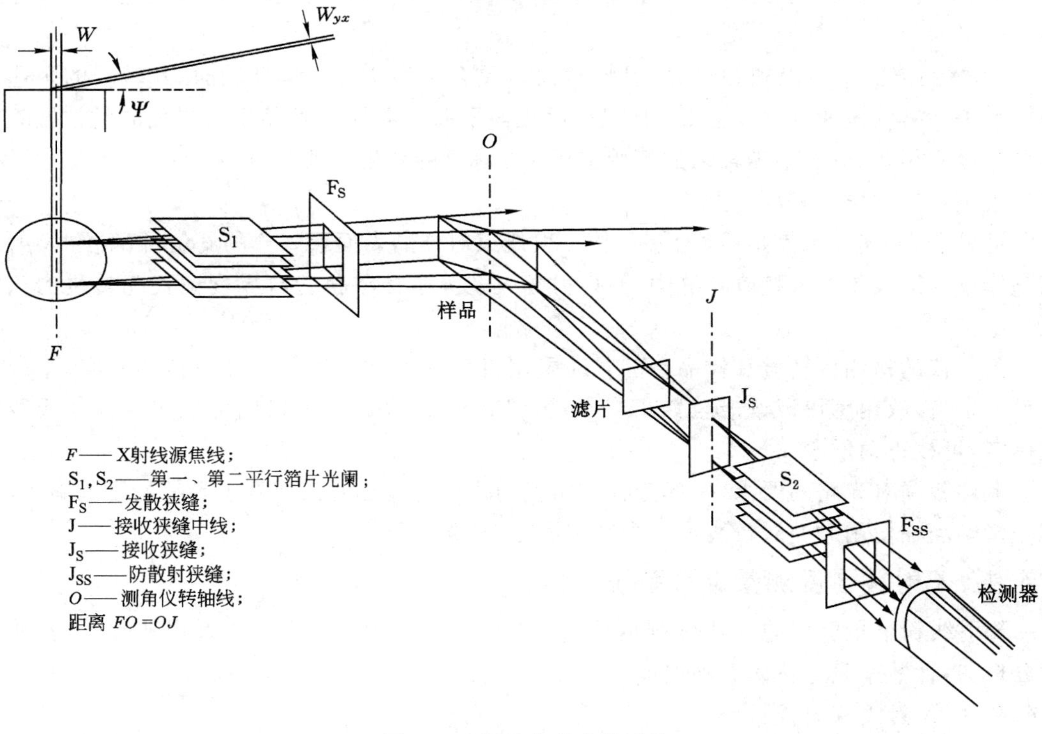

图1-25　测角仪的光路系统

测角仪光路上配有一套狭缝系统：

① Sollar狭缝——即图1-25中之S_1和S_2，分别设在射线源与样品和样品与检测器之间。Sollar狭缝是一组平行薄片光阑，实际上是由一组平行等间距的平面与射线源焦线垂直的金属薄片组成，用来限制X射线在测角仪轴向方向的发散，使X射线束可以近似看做仅在扫描圆平面上发散的发散束。常见的衍射仪的Sollar狭缝的全发射角（2×薄片间距/薄片长度）为4.5°。小的轴向发散引起的衍射角测量误差较小，峰形畸变也较小，减小轴向发散角有利于获得较佳的峰形和衍射角分辨率。

② 发散狭缝——Fs(DS)，用来限制发散光束的宽度。

③ 接收狭缝——Js(RS)，用来限制所接收的衍射光束的宽度。

④ 防散射狭缝——Fss(SS)，用来防止一些附加散射（如各狭缝光阑边缘的散射，光路上其他金属附件的散射）进入检测器，有助于减低背景。

后三种狭缝都有多种宽度的插片可供使用时选择。滤波片一般设置在样品与接收狭缝之间。

整个光路系统应满足如下要求：

① 发散、接收、防散射等各狭缝的中线、X 射线源焦线以及 Sollar 狭缝的平行箔片的法线等均应与衍射仪轴平行，并且它们的高度的中点以及检测器的窗口中心、样品的中心、滤波片的中心等均应同在衍射仪的扫描平面上。发散、接收、防散射等狭缝的中线位置不因更换狭缝插片（改变狭缝的宽度）而改变。

② 自 X 射线源焦线 F 到衍射仪轴 O 的距离和 O 到接收狭缝中线 J 的距离相等：$FO=OJ$，以 F、O、J 三线严格共一平面时的位置作为 2θ 等于零度的位置。发散狭缝的中线亦应在这个平面上。

③ 样品表面平面以轴 O 转动，且恒与轴 O 重合。当 J 作连续转动时，其转动的角速度与样品表面转的角速度之比为 2∶1，以样品表面平面与 F 及 J 严格共一平面时的位置为接收狭缝对样品作 2∶1 跟随转动的起始位置（亦称 θ 的零度位置），在这个位置上入射 X 射线光束正好掠过样品表面。

可见，当上述要求满足后，无论入射 X 射线束对样品表面取怎样的 θ 角，衍射的 X 射线束都能近似地聚焦进入接收狭缝中，而衍射角 θ 就等于接收狭缝自零度位置起转过的角度的一半。

测角仪的检测器转臂和样品台的驱动采用齿轮和螺杆传动。螺杆每转动一圈，主齿轮转动一个齿，故角度可以读准至 0.01°。测角仪 θ 或 2θ 准确度可以用标准多面柱体或经纬仪标定，可校正角低于 1″～2″。

上述各项对光路的要求，一部分在测角仪的设计与装配时已得到了足够精度的满足，而有一些则需在使用时通过校直操作来精细满足（见第 4 章）。

1.4.4 X 射线强度测量记录系统

X 射线粉末衍射仪的 X 射线强度测量系统配用 NaI 闪烁检测器以及由放大器、脉冲幅度分析器、计数率表等单元电路组成。

1.4.4.1 X 射线检测器

常用于软 X 射线检测的检测器有：Geiger-Muller 检测器（GC）、正比检测器（PC）和 NaI(Tl)闪烁检测器（SC）。GC 和 PC 以及最早在 X 光强度测量中使用的电离室都是基于气体放电的气体器件。SC 却是基于完全不同的原理，它以晶体发光为基础，利用晶体受辐射激发产生的荧光闪烁通过光电倍增管转换成电脉冲讯号。

闪烁检测器是各种晶体 X 射线衍射工作中通用性能最好的检测器。它的主要优点是：对于晶体 X 射线衍射使用的 X 射线均具有很高甚至达到 100%的量子效率；使用寿命长，稳定性好。此外，它和 PC 一样，具有很短的分辨时间（10^{-7} s 数量级），因而实际上不必考虑由于检测器本身的限制所带来的计数损失。它和 PC 一样，对晶体衍射工作使用的软 X 射线也有一定的能量分辨本领。因此通常 X 射线粉末衍射仪配用的是闪烁检测器。

由于 NaI 晶体容易受潮分解，为了保障检测器的寿命，使用时要注意实验室内的湿度。当长期不用或室内湿度过高时要把闪烁检测器卸下保存在保干器中。如果晶体没有受潮分解，在正确的使用条件下，闪烁检测器的寿命可以说是无限长的。

Si(Li)固体检测器价格虽然比较昂贵，但是由于它的高能量分辨率可以大大提高衍射仪的性能：① 不必使用物理的单色方法（晶体单色器或滤波片）则可去除 K_β 和连续谱，避免了 K_α 强度的损失，可以使衍射强度测值提高 1～3 倍；② 可以高效地滤除样品产生的荧光，获得极低背景的衍射图。

1.4.4.2　脉冲幅度分析器

衍射仪的射线强度测量系统都配置有脉冲幅度分析器，其目的是为了利用检测器的能量分辨本领对 X 射线按波长进行有选择的测量。检测器的能量分辨本领是指检测器接收某一能量的量子（某一波长射线的光量子），所输出脉冲信号的平均幅度与入射量子的能量成正比的特性。检测器的能量分辨本领在晶体 X 射线衍射强度的测量中有重要的价值。进入检测器的 X 射线，不仅有 K_α 线，还有其他波长的射线——K_β 线、连续光谱部分的 X 射线以及来自试样本身的荧光 X 射线等。利用检测器的能量分辨特性，应用脉冲幅度分析器便可根据脉冲的幅度对信号进行甄别，仅对 K_α 线产生的脉冲信号进行测量。由于 PC 和 SC 的能量分辨本领还不够高，因此使用 PC 或 SC 时还要结合使用物理的"单色化"方法（K_β 滤波片、晶体单色器等），来排除或基本排除其他波长的 X 射线（K_β 线、连续光谱以及荧光）对衍射强度测量的影响，改善衍射图的背景。

脉冲幅度分析器实质上是一种脉冲电压幅度鉴别器，它由上限鉴别电路、下限鉴别电路和异或门（反符合线路）组成[图 1-26(a)]。上、下限鉴别电路的线路是相同的，只是其触发电平的设置不一样，前者较后者设置得高一些，下限鉴别电路的触发电平称为"下限"或"阈值"，两个鉴别电路触发电平之差称为"道宽"或"窗宽"。

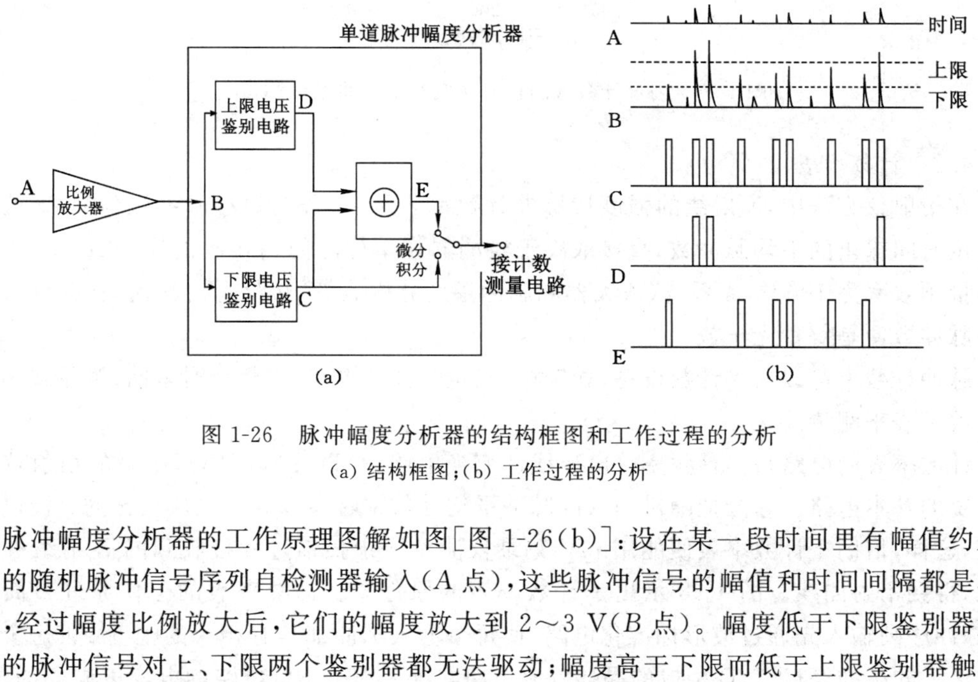

图 1-26　脉冲幅度分析器的结构框图和工作过程的分析

(a) 结构框图；(b) 工作过程的分析

脉冲幅度分析器的工作原理图解如图[图 1-26(b)]：设在某一段时间里有幅值约几十毫伏的随机脉冲信号序列自检测器输入（*A* 点），这些脉冲信号的幅值和时间间隔都是不规则的，经过幅度比例放大后，它们的幅度放大到 2～3 V（*B* 点）。幅度低于下限鉴别器触发电平的脉冲信号对上、下限两个鉴别器都无法驱动；幅度高于下限而低于上限鉴别器触发电平的脉冲信号只能驱动下限鉴别器；幅度高于上限鉴别器触发电平的脉冲信号则能同时驱动上、下限鉴别器（请比较 *C*、*D* 两点的脉冲数的差异并联系每个输入脉冲的幅度）。而对于异或门，只有当仅有一个输入端有输入时才有信号输出，所以在输出端 *E* 点，只有其幅值在上限与下限触发电平之间的脉冲信号才能引起输出。因此，在 *E* 点进行计数测量时，得到的将仅是幅度在“窗”内(即“道宽”内)的脉冲信号的个数,也就是说,当确定阈值和道宽后,只有某种波长的X射线产生的信号才能通过脉冲幅度分析器。

对于强度恒定的射线,只规定下限而上限不加限制(道宽无限大)进行脉冲计数的测量,称为积分测量。当下限值自零附近开始逐步增加,此时可以进行积分测量,得到讯号幅度大小的一种分布曲线,称为积分分布曲线。当用一个很小的道宽(例如用最大阈值的1/100),而下限值自零附近开始逐步增加,此时进行的脉冲计数测量称为微分测量或脉冲幅度分析或能谱分析,所得到的讯号幅度大小的分布曲线称为微分分布曲线或能谱曲线。

图1-27示出了用SC测得的CuK_α的积分曲线和能谱曲线。不同能量的X射线,其微分曲线的平均脉冲幅值与射线量子能量成正比。

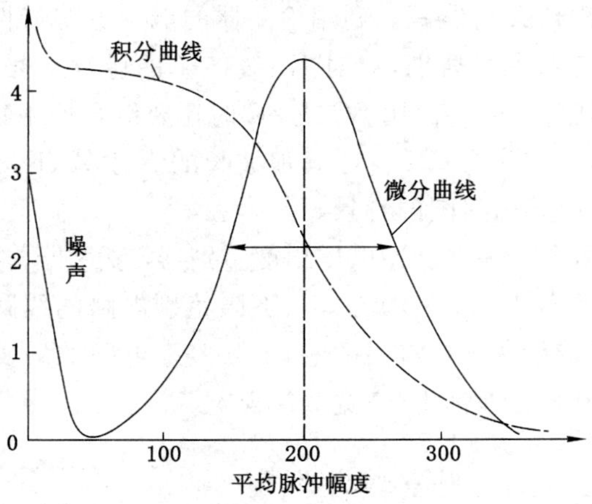

图1-27　闪烁计数管的积分曲线和微分曲线(对CuK_α)

1.4.4.3　计数率表

在衍射仪方法中,X射线的强度用脉冲计数率表示,单位为每秒脉冲数(cps)。检测器在单位时间输出的平均脉冲数,直接取决于检测器在单位时间内接收的光子数。如果检测器的量子效率为100%,而系统(放大器和脉冲幅度分析器等)又没有计数损失(漏计),那么每秒脉冲数便是每秒光子数。

脉冲计数率可以通过计数设备(如定标器、定时计数电路、定数计时电路)测量或简单地用计数率表来测量。

计数率表的电路是一种频率—电压线性变换电路,是以往应用模拟纪录的衍射仪的测量系统的基本电路。它能把随机输入的脉冲平均计数率转换成为与之成正比的直流电压模拟值,这样,借助于计数率表便能用mV记录仪测量记录扫描过程接收到的X射线强度的变化,得到衍射曲线。图1-28示出了计数率表的原理图。计数率表的工作原理可简述如下:脉冲序列输入先通过波形标准化电路,使每个输入脉冲都具有相等的幅度V_i;每个幅度标准化了的脉冲经过T、D构成的晶体管泵电路将给予积分RC电路的电容以同样的电荷,所以电容器C的电压V_0(或通过漏电阻R的电流)的值将正比于单位时间作用在输入端的脉冲平均数目N,$V_0=C'RNV_i$。因此指示V_0或指示通过R的电流的仪表可以直接用计数率(脉冲数/秒)为单位来刻度。

改变计数率表的C'的大小可以改变计数率表的量程,而改变C的大小可以改变积分

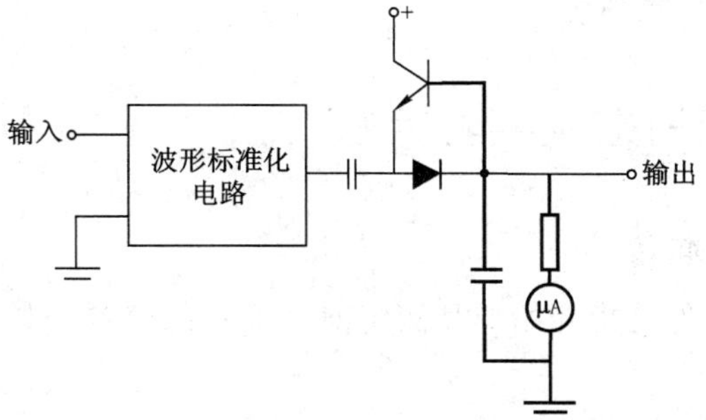

图 1-28　计数率表的原理图

RC 电路的时间常数。增加积分电路的时间常数能减小计数率测量的误差,但也增大了建立平衡指示的时间,即增大了测量时间。因此在使用计数率表时需要在测量时间和计数精确性之间选择一个适当的 RC 的折中值。

1.4.5　衍射仪控制及衍射数据采集分析系统

数字化的 X 射线衍射仪的运行控制以及衍射数据的采集分析等过程都可以通过计算机系统以在线方式来完成,计算机配有一套衍射仪专用的控制与分析操作系统。

计算机的分析系统是一个多处理器系统。它以一台个人计算机为主机,通过一个硬件接口控制一台前级计算机来完成对衍射仪的控制以及衍射数据的采集分析等工作。前级计算机根据主机的命令选择运行衍射仪的各种功能程序;主机以联机在线方式控制衍射仪的运行,Windows 图形界面,操作者用鼠标点选各种衍射仪操作命令,屏幕实时地显示采集的数据;屏幕上可以同时开启多个窗口,分别同时进行几项工作。主机还可以作为一台独立的个人计算机使用。衍射仪配有高分辨率的彩色显示屏,有很好的图形显示功能;配有一台彩色喷墨打印机,能打印中文和图形,也可以选配一台激光打印机作为打印文字或绘制衍射图的输出设备。

X 射线衍射分析操作系统是一套内容丰富的并可随时扩展修改的粉末衍射仪操作与衍射分析实用软件系统。它包括一系列衍射仪操作的功能程序和许多衍射数据分析的应用程序,还有衍射工作常用数据表、操作步骤等的查询程序。

X 射线衍射分析操作系统由两大功能组块构成。

1.4.5.1　衍射仪控制操作系统

功能主要是用来控制衍射仪的运行,完成粉末衍射数据的采集,主要有以下几项功能:① 射线发生器控制;② 衍射数据采集;③ 测角仪转动;④ 光路调整;⑤ 单扫描;⑥ 多扫描。

1.4.5.2　衍射数据处理分析系统

由一些常用的衍射图处理程序集成,主要有以下几项功能:① 图像显示;② 寻峰;③ 系统误差修正;④ 背景扣除;⑤ 数据间操作;⑥ 平滑处理;⑦ 文件管理——可以把本机采集的衍射数据文件转换成其他数据处理程序能接受的文本格式文件。

1.4.5.3　各种 X 射线衍射分析应用程序

各种 X 射线衍射分析应用程序如下:① X 射线衍射物相定性分析;② X 射线衍射物相定量分析;③ 峰处理;④ 晶粒大小测量;⑤ 精密晶格常数的测定;⑥ 指标化;⑦ 结晶度测

量;⑧ 结晶系测定;⑨ 状态分析。

1.5 多晶 X 射线衍射仪实验技术

1.5.1 仪器条件的准备

这里所指的仪器条件是指开始样品测定前应确定的仪器条件,在以后进行样品测定时一般不再调整改变。

1.5.1.1 X 射线光源条件

(1) X 射线出射角大小的确定

粉末衍射仪一般使用线状 X 射线源,安装 X 射线管时应该注意选择使用线焦点的出射窗。实际上 X 射线源总是有一定宽度的,射线源的有效宽度 w_{yx} 取决于 X 射线管中电子束轰击靶面的焦线宽度 w 和光束自靶面射出的出射角 ψ:

$$w_{yx} = w\sin\psi$$

光源的宽度是仪器最大分辨能力的根本限制,它会引起线切面宽化,但宽化是对称的,而且对于所有反射角都相同;对剖面的重心位置则无影响,实际上也不影响峰顶位置的测量。ψ 取得越小,w_{yx} 也就越小,对提高分辨率有利。但是,若 ψ 取得太小时,X 射线的发射强度将显著降低,并使得样品表面上入射线束强度分布显著不均匀,带来不良影响。考虑到以上方面的原因,所以不同焦点的 X 射线管采用的出射角 ψ 不同。一般使用的出射角 ψ 列于表 1-3 中。

表 1-3　X 射线出射角

焦点尺寸/mm^2	ψ/(°)	w_{xy}/mm
普通焦点(1×10)	6	0.1
细焦点(0.4×8)	10	0.07
宽焦点(2×12)	3	0.1

按表列的条件使用不同焦点规格的管子都能得到同样的分辨率;在相同的工作功率下用细焦点管可有较高的强度,而且最高扫描角度能提高若干度。

(2) X 射线波长的选择

选择合适的 X 射线波长(选择靶材)是进行 X 射线衍射实验首先要考虑的问题。应依据被测样品的元素的吸收性质选择合适的 X 射线波长,亦即选择不同靶材的 X 射线管。应避免使用能被样品强烈吸收的 X 射线,否则将激发样品放出强的荧光辐射,增高衍射图的背景。根据元素吸收性质的规律可以得到一个简单的选靶规则——X 射线管靶材的原子序数要比样品中最轻元素(钙及比钙更轻的元素除外)的原子序数小或者相等,最多不宜大于 1。

X 射线管产生的连续光谱的短波限决定于 X 射线管的工作高压。不宜使用太高的电压,否则会导致衍射仪检测器的工作物质被短波部分激发,产生逃逸峰,干扰低角度衍射峰的正确测量。逃逸峰是这样产生的:以使用 NaI(Tl)检测器为例,因为碘的 K 吸收限能量为 28.5 keV,CuK_α 的能量约为 8 keV,故使用 Cu 靶而检测器前没有单色器时,能量在 36.5 keV 附近的连续光谱的衍射线被碘大部分吸收后其能量衰减为 8 keV 左右,于是可以和

CuK_α 一样能通过脉冲幅度分析器而被测量，生成逃逸峰。强的 K_α 峰的前面常能观察到逃逸峰。为了避免逃逸峰的产生，X 射线管的工作电压应低于(28.5＋8) keV，即最高以不宜超过 36 kV。

1.5.1.2　测角仪的校正

测角仪校正这一步骤的主要要求是：确定接收狭缝中线 J 与 X 射线源焦线 F 以及衍射仪轴 O 共一平面时的位置，即 $2\theta=0.00°$ 的位置；确定样品表面相对接收狭缝以 1∶2 的角速度关系作跟随运动的起点，即 $\theta=0.00°$ 的位置。上述校正也称为测角仪的“调零”，“零位偏差”是衍射角测定中最大的一项系统误差来源，所以“调零”必须细心做好。除“调零”外，测角仪的校正总的要求还包括其他一些工作。衍射仪只有在经过校正后才能以最好精度水平满足衍射仪的设计要求，这是衍射仪准确测量样品衍射线位置的必要条件，也是获得最大衍射强度、最佳的仪器分辨能力以及衍射线剖面畸变最小的的必要条件。

测角仪的校正是否达到要求，其检定方法在国家计量检定规程《多晶 X 射线衍射仪》(JJG 692—89)中有规定。在实验室里，可以用一些结晶良好的纯物质来进行检定。

(1) 衍射角测量准确度的检查

使用纯物质，常用的纯物质有：

① 高纯度的单质——硅、钨、铝、银、金等；

② 化合物——α-石英、ZnO、CdO、NaCl 等。

检定测角仪衍射角测量准确度的样品片要制作处理很精细。由于样品本身带来的误差、仪器的系统误差以及测量误差等的影响，仪器的读数和标准的数据会有一定的偏离，但作为衍射角测量准确度的检定，应该满足误差在±0.05°的范围内。

(2) 衍射角分辨能力的检查

校正良好的测角仪，对结晶良好的样品，当发散狭缝用 0.5°、接收狭缝用 0.1 mm、扫描速度为 0.5°/min 的情况下 (用记录仪记录时，时间常数选 1 s)，CuK_α 的衍射线在 2θ 为 30°左右时已能观察到 $K_{\alpha1}$ 和 $K_{\alpha2}$ 的分离，而且在整个扫描范围上均有符合要求的分辨能力。图 1-29 为使用 CuK_α 射线在经过良好校正的 X 射线衍射仪上检测得到的 α-石英 2θ 在 67°～69°范围上的“五指峰”，五个峰分辨十分清楚。“五指峰”分别是指 212 (d＝1.382 Å)、203 (d＝1.375 Å)和 301(d＝1.372 Å)衍射的 $K_{\alpha1}$ 线和 $K_{\alpha2}$ 线，其中 203 的 $K_{\alpha2}$ 衍射线和 301 的 $K_{\alpha1}$ 衍射线重合，所以看上去只有五个峰。

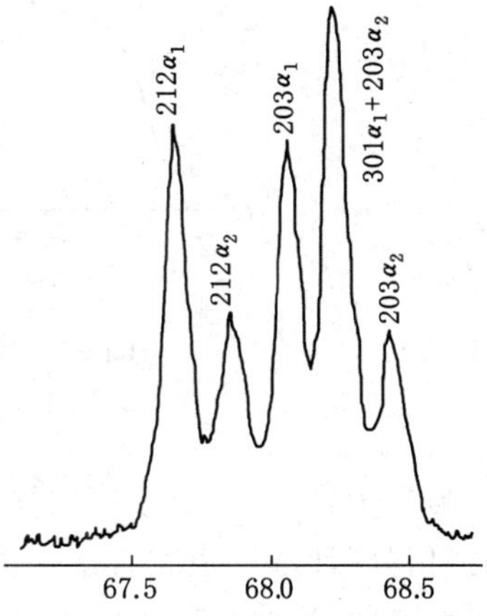

图 1-29　α-石英 2θ 在 67°～69°范围上的“五指峰”

除 α-石英外，下列物质也有一些 d 值很接近的衍射线组，常被用来鉴定粉末衍射仪的角度分辨能力：

① 硝酸钾(KNO_3)：111(d＝3.78 Å)和 021(d＝3.73 Å)的衍射线组，130(d＝2.662 Å)、112(d＝2.647 Å)和 022(d＝2.632 Å)的衍射线组。

② 白钨矿($CaWO_4$)。

强线 312(d＝1.592 1 Å)和弱线 303(d 值差为 0.004 5 Å)，强度比：

$$I_{(312)}/I_{(303)}\approx 30$$

(3) 正负扫描重合性的检查

测角仪零位的检验还可以对正、负两个方向扫描的重合性进行检查。通过校正良好的测角仪在正角度范围上扫描与在样品转过180°后在负角度上扫描所得到的同一衍射线的剖面应当一样，2θ值一般可在0.01°范围内重合。

如果用上述的办法检验均不满意，则校正步骤可酌情重复进行。但是，不管校正工作进行何等精细，总会存在一些不精确之处，统称为校正不良，其对测量的影响将在第五章中介绍。

1.5.1.3　X射线强度测量记录系统的调整

对于衍射工作使用的每种X射线波长，都需要为脉冲幅度分析系统确定一组适用的工作条件，这些条件包括：① 检测器的工作电压；② 放大器的增益；③ 分析器的工作阈值和道宽。

如果X射线测量系统的脉冲幅度分析器工作条件选得正确，能有效地改善衍射图的峰高/背底比。脉冲幅度分析器的脉冲信号通过率对于衍射线为90%，而对于背景区信号的通过率仅为10%～20%（对于一般类型的样品，即无严重的荧光辐射、无放射性、无强Compton散射的样品）。

实际工作中不必测出能谱曲线便可以简易地确定测量系统的工作条件，具体步骤如下：

第一步：检测器高压和放大器增益条件的摸索。脉冲幅度分析器阈值设置0.5～1.0 V，分析器处于“积分” 工作状态；检测器放在一个有强峰出现的位置上(例如：对于纯Si，$2\theta=28.42°$；对于α-SiO_2，2θ)，然后通过定标器观测X射线的定时积分读数，摸索检测器高压和放大器增益条件。为此，可以在一定的放大器增益条件下，逐步增加检测器的高压，或者在一定的检测器高压下，逐步增加放大器的增益，观察X光计数随高压或放大器的增加而增加的趋势。在这两种情况下均可观察到计数率的增加有一个停顿，这相应于检测器高压工作曲线或放大曲线(图1-30)的坪。每一个高压和增益的组合应在相应曲线坪的中部(不必测出检测器的工作高压曲线或其放大器增益曲线)；系统的噪声计数应小于10 cps(计数/秒)。

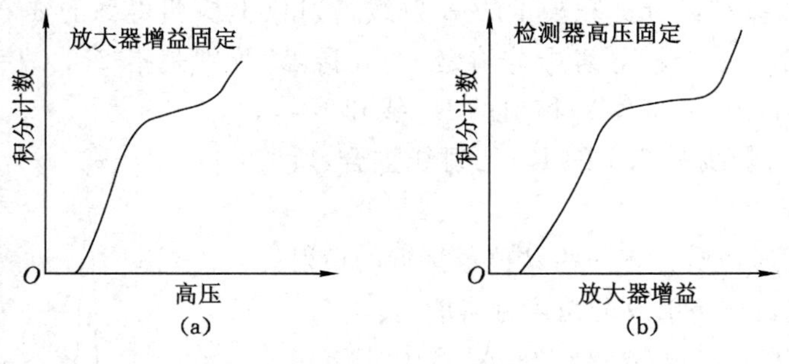

图1-30　检测器的工作高压曲线或其放大器增益曲线

(a) 检测器的工作高压曲线；(b) 检测器的放大器增益曲线

第二步：如果选定了一组探头的检测器高压以及放大器增益条件，则观察比较在此条件下的“积分”计数和道宽置某一值时的“微分”计数读数。如果这两个读数接近相等，则应适当减小道宽；反之，则应增加道宽。如此，直到X射线脉冲通过率达到90%。这样，便可得到一套适用的高压—增益—阀值—道宽条件。如果分析器的道宽已增至最大而“微分”读数仍太小，则应适当降低阈值和检测器的工作高压或放大器增益，再找一组高压和增益条件，直到分析器的道宽可以允许 X 光脉冲的通过率在 90%以上。

用这种简易步骤，只需几分钟就可找到一套适用的条件，而效果与根据测定高压曲线、增益曲线、微分曲线来进行工作条件的选择差不多。

1.5.2　具体实验条件的选定

在实际进行衍射实验测量前还有一些具体的实验条件，需要操作者根据样品的衍射能力和实验的目的临时选定。

1.5.2.1　发散狭缝

发散狭缝的宽度决定了入射 X 射线束在扫描平面上的发散角 α。实际用的样品表面是一个平面，相当于用切线代替聚焦圆上的弧，这一近似会引起衍射线剖面的畸变，使剖面向低角度一侧不对称宽化和位移。此影响随 α 增大而迅速增加，剖面重心的位移正比于 $\alpha^2 \cot\theta$，峰顶的位移量较之为小，但和重心一样，其位移量随 2θ 的减小而增加，在 $2\theta=180°$时为零。

发散狭缝有固定宽度和宽度自动连续变化两种。

使用固定狭缝宽度的发散狭缝时有一个狭缝宽度的选择问题。选用大的 α 角可以增加样品的受照面积，提高衍射线的强度，不过在低角度区域，有效的 α 实际上不取决于发散狭缝的宽度而取决于样品表面的最大宽度，这时使用发散狭缝的目的是为了限制光束不要照射到样品以外地方，以免引起大量的附加散射或线条。一般衍射仪所附的样品框的装样窗孔，其宽度为 20 mm，故在低角度范围上 α 不可以用得很大，样品表面受照区的宽度 L 为：

$$\begin{aligned} L &= R\sin\theta\sin\alpha/[\sin(\theta+\alpha/2)\sin(\theta-\alpha/2)] \\ &= \alpha R/\sin\theta \end{aligned}$$

按上式可以计算得到不同 α 角的发散狭缝所适用的最低的 2θ 角，结果列于表 1-4 中（对于 $R=180$ mm 的衍射仪）。为了获得较大的衍射强度，在较高的 2θ 角度时可以用较大 α 角的发散狭缝。

表 1-4　　扫描的起始角(2θ)与发散狭缝的孔角 α

发散狭缝孔角 α	所适用的最低 2θ/(°)	相应的最大间距 d/Å(MoK_α ⊥ $CuK_\alpha CoK_\alpha$)		
10′(1/6°)	2.9	14.0	29.5	34
30′(1/2°)	8.5	4.8	10.4	12
1°	17.0	2.4	5.2	6.05
2°	34.5	1.2	2.6	3.0
3°	56.2	0.8	1.6	1.9
4°	72.8	0.6	1.3	1.5

注：扫描半径 $R=180$ mm，$L=20$ mm。

1.5.2.2　接收狭缝

接收狭缝是为了限制待测角度位置附近区域之外的 X 射线进入检测器，它的宽度对衍射仪的分辨能力、线的强度以及峰高/背底比有着重要的影响作用。

使用窄的接收狭缝可以获得较好的分辨能力。国产的衍射仪配备的最窄的接收狭缝为 0.1 mm，与常用的 X 射线源有效宽度的大小相近。选用较宽的接收狭缝仅能增加峰的积分强度和峰高，但峰高/背底比降低并使线剖面对称地宽化，不过宽化的量与 θ 的大小无关，不影响剖面重心的位置。但对于部分分离的 K_{α} 双重线，宽化将导致 $K_{\alpha1}$、$K_{\alpha2}$ 线的重叠加深，使 $K_{\alpha1}$ 的峰顶趋向较高的角度，使双重线相互靠近。

衍射仪配备的接收狭缝其宽度最大可为 2.0 mm，这种特宽狭缝可用于记录特别弥散的峰，还可用于测量衍射线的积分强度。用宽的接收狭缝能同时接收一个衍射束的全部能量，以此法测定线的积分就避免记录线的剖面和求剖面的面积等繁琐的步骤了。

1.5.2.3 防散射狭缝

防散射狭缝是光路中的辅助狭缝，它能限制由于不同原因产生的附加散射进入检测器。例如光路中空气的散射、狭缝边缘的散射、样品框的散射等。此狭缝如果选用得当，可以得到最低的背底，而衍射线强度的降低不超过 2%。如果衍射线强度损失太多，则应改较宽的防散射狭缝。

1.5.2.4 扫描方式

(1) 连续扫描

试样和接收狭缝以角速度比 1∶2 的关系匀速转动。在转动过程中，检测器连续地测量 X 射线的散射强度，各晶面的衍射线依次被接收。计算机控制的衍射仪多数采用步进电机来驱动测角仪转动，因此实际上转动并不是严格连续的，而是一步一步跳跃式转动，在转动速度较慢时尤为明显。但是检测器及测量系统是连续工作的。

连续扫描的优点是工作效率较高。例如以 2θ 为每分钟转动 4°的速度扫描，扫描范围从 20°～80°的衍射图 15 min 即可完成，而且也有不错的分辨率、灵敏度和精确度，因而对大量的日常工作(一般是物相鉴定工作)是非常合适的。但在使用长图记录仪记录时，记录图会受到计数率表 RC 的影响，须适当地选择时间常数。

(2) 步进扫描

试样每转动一步 (固定的 $\Delta\theta$)就停下来，测量记录系统开始测量该位置上的衍射强度。强度的测量也有两种方式：定时计数方式和定数计时方式。然后试样再转过一步，再进行强度测量。如此一步步进行下去，完成指定角度范围内衍射图的扫描。

用记录仪记录衍射图时，采用步进扫描方式的优点是不受计数率表 RC 的影响，没有滞后及 RC 的平滑效应，分辨率不受 RC 影响；尤其它在衍射线强度极弱或背底很高时特别有用，在两者共存时更是如此。因为采用步进扫描时可以在每个 θ 角处做较长时间的计数测量，以得到较大的每步总计数，从而可减小计数统计起伏的影响。

步进扫描一般耗费时间较多，因而须认真考虑其参数。选择步进宽度时需考虑两个因素：一是所用接收狭缝宽度，步进宽度至少不应大于狭缝宽度所对应的角度；二是所测衍射线线形的尖锐程度，步进宽度过大则会降低分辨率甚至掩盖衍射线剖面的细节。为此，步进宽度不应大于最尖锐峰的半高度宽的 1/2。但是，也不宜使步进宽度过小。步进时间即每步停留的测量时间，若长一些，可减小计数统计误差，提高准确度与灵敏度，但将损失工作效率。

1.5.2.5 数字记录时采样条件的选择

数字化的衍射仪用计算机进行衍射数据采集，可选定速连续扫描方式，也可以选择步进扫描方式。这两种方式都要适当选择采集数据的"步宽"(或称"步长")，步宽应当大大小于衍射峰的半高宽。此外，对前者还要选定"扫描速度"，而对后者则要选择"定时计数"还是"定数计时"测量方式。为了降低计数统计误差造成的计数起伏，克服不可避免的仪器性能随时间的漂移变化，用计算机进行数字测量衍射图时还可以采用重复扫描叠加技术。

衍射仪的工作条件对仪器 2θ 分辨能力和衍射峰强度的影响可从表 1-5 中清楚地看到。若干典型的记录目的与衍射仪实验条件的选择列于表 1-6 中，可供参考。一般使用 0.1～0.2 mm宽的接收狭缝，扫描速度 2°/min(2θ)，已能得到具有很好分辨率的衍射图，而所费时间也不算太多。

表 1-5　衍射仪工作条件与仪器分辨率及接收条件的关系

因　素	增加仪器分辨率	提高接收强度
X 射线出射角 ψ	3°或更小	不小于 6°
发散狭缝宽度(发散角 α)	适当小	大
接收狭缝宽度	小	大
样品的吸收	用薄层粉末样品	厚层粉末样品
轴向发散角 δ	小	大
计数率表 RC(对记录仪)	小	
采数步宽(对计算机)	小	

表 1-6　记录目的与衍射仪工作条件的选择

记　录　目　的	发散狭缝① /(°)	接收狭缝 /mm	扫描速度 /[(°)/min]	时间常数② /s	样品厚度
定性鉴定样品的主要组分，记录大角度范围的衍射图	2 (中等)	0.2～0.6 (中到大)	2 或 4	～1	厚
定性鉴定样品的少量组分，记录大角度范围的衍射图	4 (大)	0.2～0.4 (中等)	2	～1	厚
对尖锐的峰进行准确的积分强度的测量	4 (大)	0.4 或特宽	1/8，1/4 或 定点测量	>5	厚
对宽的峰进行准确的积分强度的测量	4 (大)	0.6 (大)	1/4,1/2	>5	厚
为取得细节清楚分辨良好的一小段衍射图	1 (小)	0.08～0.2 (小)	1/8,1/4	3	薄
为研究衍射峰的宽化	1 (小)	0.08 (小)	1/8	3	薄
精确测定晶胞常数	1 (小)	≤0.24 (小)	1/8	>5	薄

注：① 发散狭缝的宽度还受扫描起始角的限制。

② 若用计算机采集数据，则不受 RC 的影响。

1.5.3　样品的制备

对于样品的准备工作，必须有足够的重视。常常因为急于看到衍射图，或舍不得花费必要的功夫而马虎地准备样品，这样常会给实验数据带入显著的误差甚至数据无法解释，造成混乱。图 1-31 示出了一个由于制样方法不当而得不到正确的衍射图的例子。

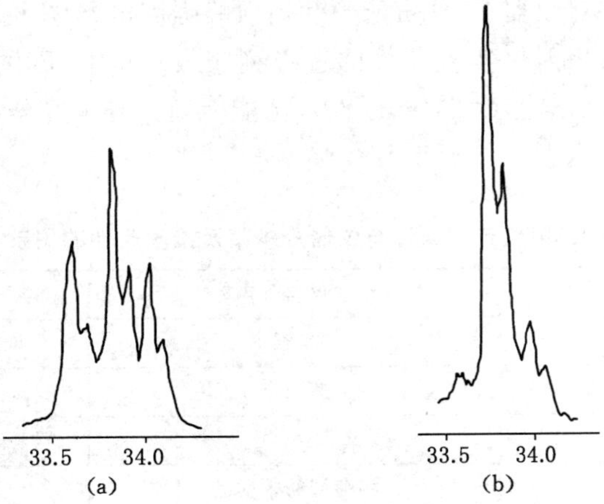

图 1-31 制样方法的不当而得到错误衍射图(KNO_3 的一段衍射图)

(a) 正确的图谱;(b) 制样的方法不当得到的图谱

准备衍射仪用的样品试片一般包括两个步骤:首先,需把样品研磨成适合衍射实验用的粉末;然后,把样品粉末制成有一个十分平整平面的试片。整个过程以及之后安装试片、记录衍射谱图的整个过程都不允许样品的组成及其物理化学性质有所变化。确保采样的代表性和样品成份的可靠性,衍射数据才有意义。

1.5.3.1 对样品粉末粒度的要求

任何一种粉末衍射技术都要求样品是十分细小的粉末颗粒,使试样在受光照的体积中有足够多数目的晶粒。因为只有这样,才能满足获得正确的粉末衍射图谱数据的条件:即试样受光照体积中晶粒的取向是完全机遇的。这样才能保证用照相法获得相片上的衍射环是连续的线条;或者,才能保证用衍射仪法获得的衍射强度值有很好的重现性。此外,将样品制成很细的粉末颗粒,还有利于抑制由于晶癖带来的择优取向。而且在定量解析多相样品的衍射强度时,可以忽略消光和微吸收效应对衍射强度的影响。所以在精确测定衍射强度的工作中(例如相定量测定)十分强调样品的颗粒度问题。

对于衍射仪(以及聚焦照相法),实验时试样实际上是不动的。即使使用样品旋转器,由于只能使样品在自身的平面内旋转,并不能很有效地增加样品中晶粒取向的随机性,因此衍射仪对样品粉末颗粒尺寸的要求比粉末照相法的要求高得多,有时甚至那些可以通过 360 目(38 μ)粉末颗粒都不能符合要求。对于高吸收的或者颗粒基本是个单晶体颗粒的样品,其颗粒大小要求更为严格。例如,石英粉末的颗粒大小至少小于 5 μm,同一样品不同样片强度测量的平均偏差才能达到 1%,颗粒大小若在 10 μm 以内,则误差为 2%～3%。但是若样品本身已处于微晶状态,则为了能制得平滑粉末样面,样品粉末能通过 300 目便足够了。

对于不同吸收性质的粉末,可以认为"足够细"的颗粒度其实际尺寸是各不相同的,因为样品受到 X 射线照射的有效体积和可以忽视样品中微吸收效应的颗粒上限都取决于样品的吸收性质。Brindley 对此做过详细的分析,在衍射分析中对粉末的颗粒度按 μD 值进行分级(μ 为物质的线吸收系数,D 为晶体的平均直径)。

① 细颗粒:$\mu D<0.01$;

② 中等颗粒：$0.01<\mu D<0.1$；

③ 粗颗粒：$0.1<\mu D<1$；

④ 十分粗：$\mu D>1$。

表 1-7 列出了不同 μ 值的物质粉末颗粒分级。在 Brindley 的分级中，“细”表示大多数颗粒周围的吸收性质是均匀的，其差异可以忽略（微吸收效应可以忽略）；对中等以上的颗粒，则需要考虑微吸收效应；而“十分粗”的样品，衍射实际上只局限在表面一层的晶粒，此时，粉末照片开始出现不连续的点状线，粉末吸收效应等概念失去意义。

当晶粒尺寸小于 1 000 Å 时，衍射仪就可察觉衍射线的宽化（对于粉末照相法，需晶粒小于 200～300 Å 才能观察到宽化）。所以要测量到良好的衍射线，晶粒亦不宜过细，对于粉末衍射仪，适宜的晶粒大小应在 0.1～10 μm 的数量级范围内。

表 1-7　粉末颗粒度的分级与其线吸收系数 μ 和晶粒尺寸 D 的关系（据 Brindley）

晶粒尺寸 D/μm	线吸收系数 μ/cm^{-1} 1　10　100　1 000　10 000
10	←细→｜←中→｜←粗→｜←十分粗→
1	←细→｜←中→｜←粗→
0.1	←细→｜←中→
0.01	←细→

1.5.3.2　关于样品试片平面的准备

粉末衍射仪要求样品试片的表面是十分平整的平面。试片装上样品台后其平面必须能与衍射仪轴重合，与聚焦圆相切。试片表面与真正平面的偏离（表面形状不规则、不平整、凸出或凹下、很毛糙等）会引起衍射线的宽化、位移以及使强度产生复杂的变化，对光学厚度小的（吸收大的）样品其影响更为严重。但是，制取平整表面的过程常容易引起择优取向。实际实验中，当要求准确测量强度时，一般首先考虑如何避免择优取向的产生而不是追求平整度。

通常采用的制作衍射仪试片的方法都很难避免在试片平面中导致表层晶粒有某种程度的择优取向，择优取向的存在严重地影响了衍射线强度的正确测量。多数晶体是各向异性的，把它们的粉末压入样品框窗孔中很容易引起择优取向，尤其对那些容易解理成棒状、鳞片状小晶粒的样品，例如云母、黄色氧化铅、β-铝等，对于这类样品，采用普通的压入法制作试片，衍射强度测量的重现性很差，甚至会得到相对强度大小次序颠倒过来的衍射图谱。克服择优取向没有通用的方法，根据实际情况可以采用以下几种办法：使样品粉末尽可能细，装样时用筛子筛入，先用小抹刀刀口剁实并尽可能轻压等；把样品粉末散落在倾斜放置的粘有胶的平面上通常也能减少择优取向，但是得到的样品表面较粗糙；或者通过加入各向同性物质（如 MgO，CaF_2 等）与样品混合均匀，混入物还能起到内标的作用。但是，对于一些具有明显各向异性的晶体样品，采用上述方法仍不可避免一定程度的择优取向。而且对于具有十分细小晶粒的金属样品，采用形变的方法（碾、压等）把样品制成平板使用时也常常会导致择优取向的织构，需要考虑适当的退火处理。

然而，如果为了研究样品的某一特征衍射，择优取向却是十分有用的，此时制样将力求使晶粒高度取向，以得到某一晶面的最大强度，例如在黏土矿物的鉴定与研究中，(001)衍射具有特别的价值，故它们的X射线衍射分析常在样品晶粒的定向集合体上进行，需要制作定向试片。

1.5.3.3　关于样品试片的厚度

样品对X射线透明度的影响，与样品表面对衍射仪轴的偏离所产生的影响类似，会引起衍射峰的位移和不对称的宽化，此误差使衍射峰位移向较低的角度，特别是对线吸收系数μ值小的样品，在低角度区域引起的位移$\Delta(2\theta)$会很显著。对于吸收可忽略的样品，若厚度为2θ，则2θ的位移为：

$$|\Delta(2\theta)_{穿透}| = X_t\cos\theta/R$$

因此如果要求准确测量2θ或要求提高仪器分辨率能力，应该使用薄层粉末样品。但是如果为了获得最大的接收强度和要求强度测量有很好的重现性，样品的厚度应满足：

$$X_t \geqslant (3.2/\mu)(\rho/\rho')\sin\theta$$

式中，ρ与ρ'为粉末的真正密度和表观密度。

依据上式，通常仪器所附的制作样品的样品框的厚度（1.5～2 mm）对于所有样品的要求均已足够了。

1.5.3.4　制样技巧

对于制样来说没有通用的一种方法，通常需依据实际情况有针对性地进行选择。然而无论用何种方法，都需要满足一个前提条件——在制成样品试片直至衍射实验结束的整个过程中必须保证试片上样品的组成及其物理化学性质和原样品相同，确保样品的可靠性。

(1) 粉末样品的制备

虽然很多固体样品本身已处于微晶状态，但通常却是较粗糙的粉末颗粒或是较大的集结块，更多数的固体样品则是具有或大或小晶粒的结晶织构或者是可以辨认出外形的粗晶粒，因此实验时一般需要先加工成合用的细粉末。因为大多数固体颗粒是易碎的，所以最常用的方法是研磨和过筛，只有当样品是十分细的粉末，手摸无颗粒感，才可以认为晶粒粒径已符合要求。持续的在研钵或在球磨中研磨至低于360目的粉末，可以有效地得到足够细的颗粒。

制备粉末需根据不同的具体情况采用不同的方法。对于一些很软不便研磨的物质，可以用干冰或液态空气冷却至低温，使之变脆，然后进行研磨。若样品是一些具有不同硬度和晶癖的物质的混合物，研磨时较软或易于解理的部分容易被粉化而包裹较硬部分的颗粒，因此需要不断过筛分出已粉化的部分，最后把全部粉末充分混合后再制作实验用的试样。样品中不同组分在各粒度级分中可能有不同的含量，因此对多相样品不能只筛取最细的部分来制样。如果样品是块状而且是由高度无序取向的微晶颗粒组成的话，例如某些岩石、金属以及蜡和皂类样品，在粉末照相法中可以直接使用，在衍射仪中也可以直接使用，不过需加工出一个平面。金属和合金样品常可碾压成平板使用，但是在这种冷加工过程中常会引起择优取向，需要考虑适当的退火处理。退火的时间和温度以仅发生复原过程为原则，过高的退火温度有可能导致重结晶过程的发生，某些挥发性组分的损失以及其他的物理化学的变化。岩石以及金属或合金块内常常可能存在织构，为了结果的可靠，还是应该磨成粉末或锉成细屑。锉制金属细屑可以用细的整形锉刀，锉刀要清洁，锉时锉程要小，力量要轻，避免样品发热，制得的锉屑还应考虑退火处理以消除锉削过程中冷加工带来的点阵应力。

样品粉末的制备方法还可以根据样品的物理化学性质来设计，例如 NaCl 粉末可以利用酒精使 NaCl 从它的饱和溶液中析出的办法制得，由此得到的样品衍射分析效果极佳。

一些样品本身的性质会影响衍射的图谱，工作时亦应予以注意。例如，有些软的晶态物质经长时间研磨后会造成点阵的某些破坏，导致衍射峰的宽化，此时可采用退火处理；有的样品在空气中不稳定，易发生物理化学变化（易潮解、风化、氧化、挥发等），则需有专门的制样器具和必要的保护、预防措施；对于一些各向异性的晶粒，采用混入各向同性物质的方法，同时还可进行内标。

（2）制作粉末衍射仪试片的技巧

粉末衍射仪要求样品试片具有一个十分平整的平面，而且对平面中的晶粒的取向常常要求是完全无序的，不存在择优取向（在黏土分析中有时又要求制作定向的试片）。

制作合乎要求的衍射仪试片常用的方法：

通常很细的样品粉末（手摸无颗粒感），如无显著的各相异性且在空气中又稳定，则可以用压片法来制作试片。先把衍射仪所附的制样框用胶纸固定在平滑的玻璃片上（如玻璃，显微镜载玻片等），然后把样品粉末尽可能均匀地洒入（最好是用细筛子——360 目筛入）制样框的窗口中，再用小抹刀的刀口轻轻剁紧，使粉末在窗孔内摊匀堆好，然后用小抹刀把粉末轻轻压紧，最后用保险刀片（或载玻片的断口）把多余凸出的粉末削去，然后小心地把制样框从玻璃平面上拿起，便能得到一个很平的样品粉末的平面。此法所需样品粉末量较多，约需 0.4 cm^3。

涂片法所需的样品量最少。把粉末撒在一片约 25 mm×35 mm×1 mm 的显微镜载片上（撒粉的位置要相当于制样框窗孔位置），然后加上足够量的丙酮或酒精（假如样品在其中不溶解），使粉末成为薄层浆液状，均匀地涂布开来，粉末的量只需能够形成一个单颗粒层的厚度就可以，待丙酮蒸发后，粉末黏附在玻璃片上，可供衍射仪使用，若样品试片需要永久保存，可滴上一滴稀的胶黏剂。

上述两种方法很简便且最常用，但仍很难避免在样品平面中晶粒会有某种程度的择优取向。

制备几乎无择优取向样品试片的专门方法有：

① 喷雾法。把粉末筛到一只玻璃烧杯里，待杯底盖满一薄层粉末后把塑料胶喷成雾珠落在粉末上，这样塑料雾珠便会把粉末颗粒敛集成微细的团粒，待干燥后，把这些细团粒自烧杯扫出，分离出细于 115 目的团粒用于制作试片，试片的制作类似上述的涂片法，把制得的细团粒撒在一张涂有胶黏剂的载片上，待胶干后倾去多余的颗粒。用喷雾法制得的粉末细团粒也可以用常规的压片法制成试片。或者直接把样品粉末喷落在倾斜放置的涂了胶黏剂的载片上，得到的试片也能大大克服择优取向，粉末取向的无序度要比常规的涂片法好得多。

② 塑合法。把样品粉末和可溶性硬塑料混合，用适当的溶剂溶解后使其干固，然后再磨碎成粉。所得粉末可按常规的压片法或涂片法制成试片。

1.5.4　原始数据的初步处理

直接从衍射仪得到的数据是衍射空间的一个剖面的数据，即对应于扫描平面内一系列

2θ 角度位置的 X 射线衍射强度数据。我们要了解有关物质结构的信息，必须满足对这些原始数据进行一些初步处理。本节将介绍计算机或人工处理时应遵循的原则：① 图谱的平滑；② 背底的扣除；③ 衍射峰的辨认；④ 各晶面族的衍射角 2θ 的实验值测定；⑤ 衍射强度 I 的测量。

原始衍射数据经过这些初步处理之后才能用于进一步的分析计算。如物相定性鉴定、物相定量分析、精确测定晶面间距和晶胞参数、晶体颗粒大小及其分布、晶体缺陷以及晶体结构的研究等。

1.5.4.1 图谱的平滑

原始的 X 射线衍射数据(或记录图)中，包含程度不等的无规则的计数起伏，主要来源于 X 射线强度的测量误差(X 射线强度的测量误差将在第 5 章中讨论)，因此先要进行数据平滑去处理这些计数起伏，才能进行扣除背底、辨认弱峰、读出峰顶位置和求峰的净强度等工作。

实验数据平滑实际上是一个信号估计问题，需要滤去噪声和净化数据(去除异常数据)。每个 2θ 位置上的 X 射线强度的“真值”可通过该位置及与其相邻的若干个点的测量值来估计。

对于用记录仪获得的原始衍射图，如果 RC 用得比较大，则记录曲线会比较匀滑。但如果 RC 用得较小，衍射强度比较弱，那么记录到的笔迹将是一条由锯齿状的小幅度起伏频繁的曲线形成的带，此时平滑工作实际上是凭经验目估进行的，根据这条原始的记录笔迹带的平均中线，重新描绘出一条较为匀滑的曲线。

如果原始数据是数字记录的，则平滑工作可由计算机完成。数字数据的“去噪”和“净化”方法有移动平滑法，Fourier 变换法和近年来新发展的子波分析法等。现常用的平滑方法是移动平滑法，即依次将每个 2θ 位置上的强度值和其相邻的各 n 个数据点(共 $2n+1$ 个数据点)按某种算法计算出一个估计值作为该点上的平滑值。

常用的算法如下：

① 求算术平均值——稳健的统计处理方法是取其“截尾”算术平均值(即 $2n+1$ 个数据点的最大值与最小值剔出后再求算术平均值) 为平滑值，称为移动平均平滑法。

② 取 $2n+1$ 个数据点的中值为平滑值，称为移动中值平滑法。

③ 取 $2n+1$ 个数据点的多项式拟合曲线在该点位置上的函数值作为该点的平滑值，称为移动拟合平滑法。

④ 取 $2n+1$ 个数据点的加权平均值为平滑值，称为移动加权平均平滑法。

$$\overline{I}_i = \frac{\sum_{j=1}^{N} C_j I_{[i+j-(N+1)/2]}}{\sum_{j=1}^{N} C_j}$$

式中，C_j 为权；$\overline{I}_i$ 为原始强度；N 为与 I_i 一起参加平滑的数据点的总数，$N=2n+1$。

权 C_j 的确定，可以按不同的原则选用什么样的权函数要从平滑效果来考虑。当权函数 $C_j=1$，加权平均值即算术平均值。移动多项式拟合平滑实际上也是一种移动加权平均平滑，其算法式子和移动加权平均平滑的算法式子相同，2 次、3 次和 4 次…。多项式各有一套权系数，对于 2 次(3 次)多项式移动拟合平滑，当 $N=5$ 时：

$$J= \quad 1 \quad 2 \quad 3 \quad 4 \quad 5$$

$$C_j = -3 \quad 12 \quad 17 \quad 12 \quad -3$$

移动平均平滑法和移动中值平滑法仅适用于强度变化缓慢的区域，如背景区。对峰区，特别是峰顶区，应使用移动拟合平滑法或移动加权平均平滑法。

1.5.4.2　背底的扣除和弱峰的辨认

背底线具有怎样的特点呢？如果样品是结晶良好的物质，衍射图的背底应该是很平的，只有在接近直射光的极低角度部分才迅速上升；如果样品中含有无定形物质或高度分散的晶体，则会呈现一个或多个很宽的弥散的并且可能互相重叠的散射晕，这些晕的切面具有近似 Gauss 曲线的形状。

经过平滑后的衍射曲线图，仍然保留一些小的起伏，主要仍是由于计数的统计起伏所带来的，还有部分是由于光源强度的微小波动而来的。这部分起伏对背底的扣除和弱峰的辨认很有妨碍，通常需要先给衍射图确定一条背底带，然后才能画出背底线和对弱峰进行甄别。

确定衍射图的背景线，现在只有一些约定的方法。对于一张全衍射图，一种确定背景线的方法是取背底带的中线为背景线：通常先将整张衍射图分成等角度的间隔，其大小一般应小于这些弥散晕的宽度而大于重叠峰群中最宽峰的宽度，然后沿每个间隔的最低点，先描出背底带的下限线（描绘时应考虑上述关于背底线的特点来进行），设这条下限线上各点的强度为 $B_{2\theta}$，则上限线上各点的强度应为：

$$B_{2\theta} + 2Q \times B_{2\theta}^{0.5}$$

式中，Q 为与依据计数统计误差计算的置信度有关的系数，称置信因子，见表 1-8。

表 1-8　　置信因子

置信度/%	50.0	68.3	90.0	95.0	95.5	99.0	99.7
置信因子 Q	0.6745	1.000	1.644	1.960	2.000	2.576	3.000

根据用上述方法确定的背底带找到各个中点，描绘出圆滑的背底带中心平分线，便可得到衍射图的背底线，再以这条线为基线，扣除背底强度，则求得各衍射线的净强度。

只有强度超过背底线上限的峰才可以认为是可信的。显然背底带的宽度与 Q 值有关，Q 值取得越大，辨认出的弱峰就越可信。例如 $Q=0.675$ 时，置信度为 50%；$Q=1.64$ 时，则置信度为 90%。

1.5.4.3　峰位的确定

在衍射图上，每一条衍射线的强度剖面表现为一个高出背景的强度峰。由于 X 射线管发出的光源总有一定的宽度，再加上仪器等因素的影响，因而任意峰都有一定的宽度，而且两边往往是不对称的或不完全对称的。确定衍射峰 2θ 的位置（峰位），可采用以下几种方法：

① 峰巅法——以峰巅的位置(图 1-32 中的 P_0)作为衍射峰的峰位。

② 交点法——在衍射峰的两翼最接近直线的部分，各引一条延长线，以它们交点(图 1-32中的 P_x)的 2θ 位置为峰位。

③ 弦中点法——以衍射峰的半高宽（在背景线以上衍射峰高度的一半处之峰宽）之中点[图 1-32(b)中的和 $P_{1/2}$]为峰位，或者以峰高 2/3 处宽度的中点或 3/4 峰高处宽度的中点[图 1-32(b)中的和 $P_{2/3}$ 和 $P_{3/4}$]为峰位。

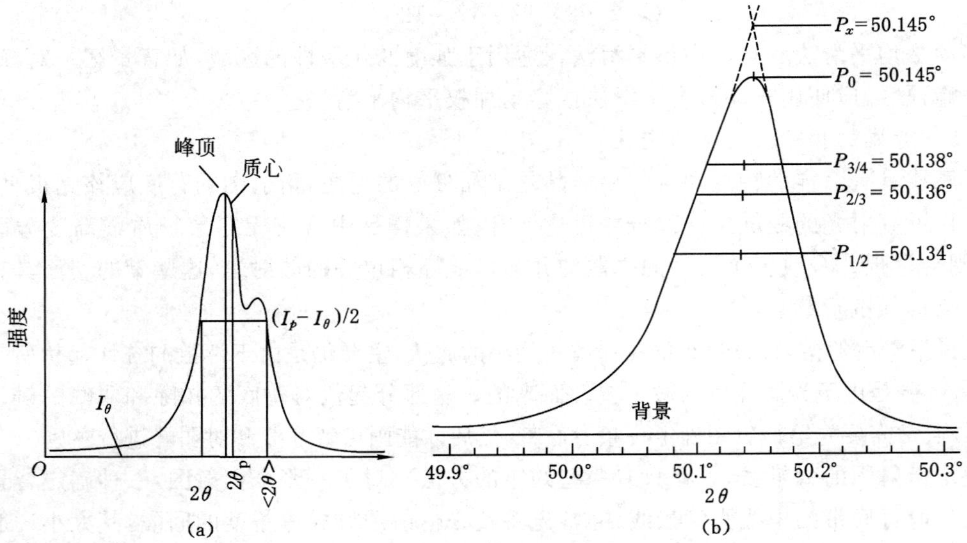

图 1-32　确定衍射峰位置的方法

④ 中心线峰法——按衍射峰的若干弦的中点连线进行外推，与衍射峰曲线相交于一点，以此点的 2θ 为峰位。

⑤ 重心法——亦称矩心法，它是以背景线之上整个衍射峰面积之重心 2θ 为峰位，重心的 2θ 记为 $<2\theta>$，定义为：

$$<\theta>=\frac{\int 2\theta I_{2\theta}\mathrm{d}(2\theta)}{\int I_{2\theta}\mathrm{d}(2\theta)}$$

式中，$I_{2\theta}$ 为 2θ 处减去背景的衍射强度。

如果强度数据是按步宽 $\Delta_{2\theta}$ 数字采集的，则：

$$<\theta>=\frac{\sum 2\theta I_{2\theta}}{\sum I_{2\theta}}$$

⑥ 导数法——用计算机对衍射数据进行数字处理，自动确定峰位（寻峰）常用一级导数或二级导数法。原则上一个峰的峰巅位置能从数据的一级导数符号从正变负的位置来确定；或者从数据的二级导数负区绝对值最大点的位置来确定。此外，二级导数负区的宽度应等于峰的两腰拐点间的距离，这个距离近似为峰的半高度宽，也可用二级差分负区宽度的中心位置作为峰的位置（类似弦中点法）。

在国产衍射分析系统的数据处理程序中，峰位是按二级导数负区绝对值最大来确定的，并取最大值点及其左右相邻的各 3 个点共计 7 个点通过抛物线拟合曲线后用内插法求抛物线顶点的位置作为峰位来提高峰位 2θ 的读出精度。

人工读图时，确定峰位常用前三种方法。其中以峰巅法最为方便，因此最常用。但缺点是峰巅的位置存在着统计上的不确定性，亦即对同一衍射峰进行重复扫描时，峰巅的位置会略有变化。重心法的 $<2\theta>$ 的实验系统误差便于进行理论分析并加以估算，所以它在精确的实验工作中有重要的价值，通常只在精确测定晶胞参数时采用。

1.5.4.4　衍射强度的测量

在衍射仪技术中，所测得的计数或计数率对应的是 2θ 位置上的 X 射线强度，称为实验绝对强度，其单位是计数/秒(cps)，也可使用任意单位(如记录图上强度坐标的绝对长度 cm)。

衍射线的强度指被相应晶面族衍射的 X 射线的总能量，是一种积分强度，它应该与衍射线剖面之下、背底之上所包围的面积成正比，而不是与峰的高度成正比。在实际工作中，作为一个近似方法，积分强度有时可用峰顶的净高度(I_P-I_B)与峰的半高度宽 W 的乘积(I_P-I_B)W 来计算(用一个三角形来近似一个衍射峰剖面)。如果要求不高，则衍射强度也可以简便地用峰巅高度来测量(假定峰的面积与峰高成比例)，例如在大多数物相定性鉴定工作中，习惯上都采用峰巅高度来比较各衍射线的相对强度，以最强峰的峰高为 100。

常用的衍射强度有两种定义：

① 峰高强度——以减去背景后的峰巅高度代表一个衍射峰的强度。此法虽然简便，但实际上各衍射线剖面的形状是 2θ 的函数，其面积并不与峰高成正比。而且，它最大的缺点是受实验条件的影响相当大，且受 K_α 线重叠度的影响。在不同实验条件下，峰高可有明显的变化也与峰的宽化有关，只是因为用法简便，故在对衍射强度的测量误差要求不严格时(如在定性物相分析中)，常常使用峰高强度。

② 积分强度——以整个衍射峰的背景线以上部分的面积作为峰的强度。它代表着相应晶面族衍射 X 射线的总能量。它的优点是尽管峰的高度和形状可能随实验条件的不同而变化，但峰的面积却比较稳定，计数统计误差较小。此外，当用 K_α 双重线的总面积来代表衍射线的积分强度时，可以不必考虑 α_1 与 α_2 峰的分离问题。因此在定量分析等要求强度测量误差小的情况下，都采用积分强度。积分强度测量方法有：

a. 按长图记录仪所得的峰形状，用通常的方法来求其面积，如可用计算法、称重法或平面积分器等。

b. 近似计算，以峰顶的净高度(峰顶高度减背底)与峰的半高全宽的乘积来近似代表衍射峰的积分宽度。此种处理的实质是认为峰面积近似等于其高与峰高相等、中位线与峰半高宽相等的等腰三角形的面积。

c. 使用宽度足够的接收狭缝直接测量整个衍射束的光量。

d. 计数累加——用减去背景的强度计数值累加。可用计算机处理，也可用定标器直接累加(此时注意背底计数的扣除)。X 射线衍射仪的控制分析系统配有专用的"净"积分强度的测量程序和求峰面积的计算程序。

最后还应指出，一般 X 射线衍射线都是 $K_{\alpha1}$、$K_{\alpha2}$ 双重线，而且还常有不同衍射峰的重叠，这两个因素都会造成峰位的偏移以及使衍射强度增加，因而若需要精确地确定峰位和强度时常常有必要进行重叠峰的分离，然后才确定单个峰的峰位及面积。

1.6　粉末衍射方法的应用

1.6.1　概述

晶体的 X 射线衍射图谱实质上是对晶体微观结构一种精细复杂的形象变换，因此人们在微观结构的深度上对晶态物质进行观察研究的不可缺少的基本工具。大多数固态物质（以及某些液体）都是晶态或者准晶态物质，它们常以细粒或者微细的晶粒聚集体形式存在，即使是大颗粒的晶体，一般也不难得到它们的粉末状样品，所以多晶物质的X射线衍射分析法的应用非常广泛。从多晶X射线衍射数据中所能获得的关于晶体结构的信息虽然不如单晶体衍射丰富，但是由于样品容易得到，多晶X射线衍射法的应用更为广泛而有效。

本章仅对该法的几个主要应用方面作一点原理性的介绍，其中包括物相分析、晶胞参数的精确测定及应用和衍射线强度分布数据的应用等。

1.6.2 物相分析

物相是具有某种晶体结构并能用某化学式表征其化学成份（或有一定的成份范围）的固体物质。比如，同样是铁，它能以体心立方结构的 α-Fe、面心立方结构的 γ-Fe 和体心立方结构的高温 δ-Fe 三种物相形式存在。碳能溶解于这三种相中形成固溶体。碳在 α-Fe 中的固溶体称为铁素体，碳在 γ-Fe 中的固溶体称为奥氏体。铁和碳还能形成化合物 Fe_3C，称为渗碳体，其晶体结构相当复杂。而碳钢中的莱氏体则是奥氏体和渗碳体的共晶混合物，珠光体是铁素体和渗碳体的共析混合物，显然这两种混合物都分别包括两种物相。又如，矿物中同样是 SiO_2，它能以菱形结构的 α-石英、两种不同四方结构的方英石和超石英以及两种不同单斜结构的鳞石英和柯石英等形式存在。Al_2O_3 的同分异构体就更多了。随着近代材料科学的迅猛发展，物相的含义有所扩大。高分子材料和其他凝聚态固体在热处理后，其结构常常包括结晶相、过渡相、亚稳相和非结晶部分，现在人们常把这种材料中的非晶部分统称为非晶相。

同样一种物相，可以单独存在，也可以存在于含有其他一种或多种物相的混合体中。当它单独存在时，能以不同的形式和大小出现，当它存在于某种材料中时能呈不同的形态和不同的分布，且随材料的状态而变化，同时保持晶体结构和化学成份不变。

就广义而言，物相衍射分析包括物相鉴定（定性分析）、定量分析、相结构的测定和相变等内容。

当需要对某物质的性质进行研究时，不仅需要知道它的元素组成，更为重要的是了解其物相组成。X射线衍射方法可以说是对晶态物质进行物相分析的最权威方法。

1.6.2.1 X射线衍射方法的依据

正如本章开始所指出的那样，晶体的X射线衍射图谱是对晶体微观结构精细的形象变换，每种晶体结构与其X射线衍射图之间有着一一对应的关系，任何一种晶态物质都有自己独特的X射线衍射图，而且不会因为与其他物质混合在一起而发生变化，这就是X射线衍射法进行物相分析的依据。

由 Bragg 方程知道，晶体的每一衍射都必然和一组间距为 d 的晶面组相联系：

$$2d\sin\theta = n\lambda \tag{1-19}$$

另外，某晶体的每一衍射的强度 I 又与结构因子 F 模量的平方成正比：

$$I = I_0 K |F|^2 V \tag{1-20}$$

式中，I_0 为单位截面积上入射线的功率；V 为参与衍射晶体的体积；K 为比例系数，与诸多因素有关；上式的条件将在后文中指出。

我们知道，每种晶体结构中可能出现的 d 值是由晶胞参数 a_0、b_0、c_0、α_0、β_0、γ_0 所决定

的，它们决定了衍射的方向。$|F|^2$ 也是由晶体结构决定的，它是晶胞内原子坐标的函数，它决定了衍射的强度。d 和 $|F|^2$ 都是晶体结构所决定的，因此每种物质都有其特有的衍射图谱。由此可以肯定，混合物的衍射图谱不过是其各组成物质物相图谱的简单叠合，我们必定可以通过对混合物衍射图的解释、辨认，进行物相鉴定。从上式可以看到：每一衍射线的强度还与 V 有关，在混合物的情况则应与该衍射线所对应物相的含量有关，可见 X 射线衍射方法不仅能进行物相定性的鉴定，还可以完成定量的测定。

1.6.2.2　物相定性鉴定

任何结晶物质，无论是单晶体还是多晶体，都具有特定的晶体结构类型、晶胞大小、晶胞中的原子、离子或分子数目，以及它们所在的位置，因此能给出特定的多晶体衍射花样。说清楚些，一种多晶物质无论是纯相还是存在于多相混合试样中，它都给出特定的衍射花样。事实上没有两种不同的结晶物质可以给出完全相同的衍射花样，就如像不可能找到指纹全然相同的两个人一样。另外，未知混合物的衍射花样是混合物中各相物质衍射花样的总合，每种相的各衍射线条的 d 值和相对强度（I/I_1）不变，这就是能用各种衍射方法作物相定性分析（物相鉴定）的基础。任何化学分析的方法只能得出试样中所含的元素及其含量，而不能说明其存在的物相状态。多晶的电子衍射和中子衍射花样除相对强度不同于 X 射线衍射外，其他则应相同。

通常只要辨认出样品的粉末衍射图谱分别与哪些已知晶体的粉末衍射图相关，我们就可以判定该样品是由哪些晶体混合组成的。这里的“相关”包括两层含义：

① 样品的图中能找到组成物相对应出现的衍射峰，而且实验的 d 值和相对应的已知 d 值在实验误差范围内一致。

② 各衍射线相对强度顺序原则上也应该是一致的。

显然，要把这一原理顺利地付诸应用，需要积累大量的各种已知化合物的衍射图数据资料作为参考标准，而且还要有一套实用的查找对比方法，才能迅速完成未知物衍射图的辨认和解释，得出其物相组成的鉴定结论。

作为 X 射线衍射参考标准的基本要求是：它必须是一种纯物质自身以及所用记录方法的真正代表，衍射图必须有良好的重现性。该物质必须是单相的，是经过精密的化学组成分析后确定其化学式的。目前，这种参考标准图不仅能通过实验得到，而且也能通过计算机计算得到。

现在，内容最丰富、规模最庞大的多晶衍射数据库是由 JCPDS（Joint Committee on Powder Diffraction Standards）编纂的《粉末衍射卡片集》（PDF）。1938 年，Hanawalt、Rinn、Fraval 三人系统发表了第一批约 1 000 余种重要化合物的粉末衍射数据（每物一卡），并提出了一种简单的数据检索方法。在此基础上，1942 年由美国材料试验学会（ASTM）和美国 X 射线与电子衍射学会（美国晶体学会的前身），联合编辑出版了第一版 PDF 卡（又称为 ASTM 卡片集），收集有约 2 800 种化合物的数据，为 X 射线衍射物相鉴定方法的应用准备了条件；而后 PDF 卡不断增补修订，自 1957 年起，每年增补一批数据卡片，称为一“集”（set），并删除一批旧的数据卡。参加编纂工作的专业协会陆续增加，至 1964 年，正式成立了国际 JCPDS 协会继续负责 PDF 卡的编纂审订工作，1998 年改由国际衍射数据中心（ICDD）收集编辑出版 PDF 卡组，并以 Window 方式建立数据库。1950 年 PDF 卡扩充到约 4 000 种化合物；至 1971 年已有 21 集，化合物超过 21 500 种；至 1987 年增至 37 集，化合物总数超过 50 000 种。PDF 数据卡片的数目现在以每年 2 000 张的速度增长，并且增长速度越来越快。

图 1-33 给出一张 Fe_3O_4 的 PDF 卡片，其中左边第一栏中的 2.53 Å，1.49 Å，2.97 Å 是卡片中的第一、二、三条最强线的 d 值，4.85 为卡片中出现的最大 d 值，下面是对应的相对强度数据；左边第三栏给出试验条件，如辐射、波长、滤片、照相机直径，其中 Cut off 为该照相机所能获得最大的晶面间距；I/I_1 所指示相对强度的测量方法，如衍射仪强度标定或目测估计等。

卡号位置	19—629					
d	2.53	1.49	2.97	4.85	Fe_3O_4	★
I/I_1	100	40	30	8	氧化铁(Ⅰ,Ⅱ)	磁铁矿

辐射 CuK 1.540 5 滤片 Ni 直径
截至 I/I_1 衍射仪
参考文献 National Bureau of Standards, Monograph 25, Sec.5, 31 (1967)
晶系 立方 空间群 $Fd3m$(227)
a_0 8.396 b_0 c_0 A C
α β γ Z8 D×5.197
参考文献 同上
ε nωβ ε Sig(符号)
2V D mp 颜色 黑
参考文献 同上
样品从纽约哥伦比亚碳Gonsi获得，纽约光谱照相分析表明主要杂质(0.01%～0.1%)Co，(0.01%～0.1%)Ag, Al, Mg, Mn, Mo, Ni, Ti, Zn。
花样在 25 ℃ 下获得

d/Å	I/I_1	hkl	d/Å	I/I_1	hkl
4.85	8	111	1.050	6	800
2.967	30	220	0.9896	2	822
2.532	100	311	0.9695	6	751
2.424	8	222	0.9632	4	662
2.099	20	400	0.9388	4	840
1.715	10	422	0.895 2	2	864
1.616	30	511	0.880 2	6	931
1.485	40	440	0.856 9	8	844
1.419	2	531	0.823 3	4	1020
1.323	4	620	0.8117	6	951
1.281	10	533	0.808 0	4	1022
1.266	4	622			
1.212	2	444			
1.122	4	642			
1.092	12	731			

图 1-33 磁铁矿(Fe_3O_4)的标准粉末衍射卡

左边第四栏给出该相所属晶系、空间群，点阵参数 a_0、b_0、c_0 和 α、β、γ，其 $A=a_0/b_0$，$C=c_0/a_0$，Z 后面的数字表示晶胞中相当于化学式的分子数目，D_x 是由晶胞体积和其中原子总质量计算的理论密度。

左边第五栏给出该相的光学及其他物理性能数据，其中 ε_α、$n\omega\beta$、ε_γ 为折射率，Sign 为光性质的正负，$2V$ 为光轴间夹角，D 为实测密度，mp 为熔点，还注明物相的颜色，如 Fe_3O_4 为黑色。

左边第六栏说明物相分析出的化学成份、试样来源及处理、分解温度(D. F)、转变点(T. P)、摄照温度等。

右上方第一栏的左侧给出该物相的化学式和名称，右侧给出物相的结构式、矿物学名称。右上角还给出一些符号，★表示数据高度可靠，"c"表示衍射数据是计算的，"i"表示强度是估计的，"0"表示数据可靠性差。

右边这张表给出衍射花样的 d 值，以最强线强度为100计的相对强度 I/I_1 和衍射晶面指数 hkl，这是卡片的最重要部分，其中还有一些附加说明，b为线条宽化或漫散；d 为双线；n为不是所有资料上都有的线；nc为与晶胞参数不符的线；ni为用晶胞参数不能指标化的线；np为空间群不允许的指数；β为因β辐射存在或重叠而使强度不可靠的线；fr为痕迹；+为可能是另一指数。如图1-33说明最后三条线是用 CuK_{α}，$\lambda=1.540\ 56$ Å 得到的；从1.092 2～0.938 6 Å的衍射线是 $\lambda=1.788\ 90$ Å 获得。卡片左上角给出该物相的PDF卡号19-629，即第19组第629号卡。

标准粉末衍射数据的丰富，使X射线衍射物相鉴定法在日常的鉴定工作中变得越来越有把握，但是也使得查对解释工作变得更加耗费时间，在解释过程中可能会碰到更多的"似是而非"的物质，可以开列出的"嫌疑者"名单很长。随着试验和制样技术的发展，发现过去出版的某些卡片的数据已不太可靠而被抛弃，由一张新编出版卡组中的新卡所代替，因此在进行物相鉴定的时候，有关样品的成份来源、处理过程及其物理化学性质的数据资料对于分析确定结论十分重要，同时也应充分利用其他实验方法相配合；高准确度的多晶衍射 $d\sim I$ 数据，有助于减少"嫌疑者"的数目；而使用衍射仪或Guirier相机能得到质量比Debye相机高得多的数据。这些都能增加物相鉴定的确定性。

由于固溶现象、类质同象、化学成份偏离、结构畸变等复杂情况的存在，常常可能碰到待分析样品中某些组成物的衍射数据与标准数据不一致的情形，因此，在解释一个未知样品的衍射图时，判断某物质是否与其标准衍射数据"符合"的依据，不仅仅在于根据数据的实验误差范围，而有时考虑到被检出物质物相的结构特点，可以允许有较大的偏差，判据是该物相和参考卡片是否有相同的一套衍射指标。

ICDD编有多种形式的PDF卡索引，可以通过多种方法进行检索，这是使用这一丰富数据库的钥匙。此外，还有不少专题的粉末衍射数据集，例如关于矿物的甚至某一范围的矿物(如黏土矿物、稀土矿物、盐矿物以及分散元素矿物等)的专集，在一些专门鉴定的工作中是很方便的。

现在可以使用计算机进行PDF卡检索，自动解释样品的粉末衍射数据，并已有多种全自动衍射仪问世。但是用计算机解释衍射图时，对 $d\sim I$ 数据质量的要求更为严格，而且计算机的应用并不意味着可以降低对分析者工作水平的要求，它只能帮助人们节省查对PDF卡的时间，给人们提供一些可供考虑的答案，正式的结论必须由分析者根据各种数据资料加以核定才能得出。

定性分析工作总的分为实验、数据观测和分析、检索对卡及最后判断四大步骤。下面就这些步骤及有关技术问题作简单介绍。

(1) 实验获得待检测物质的衍射数据

实验的目的是获得未知试样的衍射数据，即 d 值和相对强度数据。在X射线照相法中常使用德拜相机和聚焦相机，必要时可使用试样到底片距离大的平板相机以获得大 d 值

(低角度)的衍射数据。这些照相法需要的样品极少,特别是四重聚焦照相法一次可获得四个样品的衍射数据。

在使用粉末衍射仪收集数据时,要特别注意试样的制备。

粉末试样一般制备比较简单,但对于某些复相分析,试样应全部通过一定的筛目,以防筛掉某些相。另外建议多做几个试样分别进行实验,获得数据互相补充,以弥补可能出现相的不均匀分布造成的困难,尤其是能从某些性质上的差别(比如颜色、粒度、磁性、比重以及在溶液中的可溶性等)有选择性地制取几个试样进行实验,将会给以后的分析带来方便。

一般都将粉末试样压入专制的试样架的槽内。制备试样架的材料有多种多样,但以铝质或玻璃试样架最为常用。架上的试样槽有对通和不对通两种,槽的长宽尺寸对不同型号的衍射仪可能不同。槽的深度可制成多种,视试样粉末多少选用。如果粉末粒度较粗,在使用水平衍射仪时还应添加少量黏结剂,如用苯稀释的加拿大树胶或5‰的火棉胶酒精溶液。

在很多情况下不是粉晶试样,只能采用块状试样,如附着在材料表面的腐蚀产物、氧化产物或其他表面处理的产物和合金试样等。在采用块状试样做实验时,要注意织构对衍射线相对强度的影响,一方面最好采用旋转试样架,另一方面尽可能从几个角度获得实验数据。例如,一磁性方柱体块状材料可能由于各个面所处条件的差别和互相影响,在每一个面只能显示出个别相的极强衍射线峰,而其他相则被淹没,此时不能做出其他相不存在的结论,而应该对几个面(至少应对组成方柱体的三个基本面)分别仔细进行实验。

一些块状试样中某些相含量极少(相对含量少于1%~5%),特别是弥散相,可能不给出相应的衍射线条而被漏掉,这时要采用特殊的相提取技术,如超声—机械钻取、化学萃取分离等。

(2) 数据观测与分析

首先应对衍射花样进行初步、仔细的观察,借以发现花样的特征,如像花样中衍射线条是否具有单相,面心立方,简单立方或密堆六方的衍射花样的特点。未知复相花样中是否具有某种特征,如像某些较宽化的线等。如果同时进行具有某些类似特点的一系列试样分析时,要特别注意对比观察,发现各试样间衍射线出现与否的特点。

在衍射仪法中,一般用顶峰法确定峰位,测定每条衍射线的 2θ 或 θ 值,获得相应的晶面间距 d 值。在扣除背景之后读出每条衍射线的峰高强度,以其中最强线 I_1 为100,计算各线条的相对强度 I/I_1,如果进行人工检测,还需决定其三强线或八强线(复相时可以超过八条)的 d 值。照相法直接使用 d 尺测量,目测法观测强度。

在使用计算机控制的现代衍射仪时,特别是带有Jade等衍射数据分析程序的衍射仪,衍射花样的观测工作变得十分简单。

(3) 检索和匹配

在考虑了适当的实验误差以后,合理地使用各种索引,寻找可能符合的PDF卡号,抽出卡片与未知花样的实验数据核对,必要时应多次反复。关于计算机检索将在之后讨论。

在人工检索时应灵活使用各种索引,不可局限于一种。除考虑实验数据的可能偏差外,还要有坚强的信心和毅力,坚持不懈地努力,切忌急躁情绪。抽卡核对要细心,反复核对比较,对所抽出的许多卡片(特别是使用三强线索引时)做出尽可能合理的取舍,同时还要注意由于待分析花样的实验条件与 PDF 标准卡片的实验条件不同而造成的差异以及 d 值系统偏离和卡片中可能存在的错误。

（4）*最后判断*

经验告诉我们，单纯从数据分析作最后判断有时是完全错误的。比如，TiC、TiN 和 TiO 都属面心立方结构，点阵参数相近，元素分析阳离子都是 Ti，即使了解试样的来源，仍难以区别 TiN 和 TiO，这时需要借助精确测定点阵参数才能最后判断。此外还应注意：

① 分析结果的合理性和可能性。如在某种复杂矿物试样中分析多种矿物物相，但由矿物知识得知它们不可能共生，分析结果必须重新考虑。又如，在腐蚀产物和氧化产物分析时，虽然数据符合尚好，但实际不可能生成时，此结果也应重新考虑。

② 分析结果的唯一性。特别是单相分析时要注意分析结果的唯一性，最好能与其他手段密切配合。一般可根据初步分析结果计算点阵参数，使用《晶体数据》在相应晶系和点阵参数附近查寻是否存在与此相似的物相，这对物相的最后判定是有益的。

Jade 定性相分析系统的应用(图 1-34)。

图 1-34　电脑界面图

左键双击 MDI Jade6.5，即进入 Jade6.5 程序，出现图 1-35 所示图样。

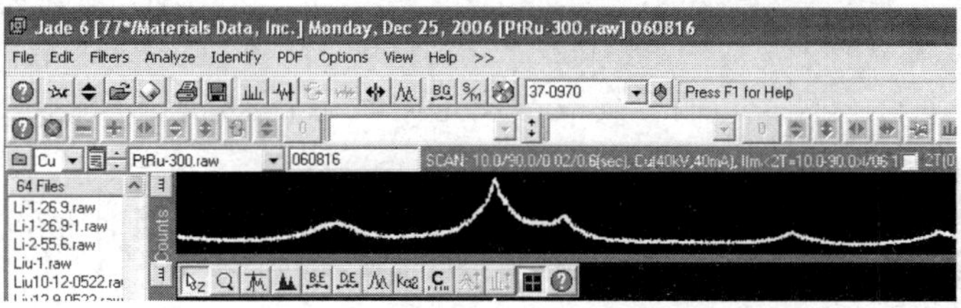

图 1-35　Jade 6.5 程序界面

左键点击，寻找欲分析的文件夹和 File Name(图 1-36)。

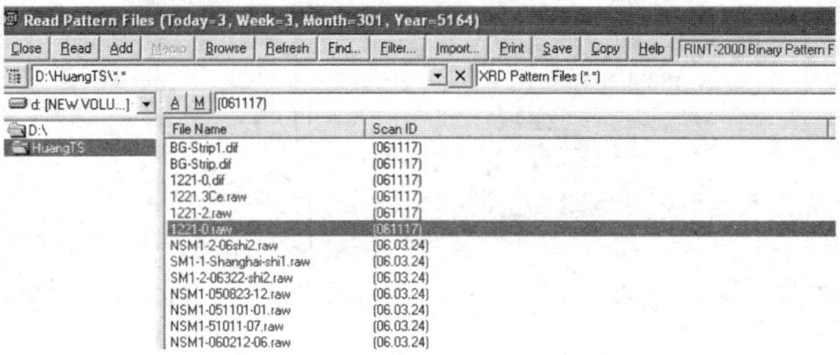

图 1-36　文件夹界面

左键双击 1221-0. raw（或单击 1221-0. raw＋READ）得欲分析的衍射花样（图 1-37）。

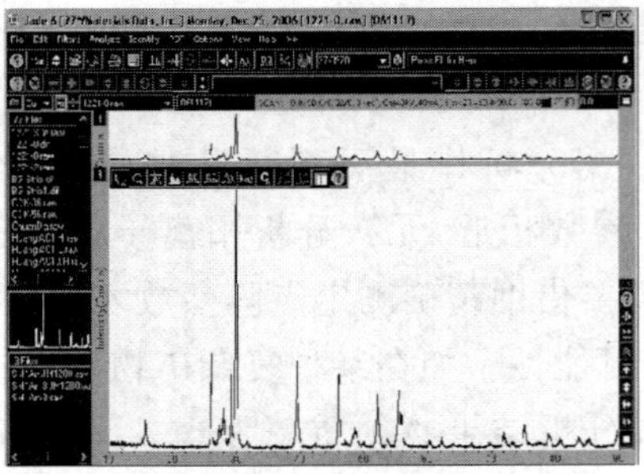

图 1-37　衍射花样界面

右击BG出现图 1-38 所示图样。

左键单击 Apply 和 Strip K-alpha2 即去除 K-alpha2 成份，或左键单击 Apply 和 Remove，即同时去除背景和 K-alpha2 成份。右击%或，出现图 1-39 所示图样。

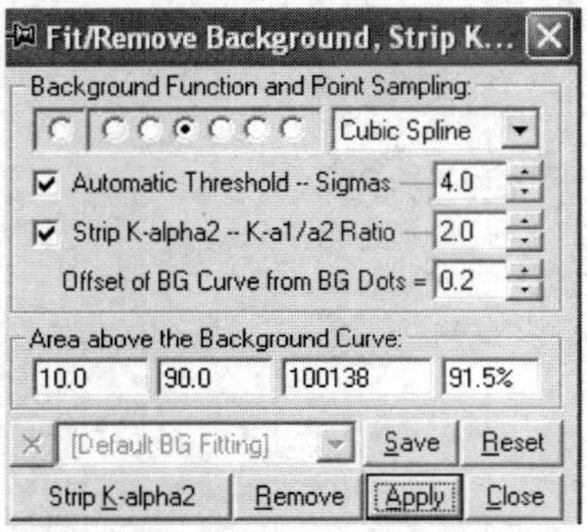

图 1-38　参数设置界面

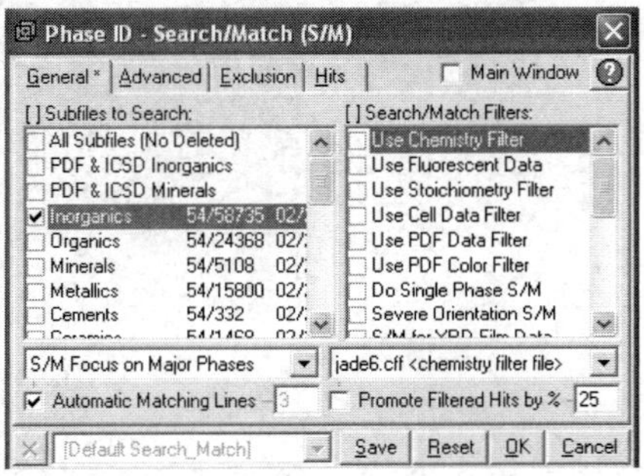

图 1-39　操作界面 1

左键单击 General →Reset，回复到没有设定的状态，设定 Subfile to Search 和 Search/Match Filters，见图 1-39，即出现元素周期表（图 1-40）。

选择样品中的元素，分必需的（O）和可能的（La 和 H）两种情况。左键单击 OK（图 1-41），再左键单击 OK，则出现图 1-42 所示界面。

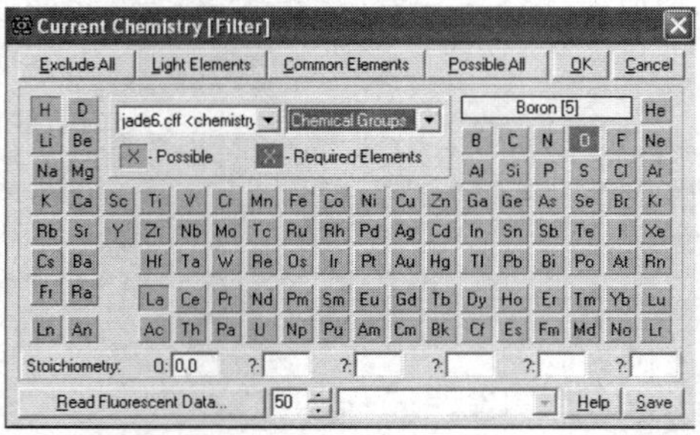

图 1-40　元素周期表界面

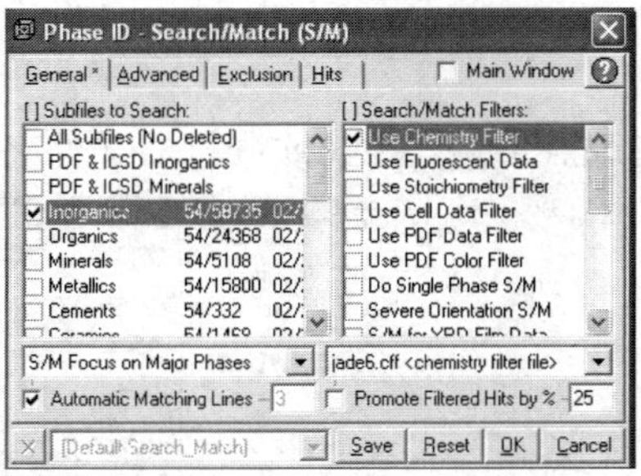

图 1-41　操作界面 2

再左键单击 No 或 Yes，（No 表示不扣背景，Yes 为扣除背景）则在出现许多候选的可能相的英文名称、化学式、PDF 卡号、空间群和点阵参数等，见图 1-43。

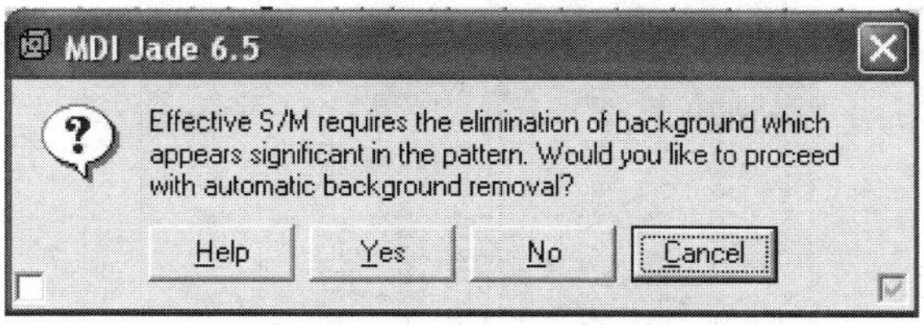

图 1-42　操作界面 3

左键选择(逐条或跳选)可能符合的相与未知花样匹配,并在符合较好相的左侧点击,即打上钩,已打了两个钩,然后右击,消去未选中的相,只保留 La_2O_3 和 $La(OH)_3$ 两个相,见图 1-44。

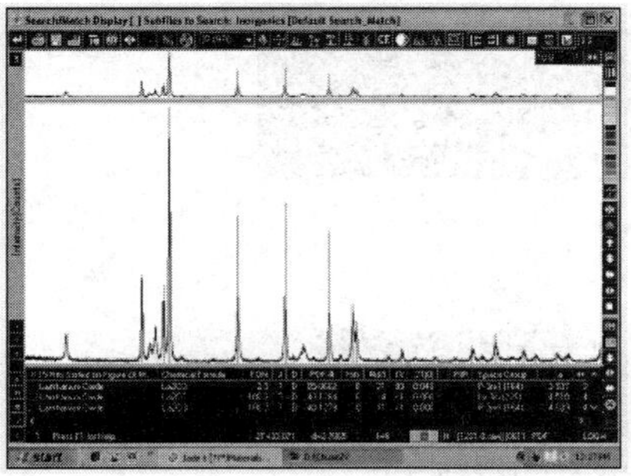

图 1-43　操作界面 4

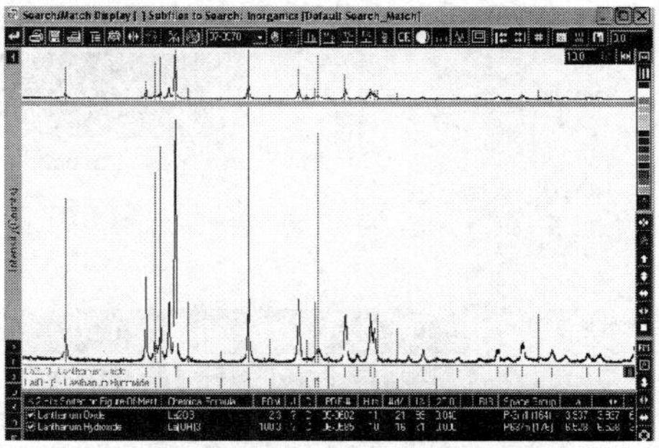

图 1-44　操作界面 5

左键单击会出现未被鉴定的峰一览表，见图 1-45 的右下方。

可对这些峰逐条匹配;左键击,回复到图 1-45。

显然图中只显示最后一个相的相对强度。为了对所有相的相对强度进行匹配,左键击便得到图 1-46,两个相的相对强度都显示在图中。再左键击,即恢复原样。

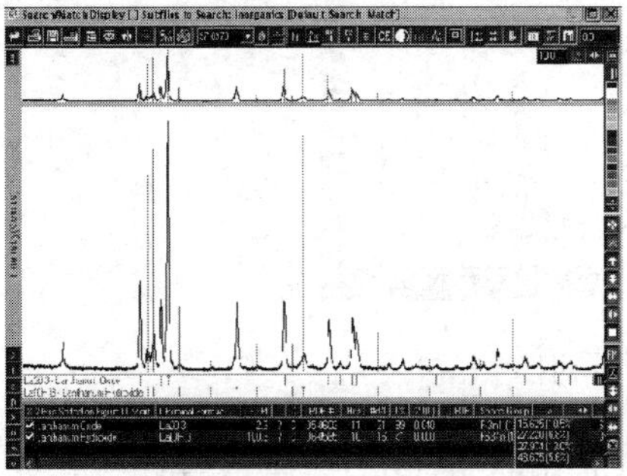

图 1-45　操作界面 6

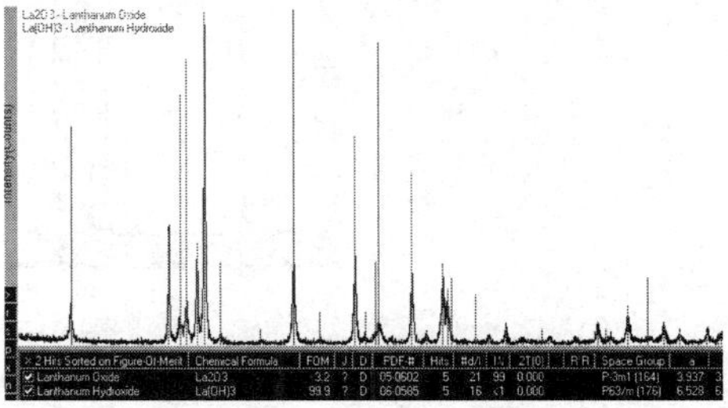

图 1-46　操作界面 7

如果需要查看 PDF 卡片,可左双击该相之条条,便能获该相卡片的数据,见图 1-47。

左击,出现图 1-48。

左击 2 ,出现图 1-49。

在 All, Phase ID, d(A)或/和 2theta,I%,hkl 前方框中点击,即打钩,得到最后的分析结果(图 1-50)。

由以上可知，其检索和匹配均以人机对话的方式进行。如果在欲分析的衍射花样之

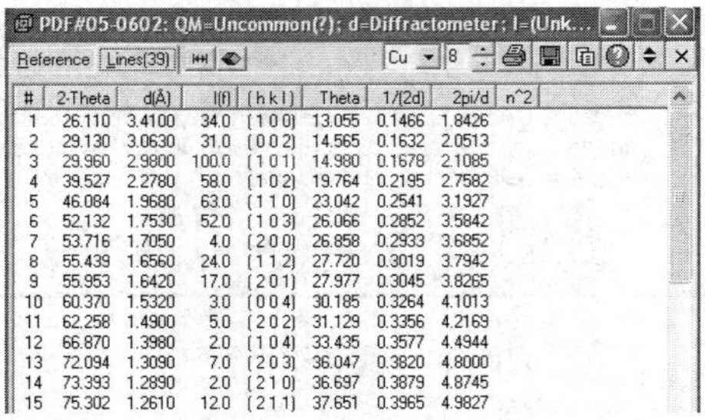

图 1-47　操作界面 8

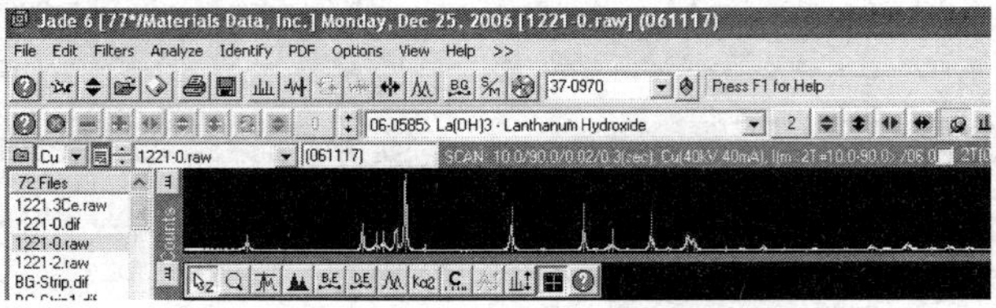

图 1-48　操作界面 9

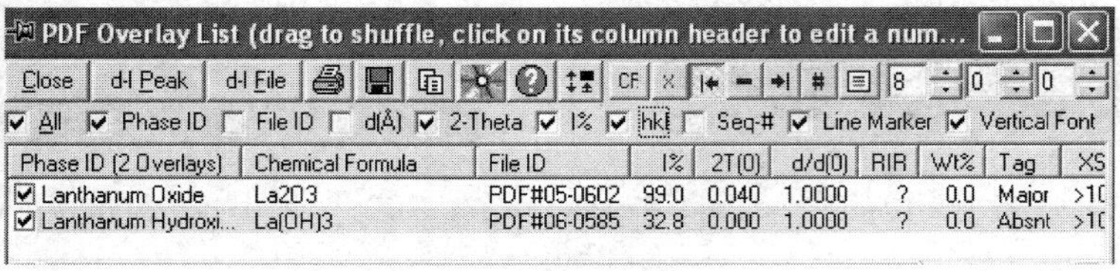

图 1-49　操作界面 10

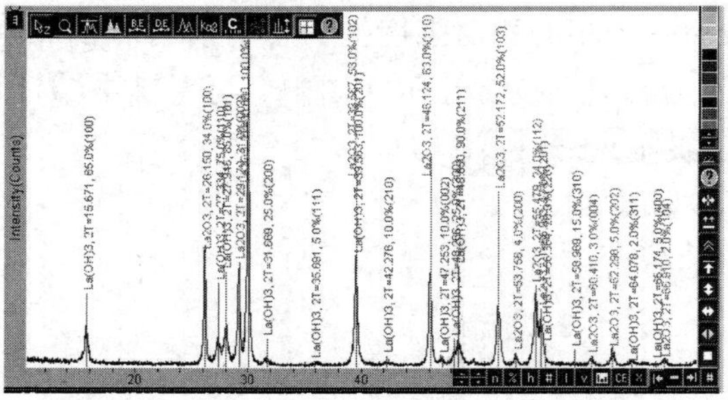

图 1-50　分析结果界面

后，只选定 Subfile to Search，而清出 Search/Match Filters 的设定之后，左键击 S/M 或，即进行全自动检索。理论和实经验表明，这种全无约束的自动检索/匹配结果往往是不可信的或者误检率很高，这是因为结构完全(空间群、原子数目及占位和晶胞参数)相同的物相是不存在的，但十分相近的相是很多的。

从以上的介绍可见，多晶 X 射线衍射物相鉴定方法原理简单，容易掌握，应用时不必具有专门的理论基础，而且它是一种非破坏性分析，不消耗样品。多晶 X 射线衍射法是对晶态物相进行分析鉴定的“特效”手段，尤其是对同质多相、多型、固溶体的有序—无序转变等的鉴别，现在还没有可以替代它的其他方法。不过，用此法进行物相鉴定有时也要通过较为复杂的程序和步骤，并不是靠“一张图、一张卡片”便能够得到答案的，有的分析对象（如黏土）其组成物相大多具有相近的结构，鉴定时必须综合比较样品经不同物理化学处理或不同分离手续之后衍射图的变化，并参考其他实验方法的结果（如化学成份鉴定、热分析、电子显微镜等）才能得出较为正确、详尽的鉴定结论。对于具有同等结构的物质的鉴别更是如此。对于有机物，其种类数目之大如同天文数字，相比之下现有的PDF卡内的数据实在很贫乏，所以此法用于有机晶体的鉴定还大受限制，但是用在样品间的对照鉴定上还是很有特点的。

1.6.2.3　物相定量分析

（1）衍射强度与物相含量的关系

假定样品中晶粒的粒度足够细小，得以保证在受照体积中晶粒的数目非常大。又如果样品中晶粒的取向是完全随机的，在受照体积中将有各种可能取向的晶粒。此外如果样品对X射线是完全透明的，在这些条件下，式(1-20)的正确性是显然的，即在同一实验条件下，一种晶体的任一衍射线的强度与实际参加衍射的晶粒总体积V成正比，因此可以把式(1-20)进一步简写成：

$$I = I_0 K'V \tag{1-21}$$

此处K'为包含$|F|^2$在内的一个系数，取决于实验条件以及晶体结构，并与若干基本物理常数有关，对于指定的某一衍射线在同一实验条件下，它是一个常数。对于一个含有多种物相的样品，若它的某一组成物相i的体积分数为f_i，则i相的某一衍射线$(\underline{h})$的衍射强度$I_i(\underline{h})$自式(1-21)可变为：

$$I_i(\underline{h}) = I_0 K'V f_i \tag{1-22}$$

设纯物相i的$(\underline{h})$线的强度为$I_{i,p}(\underline{h})$，由式(1-22)可得出（因为$f_i=1$）：

$$I_{i,p}(\underline{h}) = I_0 K'V$$

所以有：

$$I_i(\underline{h}) = I_{i,p}(\underline{h}) f_i \tag{1-23}$$

式(1-22)或式(1-23)实际上指出了衍射线强度与被分析物相在样品中含量的关系，但如果要据此建立一种物相分析的实用方法，还需要对它的前提条件进行分析。此关系对样品的粒度和晶粒取向的机遇性的要求，可以通过适当的样品制备方法来满足。而完全透明的前提却是无法满足的，因为实际上晶粒对X射线是有吸收的，样品表层晶粒受照的X射线强度与内部是不同的。必须根据实验条件考虑吸收的影响，才能导出实用的公式。

在衍射仪条件下（试样为平板型，入射线和衍射线与试样平面的夹角始终保持相等），可以证明吸收的影响与θ无关，而仅与试样本身的总吸收性质和被测定物相的吸收性质有关，可以推导出（证明从略）：

$$I_i(\underline{h}) = I_{i,p}(\underline{h}) \frac{u_i^*}{\overline{u}^*} x_i \tag{1-24}$$

式(1-24)是X射线衍射物相定量分析的基础公式。式中分式分子为物相i的质量吸收系数，分母为样品的平均质量吸收系数，其定义为：

$$\overline{u}^* = \sum_{j=1}^{n} (x_j \cdot u_j^*) \tag{1-25}$$

引入平均质量吸收系数意味着假定样品中每一颗微晶粒都有着吸收性质完全相同的环

境;n 为样品组成物相的数目;x_j 为样品中第 j 物相的重量百分数。式(1-24)中与吸收有关的项是分式,其值与 θ 无关。对于其他的多晶衍射实验方法,也可推导出相应的强度公式,但是吸收项通常是 θ 和实验几何条件的复杂函数。X 射线粉末衍射仪的各种不同的实用的物相定量分析方法均由式 (1-24) 出发得到。

从式(1-24)可以看到,多相样品中某组分 i 的某衍射线($\underline{h}$)的强度 $I_i(\underline{h})$,一般并不是简单正比于该相物质所占的重量分数 x_i,因为样品的平均质量吸收系数是样品组成的函数,称为基体效应。如何处理式(1-24)中出现的基体效应是建立一种实用定量方法的关键。

(2) 比强度法

下面介绍一类最常用的 X 射线衍射物相定量方法,一般统称为比强度法。该法有两个基本的常用方程——内标方程和外标方程。

当分析一个 n 相样品中某一物相 i 的含量时,若样品中先掺入已知量的参考物 s 作为第(n+1)个相,仍以 x_i 表示掺入 s 后的样品中物相 i 的重量百分数,应用式(1-24)可得出:

$$I_s(\underline{k}) = I_{i,p}(\underline{k}) \cdot \frac{u_i^*}{u^*} \cdot x_s$$

$I_s(\underline{k})$表示掺入 s 后的样品中参考物 s 的衍射线($\underline{k}$)的强度,由此便可推出:

$$\frac{I_i(\underline{h})}{I_s(\underline{k})} = k_i \frac{x_i}{x_s} \tag{1-26}$$

其中,

$$k_i = \frac{I_{i,p}(\underline{h})}{I_{s,p}(\underline{k})} \cdot \frac{u_i^*}{u_s^*} \tag{1-27}$$

式(1-26)称为比强度法的内标方程,系数 k_i 是一个常数,其值由式(1-27)确定。k_j 取决于物质 i 和参考物 s 本身的组成和结构,而与样品的总吸收性质无关,称为物质 i 对 s 的比强度,因为当 $x_i = x_s$ 时,由式(1-26)可得:

$$k_i = \left.\frac{I_i(\underline{h})}{I_s(\underline{k})}\right|_{x_i = x_s} \tag{1-28}$$

比强度 k 的定义形式类似于比热、比重一类物理量,物相 i 的比强度 k_i 是以参考物 s 的一条衍射线的强度 s 为参照来表示的物相 i 的某一条衍射线的强度。

内标方程可以直接用于定量测定,依据此方程所建立的方法称为内标法。由于实验时需要加入参考物来解决基体效应带来的困难,故此法又称为基体冲洗法。

由式(1-27)或式(1-28)可知,比强度 k 可以由理论计算或通过实验测定得到。当有了物质 i 的比强度 k 值以后,实验时只需要测定样品的 $I_i(\underline{h})$和 $I_s(\underline{h})$,便能够根据式(1-26)确定物相 i 在样品中的含量了。但是,由式(1-26)计算得到的 x_i 是掺入参考物之后 i 相在样品中的重量分数,原样品中 i 相的重量分数应为:

$$w_i = x_i/(1 - x_s)$$

当分析一个已知含有 n 个物相的多相样品时,如果各组成物相均有一衍射线其比强度能够被测定,且在该样品中这些衍射线的强度分别为 $I_1, I_2, I_3, \cdots, I_n$,共 n 个强度数据,我们可以得到其中任一相 i 的重量分数 x_i 的表达式,应用式(1-24),将得到 n 个方程式:

$$x_i = \frac{I_1}{k'_1} \cdot \frac{k'_1}{I_i} \cdot x_i, x_2 = \frac{I_2}{k'_2} \cdot \frac{k'_1}{I_i} \cdot x_i, \cdots, x_n = \frac{I_n}{k'_n} \cdot \frac{k'_1}{I_i} \cdot x_i$$

在这组方程式中：

$$k'_i = I_{i,p} u_i^*$$

将这组方程左、右分别全部相加，又因为：

$$\sum_{j=1}^{n} x_j = 1$$

故可推出：

$$x_i = \frac{I_i}{k'_i} \left\{ \sum_{j=1}^{n} \frac{I_i}{k'_j} \right\} \tag{1-29}$$

将式(1-29)中各相的 k' 值以对某参考物的比强度 k 值代换，该式仍然成立，可推出：

$$x_i = \frac{I_i}{k'_i} \left\{ \sum_{j=1}^{n} \frac{I_i}{k'_j} \right\} \tag{1-30}$$

式(1-29)称为比强度法的外标方程。应用此式进行定量测定时，无须先将参考物掺入样品中，只需事先测定样品各组分物相对某一共同参考物的比强度即可。

(3) 参考比强度 I/I_{col}

从内标方程或外标方程的应用可以了解到有可能也有必要建立一种标准化的比强度数据库以便随时都能够利用 X 射线衍射仪的强度数据进行物相的定量测定。JCPDS 协会已经规定以刚玉(α-Al_2O_3)为参考物质，以各物相的最强线对于刚玉的最强线的比强度 I/I_{col} 为参考比强度(RIR)，并将 RIR 列为物质的多晶 X 射线衍射的基本数据收入 PDF 卡片中。虽然目前收集的 RIR 还不够丰富，但是 RIR 数据库的建立对于广泛地应用多晶 X 射线衍射进行物相定量分析是有很大意义的。根据 RIR 的定义可知，其数据值可以由理论计算或通过实验直接测定得到。目前除刚玉外，美国 NBS 还推荐了若干种其他物质[如红锌矿(ZnO)、金红石(TiO_2)、Cr_2O_3 以及 CeO_3 等]作为参考物质以供选择，对于不同参考物质的 RIR，均可换算成相对于刚玉的 RIR，因为这些参考物对刚玉的 RIR 都是已知的。

以内标方程或外标方程为基础的实用的 X 射线衍射物相定量方法，都属比强度法，这类方法都必须有比强度数据为前提，也就是必须要有被测定物相的纯样品(标准样品)。而这个要求有时是很难实现的，因为一些物相根本无法得到可供比强度测定用的纯样品。因此，在式(1-24)的基础上还发展了其他几种方法，这些方法不要求事先准备标准样品，例如无标样法、吸收/衍射直接定量法、微量直接定量法和 Compton 散射校正法等，但是这些方法都不如比强度法应用普遍。

X 射线衍射物相定量方法能对样品中各组成物相进行直接测定，适用范围很广，但其缺点是由于衍射强度一般较弱，所以对于样品中的量少的物相不易检出，即方法的灵敏度不高，对吸收系数大的样品则更不灵敏，在目前普通衍射用 X 射线发生器的功率条件下，一般说来最低检出限不会优于 1%。

1.6.3　晶胞参数的精确测定及其应用

精确的晶胞参数数据能够反映一种物质不同结构之间的细微差异或者一种晶体的结构在外界物理化学因素作用下的微小变化，并且还有其他很多重要的应用，例如在相图研究、固溶体研究、晶体的密度、热膨胀系数的测定、金属材料中应力的测定以及矿物学中类质同象系列的研究等方面，均需要有精确的晶胞参数数据。随着实验技术的发展，现在测定晶胞参数能够达到很高的准确度和精密度，测量的相对误差达到1/20 000已经不再能称为高精密的测定，好的测定工作应该能取得相对误差达到1/50 000或者1/100 000的结果，而且甚至有的可以达到1/200 000，但是在采纳一个高精度数据的时候对它的测定条件仍然需要进行仔细的审查。

1.6.3.1 晶胞参数的精确测定

晶胞参数需由已知指标的晶面间距来计算，因此如果要精确测定晶胞参数，首先要对晶面间距测定中的系统误差进行分析。晶面间距 d 的测定准确度取决于衍射角的测定准确度，可以分为两个方面对此进行讨论。

(1) 衍射角测定中的相对误差

衍射角的测量误差 $\Delta\theta$ 与 d 值误差 Δd 的关系微分 Bragg 方程可以得到：

$$\frac{\Delta d}{d} = -\Delta\theta\cot\theta \tag{1-31}$$

这是个很重要的关系式，它给出了 d 值的相对测定误差和 θ 的关系。从式(1-31)可见，对于在较高角度下产生的衍射，同样大小的 $\Delta\theta$ 值时，Δd 值较小，当 θ 接近90°时，由 $\Delta\theta$ 产生的 Δd 也趋于零(参考表1-9)。另外，由式(1-31)可以看到，较高角度衍射的衍射角对晶体 d 值的变化或差异更加敏感(参考表1-10)。所以，无论是为了精确测定晶胞参数或者是为了比较结构参数的差异或变化，原则上都应该尽可能使用高角度衍射线的数据。因此在实际测定时，需要选择适当的X射线波长，使得样品能在背射区域内有强度较高的线条可供测量。

表1-9　当 $\Delta\theta$=0.01°时不同衍射角的晶面所引入的 d 值测定的相对误差 $\Delta d/d$

θ/(°)	10	20	40	60	80
$\Delta d/d$/%	0.099	0..048	0.021	0.010	0.003

表1-10　当 $\Delta d/d$=0.01时不同衍射角的衍射线的位移 $2\Delta\theta$

θ/(°)	$-2\Delta\theta$/(°)	线的位移/mm(对于57.3 mm的Debye相机)	双重线间的间距(2θ)
10	0.020	0.01	0.05
20	0.042	0.02	0.10
40	0.096	0.05	0.24
60	0.198	0.10	0.49
80	0.650	0.325	1.61

(2) 衍射角测定中的系统误差

精确测定包括了两个方面的要求：首先测定值的精密度要高，偶然误差要小；其次要求测定值要正确，系统误差也要小，并且要进行校正。

多晶衍射仪和Guiner相机(90 mm)的 θ 角测定值对于尖锐并且明显的衍射线有很好的精度，可以达到±0.01°的水平，而Debye相机测定误差是相同直径Guinier相机的4倍。

只是前两者的几何条件较为复杂，很难进行校正。

衍射角测定中的系统误差有几个方面的来源：① 物理因素带来的，如 X 射线折射的影响，波长色散的影响等；② 测量方法的几何因素产生的。前者仅在极高精确度的测定中才需要考虑，而后者引入的误差则是精确测定时必须进行校正的。用 Debye 相机进行精确测定时，仪器方法的几何因素，如半经误差、底片收缩、样品偏心以及样品的吸收等，都能引入显著的系统误差，在此不作详细叙述。

(3) 精确测定晶胞参数的方法

为了精确测定晶胞参数，必须得到精确的衍射角数据，衍射角测量的系统误差很复杂，通常用下述的两种方法进行处理：

① 用标准物质进行校正。现在已经有许多可以作为“标准”的物质，其晶胞参数都已经被十分精确地测定过。因此可以将这些物质掺入被测样品中制成试片，应用它已知的精确衍射角数据和测量得到的实验数据进行比较，便可求得扫描范围内不同衍射角区域中的 2θ 校正值。这种方法方便易行，通用性强，但其缺点是不能获得比标准物质更准确的数据。

② 精心的实验测量辅以适当的数据处理方法。要取得尽可能高精确度的衍射角数据首先需要特别精细的实验技术，把使用特别精密、经过精细测量校验过的仪器和特别精确的实验条件结合起来。例如，如果是使用衍射仪，应当对样品台的偏心、测角仪 2θ 分度值等进行测量，确定其校正值，对测角仪要进行精细的校直，样品框的平面度（特别是金属框片）要严格检查，精心制备极薄的平样品，采用两侧扫描，实验在恒温条件下进行等，这样得到的实验数据可以避免较大误差的引入。虽然仍不可避免地包含一定的系统误差，但是在此基础上辅以适当的数据处理方法可以进一步提高数据的准确性。

修正晶胞参数的方法——假定实验测量的系统误差已经为零，那么从实验的任一晶面间距数据求得的同一个晶胞参数值在实验测量误差范围内应该是相同的。但实际上每一个计算得到的晶胞参数值里都包含了由所使用的 θ 测量值系统误差所引入的误差（例如，若被测物质属立方晶系，其 θ 角测定十分准确，那么依据任何一个 θ 数据所计算的 a_0 值都应在测量误差范围之内，而与 θ 值无关，然而实际上 a_0 的计算值是与所依据的 θ 值相关的），从上述关于 θ 角测量系统误差的分析中可以看到，大多数引起误差的因素在 θ 趋向 90°时其影响都趋向于零，因此可以通过解析或作图的方法外推求出接近 90°时的 θ 数据，从而利用它计算得到晶胞参数值。

对于立方晶系，晶胞参数 a_0 的实验值 a_θ 包含系统误差 Δa_0，是 θ 的某种形式的函数$E(\theta)$，即 $\Delta a_0=E(\theta)$。现在已经证明，对于 Debye 法得到的数据，$E(\theta)$正比于函数$[(\cos^2\theta/\sin\theta)+(\cos^2\theta/\theta)]$。而对于衍射仪法，$E(\theta)$近似正比于 $\cos^2\theta$ 或 $\cos\theta\cot\theta$。从每一个已知(hkl)衍射线的 θ 值我们都能计算得到一个 a_0，$a_\theta=a_0+E(\theta)$，因此若把实验得到的各个 a_0 值(尽可能用高角度衍射线的 θ 值进行计算)对 $E(\theta)$作图，实验点应该落在一条直线附近，将这一直线外推至 $E(\theta)=0$ 即 $\theta=90°$时得到的 a_0 值应该等于或者最接近真实值 a_0。对于其他晶系，虽然通常不使用图解法外推，但可以通过解析的方法推求出 $\theta=90°$时的实验值。

1.6.3.2　精确晶胞参数数据的应用

精确的晶胞参数数据有很多重要的应用。有时也直接使用精确的晶面间距数据，这是因为晶面间距值能简单地由衍射角测值计算得到，而且当结构有微小变化或差异时，某些晶面的 d 值的变化或差异比晶胞参数更大。

(1) 固溶体类型的研究

固溶体也就是固态溶液，它是指固态条件下在一种组分内溶解有其他的组分，由此所组成的呈单一物相的均匀固体，也就是说，固溶体是由两种或两种以上物质组成的。其中含量较高的组分可以看做固态的溶剂，而其他的组分则为溶质，固溶体就是由溶质均匀地溶解在固态溶剂的结构中后形成的。固溶体大多数为晶体，二元金属固溶体是最简单的合金也是最简单的固溶体。

根据溶质点在溶剂晶格中所占位置的不同，通常可将固溶体分为填隙式、置换式和缺位式。填隙式固溶体是指溶质的原子只充填于溶剂晶格原子间的空隙中间而形成的固溶体，此类固溶体种类不多，多数是过渡元素原子空隙间包含 C、B、N 和 H 原子等生成的间隙物相，其溶质的原子都具有很小的半径，典型的例子如碳在 γ-铁中生成的奥氏体，碳原子充填在晶格内铁原子之间的空隙中。置换式固溶体是指溶质的原子代替了部分溶剂晶格中的相应原子并占有其配位位置而形成的固溶体，如矿物和离子化合物中广泛存在的各种混晶，其成份可连续变化，从而组成类质同象系列；缺位式固溶体较为少见，在这类固溶体中并不是每个结构位置都有质点占据，而是有空位存在，如 $Fe_{1-x}S$(磁黄铁矿)等非化学比化合物。

固溶体类型的确定主要依据实验计算的晶胞内所含原子的总质量。从实验测量的晶胞参数和密度值便可以计算得到晶胞的总质量。从晶胞的总质量和固溶体的元素重量组成可以计算得到单位晶胞中的各种原子或离子的数目。从而可以得知是否与结构位置的数目相当。现以一种奥氏体为例，其元素质量组成为：$W(\text{Fe})=86.5\%$，$W(\text{Mn})=12.1$，$W(\text{C})=1.34$，结构为面心立方，$a_0=3.631$ Å，密度测值 $\rho=7.83\ \text{g/mm}^3$，则其晶胞的总质量 m 为：

$$m=\rho a_0^3=7.83\times 3.6313\times 10^{-24}\,\text{g}$$

根据质量组成计算得一个晶胞内各种原子的数目 n 如下(N 为 Avogradro 常数)：

$$n_{\text{Fe}}=m\times W(\text{Fe})\times N/A_r(\text{Fe})=m\times N\times 86.56\%/55.85=3.5$$

$$n_{\text{Mn}}=m\times W(\text{Mn})\times N/A_r(\text{Mn})=m\times N\times 12.10\%/54.93=0.5$$

$$n_{\text{C}}=m\times W(\text{C})\times N/A_r(\text{C})=m\times N\times 1.34\%/12=0.25$$

所以在一个晶胞内各种原子的总数为 4.25，这个数目比这个结构中一个晶胞内的原子数目 4 大，Fe 和 Mn 原子有相近的半径，其原子数目之和正好为 4，占据了全部的结构位置，所以碳原子只能处于它们的间隙中，从碳的原子半径考虑这是可能的。

(2) 固溶体成份的测定

固溶体的结构参数随着其成份的改变而改变，在固溶度范围内变化是连续的，因而其各种性质的变化也是连续的。因此若事先已知或者建立了固溶体的成份与结构参数关系的某种实验曲线，就可以利用精确的结构参数进行固溶体成份的测定。与此相仿，也可以利用精确的结构参数进行固溶体其他性质的测定。

下面以矿物学中的例子进行说明。在矿物晶体中，类质同象现象十分普遍，从固溶体的观点来看，类质同象混晶就是置换式固溶体。现在已经积累了较丰富的各种矿物类质同象系列的成份与结构关系实验曲线或公式。对于对称度较高的等轴晶系和部分中级晶系的晶体，大多直接采用晶胞参数，因为它可以根据较多的衍射线来求得尽可能精确的数值；对于低级晶系和部分中级晶系的晶体往往用某一特定衍射线的 d 值来进行测定，因为单测定一个 d 值较测定其晶胞参数简单，而且某些 d 值随成份的改变更为显著。例如，天然产生的闪锌矿(立方的 β-ZnS)大都含有作为同晶置换的铁，成份中的 FeS 的含量增多时 a_0 会相应增大，其中的关系式为：

$$a_0 = 5.4093 + 0.0005637x - 0.000004107x^2$$

式中，x 为 FeS 的物质的量百分含量。

按此关系式可以用 X 射线精确测定 a_0，从而求得闪锌矿中 Fe 的含量。顺便指出，当结合闪锌矿中 FeS 的固溶极限与温度的关系时，进而根据闪锌矿中 Fe 的含量推知该矿物形成时的温度(图 1-51)，这一应用被称为 X 射线地质温度计，由闪锌矿的成份数据求得的矿物生成温度的精确度为±50 ℃。

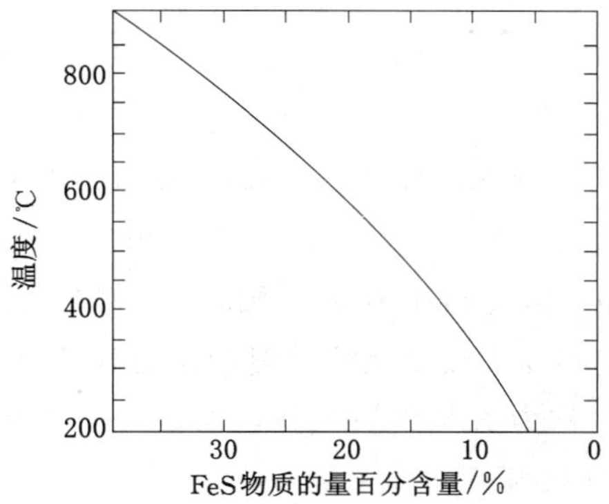

图 1-51　闪锌矿中 FeS 的固溶极限与温度的关系

(3) 固溶度的测定

充分应用固溶体的结构参数随成份连续变化关系的原理，可以进行固溶度的测定，例如在绘制合金体系相图时从单相区到两相区相界的精确测定。

这里以二元合金体系为例。假定要测定某二元合金体系(图 1-52)，当 B 含量较少时为单相区，该相是 B 在 A 中的固溶体；当 B 逐渐增加，在温度 T 时含量大于 P 点时出现新相 C。可以想象，随着 B 含量的增加，开始时衍射图只有晶体 A 的衍射线，达到 P 点处 C 相的线条才出现，但此时 C 相含量很少，它的衍射线强度很弱，很难测准 P 点的横坐标。然而可以通过测定 A 相固溶体的结构参数 a_0(也可以用它某一晶面的 d 值)随体系中 B 含量的变化，对于每一个温度都将能得到类似图 1-53 的关系曲线，曲线表明其结构参数经折点后则不随 B 含量的增加而变化，这一点所对应的 B 的含量能测定较为准确，此点即该温度下相图中单相区与两相区的界点 P。

(4) 金属材料中宏观应力的测量

金属材料中的应力可以区分为宏观应力和两种微观应力，这些应力对材料的性能有各种不同的影响。这三种应力对应于材料晶体结构三种情况的畸变，这些畸变能分别对 X 射线衍射线产生下列效应——线条位移、线条宽化和线条强度降低，因此可以利用 X 射线衍射方法来测量金属材料中各种应力，事实上也只有 X 射线衍射方法才能对各种应力进行区别测量。

金属材料受外力产生形变，如果形变发生在材料的弹性极限以内，则在材料内部很大的范围内（包括成千上万个晶粒的宏观尺度范围内）会受到相当均匀的应力作用，同时发生相应的应变，造成晶粒中晶面间距的变化，此种情况下的应力称为金属材料的第一种应力或宏观应力。宏观应力和晶面间距的变化相联系，因此用 X 射线衍射方法测定出晶体结构变

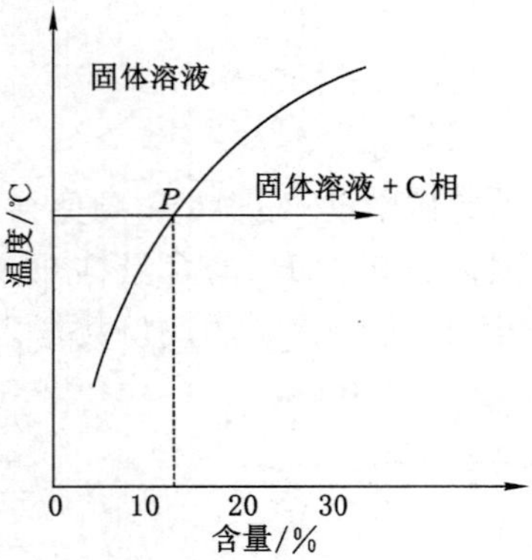

图 1-52　二元合金相图中的一种情况

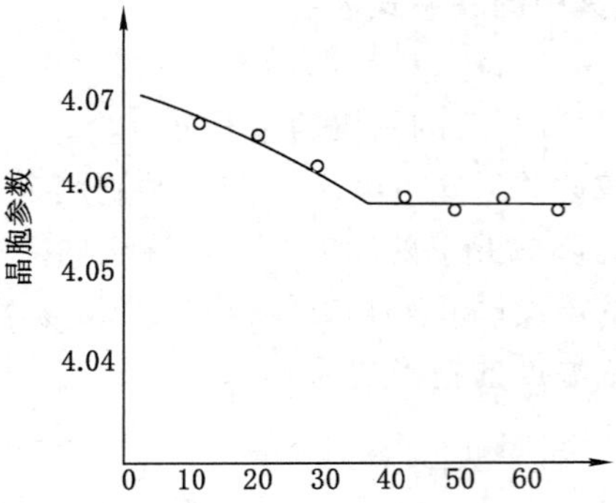

图 1-53　固溶体的晶胞参数与溶质浓度关系

化之后，用有关的理论公式便可求出金属中的宏观应力。但是由于 X 射线只有一定的穿透能力，因此用此法测定的应变实际上只能反映材料中接近表面部分的情况。专门用于应力测量的便携 X 射线衍射设备，称为 X 射线应力测定仪。

(5) 测定有关的晶体性质数据

晶体的一些性质参数往往是直接和晶胞参数或晶面间距相联系的，例如密度、热膨胀系数等，然而这些数据有时不能用通常的方法进行测定或不能精确地测定，例如对于粉末状或疏松多孔材料的密度等，但是，运用 X 射线衍射方法能方便地进行测定。根据每个晶胞所含每种原子的数目和由晶胞参数计算得到的晶胞容积，便可计算出该晶体的理论密度；测定不同温度下晶体不同指标晶面间距的变化，不仅能计算出晶体的热膨胀系数，而且能方便地研究不同方向的热膨胀系数。

1.6.4　薄膜分析中常用的 X 射线方法

1.6.4.1　低角度 X 射线散射和衍射

低角度 X 射线散射(LAXS)，有时又称小角度 X 射线散射(SAXS)，主要用于微粒和多孔材料的分析，散射线形取决于电子密度差、微粒和微孔的大小、形状及分布，且在粒度分布和分形等数据处理技术上有很大发展。仅十几年来，用于薄膜材料和超点阵结构研究有很大发展，特别是高分辨率的多重小角度衍射和同步辐射小角度衍射的发展应用。对于薄膜和多层膜，不仅由于电子密度差引起低角度散射背景曲线，还由于折射效应和厚度涨落引起附加的衍射峰和峰间的强度涨落，因此低角 X 射线衍射成为测定等同周期、折射指数、反射率、平均成份和厚度涨落的有力工具。

1.6.4.2　掠入射 X 射线衍射

掠入射散射(GIS)和掠入射衍射(GID)已在表面科学和表面工程中广泛应用，近些年来在实验技术、衍射理论和多层膜分析中的应用都有很大的发展。

掠射几何分为三种主要类型，图 1-54(a)为共面极端非对称衍射(EAD)，衍射面与晶片表面形成进 Bragg 角，入射线和出射线都成掠射。图 1-54(b)为掠入射衍射(GLD)，衍射面垂直于试样表面，入射线和出射线都成掠射。图 1-54(c)为掠射 Bragg-Laue 衍射(GBL)，其是 EAD 和 GID 的结合，它包括来自于晶体表面法线成小角度的倾斜原子平面的衍射，也可以选择非对称衍射。所有这三种几何学在半导体晶体表面结构研究中广泛应用，包括扩散、离子注入、外延和多层外延、氧化、腐蚀等形成的表面。

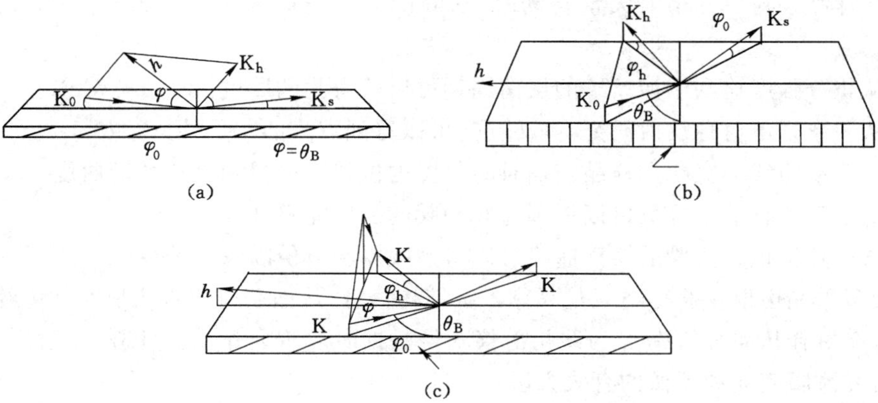

图 1-54　X 射线掠入角和/或掠出射的衍射几何

(a) 共面极端非对称衍射(掠入面射情形)(EAD)；(b) 掠入射衍射(GID)；

(c) 掠射 Bragg-Laue 衍射(GBL)

K_0，K_s，K_h——入射、镜面反射和衍射波；$\boldsymbol{h}$——Bragg 面的倒易矢量；

φ_0，φ_k，φ—K_0，K_s 和 h 与表面的夹角；θ_k——Bragg 角

掠入射的临界角 α_c：

$$\alpha_c = (2\delta)^{1/2} = (2.6 \times 10^{-6} \rho\lambda^2)^{1/2} \tag{1-32}$$

式中，α_c 单位为弧度；ρ 为样品密度，g/cm³；λ 为波长，Å。

当掠入射角 $\alpha_i < \alpha_c$ 时，穿入样品的深度：

$$t = \frac{\lambda}{2\pi(\alpha_c^2 - \alpha_i)} \tag{1-33}$$

若 $\alpha_i > \alpha_c$，穿透深度 t 取决于样品的线吸收系数 $\bar{\mu}_i$：

$$t = \frac{2\alpha_i}{\bar{\mu}_i} \tag{1-34}$$

因此，当 $\alpha_i > \alpha_c$ 时，可以实现全反射，也称为镜面反射，对单原子层或几个原子层表面非常灵敏，是研究表面重构、吸附、界面重构、界面弛豫(失配)、表面界面粗糙度的有力工具；当在 α_c 附近改变 α_i 角时，还可以进行深度轮廓和界面扩散的研究；当 $\alpha_i > \alpha_c$ 时，则可对表面工程薄膜表面进行分析。

1.6.4.3　粉末衍射仪和薄膜衍射仪

粉末衍射仪，特别是使用同步辐射 X 射线的高分辨粉末衍射仪已在薄膜和多层膜研究中广泛应用。为了适宜薄膜的测试，已发展了薄膜衍射仪，其主要是在入射光路中采用弯曲多层膜镜全反射，把发散光束变为平行光束，日本理学株式会社则采用弯曲多层膜全反射镜和多重晶单色器的组合。使用薄膜衍射仪进行多晶膜或非晶膜研究时，多采用固定的较小掠射角入射，进行 2θ 扫描。

1.6.4.4　双晶衍射仪和多重晶衍射仪

由于双晶衍射仪具有高的分辨率和能探测极小应变的特点，对存在微小应变的多层膜

和超点阵分析特别适用。关于双晶衍射摆动曲线分析已有综述，并能提供如下信息：

① 从衬底与表面膜衍射的角分离度可得到点阵错配和膜的成份。

② 当样品绕衬底的衍射矢量转动时，从峰的分离角度变化可获得外延膜与衬底的取向差。

③ 从积分强度比和干涉条纹的震荡周期可以获得膜的厚度。

④ 从一系列不对称反射研究有效错配，可以得到点阵的相干性。

⑤ 从摆动曲线的宽化和样品扫描时峰位置的位移可以得到晶片的弯曲度。

⑥ 从摆动曲线的半峰宽可以得到衬底和膜的晶体完整性。

⑦ 从计算机拟合实验的摆动曲线可以得到膜厚和成份随深度的变化。

利用多重晶衍射仪获得不完整晶体三维结构信息，从而获得三维衍射空间测绘的概念，这种方法在解释从高分辨率 X 射线衍射仪获得数据时起重要作用。此外，X 射线倒易空间测绘是研究薄膜应变和弛豫的有效方法。

1.6.4.5 其他方法

在多层膜和超点阵的结构研究中，除上述四类主要方法外，Laue 法线形分线扩展 X 射线吸收精细结构(EXAFS)能量色散方法和驻波 X 射线荧光法以及射线多重衍射漫散射和 GID—貌相术等都得到应用。

1.6.5 衍射线强度分布数据的应用

衍射仪不仅能方便地测量得到晶体各衍射线的衍射角和积分强度，而且还能精细地给出每一个衍射方向在角度上强度的分布数据[线剖面 (diffraction line profile)或称剖面]的数据，在记录图上画出一些“峰”来，从剖面的数据能够得到许多关于结构缺陷方面的信息。

理想完善的晶面，其反射线的实验剖面函数 $h(\theta)$应与 $g(\theta)$[实验时使用特征波长 X 射线的色散曲线 $\lambda(\varepsilon)$和衍射仪的测试函数 $g'(\theta)$的卷积]十分接近：

$$g(\theta) = \int_{-}^{+} \lambda(\varepsilon) g'(\theta - \varepsilon) \mathrm{d}\varepsilon$$

简化表示：

$$g(\theta) = \lambda(\theta) \times g'(\theta)$$

然而带有结构缺陷的晶面(如晶粒过细、结构畸变的存在以及结构面的堆垛层错等)，其反射线的实验剖面函数 $h(\theta)$应该由结构缺陷引入的衍射剖面函数 $f(\theta)$和 $g(\theta)$的卷积：

$$h(\theta) = f(\theta) \times g(\theta)$$

$h(\theta)$通常较 $g(\theta)$宽，这是由于结构缺陷引入 $f(\theta)$所致。一般称 $f(\theta)$为衍射线的真实剖面函数或真实宽化函数，而 $g(\theta)$则称为(包括各种实验测试条件在内)测试函数或仪器宽化函数。

实际上有可能通过对实验剖面函数 $h(\theta)$数据的解析处理，求得反映结构缺陷的真实剖面函数 $f(\theta)$，从而对结构中各种形式的缺陷进行细致研究。微细晶粒(平均粒度＜1 000 Å)的平均大小、粒度分布、微观应力(第二类应力)、结构面的堆垛层错等信息，现在都能通过对衍射剖面 $f(\theta)$的分析得到一定结果。本节仅介绍如何通过剖面宽化的分析测定微细晶粒的平均大小。

1.6.5.1 Scherrer 公式

假定晶体结构中并没有其他类型的缺陷，引起衍射线的宽化的原因仅仅是晶粒尺寸效应(由于晶粒的尺寸而导致剖面宽化),那么,可以证明真实剖面的半高宽 $\beta(2\theta)$ 与垂直于衍射平面方向上的平均晶粒厚度 L 有如下关系:

$$\beta(2\theta) = \frac{K\lambda}{L\cos\theta}$$

式中,K 为比例系数,其值与推引公式时对晶粒形状的假设以及某些其他简化假设有关,大小接近于 1,这便是 Scherrer 公式。衍射峰的宽度也常用积分宽度进行比较,若 I_{max} 为"净"峰高,则积分宽度 $\beta_i(2\theta)$ 为:

$$\beta_i(2\theta) = \frac{\int I(2\theta)\mathrm{d}(\theta)}{I_{max}}$$

由晶粒尺寸效应引起的真实剖面的积分宽度同样可以用 Scherrer 公式进行计算。

Scherrer 公式是一个近似公式,使用时 K 值一般常取值 0.9 或 1,通常严格追究其数值意义不大,因为平均大小本身也没有统一的定义。Scherrer 公式是一个很重要而且很常用的关系式,它给出了衍射线真实宽度与晶粒在衍射方向上平均厚度之间的简单关系。由 Scherrer 公式可见,对于给定的晶体厚度 L,真实峰宽将随 $I/\cos\theta$ 成正比,即由晶粒尺寸效应引起的宽化,θ 值越大越显著。例如,当 $\lambda = 1.54$ Å、$L = 200$ Å,而 $2\theta = 20°$ 时,$\beta(2\theta) = 0.47°$;而在 $2\theta = 160°$ 时,真实峰宽 $\beta(2\theta) = 2.5°$。Scherrer 公式主要用于估计晶粒对于指定晶面方向上的平均厚度,故又常写成:

$$L = \frac{K\lambda}{\beta\cos\theta}$$

1.6.5.2　真实峰宽的测定

衍射仪记录得到的实验剖面曲线 h 实际上是衍射峰真实的(或者说是"纯"的)剖面函数 f 与仪器宽化函数 g 的卷积,它们都是 2θ 的函数。Scherrer 公式中的 β 要从 $f(2\theta)$ 曲线来确定。从函数 $h(2\theta)$ 和 $g(2\theta)$ 的数据求解 $f(2\theta)$ 函数(即校正仪器宽化)需要用解卷积的方法,一般可以用 Stokes 法。Stokes 法是一种严格的方法,依据 Fourier 分析的原理,用数值方法求解 $f(2\theta)$,但数据处理的工作量很大,常使用简化的方法。本小节介绍一种最简化的校正仪器宽化方法求"纯"衍射剖面宽度,步骤如下:

(1) 求"纯" K_α 波长 X 射线的实验衍射剖面

实验得到的衍射峰常是 $K_{\alpha1}$ 和 $K_{\alpha2}$ 的双重线,在低角度区域它们严重重叠,而仅在高度角区域才能分离,$K_{\alpha1}$、$K_{\alpha2}$ 的重叠妨碍我们求算单一波长的剖面,所以首先需要对实验数据进行 $K_{\alpha1}$、$K_{\alpha2}$ 双重线分离。$K_{\alpha1}$ 和 $K_{\alpha2}$ 衍射线的重叠是简单的代数相加之和的关系,其衍射线的强度比大约是 2∶1,对于指定的晶面它们各自的衍射角之差也是已知的,因此可以通过适当的简单计算,把 $K_{\alpha2}$ 的衍射强度从实验的双重线强度数据中予以扣除,从而求得"纯" $K_{\alpha1}$ 线的衍射数据(Rachinger 分离法)。

(2) 仪器宽化函数的测定

为了进行仪器宽化的校正,需要事先准备好仪器宽化函数 g 的数据。可以选取一种结构近于完美的晶体,用相同的一组实验条件,测定它在待校正的实验衍射峰角度附近的一个衍射峰剖面。我们假定结构近于完善的晶体的"纯"衍射剖面的宽度趋近于零,因此它的实验剖面便可视为在这一角度附近、这一组实验条件下的仪器宽化函数 g,此时所得到的实验数据也必须进行 $K_{\alpha1}$、$K_{\alpha2}$ 双重线分离,求得它对于"纯" $K_{\alpha1}$ 波长的衍射剖面数据。

(3) 校正仪器宽化

通过上述两个步骤,实际上只是准备好了 h 和 g 的数据。用衍射仪测得的高角度衍射线的剖面(h 或 g)的特点接近 Cauchy 函数:

$$y = A/(1 + k^2 x^2)$$

式中,A 和 k 为常数。

而由晶粒尺寸效应产生的剖面宽化函数 f 也近似于 Cauchy 函数。数学解析可以证明,如果 f 和 g 均为 Cauchy 函数,其积分宽度分别为 β 和 b,则其卷积 $h(h=f\times g)$ 的积分宽度 B 等于 $\beta+b$,因此 $\beta=B-b$,作为一种简化方法,我们可以从实验测得的宽化衍射剖面数据(h)和结晶良好晶体的无宽化的衍射剖面数据(g),经过分离 $K_{\alpha2}$ 重叠后,分别求取其积分宽度 B 和 b,B 和 b 之差便是 Scherrer 公式所需的 β,因为在较低的 2θ 角区域,g 和 h 的形式和 Cauchy 函数有较大的偏离,所以从低角度的 h 数据用这种简化方法而求得的 h 将有较大的误差。

参考文献

[1] 姜传海,杨传铮. X 射线衍射技术及其应用[M]. 北京:华东理工大学出版社,2010.

[2] 南京大学地质学系矿物岩石学教研室. 粉晶 X 射线物相分析[M]. 北京:地质出版社,1980.

[3] 俞旭,江超华. 现代海洋沉积矿物及其 X 射线衍射研究[M]. 北京:科学出版社,1984.

[4] 王英华. X 光衍射技术基础[M]. 北京:原子能出版社,1987. [5] 许顺生. 金属 X 射线学[M]. 上海:上海科技出版社,1962.

[6] 杨传铮,谢达材,陈癸尊,等. 物相衍射分析[M]. 北京:冶金工业出版,1989.

[7] 杨传铮,谢达材,陈癸尊,等. 物相衍射分析[M]. 北京:冶金工业出版,1989.

[8] 叶大年,金成伟. X 射线粉末法及其在岩石学中的应用[M]. 北京:科学出版社,1984.

[9] GUENER A. X 射线晶体学[M]. 施士元,译. 北京:科学出版社,1959.

[10] KLUG H P, ALEXANDER LE. X 射线衍射技术(多晶体和非晶质材料)[M]. 盛世雄,等,译. 北京:冶金工业出版社,1986.

[11] PARRISH WILLIAM. X-Ray Analysis Pepers. New York:[s. n.],1965.

第 2 章　扫描电子显微镜

扫描电子显微镜(scanning electron microscope，SEM)，简称扫描电镜，是继透射电镜(TEM)之后发展起来的一种电子显微镜，其成像原理和光学显微镜或透射电子显微镜不同，是以电子束作为照明源，把聚焦得很细的电子束以光栅状扫描方式照射到样品表面，产生各种与样品表面状态相关的电子信号，然后加以收集和处理，从而获得样品表面微观形貌的放大图像。经过几十年的发展，特别是随着电子工业和计算机技术的不断革新，扫描电镜也得到了迅速发展。不仅仪器结构不断改进，分析精度不断提高，应用功能不断扩大，而且综合了电子探针等多种测试技术，已发展成为现代分析型扫描电镜，并广泛应用于冶金矿产、生物医学、材料科学、物理和化学等领域。

与光学显微镜及透射电镜相比，扫描电镜因具有以下典型特点，越来越成为新材料、新工艺等众多研究领域中不可缺少的分析测试技术：

① 样品制备简单，能直接观察并分析样品的表面结构特征。

② 三自由度平移和旋转样品，可对样品进行多角度观察。

③ 扫描电镜景深大，所抓拍图像的立体感强。

④ 图像的放大倍数连续可调，基本包括了放大镜、光学显微镜到透射电镜的范围。

⑤ 观察样品表面形貌的同时可作微区成份分析。

2.1　扫描电镜的发展

扫描电镜的发展基本可分为三个阶段。

第一阶段为理论奠基阶段，主要是奠定了扫描电镜研发的基础理论。1834 年，法拉第在《皇家学会会报》上发表文章中第一次提到基本电荷“电的原子”概念。同年，汉米尔顿推导出质点运动与几何光学等效原理。1858 年，德国波恩的一位吹玻璃的手工业工人盖斯勒(H. Geissler)设计了一台当时被认为效率很高的抽气泵，获得了较高的真空，并成功把金属电极封入玻璃管中制成了气体放电管，电极加一定电压后管内产生彩色光弧。1858 年，波恩大学物理数学教授普鲁克(J. Plucker)通过对 Geissler 放电管的深入研究，发现在最佳的真空下放电管阴极会发射出直射的光束，即人类第一次发现阴极射线。

1878 年，阿贝—瑞利(E. Abbe-Rayleigh)指出光学显微镜分辨本领受到光波衍射的限制，给出了显微镜分辨本领的极限公式。1881 年，赫兹对阴极射线的性质进行研究，但没有得出正确结论。1897 年，汤姆逊(J. J. Thomson)证明阴极射线不仅能被磁铁所偏转，而且还能被电荷所偏转，并且确定阴极射线是一种带负电的粒子束，他用磁场偏转方法测出了它的荷质比，提出了电子概念，并证明了自由电子在静电场和静磁场中的运动服从牛顿力学定律。

1924年,法国科学家德布罗依(De Broglie)提出微观粒子具有波、粒两重性原理,计算出的电子波长远小于可见光的波长,这种随加速电压改变的电子波称为德布罗依波,以此作为光源,使得高分辨成像成为可能。但仅有电子流辐射波还不行,因为没有解决电子流聚焦成像的问题。1926年,德国科学家Garbor和Busch建立了几何电子光学理论,发现用铁壳封闭的铜线圈对电子流能折射聚焦,即可以作为电子束的透镜,与光学透镜具有相似性,这两个重大发现为电镜的研制提供了重要的理论基础。到1929年,斯蒂青(H.Stintzing)在一项专利中提出用扫描微粒子束检测和测量物体的建议,从理论上描述了扫描电镜的工作原理。

第二阶段为试验研究。1931年德国科学家克诺尔(M. Knoll)和他的学生鲁斯卡(E. Ruska)发明了透射电子显微镜,这是电子显微镜发展的最初形态。在20世纪30～40年代,除了透射电子显微镜外,其他类型电子显微镜如扫描式、发射式、反射式、电子投射式以及场发射式等也都相继在德国提出并实验,但透射式得到了优先发展。经过一段时间后,扫描式电子显微镜重新受到关注,在解决了一些关键技术问题后,得到了十分迅速的发展。由于扫描电镜能直接观察块状物质的表面,并提供立体感很强的图像,所以在科研和工业方面得到广泛应用,目前已经成为产量最高的一种电子显微镜。

克诺尔(M. Knoll)为了研究二次发射现象,在1935年设计了一台仪器,也被认为是第一台扫描电镜。他把一个阴极射线管改装,以便放入样品,从另一个阴极射线管获得图像。两管用一个扫描发生器同步扫描,用二次电子信号调制另一台显示器。该装置虽然简单,但却勾画出了扫描电镜的原理性轮廓。1938年,冯·阿登(von Ardenne)把扫描线圈装入透射电子显微镜中,试制出第一台扫描透射电子显微镜(STEM),并对该仪器的理论基础和实际方面进行了较详细的描述。他在23 kV和8 000倍的操作条件下拍摄到ZnO晶体薄膜的第一张扫描透射电子显微镜照片,其分辨率为50～100 nm。

1942年,茨瓦(Zworykin)等人在美国RCA实验室首先建造了用来检测样品的扫描电镜。认识到二次电子发射也许会产生形貌衬度,因此设计出相应的仪器结构。在该结构中,检测器上接相对于样品的50 V正偏压,收集到检测器上的二次电子通过一个电阻产生电压降,这一电压降被送至电视装置产生图像,图像的分辨率只有1 μm,比光学显微镜(200 nm)还差。为了提高图像分辨率,Zworykin等人从减小束斑尺寸、改善讯噪比等方面进行理论和实际探索,为现代扫描电镜的诞生作出了重要的贡献。他们详细地分析了透镜像差、电子枪亮度和束斑尺寸之间的关系,从而探知获得最小束斑尺寸的方法。他们尝试用场发射冷阴极源代替钨灯丝热发射阴极源,虽然没能解决不稳定性,但获得了高放大倍率和高分辨的图像。他们的另一贡献是利用电子倍增器作为来自样品的二次电子发射电流的预放大器,并着手研制的一台分辨率优于50 nm的扫描电镜,可惜由于第二次世界大战而中途夭折。

第二次世界大战后英国剑桥大学工程系的奥特利(C. W. Oatley)等在英格兰建造了他们的第一台SEM,到1952年,实现了50 nm的分辨率。1956年史密斯(K. C. A. Smith)用电磁透镜代替静电透镜,并首先在扫描电镜中加入消像散器。1960年埃弗哈特(Everhart)和索恩利(Thornley)根据Zworykin在1942年对检测器改进的描述,把闪烁体直接装到位于光电倍增器表面的光导管上,增加了信号采集量,从而提高了信噪比,到现在E—T型二次电子探测器依然是扫描电镜的主流探测器。1963年皮斯(Pease)汇集了前人的研究成果，采用三个电磁透镜，进行了扫描电镜的制造，该仪器实际是第一台商品电子显微镜的雏形。

第三阶段为商品化发展时期，扫描电镜在试验研究的基础上进入商品化的快速发展阶段。1965 年，斯图沃德（A. D. G. Steward）和其合作者在剑桥科学仪器公司制造出世界上第一批商品扫描电镜。自此以来，扫描电镜在不断地改进和完善中进入了商品化发展的快车道。一方面，实现了电子计算机的全面控制扫描电子显微操作，并把数字化信息的帧储存技术应用到扫描电镜的成像系统中，研究成功全数字化微处理器控制的扫描电镜。1975 年，美国 Amray 公司率先将微型计算机引入到扫描电镜中，用于程序协调控制加速电压，放大倍数和磁透镜焦距的关系，二次电子图像分辨率达到 6 nm。1980 年，扫描电镜开始加入能谱仪和波谱仪（EDS/WDS）等分析装备，围绕扫描电镜发展的各种商品化探测器趋于成熟，很大程度拓展了扫描电镜的应用价值。1985 年，德国蔡司公司率先推出计算机控制的带有帧存器的数字图像扫描电镜。1990 年，扫描电镜全面进入数字图像时代。另一方面，新型 LaB_6（六硼化镧）阴极电子枪的问世和场发射电子枪的改进，极大提高了扫描电镜的分辨本领。目前采用常规的钨灯丝电子枪的二次电子像分辨率为 3.5 nm，采用 LaB_6 电子枪的分辨率为 2.5 nm，采用场发射电子枪的分辨率则为 0.8～1.5 nm。

2.2　扫描电镜的工作原理

2.2.1　电子与物质的相互作用

当一束聚焦电子束沿一定方向入射到样品时，由于受到固体样品物质中晶格位场和原子库仑场的作用，其入射方向会发生改变，这种现象称为散射。如果散射过程中入射电子只改变方向，其总动能基本上无变化，则这种散射成为弹性散射；如果在散射过程中入射电子的方向和动能都发生改变，则这种散射成为非弹性散射。非弹性散射过程是一种随机过程，每次散射后都改变其前进方向，损失一部分能量，并激发出反映样品表面形貌、结构和组成的各种信息，如二次电子、背散射电子、特征 X 射线、俄歇过程、吸收电子、阴极荧光、透射电子等，见图 2-1 所示电子束与固体样品作用所产生的各种信息。

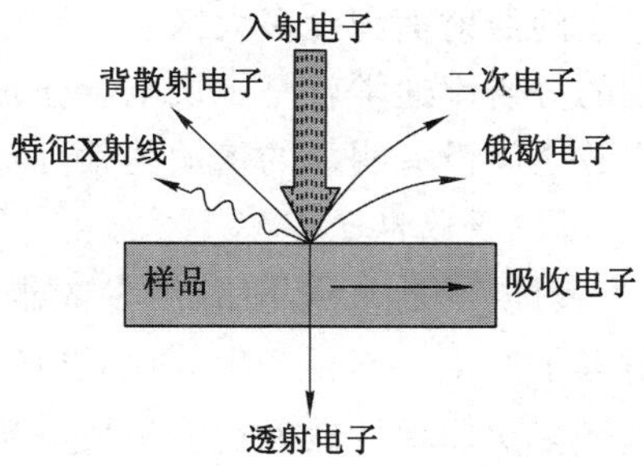

图 2-1　电子束与固体样品作用所产生的信息

2.2.1.1　背散射电子

背散射电子是被固体样品中的原子核反弹回来的一部分入射电子，也称为一次电子，包括弹性背散射电子和非弹性背散射电子。弹性背散射电子是指散射角大于 90°，被样品中原子核反弹回来的那些入射电子，其能量没有损失（或基本上没有损失）。由于入射电子的能量很高，所以弹性背散射电子的能量能达到数千到数万电子伏特。非弹性背散射电子是入射电子和样品核外电子撞击后产生的非弹性散射，不仅方向改变，能量也有不同程度的损失。其中有些电子经多次散射后仍能反弹出样品的表面，就形成了非弹性背散射电子。非弹性背散射电子的能量的分布范围较宽，从几十到数千电子伏特。背射电子来自样品表层几百纳米深度范围，其产额随样品的原子序数增大而增加，且弹性背散射电子所占的份额远多于非弹性背散射电子，所以背散射电子信号的强度与样品的化学组成有关，即与组成样品的各元素平均原子序数有关。因此背散射电子不仅可用做形貌分析，而且可以用来显示原子序数衬度，用做成份的定性分析。

2.2.1.2 二次电子

在入射电子束作用下被轰击出来并离开样品表面的样品的核外电子称为二次电子，这是一种真空中的自由电子，是扫描电镜中最重要的成像信息。由于原子核和外层价电子间的结合能很小，外层的电子比较容易脱离原子，使原子电离。一般来说，原子的电离有两种途径，即价电子激发和芯电子激发。当入射电子和原子中价电子发生非弹性散射作用会损失部分能量，这部分能量将激发价电子脱离原子而变成自由电子，即为二次电子，这种过程称为价电子激发，它是产生二次电子产生的主要物理过程。当入射电子和原子中内层电子发生非弹性散射作用时也会损失部分能量(约几百电子伏特)，这部分能量将激发内层电子发生电离，从而使一个原子失掉一个内层电子而变成离子，这种过程称为芯电子激发。在芯电子激发过程中，除了能产生二次电子外，同时还伴随着产生特征 X 射线和俄歇电子等重要物理过程。当一个能量很高的入射电子射入样品时，可以产生许多自由电子，这些自由电子的 90% 来自样品原子的外层价电子。

二次电子的能量较低，一般都不超过 8×10^{-19} J(50 eV)，大多数二次电子的能量只有几个电子伏特。扫描电镜在用二次电子探测器收集二次电子时，往往也把少量低能量的非弹性背散射电子一起收集，这时很难把两者区分开来。二次电子一般来自样品表层 5～50 nm 的深度范围，它对样品的表面形貌特征十分敏感，因此能有效反应测试样品的表面微观形貌。由于二次电子发自样品表层，入射电子没有较多次的散射，产生二次电子的面积与入射电子的照射面积没多大区别。所以二次电子的分辨率较高，一般可达到 50～100 Å，扫描电镜的分辨率通常就是二次电子分辨率。由于二次电子主要取决于表面形貌，其产额和原子序数之间没有明显的依赖关系，所以不能用于成份分析。

2.2.1.3 吸收电子

入射电子进入样品后，经多次非弹性散射后能量损失殆尽(假定样品有足够的厚度没有透射电子产生)，不再产生其他效应，而被样品吸收，这部分电子称为吸收电子。由于吸收电子是经多次非弹性散射后能量损失殆尽的电子，其信号强度反比于背散射电子或二次电子信号强度，即当入射电子束与样品作用时，若逸出样品表面的背散射电子或二次电子数量越多，吸收电子信号强度则越小，反之则越大。因此，利用吸收电子信号调制成图像时，其衬度恰好和背散射电子或二次电子信号调制的图像衬度相反。

当入射电子束射入一个多元素样品表面时，由于不同原子序数部位的二次电子产额基本相同，则产生背散射电子较多的部位(原子序数较大)其吸收电子的数量就较少，反之亦然。利用吸收电子产生的原子序数衬度，即可用来进行定性的微区成份分析。可见，吸收电子信号既可调制成像，又可获得不同元素的定性分布情况，已被广泛用于扫描电镜和电子探针中。

2.2.1.4 特征 X 射线

入射电子束与样品作用后，若在原子核附近区域则受到核库仑场的作用而改变运动方向，同时产生连续 X 射线，即软 X 射线。若入射电子打到核外电子上，将产生芯电子激发，把原子的内层电子（如 K 层）打到原子之外，原子就会处于能量较高的激发状态，此时外层电子将向内层跃迁以填补内层电子的空缺，从而使具有特征能量的 X 射线释放出来。根据莫塞莱定律，利用 X 射线探测器检测样品微区中存在的某一特种 X 射线波长或能量，就可以分析样品的组成元素和成份。

2.2.1.5　俄歇电子

在入射电子激发样品的特征 X 射线过程中，如果原子内层电子能级跃迁过程中释放出来的能量除发射特征 X 射线外，还可以使较外层（如 L 层）的两个电子相互作用，一个跳到内层填充空位，另一个获得能量离开原子成为俄歇电子。由于每种原子都有自己的特征壳层能量，其俄歇电子也具有特征能量，一般能量范围为 $8\times10^{-19}\sim240\times10^{-19}$ J（50～1 500 eV）。

俄歇电子的平均自由程很小，约 1 nm，在较深区域中产生的俄歇电子向表面运动的过程中必然会因碰撞而损失能量，使之失去具有的特征能量，只有在距离表面层约 1 nm 范围内（几个原子层厚度）逸出的俄歇电子才具备典型特征能量，所以俄歇电子特别适合用于表层的成份分析。

2.2.1.6　透射电子

如分析样品很薄，就会有部分电子穿过薄样品成为透射电子，这里所指的透射电子是采用扫描透射方式对薄样品成像和微区成份分析时形成的透射电子。这种透射电子是由直径很小（$<$10 nm）的高能电子束照射薄样品产生，电子信号由微区厚度、成份和晶体结构所决定。透射电子包含了弹性散射电子和非弹性散射电子，其中有些遭受特征能量损失的非弹性散射电子（即特征能量损失电子）和分析区的成份有关，因此，可以利用特征能量损失电子配合电子能量分析器进行微区成份分析。

2.2.1.7　阴极发光

有些固体物质受到电子束照射后，价电子被激发到高能级或能带中，被激发的材料同时产生了弛豫发光，这种光成为阴极发光，其波长可能是可见光红外或紫外光，可以用来作为调制信号。如半导体和一些氧化物、矿物等，在电子束照射下均能发出不同颜色的光，用电子探针的同轴光学显微镜可以直接进行可见光观察，还可以用分光光度计进行分光和检测其强度来进行元素成份分析，因此，利用阴极发光可以研究矿物中的发光微粒、发光半导体材料中的晶格缺陷和荧光物质的均匀性等。阴极发光效应对样品中少量元素分布非常敏感，可以作为电子探针微区分析的一个补充。例如耐火材料中的氧化铝通常为粉红色，ZrO_2为蓝色。锗酸铋（BGO）晶体中的氧化铝为蓝色，BGO 晶体也为蓝色。钨（W）中掺入少量小颗粒氧化钍时，用电子探针检测不出钍的特征 X 射线，但利用电子探针的同轴光学显微镜观察发出的蓝荧光，可以确定氧化钍的存在。

综上所述，利用不同探测器检测出不同的信号电子，可以反映样品的不同特性，一般扫描电镜主要是利用二次电子或背散射电子成像，研究样品的表面形貌特征，其他的电子信号信息可用于分析元素成份、结晶、化学态和电磁性质等，见表 2-1 所示电子束与固体样品作用时产生的各种信号特征及应用。

表 2-1　　电子束与固体样品作用时产生的各种信号特征及应用

信号电子		分辨率/nm	能量范围/eV	来　源	成份分析	应　用
背散射电子	弹　性	50～200	数千至数万	表层几百纳米	是	形貌观察、成份分析 结晶分析、电磁性质
	非弹性		数十至数千			
二次电子		5～10	<50	表层<10 nm	否	形貌观察、结晶分析、电磁性质
吸收电子		100～1 000			是	形貌观察、成份分析
透射电子					是	形貌观察、成份分析
特征 X 射线		100～1 000			是	成份分析、化学态
俄歇电子		5～10	50～1 500	表层 1 nm	是	表面层成份分析、化学态

2.2.2　扫描电镜的工作原理和结构

2.2.2.1　工作原理

图 2-2 所示为日立 S—3000N 型扫描电镜，图 2-3 给出了扫描电镜的工作原理示意图。电子枪发射出来的电子束(直径约 50 μm)，在加速电压的作用下(范围为 2～30 kV)，经过电磁透镜系统，汇聚成直径约为 5 nm 的电子束，聚焦在样品表面。在第二聚光镜和末级透镜(物镜)之间的扫描线圈作用下，电子束在样品表面做光栅状扫描，光栅线条数目取决于行扫描和帧扫描速度。由于高能电子与物质的相互作用，在样品上产生各种电子信息，这些信号电子经各类信号探测器接收和处理，转换为光子，再经过信号处理和放大系统加以放大处理，变成信号电压，最后输送到显像管的栅极，用来调制显像管的亮度。因为在显像管中的电子束和镜筒中的电子束是同步扫描，亮度由样品所发出的信息强度来调制，因而可以得到反映样品表面状况的扫描图像，通常所用的扫描电镜图像有二次电子像和背散射电子像。扫描电镜的工作原理与光学或透射电镜不同，前者是把来自二次电子的图像信号作为时像信号，将一点点的画面“动态”形成三维图像，后两者是全部图像一次显出，即“静态”成像。

图 2-2　日立 S—3000N 型扫描电镜

2.2.2.2　主要结构

扫描电镜是由电子光学系统、信号接收处理显示系统、真空系统等三个基本部分组成的高精密科学仪器，主要用于获取样品表面的图像信息。

(1) 电子光学系统

电子光学系统主要包括电子枪、电磁透镜、扫描线圈和样品室等。

① 电子枪。

扫描电镜的电子枪与透射电镜相似，其作用是产生电子照明源。一般电子枪的性能决定了扫描电镜的质量，商业生产扫描电镜的分辨率可以说是受电子枪亮度所限制。因此，电子枪的必要特性是亮度要高、电子能量散布要小。目前常用的电子枪种类主要有三种，即钨(W)灯丝、六硼化镧(LaB_6)灯丝和场发射(Field Emission)电子枪，如图 2-4 所示，不同的灯丝在电子源大小、电流量、电流稳定度及电子源寿命等均有差异。

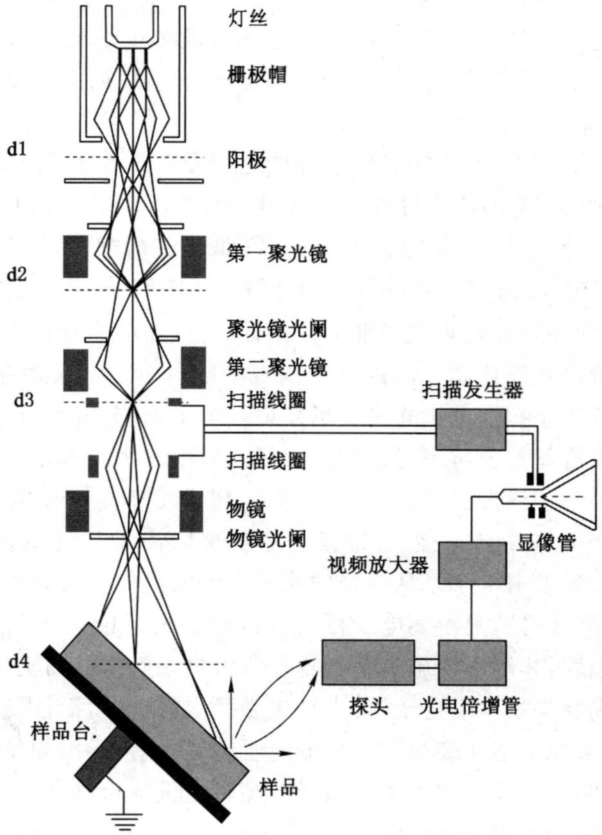

图 2-3　扫描电镜工作原理图

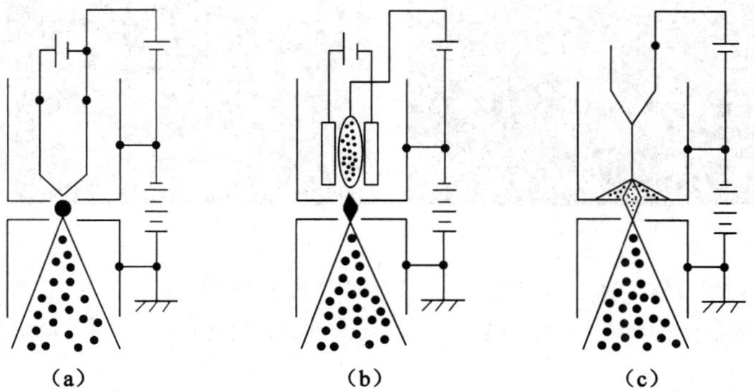

图 2-4　各种类型电子枪原理

(a) 直热式热游离发射型;(b) 旁热式热游离发射型;(c) 场发射型

钨灯丝及六硼化镧灯丝属于热游离式电子枪,它是利用高温使电子具有足够的能量以克服电子枪材料的功函数能障而逃离,温度和功函数是影响电子枪发射电流密度的主要变量。操作电子枪时,为了减少材料的挥发并保护灯丝,均希望能以低的温度来操作,所以在操作温度不提高的情况下，一般采用低功函数的材料提高发射电流密度。最普遍使用的钨灯丝，属直热式热游离式电子枪。阴极材料是钨丝，直径为 0.1～0.15 mm，制成发夹式或针尖式形状，并利用直接电阻加热来发射电子。钨灯丝的电子能量散布为 2 eV，功函数约为 4.5 eV，操作温度约 2 700 K，电流密度为 1.75 A/cm^2，使用中灯丝的直径随钨丝的蒸发而变小，使用寿命为 40～80 h。

六硼化镧（LaB_6）灯丝属于旁热式热游离式电子枪，即使用旁热式加热阴极来发射电子。除此之外，YB_6、TiC 或 ZrC 等材料也可以用于制作灯丝，但 LaB_6 应用最多。六硼化镧灯丝的电子能量散布为 1 eV，功函数约为 2.4 eV，低于钨灯丝，所以获得同样的电流密度，使用 LaB_6 灯丝在 1 500 K 即可达到，而且亮度更高，其使用寿命比钨灯丝高。但 LaB_6 灯丝加热时活性很强，必须在较高的真空环境下操作，因此仪器的购置费用较高。

场发射式电子枪比六硼化镧灯丝的亮度高近 10 倍，电子能量散布仅为 0.2～0.3 eV，所以目前市售的高分辨率扫描电镜均采用场发射式电子枪，分辨率可达1 nm以下，图 2-5 给出了场发射与普通钨灯丝的分辨率对比图片。场发射是利用强电场在固体表面上形成隧道效应而将固体内部的电子激发到真空中，是一种实现大功率高密度电子流的方法。强电场使电子的电位障碍产生 Schottky 效应，即使能障宽度变窄，高度变低，电子可直接穿过此狭窄能障并离开阴极。场发射电子是从尖锐的阴极尖端发射出来，因此，可获得极细而又具高电流密度的电子束，亮度可达热游离电子枪的数百倍甚至千倍。场发射电子枪所选用的阴极材料需具有高的强度，才能承受施加高电场在阴极尖端产生的高机械应力，钨为较佳的阴极材料。从极细的钨针尖场发射电子，要求针尖表面必需干净，无任何外来材料的原子或分子，即使只有一个外来原子落在表面亦会降低电子的场发射，所以场发射电子枪必须保持超高真空度，以防止钨阴极表面累积原子。由于超高真空设备价格高昂，一般除非需要高分辨率的扫描电镜，否则较少采用场发射电子枪。

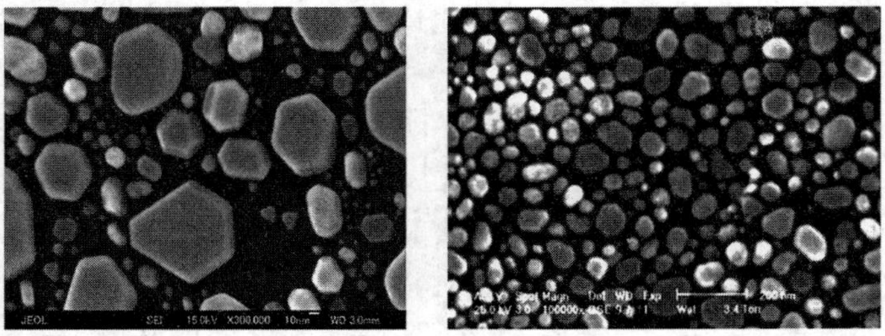

(a)　　　　　　　　　　(b)

图 2-5　场发射与普通钨灯丝的分辨率对比

(a) 场发射扫描电镜的分辨率(15 kV,JEOL)；(b) 钨灯丝扫描电镜的分辨率(25 kV,JEOL)

目前常见的场发射电子枪有冷场发射和热场发射两种。冷场发射的优点是电子束直径小、亮度高，图像具有较理想的分辨率。冷场发射电子枪操作时，为避免针尖被外来气体吸附，往往降低场发射电流，由此导致发射电流不稳定，并需在较高真空度下操作。热场发射电子枪在 1 800 K 温度下操作，避免了气体分子在针尖表面的吸附，可维持较好的发射电流稳定度，并能在较低的真空度下操作。虽然亮度与冷场发射相类似，但电子能量散布比冷场发射大 3～5 倍，图像分辨率降低，通常不常使用。上述不同电子发射源的性能参数对比情况列于表 2-2 中。

表 2-2　　不同电子发射源的参数比较

发射源	钨灯丝	LaB_6	热场发射	冷场发射
直径/nm	1 000～2 000	1 000～2 000	10～25	3～5
温度/℃	2 300	1 500	1 500	室温
灯丝亮度	1	10	500	1 000
电流密度/(A/cm²)	1.3	25	500	50 000
能量扩展/eV	≈2.0	≈1.5	<1.0	≈0.2
灯丝寿命/h	40～50	≈500	1 000～2 000	>2 000
真空度/Torr	10^{-5}	10^{-7}	10^{-9}	10^{-10}

② 电磁透镜。

扫描电镜中的电磁透镜主要用做聚光镜，其功能是把电子束斑（虚光源）逐级聚焦缩小，使原来直径约为 50 μm 的束斑缩小到 5 nm（或更小）的细小斑点，且连续可变，为了获得上述电子束，需用几个电磁透镜协同完成。采用电磁透镜可避免污染和减小真空系统的体积，且球像差系数较小。目前扫描电镜的透镜系统有三种结构，a. 双透镜系统；b. 双级励磁的三级透镜系统；c. 三级励磁的三级透镜系统。其中采用三级励磁透镜系统较多，前两个聚光镜是强磁透镜，可把电子枪所发射出的电子束聚焦成足够细的束斑，第三透镜即末级透镜是弱磁透镜，具有较长的焦距，习惯称为物镜。末级透镜的像差直接影响成像的分辨率，因此，在末级透镜设计上如何降低球像差是主要任务。装在末级透镜中的像散校正器是采用八极式电磁消像散器，其目的是消除由透镜污染等所产生的像散。

③ 扫描线圈。

扫描线圈通常由两个偏转线圈组成，在扫描发生器的控制下实现电子束在样品表面做光栅扫描。电子束在样品表面的扫描和显像管的扫描由同一扫描发生器控制，保持严格同步。进行表面形貌分析时一般都采用光栅扫描方式，当电子束进入上偏转线圈时，方向发生转折，随后下偏转线圈使它的方向发生二次转折，并通过末级透镜的光心作用于样品表面。在电子束发生偏转的同时还带有一个逐行扫描动作，电子束在上下偏转线圈的作用下，在样品表面扫描出方形区域，相应的在样品表面也勾勒出一帧比例图像。样品上各点受到电子束作用而发出的信号电子可由信号探测器接受，并通过显示系统在荧光屏上按强度描绘出来。

④ 样品室。

样品室用于放置测试样品，并安装各种信号电子探测器，扫描电微镜样品室的主要特点包括：

a. 样品室应有足够大的空间，以便放进样品后能进行 360°旋转，倾斜 0～90°，并沿三维空间做平行移动，移动范围越大越好；

b. 配合样品台的各类附件能进行拉伸、压缩、弯曲、加热或冷却等操作，便于研究某些材料的动力学行为；

c. 样品室四壁应有数个备用窗口，除安装信号检测器外还能同时安装其他谱仪，便于进行综合性研究；

d. 备有与外界接线的接线座，以便研究有关电场和磁场所引起的衬度效应等。

近代扫描电镜均备有(或选配)各种高低温、拉伸、弯曲等样品台附件,试样最大直径可达 100 mm,沿 x 轴和 y 轴可各自平移 100 mm,沿 z 轴可升降 50 mm。此外,在样品室的各窗口还能同时连接 X 射线波谱仪、X 射线能谱仪、二次离子质谱仪和图像分析仪等。

(2) 真空系统

由于电子束只能在真空下产生和操控,扫描电镜对镜筒的真空度有一定要求。一般情况下,要求真空度优于 $10^{-4}\sim10^{-3}$ Pa。如果真空度下降,会导致电子枪灯丝寿命缩短,极间放电,产生虚假二次电子效应,透镜光阑和样品表面污染加速等,从而严重影响成像的质量。因此,真空系统的质量是衡量扫描电镜质量的参考指标之一。对于扫描电镜来说,常用的真空系统主要有三种:

① 油扩散泵系统——可获得 $10^{-5}\sim10^{-3}$ Pa 的真空度,基本能满足扫描电镜的一般要求,缺点是容易使样品和电子光学系统的内壁受污染。

② 涡轮分子泵系统——可以获得 10^{-4} Pa 以上的真空度,由于属于无油真空系统,污染问题不大,但缺点是噪音和振动较大,限制了在扫描电镜中的应用。

③ 离子泵系统——可以获得 $10^{-8}\sim10^{-7}$ Pa 的高真空度,可满足 LaB_6 电子枪和场致发射电子枪对真空度的要求。

(3) 信号检测及显示系统

信号检测放大系统的作用是检测样品在入射电子作用下产生的各类电子信号,经视频放大后作为显像系统的调制信号。信号电子不同所需的检测器类型也不同,大致可分为三类检测器——电子检测器、荧光检测器和 X 射线检测器。在扫描电镜中最普遍使用的是电子检测器,由闪烁体、光导管和光电倍增器组成。当信号电子进入闪烁体后即引起电离,当离子与自由电子复合时产生可见光。可见光信号沿光导管传送到光电倍增器,光信号放大并转变成电流信号输出,电流信号经视频放大器放大后就转换为调制信号。这种检测在很宽的信号范围内正比于原始信号的输出,具有很宽的频带和高的增益,且噪音很小。

早期的信号显示和记录采用的是模拟图像扫描系统,样品上每个像素模拟信号直接调制成阴极射线管对应显示像素的亮度,由检测器接收的信号强度随样品表面状况的不同而变化,于是反映样品表面状态的调制信号在图像显示和记录系统中就转换成一幅与样品表面状态一致的扫描显微图像。由于生成一幅高质量图像一般需要数秒或者数十秒,所以早期电镜使用慢于辉显像管终端显示图像,为了便于在显像管上观察图像,需要暗室,操作者按照一定规程调整仪器参数,从而获得最佳的图像质量。模拟图像输出采用高分辨照相管,用单反相机直接逐点记录在胶片上,然后冲洗相片。自 1985 年以来,模拟图像电镜已经被数字电镜取代。数字图像扫描系统是将视频放大的成像信号直接进行信号数字化,然后存储在图像采集卡的帧存器,形成数字图像数据,图像数据可被电镜操作软件读取,操作者在图形交互界面上对图像进行调整控制,并把调整好的数字图像存储在计算机中硬盘中。数字控制是所有控制指令输入到交互控制软件,由计算机对执行机构发出精确的指令,绝大部分扫描电镜参数可由软件自动调整,如自动聚焦、亮度对比度、自动消像散、自动电子枪发射饱和点调整、自动电子枪对中、自动物镜光阑合轴等。随着电子技术和计算机技术的发展,扫描电镜电器控制系统是实现了高度集成化,结构越来越紧凑,自动化功能越来越高,极大改善了人机操作环境。

2.2.3　扫描电镜的主要性能

2.2.3.1　扫描电镜的分辨率

分辨率是形貌结构类分析仪器最重要的性能指标，它以能分辨的两点或两线间的最小间距为指标，分辨间距越小性能越好，分辨率越高，是扫描电镜电子光学成像系统的关键性能指标。首先扫描电镜的分辨率取决于仪器的整体设计，涉及电子光学系统的设计、高压和透镜电源的稳定度指标、电子透镜极靴材料的磁性能、材料的均匀性及极靴的机械加工精度与加工过程中的无磁化处理等。其次，扫描电镜的分辨率与检测信号的种类有关，表 2-1 列出了扫描电镜主要信号电子的成像分辨率。可以看出，由于用于成像的物理信号不同，分辨率存在明显差异，二次电子和俄歇电子具有较高的分辨率，特征 X 射线的分辨率最低。

不同信号电子的成像分辨率差异可根据电子束与样品作用的滴状作用体积加以解释。电子束进入轻元素样品表面后，会形成一个如图 2-6 所示的滴状作用体积，入射电子束在被样品吸收或散射出样品表面前，将在这个体积内活动。二次电子和俄歇电子能量较低，只能逸出于样品的浅表层，此时入射电子束尚未横向扩散开来，二次电子和俄歇电子只能在一个与入射电子束斑直径相当的圆柱体内被激发出来，由于束斑直径就是一个成像检测单元的尺寸，这两种信号电子的分辨率就相当于电子束斑直径。入射电子束进入样品较深的部位时，横向扩展范围变大，从这个范围激发出来的背散射电子能量较高，可以从样品的较深部位逸出样品表面，其横向扩展的作用体积大小即为被散射电子的成像单元，分辨率明显降低。特征 X 射线信号的作用体积显著扩大，若用其调制成像，分辨率比背散射电子更低。

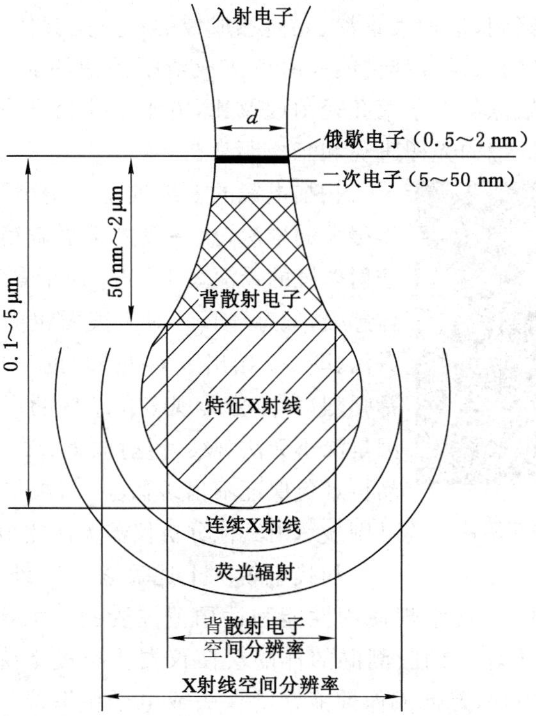

图 2-6　电子束与样品表面作用的滴状作用体积

当电子束与高原子序数样品相互作用时,其作用体积为半球形,电子束进入表面后立即横向扩展。因此,在分析高原子序数元素时,即使电子束斑很细,也很难达到较高分辨率,因为二次电子和背散射电子的分辨率差之间的差明显变小。目前,采用钨灯丝电子枪扫描电镜的分辨率最高可以达到 3.5 nm,采用场发射电子枪扫描电镜的分辨率可达 1 nm。

2.2.3.2 扫描电镜的放大倍数

当入射电子束进行光栅扫描时,若电子束在样品表面扫描的幅度为 A_s,在荧光屏阴极射线同步扫描的幅度为 A_c,则扫描电镜的放大倍数为:$M=A_c/A_s$。

由于扫描电镜的荧光屏尺寸(显示器图像显示区域)是固定不变的,电子束在样品上扫描幅度就成为决定放大倍数的关键,因此,通过改变电子束在试样表面的扫描幅度可实现放大倍数的调整。如果荧光屏的宽度 $A_s=100$ mm,当 $A_s=5$ mm 时,放大倍数为 20 倍,如果减小扫描线圈的激磁电流,电子束在样品表面的扫描幅度减小为 $A_c=0.05$ mm,放大倍数则达到 2 000 倍。可见通过运算放大器,控制扫描线圈激励电流,很容易实现放大倍数的连续准确调节。由于制造过程中存在系统误差,扫描电镜放大倍数误差允许±5%。现代扫描电镜一般配有控制台,集成有放大旋钮,一定范围内可以连续放大或缩小图像,当然也可以通过软件的放大和缩小按钮来调节放大倍数。

2.2.3.3 扫描电镜的景深

由扫描电镜原理可知,扫描电镜成像采用聚焦电子束作为光源,逐点逐行激发物质产生成像信号,同时逐点逐行进行信号收集处理,形成一幅与样品表面几何形态近似的二维放大图像。由于电子束具有长焦深,相对图像扫描宽度,有相当大距离内的物体形态,可以有效放大成像,并被清晰观察到,这种大景深、立体感成像的特点是其他光学显微镜望尘莫及的。景深指透镜对高低不平的试样各部位能同时聚焦成清晰图像的能力范围,与透射电镜景深分析一样,扫描电镜的景深与电子束孔径角成反比,电子束孔径角是决定扫描电镜景深的主要因素,它取决于末级透镜的光栅直径和工作距离。

图 2-7 多孔 SiC 的扫描电镜图片

扫描电镜的末级透镜采用小孔径角和长焦距,可以获得很大的景深,比一般光学显微镜景深大 100~500 倍,比透射电镜的景深大 10 倍。由于景深大,扫描电镜图像的立体感强,形态逼真。对于表面粗糙的断口样品观察需要大景深,图 2-7 给出了多孔 SiC 的扫描电镜图片,其立体感异常强烈,可充分展现多孔结构的形貌特征。但光学显微镜因景深小无法观察,透射电镜对样品要求苛刻,即使复型样品也难免保证不出现假象,而用扫描电镜观察分析断口样品则显示出其他分析仪器无法比拟的优点。

扫描电镜除上述显著特点外尚存在一些不足。由于工作原理及结构上的限制,使常规使用性能和适用范围受到很大影响,归纳起来主要是对样品的要求必须干净、干燥,肮脏、潮湿的样品会使仪器真空度下降,并可能在镜筒内各狭缝、样品室壁上留下沉积物,降低成像性能并给探头或电子枪造成损害,此限制使得含水样品不能在自然状态下观察,同样也不能观察挥发性样品。样品必须有导电性,因为电子束在与样品相互作用时会在样品表面沉积相当数量的电荷。若样品不导电,电荷累积所形成的电场会使作为成像信号的二次电子发射状况发生变化,极端情况下甚至会使电子束改变方向而使图像失真。因此观察绝缘样品时,必须采取各种措施消除样品表面所沉积的电荷,如在样品表面做导电性涂层或进行低压电荷平衡。这些措施的采用对仪器本身提出更高要求,并使样品预处理变得繁琐、复杂。另外,导电涂层是否也带来新的问题,如涂层是否会影响样品的表面形貌,使得观察样品形貌失真等。

2.3　扫描电镜的形貌和原子序数衬度

2.3.1　二次电子形貌衬度

二次电子形貌衬度是由于样品表面形貌差别而形成的衬度,是利用二次电子信号作为调制信号而得到的一种衬度。由于二次电子信号主要来自样品表层 5～10 nm 深度范围,当深度范围大于 10 nm 时,虽然入射电子能使核外电子脱离原子成为自由电子,但能量较低,平均自由程短,不能逸出样品表面,而只能被样品所吸收。电子束从样品表层不同部位激发的二次电子强度(或产额)与原子序数没有明确的关系,但对微区表面的几何形状十分敏感,因此能有效地显示样品表面的微观形貌。

二次电子形貌衬度实际上就是样品表面微区相对于入射束的倾角不同,而表现为二次电子信号强度的差别,从而在图像中形成形貌衬度。若入射电子束强度 i_p 一定时,二次电子信号强度 i_s 随样品表面的法线与入射束的夹角(倾斜角)θ 增大而增大,二次电子强度 δ 与样品表面法线夹角 θ 的余弦成反比,即:

$$\delta = \frac{i_s}{i_p} \propto \frac{1}{\cos\theta}$$

可见,入射电子束与样品表面法线的夹角越大,二次电子产额也越大。因为随夹角的增大,入射电子束在样品表层范围内运动的总轨迹增长,引起价电子电离的机会就增多,产生二次电子数量随之增大。另外,随夹角的增大,入射电子束作用体积更接近表面层,作用体积内产生的大量自由电子离开表面逸出的机会增多,也提高了二次电子的产额。任何观察样品表面都存在不同程度的起伏或凹凸不平,不同区域对入射电子束呈现不同程度的倾斜角,因而由各相应部位(微区)发生的二次电子量也不尽相同。在显示器上的图像将呈现与样品表面起伏程度相对应的亮度差异,即样品的形貌衬度。由于二次电子能量只有几十电子伏特,在检测器正电场的作用下,从样品表面向各个方向发射的二次电子可全部被检测器收集。对显示器上显示的二次电子图像而言,对应样品表面凹凸较大的部位具有明显的立体感,凹凸较小的部位也容易分辨。图 2-8 为根据上述原理画出的二次电子形貌衬度示意图。图中样品表面 B 区的倾斜度最小,二次电子产额最少,亮度最低。反之,C 区的倾斜度最大,二次电子产额最多,亮度也最大。

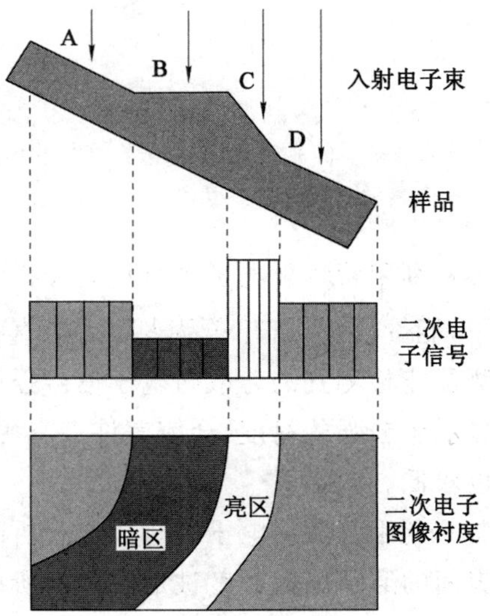

图 2-8　二次电子形貌衬度示意图

实际样品表面的形貌要比上述情况复杂,但是形成二次电子形貌衬度的原理是相同的。图 2-9 为实际样品表面二次电子被激发的几个典型例子，可以看出，入射电子束照射到样品边角、小颗粒、尖端或边缘时，二次电子可从样品侧面发射，二次电子产率明显增加，图像与之相应的部分亮度较大，而在凹槽底部虽然也能产生较多二次电子，但由于凹槽边缘的阻挡与吸收，不容易被探测器收集到，图像显示侧较暗，这种现象称为边缘效应，实际上是上述倾斜现象的特例。扫描电镜的实际操作中，二次电子形貌衬度像被广泛应用于断口形貌特征观察和检测，揭示断裂机理，判断裂纹性质及原因、裂纹源走向、有无外来杂质、夹杂物等。由于形貌与化学成份、显微组织、制造工艺、工况条件有密切关系，形貌特征的确定对分析断裂原因有决定性作用。

2.3.2 原子序数衬度

原子序数衬度是由于样品表面物质原子序数（或化学成份）差别而形成的衬度，是利用背散射电子信号作为调制信号而得到的一种图像衬度，既可以用来进行形貌分析，也可以用于成份分析。前者称背散射电子形貌衬度，后者也称为成份衬度。

背散射电子的产额一般由背散射系数 η 表示，它随元素原子序数 Z 的增加而增加，如图 2-10 所示，特别是在原子序数小于 40 的范围内，背散射系数对原子序数非常敏感。在进行样品分析时，样品表面平均原子序数较高的区域产生的背散射电子信号较强，在背散射电子像上显示的衬度越亮；反之较暗。因此，可根据背散射像明暗衬度来判断相应区域内原子序数的相对高低，进而定性分析各种金属和合金的成份，一般样品中重元素区域为亮区，轻元素区域为暗区。

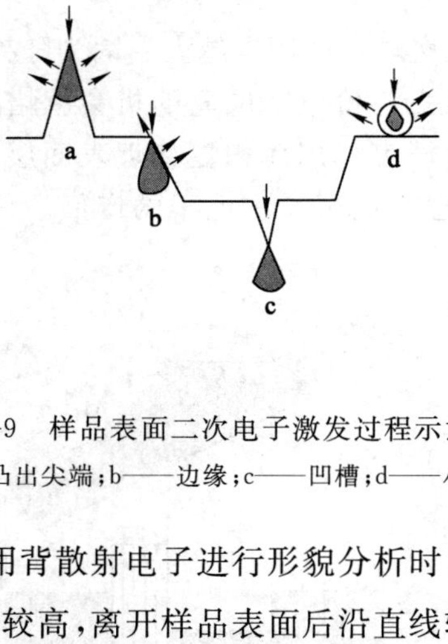

图 2-9 样品表面二次电子激发过程示意图

a——凸出尖端；b——边缘；c——凹槽；d——小颗粒

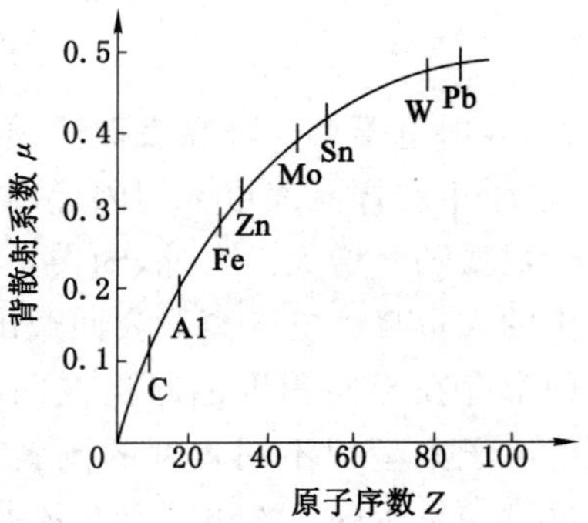

图 2-10 原子序数和背散射电子产额之间的关系曲线

利用背散射电子进行形貌分析时，由于背散射电子是被样品原子核反射回来的入射电子，能量较高，离开样品表面后沿直线轨迹逸出样品表面。对于背向检测器的样品表面，检测器能检测到的背散射电子信号强度比二次电子小得多，且有阴影效应。因此在图像上会显示出较强的衬度，会掩盖许多有用的细节。由于背散射电子产生的区域较大，所以分辨率也较低。

利用背散射电子进行成份分析时，为了减轻形貌衬度对原子序数衬度的干扰，避免粗糙表面的原子序数衬度被形貌衬度所掩盖，被分析的样品只需抛光，而不必进行腐蚀。对既要进行形貌观察又要进行成份分析的样品，可采用一对装于样品上方并对称于入射束的检测器收集同一部位的背散射电子，然后将左右两个检测器各自得到的电信号进行电路上的加减处理，可分别得到放大的形貌信号和成份信号。对于原子序数信息来说，进入左右两个检测器的信号的大小和极性相同；对于形貌信息，两个检测器得到的信号绝对值相同，其极性恰恰相反。根据这种关系，将两检测器得到的信号相加，便得到反映样品原子序数信息，相减则得到形貌信息。

图 2-11 所列示意图说明了背散射电子检测器的工作原理，图中 A 和 B 代表一对硅半导体检测器。如果检测样品成份不均，但表面抛光平整，A 和 B 检测器收集到的信号相位相同。把 A 和 B 的信号相加，得到信号放大一倍的成份像；把 A 和 B 的信号相减，则成一水平线，代表样品表面的形貌像。如果样品成份均匀，但表面存在起伏，例如图中的 P 点，P 点位于检测器 A 的正面，收集到的信号较强，但 P 点背向 B 检测器，收集到的信号较弱，把 A 和 B 的信号相加，两者正好抵消，这就是成份像；把 A 和 B 的信号相减，信号放大则为形貌像。如果分析样品的成份不均且表面粗糙，A 和 B 的信号相加为成份像，相减则为形貌像，如图 2-12 所示的矿物相背散射电子形貌像和成份像的对比图。

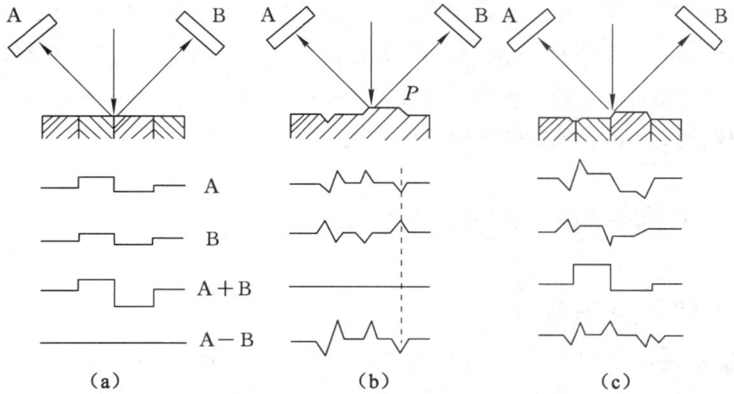

图 2-11　背散射电子检测器工作原理图

(a) 成份不同，表面光滑；(b) 成份相同，表面粗糙；(c) 成份不同，表面粗糙

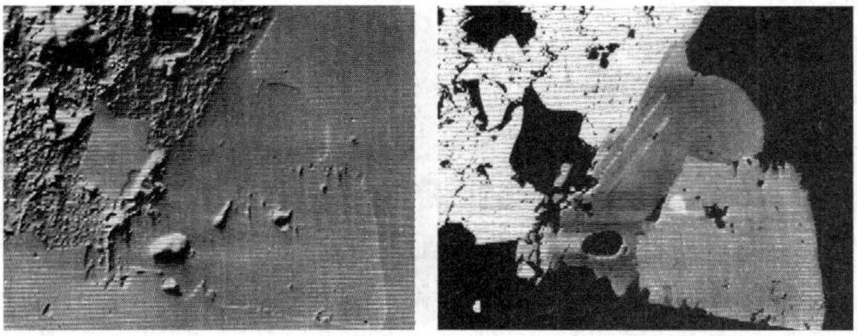

(a)　　(b)

图 2-12　背散射电子的形貌像和成份像的对比

(a) 形貌像(A−B)；(b) 成份像(A+B)

利用原子序数衬度分析晶界或晶粒内不同种类的析出相十分有效，因为析出相的成份不同，激发的背散射电子数量不同，扫描电镜图像就出现明显的亮度差异。图 2-13 为 MgO-$SrTiO_3$ 复合材料的二次电子形貌像和背散射电子像的比较。图 2-13(a)的二次电子图片

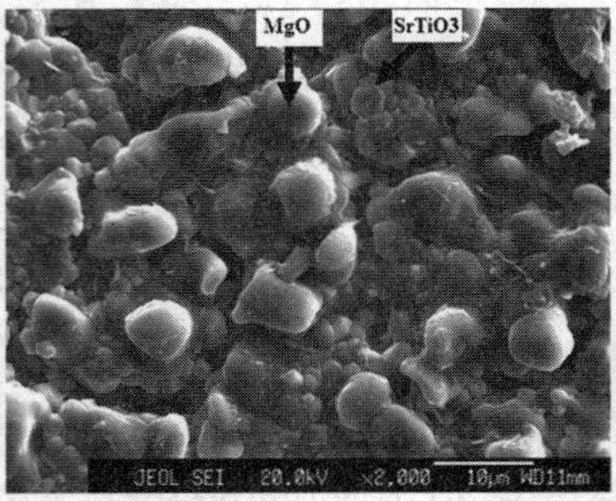

(a)

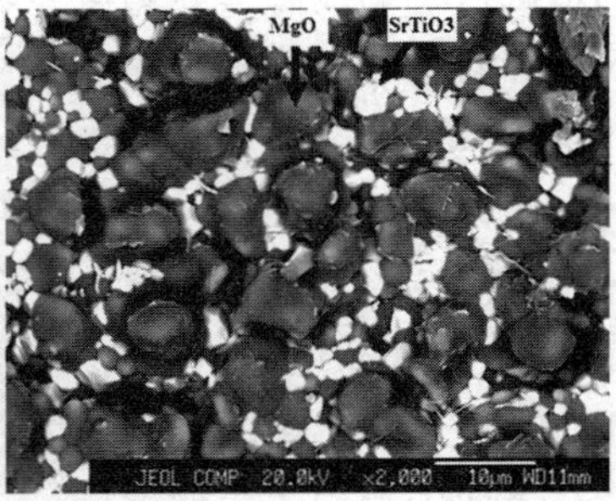

(b)

图 2-13 MgO-$SrTiO_3$ 复合材料的二次电子和背散射电子成份像
(a) 形貌衬度像;(b) 原子序数衬度像

中,MgO 和 $SrTiO_3$ 颗粒的亮度几乎一致,只能从颗粒大小进行区分,这在一般二次电子形貌像观察时是很难判断的。图 2-13(b)所示背散射电子图片中,由于 $SrTiO_3$ 相的平均原子序数远高于 MgO 相,所激发的背散射电子多,为图中亮区,即图中的白色颗粒为 $SrTiO_3$ 相。MgO 的平均原子序数低,为图中较暗的区域。可见,背散射电子像很容易区分出原子序数不同的物相区域,可以清晰观察和分析不同物相的分布状态。

2.4 扫描电子显微镜在材料分析中的应用

2.4.1 扫描电镜样品制备技术

样品制备技术在电子显微术中占有重要的地位,它直接影响显微图像的观察和对图像的正确解释,可以说样品的正确制备直接决定了观察效果。扫描电镜制样技术是以透射电镜、光学显微镜及电子探针 X 射线显微分析制样技术为基础发展起来的,但是因为扫描电镜本身的特点和观察条件,使得扫描电镜样品制备相对简单,扫描电镜样品制备的基本流程如图 2-14 所示。

扫描电镜样品可以是块状、薄膜或粉末颗粒,由于是在真空中直接观察,扫描电镜对各类样品均有一定要求。首先要求样品保持其结构和形貌的稳定性,不因取样而改变。其次要求表面导电,如果表面不导电或导电性不好,将在样品表面产生电荷的积累和放电,造成入射电子束偏离正常路径,使得图像不清晰以致无法观察和抓拍图片。再次要求样品大小要适合于样品桩的尺寸,各类扫描电镜样品桩的尺寸均不相同,一般都配有大小两个样品桩,以适应不同尺寸的样品。另外,样品的高度一定要控制在扫描电镜要求的范围内,这对于断口分析样品十分重要,扫描电镜一般配有标高器,可根据不同样品合理控制样品高度。

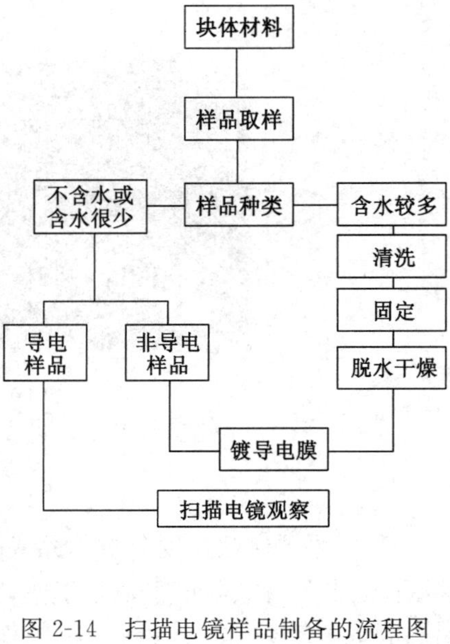

图 2-14 扫描电镜样品制备的流程图

如果样品含水份，应烘干除去水份。由于烘干会改变组织，并造成收缩变形的样品，如生物样品，可使用临界点干燥设备进行干燥处理。当样品表面受到污染时，可适当清洗并烘干，但要保证样品表面的组织结构不被破坏。对于新鲜断口或断面样品，一般不需处理，以免破坏断口或表面的结构状态。对于需要进行适当腐蚀才能暴露某些结构细节的表面或断口样品，可按照金相样品的要求制备，但腐蚀后应将表面或断口清洗干净并烘干。磁性样品要去磁化处理，以避免磁场对电子束的影响。

2.4.1.1　样品的制备

(1) 块状导电样品

扫描电镜的块状导电样品制备比较简便，除了要适合仪器样品座尺寸外，基本上不需进行其他处理，只要把制备好的样品用双面导电胶带黏结在样品座上，即可放入扫描电镜进行观察。但在制备样品时，需注意以下几点：

① 为减轻仪器污染和保持良好的真空，样品尺寸应尽可能小。

② 从棒体材料等切取观察样品时，应避免受热引起的塑性变形或观察面发生氧化，同时尽量减小样品的机械损伤或水、油污及尘埃等的污染。

③ 如果样品表面存在难以去除的氧化层，一般可通过化学方法或阴极电解方法使样品表面基本恢复原始状态。

④ 观察断口样品时应特别注意，当各种断口间隙处存在污染物时，要用无水乙醇、丙酮或超声波清洗法清理干净。这些污染物是掩盖图像细节，引起样品图像质量变坏的原因。对于故障构件断口处存在的油污、氧化层或腐蚀产物，不要轻易清除。因为这些物质往往有利于分析故障产生的原因。如果确信这些异物是故障后引入的杂质，一般可用塑料胶带或醋酸纤维素薄膜粘贴几次，再用有机溶剂冲洗即可除去。

(2) 块状非导电样品

对于块状的非导电或导电性较差的材料，基本按照导电性块状样品的制备方法进行。观察前需要进行表面镀膜处理，然后才能上电镜观察。镀膜的目的是在样品表面形成一层导电膜，可避免电荷积累，影响图像质量，并防止样品的热损伤。注意在镀膜时一定要保证导电膜从样品座与块状样品表面的连续性，因为电子束是直接照射在样品上表面的。

(3) 粉末样品

首先将双面导电胶带黏结在样品座上，再均匀地把粉末样品撒在胶带上面，用洗耳球吹去黏结不牢的粉末，再镀上一层导电膜。对于不易分散的粉末，可采用超声波分散的方法制样。先取少量待分析的粉末样品，放入盛有一定量易挥发溶剂的烧杯中，如乙醇、丙酮等。然后将烧杯置于超声波中超声分散一段时间，具体视样品的情况而定。取一干净吸管，吸取一定量的超声分散溶液，小心滴到薄铜或铝片制作的载体片上，注意薄铜或铝片应清洗干净并干燥。待挥发性溶剂挥发完毕，将载有粉末样品的载体片黏结于样品座上，即可进行表面镀膜处理。无论是导电还是非导电粉末样品，都必须进行镀膜处理，即使粉末样品导电，粉末颗粒间紧密接触的机率是很小的，难以保证样品的导电性。

(4) 涂层样品

对于涂层样品在分析端面涂层结构及结合情况时，其制备方法类似于块状样品。为了能较为准确地测定涂层厚度等参数，应注意切割、砂磨样品时保证上下面的平行。有时在进行微观形貌观察时需要腐蚀端面，腐蚀方法同金相样品的腐蚀方法。测定时一般需要选取多个视场进行观察并抓图，最后取测量结果的平均值。

(5) 断口样品

断口样品最为重要的是保持断口样品的干净，无论是事故样品还是典型样品断口，不可用手或棉花擦拭断口，更不能使两匹配断口相撞或摩擦。所取分析样品一般应放入干燥皿中保存，如是长期保存，可在断口表面涂一层醋酸纤维素，观察时把样品放于丙酮溶液中，使之溶解后再进行观察。对于低温冲击断口，为防止断口上凝结水珠而生锈，冲断后应立即放入无水酒精中，浸泡一段时间再取出保存。

当断口表面有污物、生锈及腐蚀产物时，通常用尼龙胶纸或复型方法将表面污物清除，也可以用超声波机械振动清洗。如果上述方法不能清洁断口表面的锈蚀，可用化学清洗或电解法清除。通常采用的化学药品有 H_3PO_4、Na_2CO_3、Na_2SiO_3、Na_3PO_4、NaOH、H_2SO_4 等，但必须注意，化学清洗不能损坏断口细节。事故断口可不急于清除，必须对表面覆盖物进行分析，确认对分析无价值后才可清除。有时断口上污物对造成断裂成因及其发展过程提供可靠依据。

2.4.1.2 样品镀膜方法

利用扫描电镜观察高分子材料(塑料、纤维和橡胶)、陶瓷、玻璃及木材、羊毛等不导电或导电性很差的非金属材料时，一般都用真空镀膜机或离子溅射仪在样品表面上沉积一层重金属导电膜，镀层金属有金、铂、银等重金属，常用的沉积导电膜为金膜。样品镀膜后不仅可以防止充电、放电效应，还可以减少电子束对样品表面造成的损伤，增加二次电子产额，获得良好的图像。但在进行电子探针成份分析时，应注意镀膜元素对样品成份元素的影响，如果镀膜材料特征 X 射线峰与样品中某些元素的峰重叠，将会给成份元素分析带来很大困难。如金的特征主峰与磷元素的峰能量相近，金镀膜层可能会掩盖磷的特征能量峰，因此，如需分析磷的成份，建议选择其他元素镀膜层，如碳膜。

样品镀膜分真空镀膜和离子溅射镀膜两种。真空镀膜使用的仪器为真空镀膜仪，其原理是在高真空状态下把镀层金属加热到熔点以上，蒸发的金属原子喷射到样品表面，形成一层金属膜。镀层金属材料应具有熔点低、化学性能稳定、高温下和钨不起反应、二次电子产生率高、膜本身没有结构的特点，一般选用金或碳，膜厚一般为 10～20 nm。真空镀膜法制备的镀膜中金属颗粒较粗，不够均匀，操作复杂且费时，目前已经较少使用。

与真空镀膜法相比，利用离子溅射仪制备导电膜能收到更好的效果，其基本原理是在低气压系统中，气体分子在相隔一定距离的阳极和阴极之间的强电场作用下电离成正离子和电子，正离子飞向阴极，电子飞向阳极，二电极间形成辉光放电。在辉光放电过程中，具有一定动量的正离子撞击阴极，使阴极表面的原子被击打出来，称为溅射。如果阴极表面为镀膜材料(靶材)，需要镀膜的样品放在作为阳极的样品台上，则被正离子轰击而溅射出来的靶材原子就沉积在样品表面，形成一定厚度的镀膜层。离子溅射真空度为 0.2～0.02 mmHg，阳极(样品)与阴极(金靶)之间加 500～1 000 V 直流电压。离子溅射装置简单、操作方便、喷涂导电膜溅射时间短、镀膜具有较好的均匀性和连续性，是扫描电镜样品制备时广泛采用的方法。

2.4.2 扫描电镜优质图像的获得

扫描电镜作为微观结构研究的有力工具之一，已获得极为广泛的应用，但在实际操作观察时，由于仪器精密、结构复杂，影响其成像的因素众多。要获得充分反映物质形貌、层次清晰、立体感强和分辨率高的高质量图像，必须在保证仪器正常工作状态下对影响其图像质量的相关因素加以控制，如加速电压、透镜电流、工作距离和象散的修正等。

2.4.2.1　加速电压

加速电压大，电子束容易聚焦得更细，有利于提高图像的分辨率和信噪比，但加速电压的选用应视样品的性质和倍率等来选定。当样品导电性好且不易受电子束损伤时，可选用较高的加速电压，这时电子束能量大，对样品穿透深，可使材料衬度减小，图像分辨率提高。但过高的加速电压也会产生不利因素，如电子束穿透能力增大的同时，样品中的扩散区也加大，导致散射电子增加，甚至二次电子被散射，过多的散射电子存在信号里会出现叠加的虚影从而降低分辨率。当样品导电性差时，样品容易产生充放电效应，样品充电区的微小电位差会造成电子束散开，使束斑扩大而降低分辨率。同时表面负电场对入射电子产生排斥作用，改变电子的入射角，使图像不稳定而产生移动错位，根本无法呈现样品的表面细节。加速电压越高这种现象越严重，因此选用低的加速电压以减少充、放电现象，可提高图像的分辨率。

2.4.2.2　透镜电流

电子束的束斑尺寸随透镜电流的增加而减小，高的透镜电流可获得较小的束斑尺寸，有利于提高图像的分辨率，但不利于信噪比的改善，而提高信噪比则可增加图像的清晰度。如果使用低的透镜电流则刚好得到相反的结果。为了兼顾这种矛盾，实际操作时一般是先选取中等水平的透镜电流。如果样品的观察倍数不高且图像质量的主要是由于信噪比不够，可采用较小的透镜电流值；如果样品的观察倍数较高且图像质量的主要取决于分辨率，则应逐步增大透镜电流。

2.4.2.3　像散修正

像散是由于电子透镜场偏离轴对称而引起的像差，消像散修正的是电子透镜的轴对称性。如果扫描电镜图像有像散，如物镜光阑被轻度污染，或样品的不同性质而造成的微小像散等，不仅使图像产生失真，而且图像的清晰度会明显下降，这时可以借助扫描电镜的消像散器进行像散的修正。消像散器是一个八面的电磁体，可产生一个相反的磁场来抵消像散的偏离度，其原理为洛伦兹力的作用。消像散器产生的磁场使沿光轴方向运动的电子受到附加力的作用，在垂直于光轴的平面中具有椭圆对称性的校正作用。通过改变电流的大小和方向(x 和 y 方向)，使校正场的作用补偿电子透镜场的椭圆性，获得截面为圆形的电子束。

图 2-15 为像散修正前后的示意图，图中间黑色部分为电子束斑，修正前电子束斑为椭圆形，经过 xy 方向进行校正后，电子透镜磁场被修正为中心对称，此时束斑有效直径最小，成像最清晰。因此，借助消像散器的调整，可得到清晰、多细节且不失真的样品结构形貌。在观察图像尤其是高倍率图像时，要经常对像散加以微调，否则会由于像散的存在使图像质量大大降低。图 2-16 给出了像散修正前后的扫描电镜图片，存在像散时，即使是正聚焦，图像依然模糊不清，像散修正后的正聚焦则可以获得清晰的扫描电镜图像。

2.4.2.4　束斑直径和工作距离

扫描电镜中电子束的束斑直径决定图像的分辨率，直径越小，图像的分辨率越高。束斑直径由电子光学系统控制，并与末级透镜的质量有关。对于一定质量的透镜，球像差系数与工作距离有关，工作距离越小，相应的透镜的球像差系数也越小。为获得高的图像分辨率，则需要小的束斑直径，同时采用小的工作距离。如果电流过高，电子束斑缩小过度，图像中

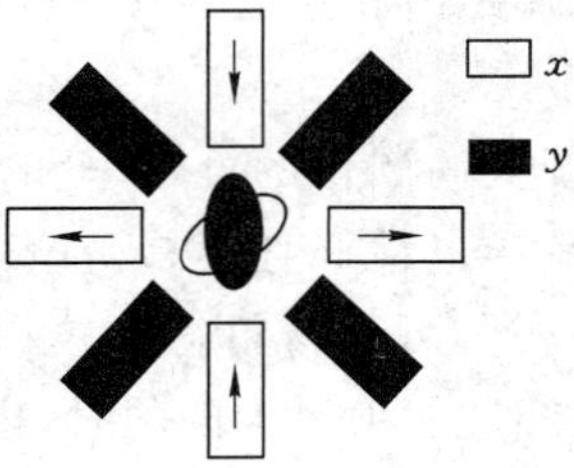

(a) (b)

图 2-15 扫描电镜像散的修正示意图

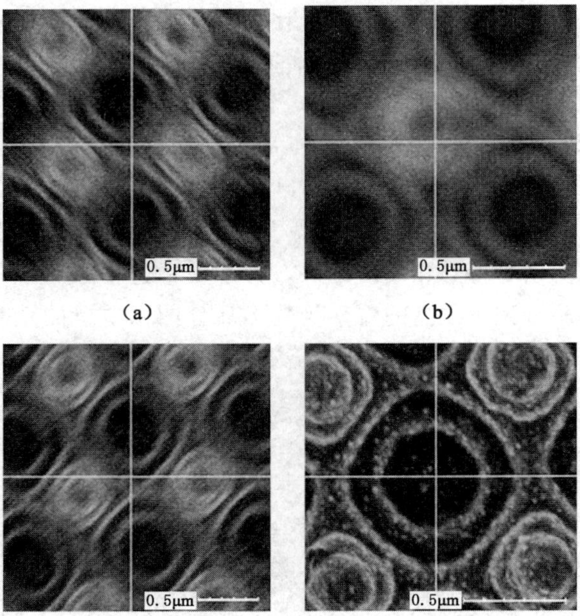

(a) (b) (c) (d)

图 2-16 像散的修正前后的扫描电镜图像

(a) 欠聚焦;(b) 存在像散正聚焦;(c) 过聚焦; (d) 像散校正正聚焦

就容易出现噪声。当观察的样品表面高低不平时,要获得较大的焦深,需采用较大的工作距离,但图像的分辨率会降低。实际操作时,应根据样品的分析要求和表面状况合理地选取工作距离。

2.4.3 扫描电子显微镜图例分析及应用

2.4.3.1 表面形貌分析

表面分析是指用以对表面的特性和表面现象进行分析、测量的方法和技术，是扫描电镜最基本、最普遍的用途,通常用二次电子形貌像来观察样品表面的微观结构特征。图2-17给出了钴基高温合金腐蚀后的扫描电镜图片,图 2-17(a)为低倍晶粒大小图片,可以根据图片中给出的放大倍数和标尺,测量出晶粒尺寸的大小。如果需要精确测量,可借助相关图像处理软件。图 2-17(b)为晶界的放大扫描电镜图片,可以观察到不连续分布的颗粒状第二相颗粒。如要确定该物相的成份,可对第二相颗粒进行电子探针能谱分析。图 2-18 给出的是石墨的扫描电镜图片，石墨可历程典型片状结构，图中的球形小颗粒，为夹杂物。图2-19给出了超高分子量聚乙烯粉体的形貌特征，此图为分频操作获得的扫描电镜图片，现在许多新型扫描电镜都配备此功能，中间分频线左面为低倍颗粒形貌，右面为白色方框内颗粒的放大图片，单个超高分子量聚乙烯颗粒的表面形貌特征一目了然。分频操作的最大特点是可以任意选取左面视场中的区域进行放大操作，以获得感兴趣区域的细观结构特征。

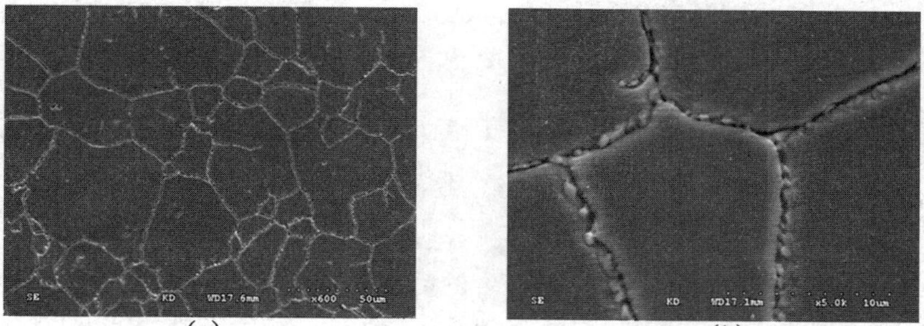

(a)　　(b)

图 2-17　钴基高温合金腐蚀后的表面形貌

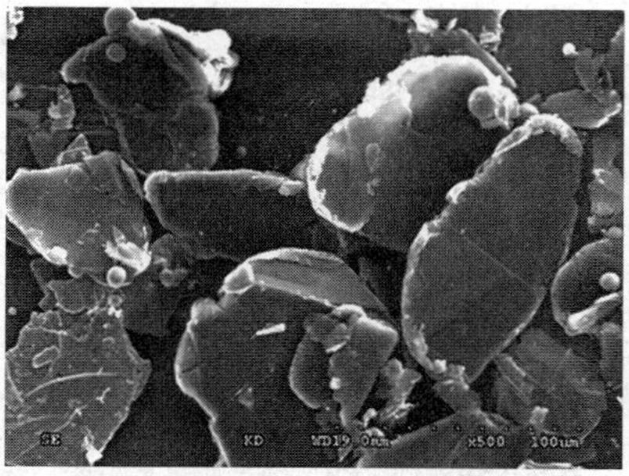

图 2-18　石墨颗粒的形貌

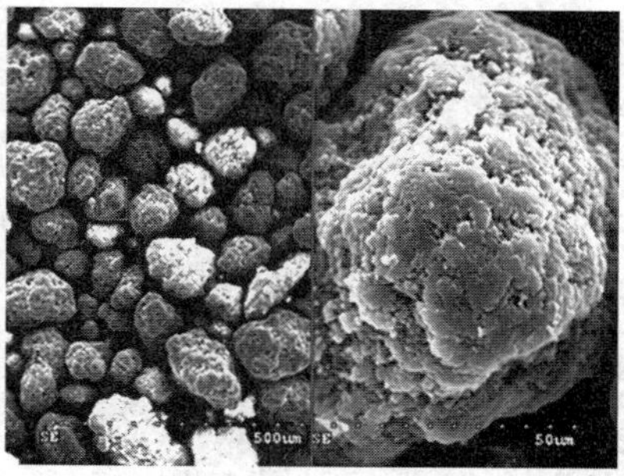

图 2-19　超高分子量聚乙烯粉体的形貌

2.4.3.2　断口分析

材料断裂面分析是断裂学科的组成部分，材料的断裂往往发生在其组织最薄弱的区域，材料断裂后所形成的一对相互匹配的断裂表面，记录着有关断裂全过程的许多重要信息。因此，对材料断口的观察和分析一直受到重视。通过对断口的形态分析，有助于研究判断断裂的基本问题，包括断裂起因、断裂性质、断裂方式、断裂机制、断裂韧性、断裂过程的应力状态以及裂纹的扩展等。如果结合断口表面的微区成份、结晶学和应力应变分析等，可进一步研究材料的冶金因素和环境因素对断裂过程的影响规律。目前，利用扫描电镜景深大、图像立体感强且具有三维形态的特点，可深层次、高景深的呈现材料的断口特征，已在分析材料断裂原因、事故成因以及工艺合理性的判定等方面获得广泛的应用。

图 2-20 为陶瓷断口的沿晶断裂扫描电镜图片，断口呈棱角明显的冰糖块状结构，突出的晶粒、棱边亮，而裂缝处暗。图 2-21 为金属断口的韧窝状形貌，韧窝的边缘类似尖棱，亮度较大，韧窝底部较平坦或存在孔洞，图像亮度较低。有些韧窝的中心部位有第二相小颗粒，能激发出较多的二次电子，所以这种颗粒较亮。韧窝的尺寸和深度同材料的延性有关，而韧窝的形状同破坏时的应力状态有关。由于应力状态不同，相应地在相互匹配的断口偶

合面上，其韧窝形状和相互匹配关系是不同的。

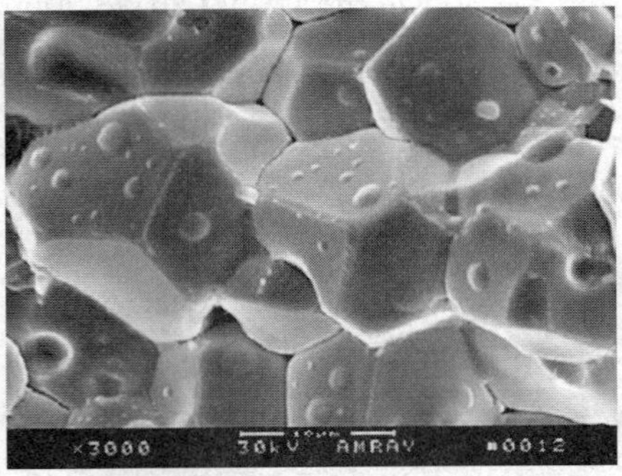

图 2-20 陶瓷断口的沿晶断裂

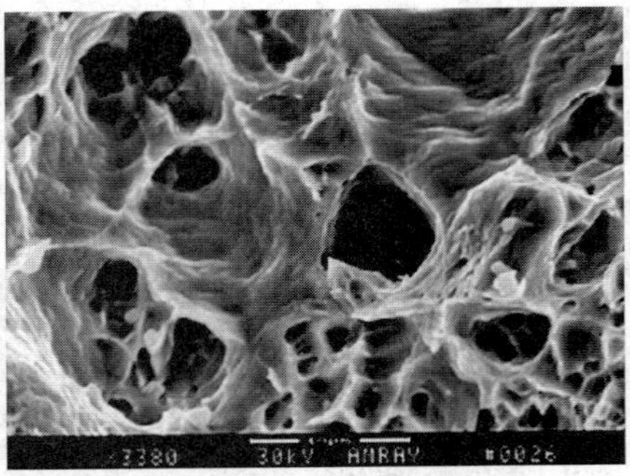

图 2-21 金属材料的韧窝状断口

图 2-22 为金属材料的解理断口，图 2-23 为大理岩样品中的解理断裂形貌。解理断裂属于一种穿晶脆性断裂，对于一定晶系的金属，均有一组原子键合力最弱、在正应力下容易开裂的晶面，这种晶面通常称为解理面。解理断裂的特点是：断裂具有明显的结晶学性质，即断裂面是结晶学的解理面，裂纹扩展方向沿着一定的结晶方向。解理断口的特征是宏观断口十分平坦，微观形貌由一系列小裂面构成。在每个解理面上可以看到一些十分接近于裂纹扩展方向的阶梯，通常称为解理阶。解理阶的形态多样，与材料的组织和应力状态的变化有关。河流花样是解理断口的基本微观特征，其特点是支流解理阶的汇合方向代表断裂的扩展方向，汇合角的大小同材料的塑性有关，而解理阶的分布面积和解理阶的高度同材料中位错密度和位错组态有关。通过对河流花样解理阶进行分析，可以寻找主断裂源的位置。

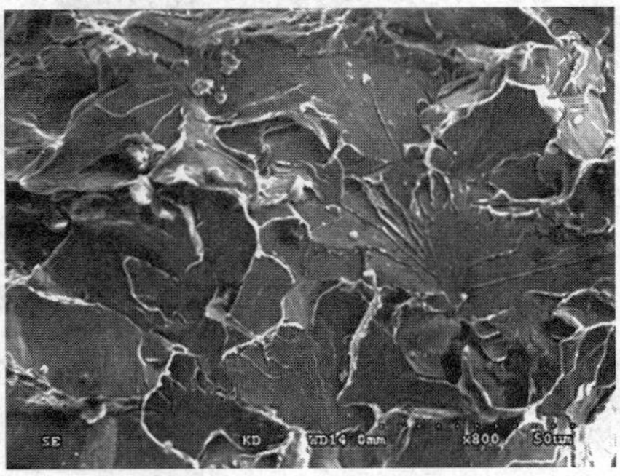

图 2-22 金属材料的解理断口

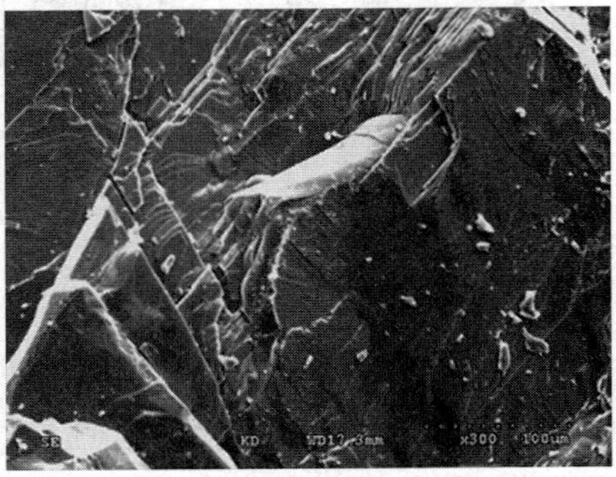

图 2-23 大理岩的解理断口

2.4.3.3 磨损失效分析

摩擦所导致的磨损失效是包括航空材料在内的机电材料失效的主要原因，有 70%～80%的设备损坏是由各种形式的磨损引起的。磨损失效不仅造成大量的材料和部件浪费，而且可能直接导致灾难性后果，如机毁人亡等。英、美等国对各自国家摩擦学状况的调查结果表明，因材料磨损失效造成的损失估计每年都在上千亿美元。改善润滑、降低磨损可能带来的经济效益约占各国国民生产总值的 2%以上。我国在冶金、金属加工、石油和矿产资源开采、汽车及铁路交通、航空航天与核技术等国民经济支柱产业部门都存在着严重的磨损失效问题，不仅每年造成约上千亿元人民币的经济损失，而且是机械事故频发的重要原因之一。

磨损表面的破坏机理分析是磨损失效分析的主要内容之一。主要是借助磨损表面形貌的扫描电镜观察，分析机械构件的磨损破坏方式，结合材料表面成份、结构变化以及表面性能的测试等，确定主要磨损机制。同时也可以通过磨损表面的剖面分析，深入分析摩擦接触面的亚表层变化、组织相变、裂纹的形成和扩展、材料的转移等摩擦磨损特征，为减磨技术的正确制定提供可靠的理论分析基础。

图 2-24 为尼龙 1010 及其复合材料的表面磨损形貌的扫描电镜照片，图 2-24(a)为纯尼龙 1010，图 2-24(a)为尼龙 1010/La_2O_3复合材料。实验仪器为 M—2000 环块摩擦磨损试验机，环试样为轴承钢，硬度 60HRC，直径为 50 mm，块试样分别为尼龙 1010 及其复合材料。载荷 150 N，轴承钢环转速为 200 r/min，实验环境为室温，润滑剂为水，摩擦时间 2 h。可以看出，PA1010 磨损表面可以观察到较为粗的犁沟，局部区域出现明显的熔融形成的褶皱。图 2-24(b)为尼龙 1010/La_2O_3复合材料的磨损表面则未发现熔融褶皱区，但明显存在粗大的犁沟，同时表面可以看到清晰的白色颗粒，为磨损脱落的 La_2O_3 颗粒。

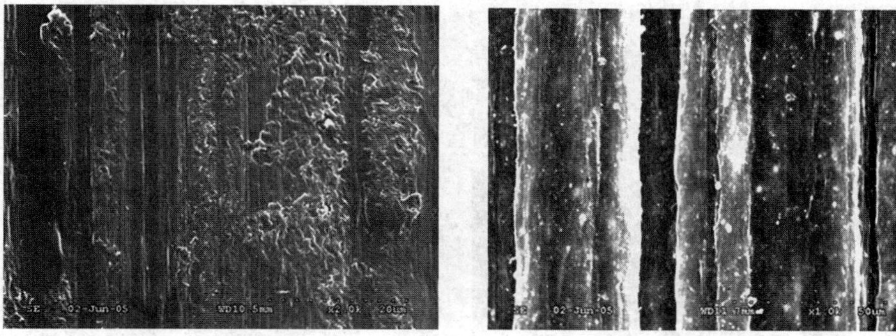

(a)　　(b)

图 2-24　PA1010 及其复合材料的磨损表面扫描电镜

(a) PA1010；(b) 1010/La_2O_3复合材料

图 2-25 为 HA/TZP 陶瓷及超高分子量聚乙烯(UHMWPE)材料的磨损表面扫描电镜图片，图中白色箭头指向为摩擦运动方向。摩擦接触副为销盘运动方式，HA/TZP 陶瓷圆销试样直径为 4 mm，UHMWPE 圆盘试样直径为 60 mm。实验条件为室温，相对湿度为 30%～60%，润滑方式为血浆润滑。实验载荷 3.5 kg，接触比压 3.6 MPa，滑动速度 v= 0.21 m/s(相当于转动速度 90 r/min)，磨损时间 2 h。可以看出，图 2-25(a)为 HA/TZP 陶瓷摩擦接触面没有明显摩擦损伤，仅存在细微的划痕，局部磨损表面存在覆盖层，图中灰黑色的黏附层，为 UHMWPE 的粘着转移膜，沿滑动方向呈不连续分布。UHMWPE 磨损表面出现明显犁沟，可观察到大面积的舌状或鳞片状微凸，垂直于滑动方向平行分布，为疲劳磨损的典型特征。

2.4.3.4　磨损颗粒分析

磨损颗粒作为磨损过程的产物，直接反映了发生磨损的微观机制。研究表明，磨损颗粒携带大量磨损信息，并以其大小、数量、成份以及形态分布等特征表现出来。通过对这些信息的分析处理，可以得到表征磨损特征的各种参数，把握其变化规律，达到检测控制和预报磨损的目的。图 2-26 为 HA/TZP 陶瓷和 UHMWPE 组成摩擦副的磨损颗粒扫描电镜图

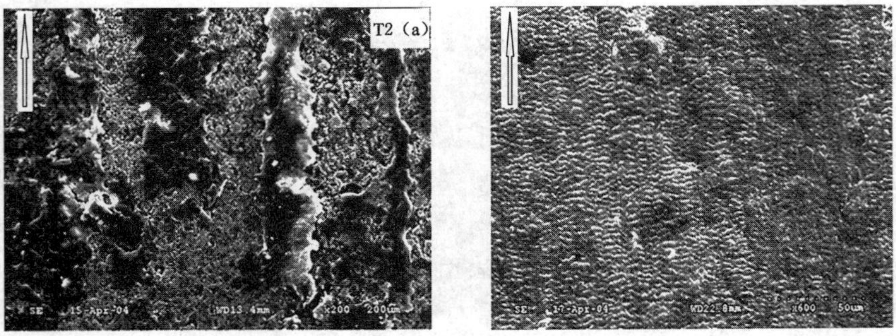

(a) (b)

图 2-25　HA/TZP 陶瓷和 UHMWPE 摩擦副的磨损表面扫描电镜

(a) HA/TZP 陶瓷；(b) UHMWPE

片。可以看到，同一条件下的 UHMWPE 磨损颗粒形貌有很大差别，图 2-26(a)为块状颗粒的集合体，颗粒尺寸较小，但棱角分明，亮度较高。图 2-26(b)为不规则的团絮状颗粒集合体，颗粒尺寸大小不均，由于表面无突出棱角，亮度较暗。图 2-26(c)为单个卷曲片状 UHMWPE 磨损颗粒，颗粒尺寸较大，表面可看到磨损撕裂纹理。图 2-26(d)则为较为特殊的球形颗粒，靠近探测器区域亮度高，表面可看到台阶状纹理。

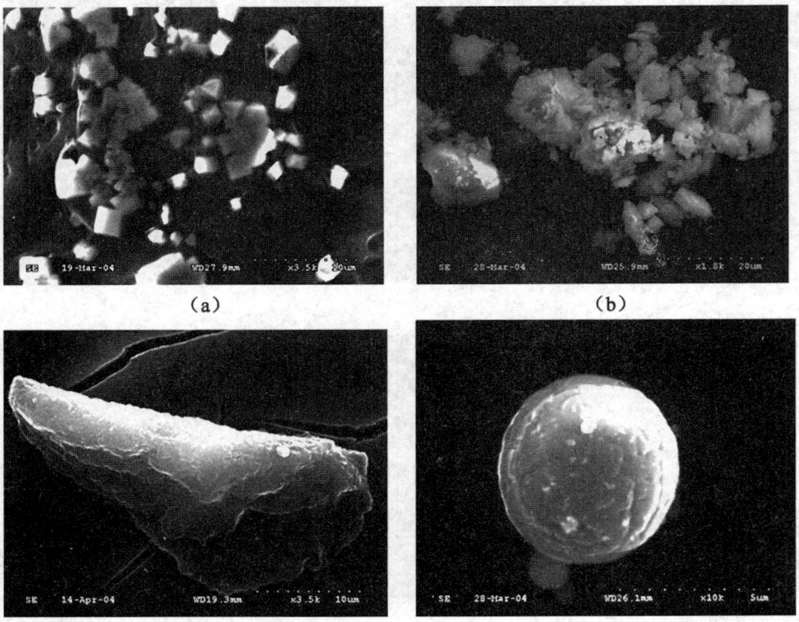

(a) (b) (c) (d)

图 2-26　磨损颗粒的扫描电镜图片

(a) 块状磨损颗粒；(b) 团絮状磨损颗粒；(c) 卷曲片状磨损颗粒；(d) 球形磨损颗粒

2.4.3.5　涂层分析

材料的表面改性一般是采用化学或物理方法，改变材料或工件表面的化学组份或组织结构以提高其使用性能。通过表面改性，可有效改善材料或构件的耐高温、防腐蚀、耐磨损、抗疲劳、防辐射、生物相容性等性能，提高其使用可靠性，并延长使用寿命，目前已广泛用于各类材料及构件的设计。扫描电镜作为主要的表面涂层分析方法，已广泛应用于材料的表面改性层组织成份、形态结构及涂层厚度等的分析工作。

等离子喷涂作为热喷涂的一个重要分支，具有火焰流温度高，能熔化几乎所有材料，因而喷涂用材广泛的特点。由于制备涂层的孔隙率及结合强度均优于常规的火焰喷涂，对制备高熔点的金属涂层及陶瓷涂层有更大的优越性。图 2-27 给出了人工关节的关节柄表面多孔钛层的扫描电镜图片，是采用等离子喷涂技术，将钛微球粉喷涂在关节柄的部分表面，使其表面具有多孔结构特征。这种多孔结构具有的骨传导性能，可借助骨组织长入孔隙内部形成与假体周围骨组织的牢固结合，实现生物学固定目的。图 2-28 为 CoCrMo 合金表面离子氮化层厚度的观察结果，可以看出，离子氮化层分两层，内层厚度约 3 μm，外层厚约 7 μm，总厚度约 10 μm。

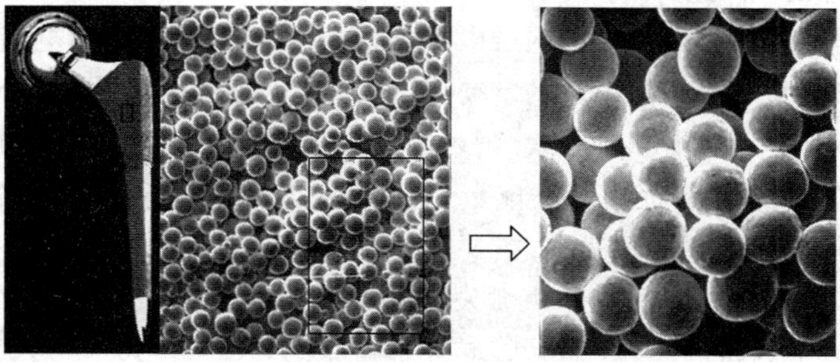

图 2-27　生物学固定型关节柄钛颗粒涂层

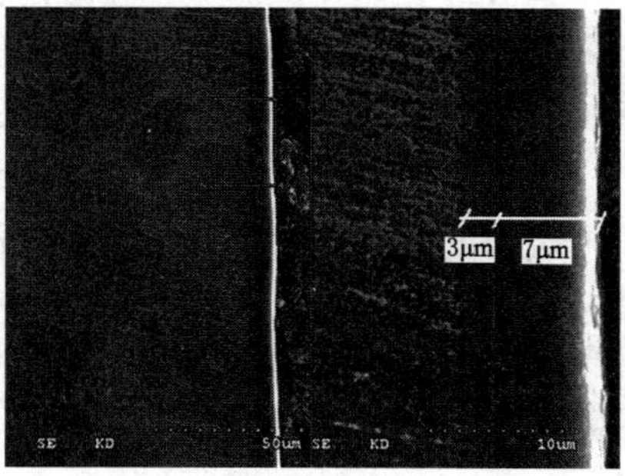

图 2-28　CoCrMo 合金表面离子氮化层厚度

2.5　电子探针显微分析技术及应用

电子探针 X 射线显微分析（electron probe microanalysis，简称 EPMA），简称电子探针分析，是利用聚焦电子束与试样微米至亚微米尺度的区域相互作用，用 X 射线谱仪对电子激发体积内的元素进行分析的技术，特别适用于分析样品中微小区域的化学成份，是研究材料组织结构和元素分布状态的极为有效的分析方法。电子探针分析的基本原理是利用细聚焦电子束入射样品表面，激发出样品中所含元素的特征 X 射线，通过分析特征 X 射线的能量（或波长）以确定样品中元素的种类，分析特征 X 射线的强度，则可确定对应元素的相对含量。目前，可以说电子探针分析已广泛用于所有固体物质的研究工作，尤其在材料研究工作方面，如金属材料的成份和夹杂物相的鉴定；高分子、陶瓷、混凝土、生物、矿物等固相材料的结构和成份分析；金银饰品、宝石首饰、文物的鉴别以及刑侦鉴定等领域。

常用的电子探针 X 射线谱仪有两种，一种是利用特征 X 射线的波长，实现对不同波长 X 射线分别检测的波长色散谱仪，称为波谱仪（wavelength dispersive spectrometer，简称 WDS），另一种是利用特征 X 射线能量的色散谱仪，称为能谱仪（energy dispersive spectrometer，简称 EDS）。无论波谱仪还是能谱仪，都经常与扫描电镜结合在一起使用。鉴于能谱仪使用的便捷性和广泛性，本节主要介绍能谱仪的原理及其应用。

2.5.1 能谱仪的结构及工作原理

每种元素都有自己特定波长的 X 射线，其特征波长的大小取决于能级跃迁过程中释放出的特征能量 ΔE。能谱仪就是利用不同元素 X 射线光子的特征能量不同这一特点来进行成份分析的。当入射电子激发样品原子的内层电子，使原子处于能量较高的电离或激发态，此时外层电子将向内层跃迁以填补内层电子的空缺，从而释放出具有特征能量的 X 射线。若电子束与样品表层的作用体积内含有多种元素，则可激发出各相应元素的特征 X 射线。根据莫塞莱定律，用 X 射线探测器检测特征 X 射线能量，就可判定该微区中所存在的相应元素。

能谱仪的结构原理如图 2-29 所示，主要由 X 射线探测器、脉冲信号处理器、多道分析器、计算机及显示记录系统等构成。电子束激发的样品表层所含元素的特征 X 射线光子经过铍窗口，进入 Si(Li)X 射线探测器，将 X 射线转换成电信号，产生电脉冲。这个很小的电压脉冲通过高信噪比的场效应管前置放大器和主放大器的两次放大产生足够强度的电压脉冲信号，被送入多道脉冲高度分析器。多道脉冲高度分析器中的数模转换器首先把脉冲信号转换成数字信号，建立起电压脉冲幅值与存储单元（称为道址）的对应关系，即幅值与 X 射线光子能量成正比的脉冲按大小分别进入不同道址，低能量 X 光子对应小号道址，高能量的对应大号道址。每进入一个时钟脉冲，道址记下一个光子数。因此，道址和 X 射线光子能量成正比，道址的计数为 X 射线光子数，即特征 X 射线强度。常用的 X 光子能量范围在 0.2～20.48 keV，如果总道址数为 1 024，则每个道址对应的能量范围为 20 eV。最后即可得到以道址（能量）为横坐标、道址计数（强度）为纵坐标的 X 射线能量色散谱，并显示于荧光屏或记录仪上，这就是能谱曲线。如图 2-30(b)为大理岩二次电子图像和对应的能谱曲线，可以看到，图片显示区域含有 Ca、Mg、Si 和 Al 元素，Au 的谱线为表面溅射的金导电层。

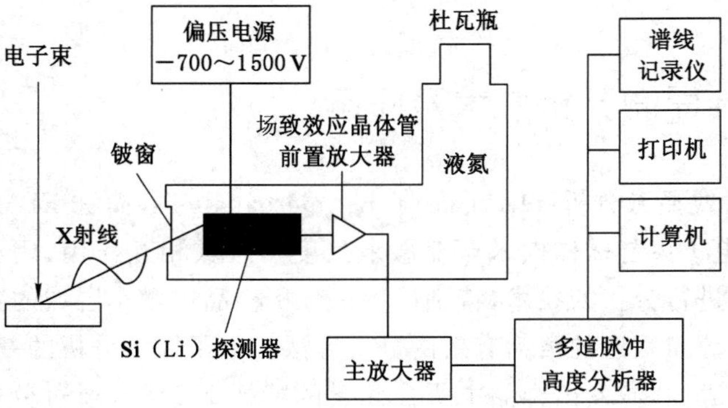

图 2-29 能谱仪结构示意图

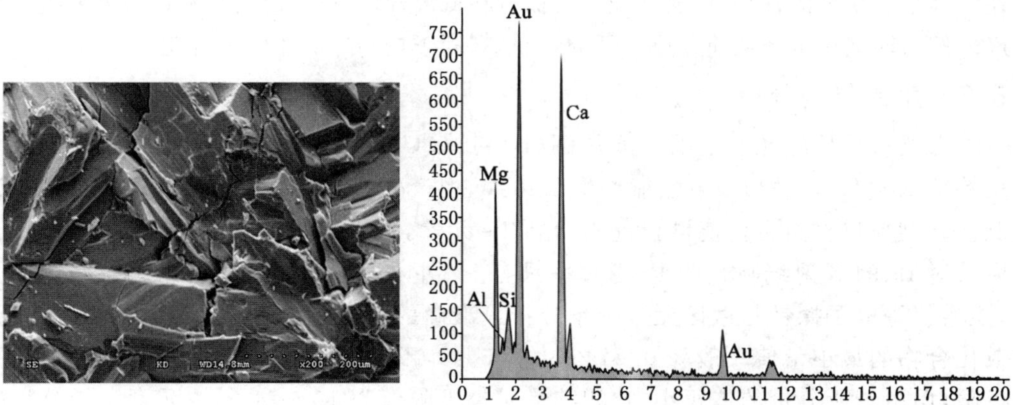

(a)　　　　　　　　(b)

图 2-30　大理岩扫描电镜形貌及能谱

在能谱仪的各结构单元中，X 射线探测器是关键部件，目前最常用锂漂移硅 Si(Li)固态 X 射线能量探测器，其结构如图 2-31 所示。Si(Li)是厚度为 3～5 mm、直径为 3～10 mm 的薄片，由 p 型 Si 在严格的工艺条件下漂移进 Li 制成。Si(Li)可分为三层，中间是活性区(I 区)，由于 Li 对 p 型半导体起了补偿作用，属本征型半导体。I 区的前面是一层约 0.1 μm 厚的 p 型半导体层，其外面镀有 20 nm 的金膜。I 区后面是一层 n 型 Si 半导体层。Si(Li)探测器实际上是一个 p-I-n 型二极管，镀金的 p 型 Si 接高压负端，n 型 Si 接高压正端并与前置放大器的场效应管相连接。

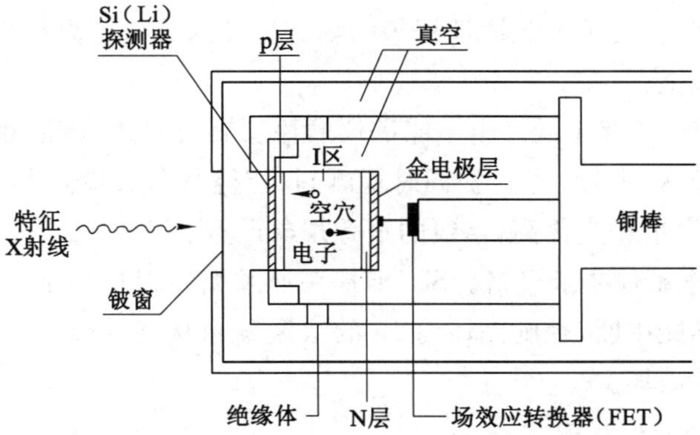

图 2-31　锂漂移硅 Si(Li)固态 X 射线能量探测器结构示意图

样品表层出射的具有各种能量的 X 射线光子射入 Si(Li)内，即在 I 区产生电子—空穴对。每产生一对电子—空穴对，要消耗掉 X 射线光子 3.8 eV 的能量，每一个能量为 E 的入射 X 射线光子产生的电子—空穴对数目 $N=E/3.8$。加在 Si(Li)上的偏压将电子—空穴对收集起来，每入射一个 X 射线光子，探测器就输出一个微小的电荷脉冲，其高度正比于入射 X 射线光子能量 E。

Si(Li)探测器处于真空系统内，其前方有一个 7～8 μm 厚的铍窗，铍窗即可以使探头密封在低温真空环境之中，还可以阻挡背散射电子以免探头受到损伤。由于漂移进去的 Li 原子在室温很容易扩散，因此探头必须一直保持在低温环境下，由存有液氮的杜瓦瓶提供液氮温度。低温环境还可降低前置放大器的噪声，有利于提高探测器的峰背比。

2.5.2 能谱仪的分析特点

能谱仪所分析的元素范围一般从硼(B)到铀(U)。氢和氦原子只有K层电子，不能产生特征X射线。锂(Li)虽然能产生X射线，但产生的特征X射线波长太长，无法进行检测。新型窗口材料可使能谱仪能够分析Be元素，但因为Be的X射线产额非常低，谱仪窗口对Be的X射线吸收严重，透过率只有6%左右，所以Be含量低时很难检测到。目前，能谱仪等电子探针是微区元素定量分析最准确的仪器，特定分析条件下，能检测到元素或化合物的最小量值一般为0.01%～0.05%。不同测量条件和不同元素有不同的检测极限，但由于所分析的体积小，检测的绝对量极限值为10～14 g，主元素定量分析的相对误差为1%～3%，对原子序数大于11的元素，含量在10%以上时，其相对误差通常小于2%。

概括起来，能谱仪分析的特点包括以下几个方面：

① 分析速度快，能谱仪可以同时接受和检测所有不同能量的X射线光子信号，可在几分钟内分析和确定样品中所含元素。

② 分析灵敏度高，X射线收集立体角大。由于能谱仪中Si(Li)探头可以放在离发射源很近的地方(10 cm左右)，无需经过晶体衍射，信号强度几乎没有损失，所以灵敏度高。

③ 谱线重复性好，由于能谱仪没有运动部件，稳定性好且没有聚焦要求，谱线峰值位置的重复性好且不存在失焦问题，适合于比较粗糙表面的分析工作。

④ 分析过程中一般不损坏样品，可以完好保存或继续进行其他方面的分析测试，这对于文物、宝石、古陶瓷、古硬币及犯罪证据等的稀有样品的分析尤为重要。

能谱仪的缺点包括：

① 能量分辨率低，峰背比低。由于能谱仪的探头直接对着样品，由背散射电子或X射线所激发产生的荧光X射线信号也被同时检测到，使得Si(Li)检测器检测到的特征谱线在强度提高的同时，背底也相应提高，谱线的重叠现象严重。

② 能谱仪的工作条件要求严格。Si(Li)探头必须始终保持在液氮冷却的低温状态，即使是在不工作时也不能中断，否则晶体内Li的浓度分布状态就会因扩散而变化，导致探头功能下降甚至完全被破坏。

2.5.3 能谱仪分析的应用

2.5.3.1 定点分析

能谱定点分析包括定性分析和定量分析，是对样品某一选定点(区域)进行定性和定量成份分析，以确定该区域内存在的元素种类和含量。对于材料晶界、析出相、夹杂、沉淀物及奇异相等可获得较好的分析结果。定点分析原理是用光学显微镜(附件)或在荧光屏显示的图像上选定需要分析的点(区域)，使聚焦电子束照射在分析部位，并使其位于荧光屏中心，激发所含元素的特征X射线，用谱仪探测并显示X射线谱。根据谱线峰值位置的能量确定分析定点区域的存在的元素及含量。

能谱定性分析比较简单、直观，但也必须遵循一定的分析方法，才能使分析结果正确可靠。定性分析的加速电压一般为25 kV，计数时间100 s。谱线元素的鉴别可以用两种方法：一是根据经验及谱线所在的能量位置，估计某一峰或几个峰是某元素的特征 X 射线峰，让能谱仪在荧光屏上显示该元素特征 X 射线标志线来核对；二是当无法鉴别是什么元素时，根据谱峰所在位置的能量查找元素各系谱线的能量卡片或能量图来确定元素种类。图 2-32 为多孔微弧氧化钛合金水热合成处理后，微弧氧化层圆孔周围区域析出的针状物相的二次电子像和相应的能谱定性分析结果，Ti、V 和 Al 为基体合金成份，Ca 和 P 为针状物相主要元素，为羟基磷灰石[$Ca_{10}(PO_4)_6(OH)_2$]针状相。

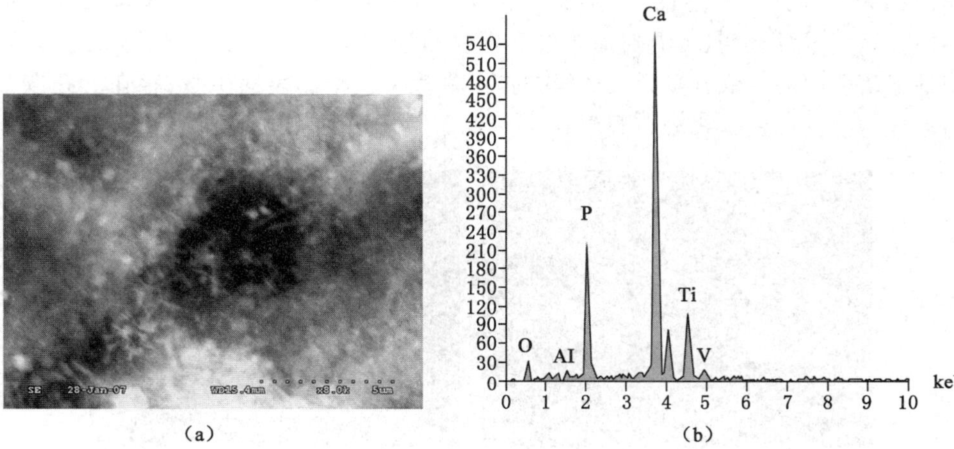

图 2-32　能谱仪定性成份分析

能谱定量分析可参阅《电子探针和扫描电镜 X 射线能谱定量分析通则》(GB/T 17359—1998)，分析时应注意测试条件的选取。加速电压应选择样品中主要元素特征 X 射线临界激发电压的 2～3 倍以上：金属和合金的常用加速电压值为 25 kV；硅酸盐和氧化物为 15 kV；超轻元素($Z<10$)一般为 10 kV。特征 X 射线系的选择原则为：原子序数 $Z<32$ 时，采用 K 线系；$Z<32$ 的较轻元素，只出现一个 K_α 双峰和一个较高能量的 K_β 峰，用 K 线系计算；$32\leqslant Z\leqslant 72$ 的较重元素，增加了几个 L 线系峰，采用 L 线系计算；$Z>72$ 的重元素，没有 K 峰，除 L 线系峰外还出现 M 线系峰，通常采用 M 线系计算。计数时间的设定应满足分析精度的要求，一般为 100 s，或使全谱总计数量大于 2×10^6。

能谱定量分析是一种物理方法，分析时一般需有标样进行对比，然后进行定量修正计算。无标样定量分析一般也应以标样为基础，事先建立所有标样的数据库，分析时不用每次测量标样数据，但要定期用标准试样校准。标样的制备与块状分析样品的制备方法基本相同，可按照《电子探针分析标样通用技术条件》(GB/T 4930—93)的要求制备。一般来说，能谱定量分析结果的精度与样品中元素的含量有关，样品中主要元素(含量大于10%)的鉴别容易做到正确可靠，但对于样品中次要元素(含量为 0.5%～10%)或微量元素(含量小于 0.5%)的鉴别，必须注意谱的干扰、失真和谱线多重性等问题，否则会产生错误。

2.5.3.2　线分析

能谱线分析是将电子束沿试样表面的某一直线扫描，X 射线谱仪处于探测某一元素特征 X 射线状态。运动方式可以是样品做直线运动，也可以利用偏转线圈使电子束做直线扫描。能谱仪探测到的是 X 射线信号强度(计数率)，可根据 X 射线的强度的变化，分析元素在该直线上的浓度变化，但分析时各元素分别进行测量，常用于膜层、镀层及复合镀层、晶界等不同元素的分布研究。实际分析时，通常将特征 X 射线强度分布曲线重叠于二次电子图像之上，可以更加直观地表明元素含量分布与形貌、结构之间的关系如图 2-33所示，钛合金微弧氧化表面摩擦磨损试验后，沿磨损表面某一直线 Ti、Ca 和 P 元素的分布状态。

能谱线分析时，应注意曲线高度代表元素含量，同种元素在相同条件下只能定性比较含量变化。因为不同元素产生的 X 射线产额不同，元素之间的峰高不能进行元素含量的比较。即使元素含量没有变化，沿扫描线的元素分布通常也不是一条直线，这是由于 X 射线计数统计涨落引起的。低含量元素的线扫描可靠性差。样品表面不平，存在气孔以及腐蚀样品的晶界均会产生元素线分布假象。

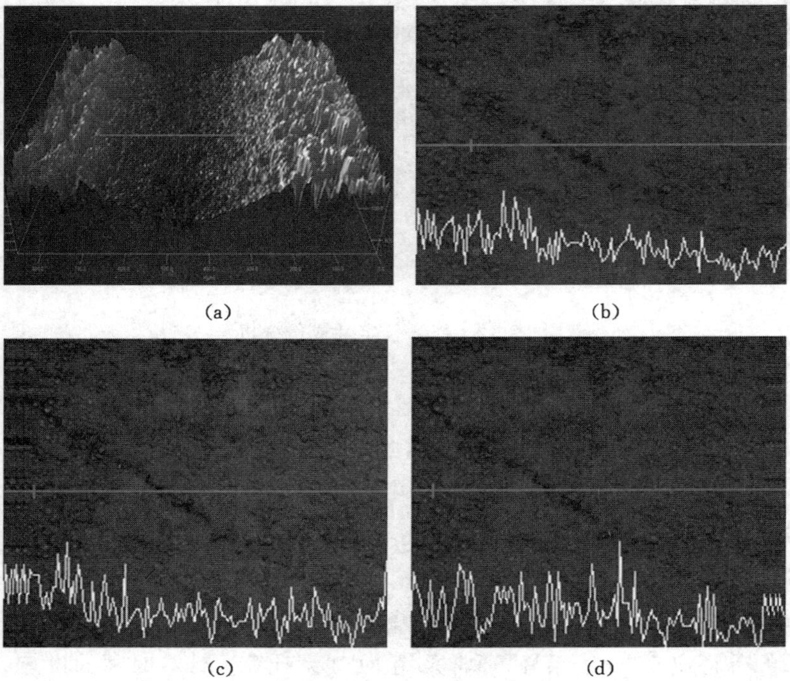

(a) (b) (c) (d)

图 2-33 钛合金微弧氧化层磨损表面的元素线分析

(a) 磨损区域形貌；(b) Ti 元素；(c) Ca 元素；(d) P 元素

2.5.3.3 面分析

能谱面分析是使聚焦电子束在样品表面作二维光栅扫描，X 射线谱仪处于能探测某一元素特征 X 射线状态，用谱仪输出的脉冲信号调制同步扫描的显像管亮度，在荧光屏上得到由许多亮点组成的图像，称为 X 射线扫描像面分布图像。图 2-34 为钛合金微弧氧化内表层 Ca 和 P 元素的面分布测试结果。图中斑点代表元素的分布区域。

面分析常用于某一区域各个元素的偏聚、偏析等元素分布情况的研究。分析表面元素分布时，元素含量高的区域，显示该元素存在的区域亮度高。但应注意，有时背底噪音也会产生少量白点，无法和低含量元素区分。对低含量元素则无法显示元素分布状态。与能谱线分布类似，元素的面分布一般与相同部位的形貌像对照分析。由于面分布灵敏度低，面扫描往往采用大探针电流分析，特别对轻元素，如果探针电流小，特征 X 射线信号很弱，则无法显示元素分布。

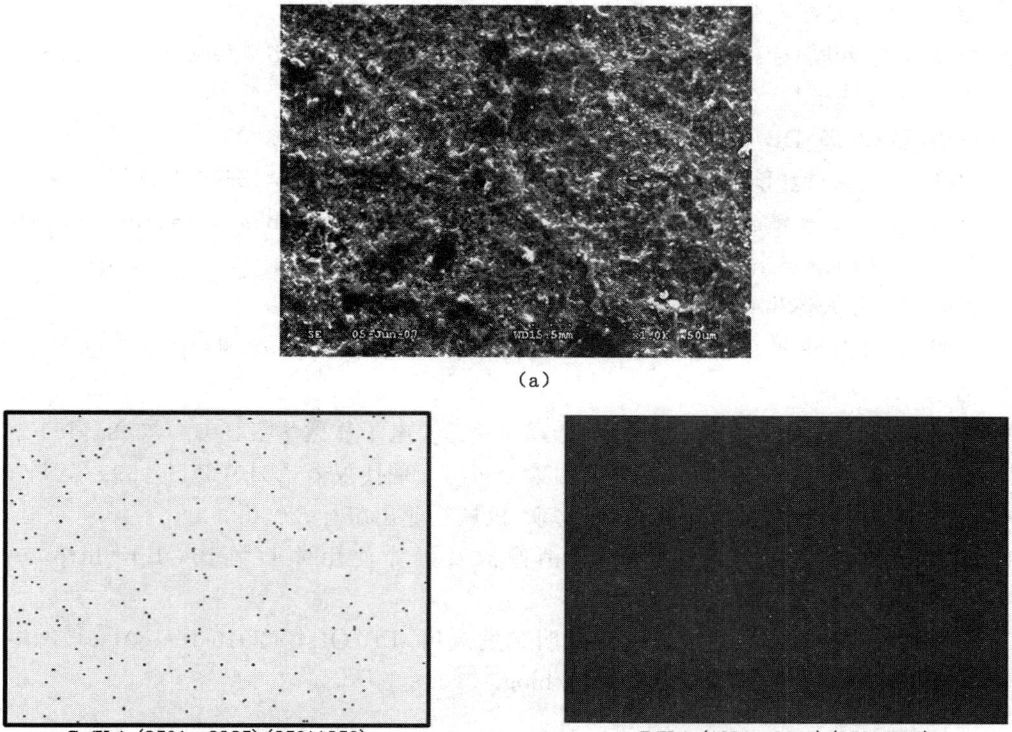

(a)

Ca(Ka): (3561—3825) (256×256)　　P(Ka): (1881—2145) (256×256)

(b)　　(c)

图 2-34　钛合金微弧氧化内表层 Ca 和 P 元素的面分布

(a) 钛合金微弧氧化内表层相貌；(b) Ca 元素面分布图；(c) P 元素面分布图

参考文献

[1] 电子能谱仪[DB/OL]. http://wiki.dzsc.com/info/8127.html.

[2] 电子探针显微分析方法[DB/OL]. http://wenku.baidu.com/view/7c597b29915f804d2b16c198.html.

[3] 杜学礼，潘子昂. 扫描电镜分析技术[M]. 北京：化学工业出版社，1986.

[4] 光学显微镜与扫描电镜的区别[DB/OL]. http://www.microimage.com.cn.

[5] 李世昌. 扫描电子显微镜原理及其在材料分析应用浅析. http://www.docin.com/p-44564236.html.

[6] 李香庭. EPMA、SEM－EDS 显微分析[DB/OL]. http://ishare.iask.sina.com.cn.

[7] 廖乾初，蓝芬兰. 扫描电镜原理及应用技术[M]. 北京：冶金工业出版社，1990.

[8] 能量分散谱仪[DB/OL]. http://202.121.199.249/ytyang/clbzjs/main/chapter13－1.html.

[9] 扫描电镜 SEM 样品制备[DB/OL]. http://wenku.baidu.com/view/18af187b31b765ce050814c5.

html.
[10] 扫描电镜的特点结构及工作原理[DB/OL]. http://lab. sciencenet. cn/htmllab/2010102515023296249. shtm.
[11] 扫描电镜及电子探针在工程材料中的应用[DB/OL]. http://www. docin. com/p－43736411. html.
[12] 扫描电镜原理[DB/OL]. http://www. microimage. com. cn.
[13] 扫描电子显微镜[DB/OL]. http://baike. baidu. com/view/442650. html
[14] 扫描电子显微镜能谱仪(EDS)原理[DB/OL]. http://blog. sina. com. cn/s/blog_5f5a29760100isan. html.
[15] 王成涛,等. 人体生物摩擦学[M]. 北京:科学出版社,2008.
[16] 王庆良. 羟基磷灰石仿生陶瓷及其生物摩擦学研究[M]. 徐州:中国矿业大学出版社,2010.
[17] 周广荣. 扫描电镜图像最优条件的选择研究[J]. 电子显微学报,2011,30(2):171-174.
[18] 周广荣. 影响扫描电镜图像质量的因素分析[J]. 现代仪器,2010(6):57-59.
[19] 周玉. 材料分析方法[M]. 第2版. 北京:机械工业出版社,2000.
[20] DEMA 驰奔. 扫描电子显微镜—消像散及操作使用体验[DB/OL]. http://coxem2010. blog. 163. com/blog.
[21] DEMA 驰奔. 扫描电子显微镜之发明和发展历[EB/OL]. (2010-10-15)[2011-01-13] http://coxem2010. blog. 163. com/blog.

第 3 章　透射电子显微镜

材料化学成份、晶体结构、显微组织对材料的宏观性能有巨大的影响。化学分析可以精确测定材料的平均元素成份，但是对于多相材料中各相的单独分析存在一定的难度。X 射线衍射能够进行物相分析并测定材料的晶体结构，却不能观测试样的表面形貌与显微组织。光学显微镜可以获得材料的金相组织，但只能放大 1 000 倍，分辨能力有限。扫描电镜及能谱可以同时获得材料的显微组织与成份的平面分布，但对于部分微观缺陷，比如位错的观察却无能为力。这些方法均能够获取部分信息，若希望获取材料化学成份、晶体结构、显微组织的全部信息及其相互间的空间对应关系，透射电子显微镜是一个方便且简易的方法。

3.1　透射电子显微镜的成像原理与结构

3.1.1　透射电子显微镜的成像原理

透射电子显微镜（以下简称透射电镜）的发明，最初是为了寻找一个具有更高放大倍率的观察设备。

根据瑞利公式：

$$\Delta r_0 = \frac{0.61\lambda}{N\sin\alpha} \tag{3-1}$$

式中　Δr_0 ——成像物体上能分辨的两个点的最小距离，即分辨率；

λ ——光源的波长；

N ——介质的相对折射系数；

α ——透镜孔径角的二分之一。

在光学显微镜中，玻璃透镜的 $N\sin\alpha$ 已经接近理论极限，不易改变，可见光的波长在 400～800 nm 之间，分辨率和放大倍数很难提高。提高显微镜的分辨率和放大倍数的关键在于找到新的波长短且能够成像的光源。X 射线波长较短，但是无法汇聚成像。根据狭义相对论，高能电子束是一种短波长的波，利用电磁透镜可以汇聚成像，透射电子显微镜就是利用该原理制成的。

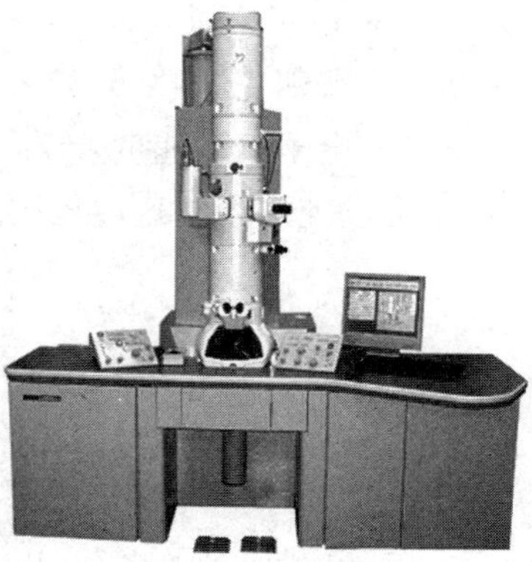

图 3-1　JEM2100 透射电子显微镜的外观

3.1.1.1　外观与光路设置

图 3-1 是目前使用较多的日本电子 JEM2100 型透射电子显微镜的外观。透射电子显微镜的光路设置和光学透射显微镜基本一致，如图 3-2 所示。

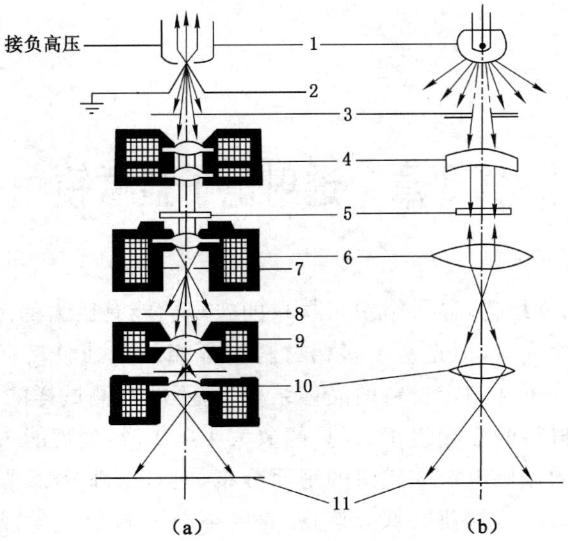

图 3-2　透射电子显微镜的光路设置

(a) 透射电子显微镜；(b) 透射光学显微镜

1——照明光源；2——阳极；3——光阑；4——聚光镜；5——样品；

6——物镜；7——物镜光阑；8——选区光阑；9——中间镜；

10——投影镜；11——照相底板或者 CCD

3.1.1.2　电子加速与电子波长

从电子枪发射出来的电子必须经过加速管进行加速。对于高压为 200 kV的透射电镜，常用 6 级加速。加速电压越高，电子波长越短，电子束的穿透深度越大，分辨本领就越高。当电压超出 200 kV 以上，加速电压对分辨本领的影响较低，球差等其他因素起主要作用。

电子波长取决于电子运动的速度和质量，存在式(3-2)所示关系：

$$\lambda = \frac{h}{mv} \tag{3-2}$$

式中　λ——电子波长，m；

m——电子质量，kg；

h——普朗克常数，6.63×10^{-34} J·s；

v——电子运动速度，m/s。

电子运动速度由加速电压决定，见式(3-3)：

$$\frac{1}{2}mv^2 = eU \tag{3-3}$$

即：

$$v = \sqrt{\frac{2eU}{m}} \tag{3-4}$$

式中　e——电子所带的电荷，1.6×10^{-19} C；

U——加速电压，V。

式(3-4)代入式(3-2)可得到式(3-5)：

$$\lambda = \frac{h}{\sqrt{2emU}} \tag{3-5}$$

透射电镜的加速电压一般在 80 kV 以上，电子的能量极大，速度极快，必须经过相对论校正，电子质量的相对论校正公式见式(3-6)：

$$m = \frac{m_0}{\sqrt{1-\left(\frac{v}{c}\right)^2}} \tag{3-6}$$

式中　m_0——电子的静止质量，9.1×10^{-31} kg。

$$\lambda = \frac{h}{\sqrt{2m_0 E\left(1+\frac{E}{2m_0 c^2}\right)}} \tag{3-7}$$

式中　E——电子的能量，等于 eU，J。

根据式(3-7)计算的不同加速电压下的电子波长，见表 3-1。

表 3-1　　不同加速电压下电子波长(经相对论校正)

加速电压/kV	60	80	100	120	160	200	300	500	1 000
电子波长/pm	4.87	4.18	3.70	3.34	2.84	2.51	1.97	1.42	0.873

3.1.2　透射电子显微镜的结构

透射电子显微镜的结构非常复杂，一般是由电子光学系统、真空系统和供电系统三大部分组成，另外还有一些相应的功能性附件，比如能谱仪、电子能量损失谱仪等。

电子光学系统是透射电镜的核心，俗称镜筒，一般是直立的积木式结构，顶部是电子枪，接着是聚光镜、样品室、物镜、中间镜和投影镜，最下面是荧光屏和照相装置。通常把电子枪、聚光镜、平移和倾斜装置称为照明系统，其作用是提供符合要求的照明光源。样品室、物镜、中间镜和投影镜称为成像系统，其作用是提供符合成像要求的放大条件。最下面的荧光屏和照相装置称为图像观察和记录系统，其作用是记录观察结果。真空系统的作用是提供透射电镜工作的真空环境。供电系统是提供透射电镜需要的有各种特殊要求的电源。

3.1.2.1　照明系统

照明系统由电子枪、聚光镜、聚光镜光阑和相应的平移对中、倾斜调节装置组成。其作用是提供一束亮度高、照明孔径角小、平行度好、束流稳定的照明光源。为满足明场和暗场成像需要，照明束可在 2°～3°范围内倾斜。

(1) 电子枪

电子枪可分为热阴电子枪和场发射电子枪。热阴电子枪的阴极材料主要是钨丝和六硼化镧。场发射电子枪可以分为热场发射、冷场发射和 schottky 场发射。schottky 场发射属于一种特殊的热场发射。热场发射电子枪的阴极材料必须是高强度材料，过去一般采用单晶钨，现在也常选用六硼化镧，下一代场发射电子枪的阴极材料极有可能是碳纳米管。

热阴极电子枪由灯丝(阴极)、栅极帽、阳极组成，这些组件构成一个自偏压回路，起限制和稳定束流的作用。灯丝的作用是通电后将电能转变为热能并加热阴极，使阴极表面处于一个高温状态以发射电子。栅极类似一个金属圆筒，套在阴极的外面，顶端开有小孔，让电子束通过，如图 3-3(a)所示。图 3-3(b)是阴极、栅极和阳极之间的等电位面分布情况。由此可见，可以通过改变栅极的电位控制电子束的强弱。在阴极和阳极之间的某一点，电子束会聚成一个交叉点，这就是通常所说的电子源，电子源一般直径为几十微米。

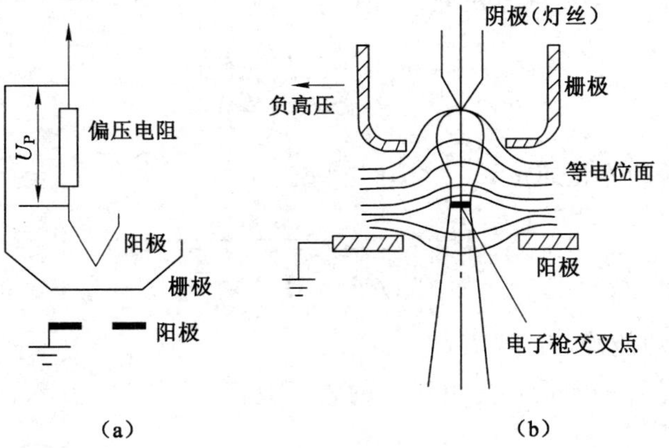

图 3-3　热阴极电子枪

(a) 自偏压回路；(b) 电子枪内的等电位面

场发射电子枪没有栅极，由阴极和两个阳极构成，如图 3-4 所示。第一个阳极的主要作用是使电子发射，第二个阳极使电子加速和会聚。场发射电子枪产生的电子束具有更小的直径和更好的单色性。

(2) 聚光镜

由于电子之间的斥力和阳极小孔的发散作用，电子束穿过阳极小孔后又逐渐变粗，射到试样上仍然过大。聚光镜就是为了克服这种缺陷而加入的，它具有增强电子束密度和再一次将发散的电子束会聚的作用。具体过程是将“电子枪交叉点”作为初光源，会聚在样品平面上，并通过调节聚光镜的电流来控制照射强度、照明孔径角和束斑大小。

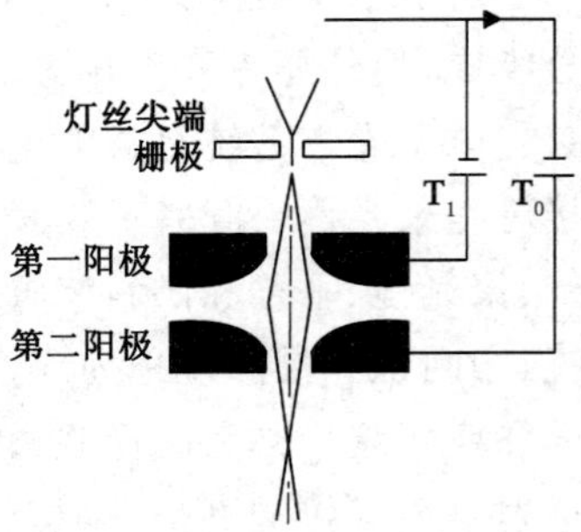

图 3-4　场发射电子枪示意图

现在高性能的透射电镜都采用双聚光系统，如图 3-5 所示。为了获得良好的透射电镜性能，第一聚光镜使用强磁透镜，使束斑缩小率达到 10～50 倍，这样就使得电子枪有效光源强烈地缩小成 1～5 μm，有效地利用了电子枪发出的光源。而第二聚光镜是弱激磁透镜，适焦时放大倍率约为 2 倍，束斑尺寸变为 2～10 μm，这样就改善了照明电子束的相干性，使得图像质量大为提高，并为物镜上方赢得各种宝贵的空间，以便安装各种附件。第一聚光镜的束斑尺寸主要由观察样品的放大倍数而定，第二聚光镜主要用于改善样品的照明亮度。在双聚光镜的联合工作下，样品的受热、漂移和污染将控制在很小的范围内。

(3) 聚光镜光阑

聚光镜光阑是透射电镜中三个主要必备光阑之一，另外两个是物镜光阑和选区光阑。常见的光阑是一些开有小孔的无磁性金属(比如铂、钼)片，如图 3-6 所示。常用光阑孔一般很小，容易污染。因此光阑周围有起自洁作用的缝隙，其原理是当电子束照射光阑时，热量不易散发，光阑长期处于高温状态，防止污染物污染。

物镜光阑又称为衬度光阑，其作用是挡住圆周电子，提高照明电子束的相干性。

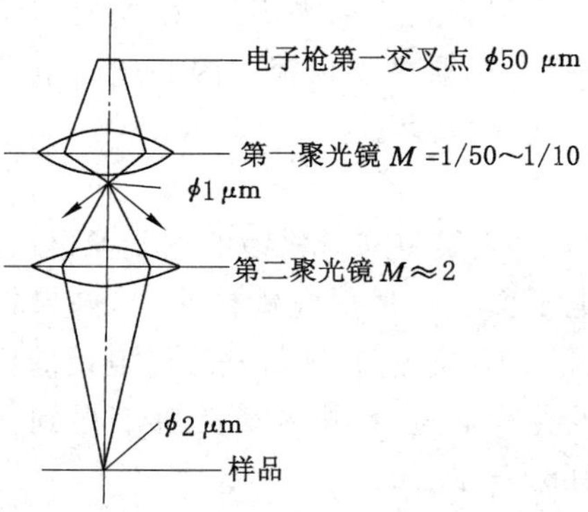

图 3-5　双聚光镜系统

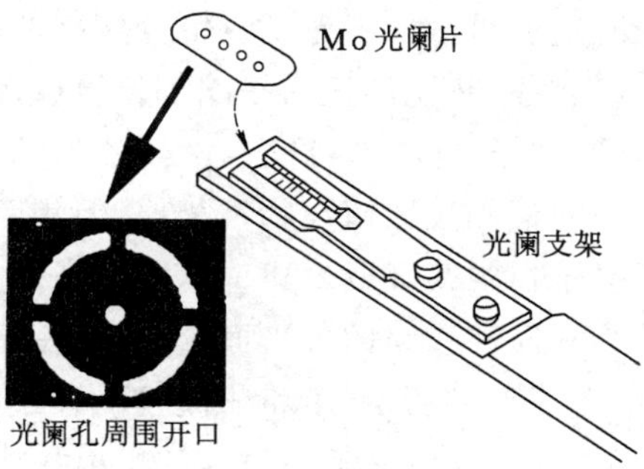

图 3-6　光阑形状

(4) 平移和倾斜装置

在透射电镜中，电子束的平移和倾斜是通过电磁偏转线圈来实现的。如图 3-7(a)所示，平移时上偏转线圈使平行入射的电子束偏转 θ 角，而下偏转线圈又反方向偏转 θ 角，这样电子束就实现了平移。如图 3-7(b)所示，当倾斜时，上偏转线圈使平行入射的电子束偏转 θ 角，下偏转线圈又反方向偏转$(\theta+\beta)$角，此时电子束在样品上的照明中心不变，则对于成像系统来说，照明电子束倾斜 β 角。电子束的平移和倾斜主要用于镜筒的对中和改变透射电镜的照明方式。

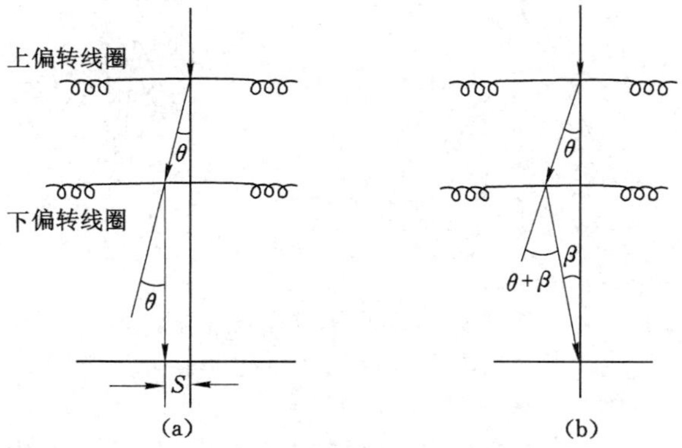

图 3-7　电子束的平移和倾斜原理

(a) 平移；(b) 倾斜

3.1.2.2　成像系统

成像系统主要起观察和成像的作用，由样品室、物镜、中间镜、投影镜、物镜光阑、选区光阑等组成。

(1) 样品室

位于照明部分和物镜之间，其主要作用是通过样品台承载、移动和倾转试样。

(2) 物镜

物镜是电镜最关键的部分，其作用是将来自试样不同点的弹性散射束会聚起来，形成第一幅高分辨率的电子显微图像或衍射花样。透射电镜有两种常见模式:若电子束会聚于后焦面上,则形成含有试样结构信息的衍射花样;若电子束会聚于像平面上,则构成与试样组织相对应的显微像。透射电镜分辨率的高低,很大程度上取决于物镜。因为这是电子束的第一次成像,物镜的任何缺陷都将被成像系统中其他透镜放大。

(3) 中间镜和投影镜

中间镜和投影镜与物镜相似,但焦距较长。它的作用是将来自物镜的电子像再次放大,最后显示在观察屏或CCD上,得到高放大倍率的电子像。在透射电镜操作中,如果将中间镜的物平面和物镜的像平面重合,则在荧光屏上得到一幅放大像,这就是透射电镜的成像操作,如图3-8(a)所示;若将中间镜的物平面和物镜的背焦面重合,则在荧光屏上得到一幅电子衍射花样,这就是透射电镜的衍射操作,如图3-8(b)所示。

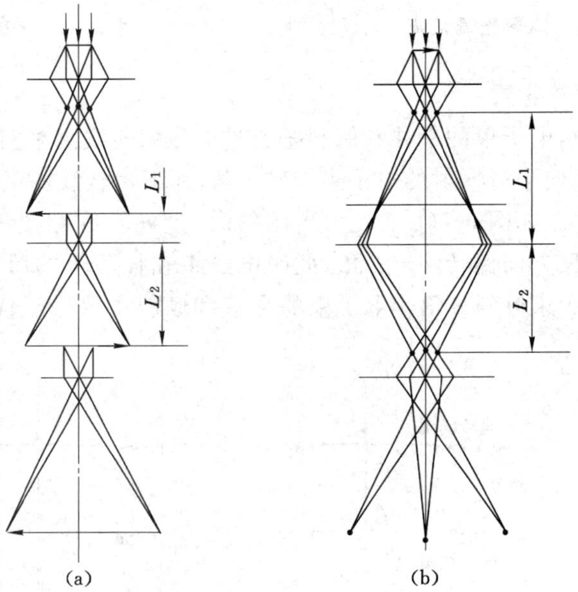

图3-8　透射电镜成像光路与原理

(a) 高倍放大;(b) 电子衍射

① 成像的相对位置。试样、物镜、中间镜、投影镜四者之间的相对位置:试样放在物镜的物平面上(物镜的物平面接近物镜的焦面),物镜的像平面是中间镜的物平面,中间镜的像平面是投影镜的物平面。物镜、中间镜、投影镜三者结合起来,给出透射电镜的总放大倍率。

② 中间镜的衍射作用。中间镜除了起放大作用外,还起衍射作用。这是因为通过减弱中间镜的电流,增大其物距,使其物平面与物镜的后焦面相重合,这样就可以把物镜后焦面上形成的电子衍射花样投射到中间镜的像平面。

当选区电子衍射谱被投影到观察荧光屏上时,就会看到衍射谱中心包含有一个透射斑点和几个衍射斑点。如果将物镜光阑套在透射斑点,将得到明场像;如果将物镜光阑套在衍射斑点上,将得到暗场像,称为一般暗场像,其图像衬度正好与明场相反。为提高暗场像的质量,常采用中心暗场像的方法,具体操作是物镜光阑对在中心位置,将用于成像的衍射斑点移到中心斑点的位置(物镜光轴位置)。为特殊需要,还有其他暗场像,比如弱束暗场成像，具体原理及操作方法可参考相关专著。明场像、一般暗场像、中心暗场像的成像原理与光轴倾斜示意图如图 3-9 所示。

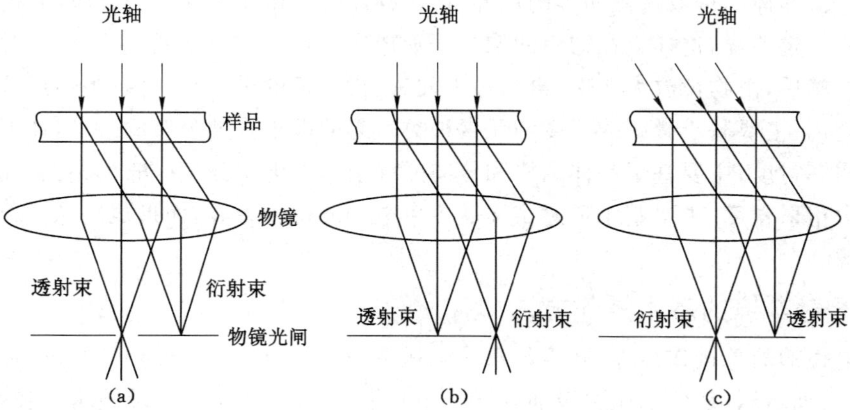

图 3-9　透射电镜衍射成像原理与光轴倾斜

(a) 明场像；(b) 一般暗场像；(c) 中心暗场像

(4) 显像部分

显像部分由观察屏和成像设备组成，常见成像设备有照相底板和 CCD 相机。CCD 成像由于是以数码格式储存，能够实现许多重要的数学分析计算，而成为现在的主流，照相底板的成像方式由于不具有这些功能，同时成像过程也比较繁琐而应用较少。

观察屏所在的空间为观察室。由于观察屏是用荧光粉制成的，所以常称观察屏为荧光屏。观察屏和照相底板（或者 CCD 相机）放在投影镜的像平面上。在分析型电镜中，在观察室还装有其他附件，用来收集各种需要的相应信号。

3.1.2.3　真空系统

为了保证电子在整个通道中只与样品发生相互作用，而不与空气分子碰撞，因此整个电子通道从电子枪至照相底板盒（或者 CCD 相机）都必须置于真空系统之内。

如果真空度不够，就会出现下列问题：① 高压加不上去；② 成像衬度变差；③ 极间放电；④ 灯丝迅速氧化，寿命缩短。

电镜真空系统一般是由机械泵、油扩散泵、离子泵、阀门、真空测量仪和管道等部分组成。

3.1.2.4　供电系统

透射电镜需要两部分电源：一是供给电子枪的高压部分；二是供给电磁透镜的低压稳流部分。电压的稳定性是电镜性能好坏的一个极为重要的标志。

加速电压和透镜电流的不稳定将使电子光学系统产生严重像差，从而使分辨本领降低。所以对供电系统的主要要求是产生高稳定的加速电压和满足各种透镜要求的激磁电流。在所有的透镜中，物镜激磁电流的稳定度要求最高。

3.2　透射电镜的操作与成像方式

由电子枪发出的高能电子，经双聚光镜会聚，获得一束直径小、相干性好的电子束投射在样品上，高能电子与样品相互作用产生各种物理信号，其中透射电子是透射电镜用来成像的物理信号（透射电子是指入射电子透过样品的那一部分电子）。由于样品各个微区的厚度、元素种类、晶体结构或者位向等的差异，透过样品各个微区的电子数量不同，电子波的强度和位相有一定差异，这样就在物镜的像平面形成了一幅与样品显微组织一一对应的透射电子分布。然后，由物镜放大成像，再经过中间镜、投影镜的进一步放大，最后成像于荧光屏或 CCD 相机。主要基于微区的厚度和元素种类引起的电子强度分布的不同，而形成的图像反差称为质厚衬度；主要基于晶体结构和位向差异引起的电子强度分布的不同，而形成的图像反差称为衍射衬度；主要基于透过试样后多束电子波位相差异，而形成图像反差的称为高分辨衬度像。

3.2.1 透射电镜的基本操作方法

透射电镜的简单操作步骤：开冷却水——送电——抽真空（30 min 以上，达到工作真空度以后）——加高压（从低电压逐级加到所用电压）——加阴极电流（缓慢增加较优）——镜筒合轴——放入试样——观察记录。

3.2.1.1 合轴操作

为了得到高质量的图像，镜筒合轴是非常重要的。首先，在进行合轴操作之前，必须将物镜的励磁电流调到规定的电流值，将试样放置在 z 方向规定的位置上。然后，从电镜的上部单元开始，一级一级向下部单元调整。当透镜偏离光轴较大时，一次将某个透镜调好很困难，要按顺序反复多次调整，直到把所有的透镜全部合轴为止。从上至下为：① 电子枪的对中；② 聚光镜的合轴调整；③ 聚光镜消像散；④ 物镜电压中心调整；⑤ 物镜消像散；⑥ 中间镜消像散；⑦ 投影镜合轴调整；⑧ 试样高度调整；⑨ 物镜聚焦的调整。

（1）电子枪的合轴调整

试样不放入电子光路，将入射电子束汇聚，观察灯丝像，反复调整电子枪倾斜（x，y）旋钮，使灯丝像呈中心对称状态（图 3-10）。调整枪平移（x，y），使灯丝像位于荧光屏中心。调好后再增加灯丝电流或调偏压，使灯丝阴影消失，即达到饱和状态。此时，若再增加灯丝电流，束流不会增大，亮度不会增加，这时称为过饱和状态，在此状态下工作，灯丝寿命会降低。若减小灯丝电流，灯丝像阴影就会出现，这时称为欠饱和状态，亮度较低。束流增加而亮度开始不再增加（过饱和和欠饱和之间）的这一点称为灯丝饱和点。调好后，将灯丝电流旋钮锁死，这样，通常使用的位置就固定了。当无论怎样调整都得不到对称的灯丝像时，说明灯丝已经寿命耗尽，该更换新的灯丝了。对于 La_6B 灯丝，通常所用的发射电流为 100 μA 左右。实际调整时，也可以将灯丝的加热电流设定在标准值，用荧光屏上显现出的灯丝花样来判断灯丝是否处于饱和状态。然后，对灯丝的温度稍作一些调整，使之饱和。然后，再调整偏压，使发射电流达到理想高度。对热阴极场发射型电子枪的情况，合上阳极颤动器的开关，用电子枪灯丝倾斜调整旋钮（x，y）调整到电子束中心不动为止。

（2）聚光镜的合轴调整

首先，把控制束斑直径旋钮置于大束斑位置（使第一聚光镜处于弱励磁状态），用电子枪的平移（x，y）旋钮将电子束中心调到荧光屏中心，然后把控制束斑旋钮置于小束斑位置（使第一聚光镜处于强励磁状态），用聚光镜对中的平移旋钮（x，y）将电子束中心调到荧光屏中心。反复操作几次，直到变换束斑尺寸，电子束中心始终都在荧光屏中心为止。

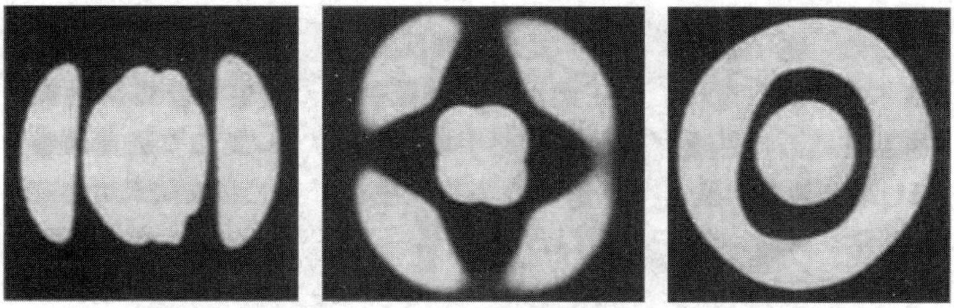

(a)　　(b)　　(c)

图 3-10　电子枪合轴完好的 W、La_6B 灯丝和场发射欠饱和状态的灯丝像

(a) W 灯丝；(b) La_6B 灯丝；(c) 场发射灯丝

(3) 聚光镜消像散

用亮度调整旋钮将电子束聚焦在荧光屏中心。用聚光镜消像散旋钮(x,y)来消像散，使汇聚的束斑变圆。再用亮度调整旋钮将束斑调到稍过焦或稍欠焦，看是否还有些椭圆，有椭圆则说明还有像散，要再调整。如果改变聚焦量，束斑始终是圆的，那么就没有像散了。图 3-11 是聚光镜存在像散和无像散时的束斑形状。当变换光阑孔和束斑直径时，束斑会出现些椭圆度，这时必须再调整一下。

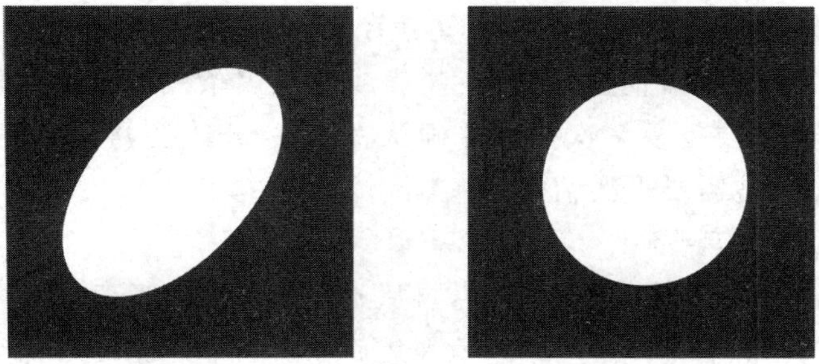

(a)　　(b)

图 3-11　聚光镜消像散调整

(a) 有像散时电子束斑的形状；(b) 无像散时电子束斑的形状

(4) 物镜电压中心的调整

使用高压摇摆器进行物镜电压中心的调整。将试样置于电子光路中，把电子显微镜像放大到两万倍(不加物镜光阑)，聚焦清楚。在像上找一个特征物，置于荧光屏的中心。打开高压摇摆器，由于高压变动，电子显微像就会扩大或收缩反复交替变换。如果无论是扩大或是收缩，特征物位置始终不变，说明电压中心正确。如果特征物位置随电子显微像的扩大或收缩而改变，必须用照明系统的束倾斜旋钮进行调整，直到不改变为止。2 万倍调好后，通常再放大到高倍(10 万倍)进行调整。当束斑尺寸和倍率改变时，电压中心可能会有变化，所以改变条件时再确认一下电压中心。应当注意，调整时可以把束斑扩大，亮度变低，这样不刺眼，最好用观察窗外的放大镜。图 3-12 所示为电压中心的合轴调整情况。

(5) 物镜消像散

插入物镜光阑，进行物镜消像散调整。在低倍下(低于 10 万倍)消像散时，利用试样中

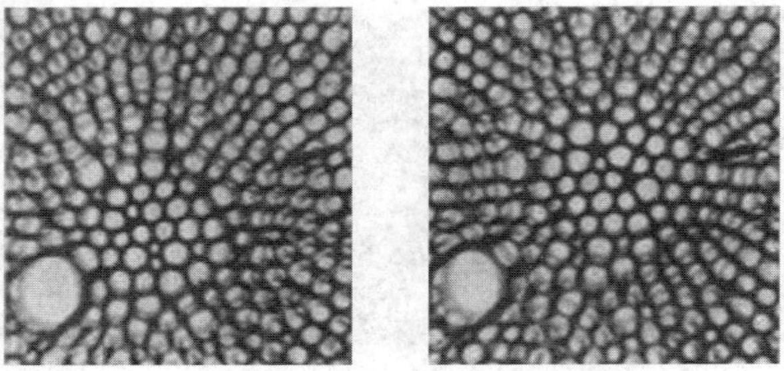

(a) (b)

图 3-12 电压中心的合轴调整

(a) 电压中心不正确;(b) 电压中心正确

圆形或方形的孔。首先,在正焦点调整物镜消像散器(x,y)旋钮,使孔边缘的衬度在x方向和y方向都一致。然后,再调到欠焦,确认孔边缘的干涉衬度(欠焦条纹为白色)无论在x方向或y方向都是一样的。最后调到正焦点确认和调整(正焦无条纹)。并且还要在过焦点确认和调整(过焦条纹为黑色),直到条纹的衬度在x方向和y方向都一致。在高倍率下(高于20万倍)消像散时,可以利用试样边缘由于污染造成的非晶薄层。首先,从欠焦到过焦看非晶颗粒是否呈十字拉长(即欠焦时沿某个方向拉长,过焦时沿垂直于此方向拉长),若拉长就是有像散需要调整。调整方法:在正焦条件下,调整物镜的消像器(x,y),使非晶颗粒在x和y方向上都没有方向性,然后在欠焦或者过焦条件下再调整物镜消像器,调整并确认颗粒没有方向性,要反复多次操作并确认。注意,若改变物镜光阑孔或放大倍率增大时,像散会有变化,因此需要再次调整。

(6) 中间镜的像散调整

观察电子衍射图时,要插入选区光阑,再从光路中拉出物镜光阑,并转到衍射模式,在荧光屏上就会出现电子衍射花样。用中间镜聚焦旋钮进行子衍射花样聚焦,调整中间镜消像散器(x,y),使中心斑点变圆。此时再将电子衍射花样调到稍过焦或稍欠焦,中心斑点仍保持圆形就可以了。

(7) 投影镜合轴调整

观察电子衍射花样,看中心斑点是否在荧光屏中心,若不在,调整投影镜对中旋钮(x,y),把中心斑点移动到荧光屏中心。投影镜的轴偏离中心,对图像质量影响不大,对中的目的是使投影像在荧光屏中心。

(8) 试样高度调整

在透射电镜观察和拍摄时,试样应处于正焦位置(即图像最清楚),需要调整试样高度,即试样在z方向的位置。调整方法:将试样插入电子光路,在图像观察模式上将物镜的励磁电流调到正焦电流值(厂家设计的仪器固有的聚焦电流值),打开图像摇摆聚焦器,若图像摇摆,说明试样高度不合适。这时,使用试样高度键,调整到图像不摇摆为止(到达正聚焦状态)。

(9) 物镜聚焦的调整

① 中、低倍率聚焦——在10万倍左右观察电子显微像时,利用聚焦键(或旋钮)把图像聚焦清楚即可。

② 高倍率聚焦——在高于 20 万倍观察电子显微像时，要注意观察试样边缘的菲涅尔条纹。在过焦时，试样边缘为暗菲涅尔条纹，而在欠焦时，为亮菲涅尔条纹。正焦时，在试样边缘看不到条纹，此时图像的衬度最低。在高分辨像观察和记录时，通常在稍欠焦的情况下最适合，这种聚焦方法称为谢尔策聚焦。

3.2.1.2　图像观察与记录

(1) 显微组织像（衍射衬度像）的观察和记录

观察显微组织像时，首先要转到衍射模式，在荧光屏上得到衍射花样。衍射花样中的中心斑点叫透射斑点，其他都叫衍射斑点。可用光阑孔选取透射斑点或者所需要的某个衍射斑点来成像。衍射衬度通常是单束成像衬度。用透射束成的像是明场相，用衍射束的任何一束成的像都叫暗场相。将想要成像的衍射束调到光轴上所成的像叫做中心暗场相。图 3-13为成像时物镜光阑在衍射花样上的位置。衍射衬度对试样取向十分敏感。在某一取向下未能显示的结构细节，当改变试样的倾斜度，即改变取向时就有可能清晰呈现。在做晶体缺陷分析时要充分利用这个特点。拍摄显微组织像时，光线要充分散开，亮度要均匀。

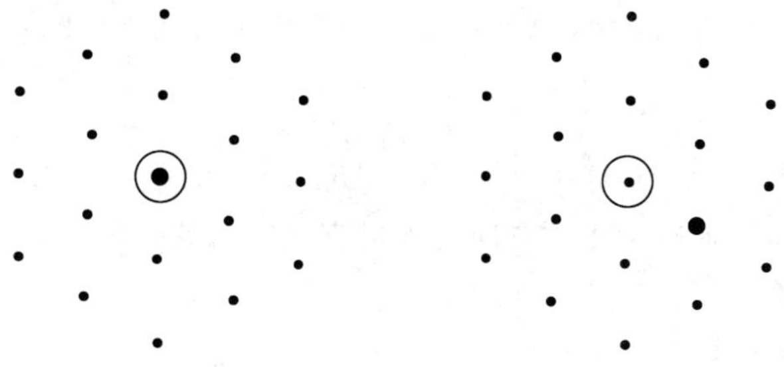

图 3-13　物镜光阑在衍射花样上的位置（○为物镜光阑孔）

(a) 明场像成像方式；(b) 中心暗场像成像方式

(2) 电子衍射花样的观察和记录

一般来说，拍摄衍射花样时，最好用双倾台。可以通过转动试样，尽量使衍射花样以透射束为中心，周围衍射束斑点强度对称，即衍射花样所代表的零层倒易面垂直于入射电子束。注意，确定相结构时，要拍摄不同晶带轴的几张衍射花样，避免一张衍射花样信息不充分。当试样为非单一相，例如存在形态不同的第二相、析出相等，要观察这些相的衍射花样时，首先在图像模式用选区光阑套住所要的微区，再转到衍射模式，倾动试样寻找合适的晶带轴，当找到满意的衍射花样时，一定要再返回到试样上确认是不是所选的微区。也可以在图像模式，倾动试样把所需要的像尽可能倾转呈暗衬度，再用选区光阑套住该区，转到衍射模式做衍射花样。拍摄电子衍射花样时，用聚焦键把衍射斑点聚得最细，光线尽量散得暗一些，以免弱斑点被强斑点所掩盖。

(3) 高分辨像（相位衬度像）的观察和记录

让透射束和多束衍射束同时参与成像，就会由于各束的相位相干作用而得到晶格（条纹）像或晶体结构（原子）像，即高分辨像。前者是晶体中原子面的投影，后者是晶体中原子或原子集团电势场的二维投影。用来成像的衍射束（透射束可以视为零级衍射束）越多，得到的晶体结构细节越丰富。做高分辨像时，首先在试样上选择薄区（小于 10 nm），寻找合适的衍射花样(低指数衍射),并且稍稍倾转试样,使电子束严格平行于晶带轴,即衍射斑点以透射斑点为中心强度对称。用物镜光阑选取多个衍射束或者不加物镜光阑,在40万倍以上观察试样。此时若无像散,调整聚焦,在最佳离焦量(稍微欠焦状态)就可以得到高分辨像。拍摄高分辨像前要检查试样是否飘移,亮度要尽可能调强,拍摄时间尽量短。

3.2.2 透射电镜的质厚衬度形成原理

透射电镜在光学原理上和透射光镜相似,但衬度原理却不尽相同,根据成像原理不同,透射电镜的成像类型可分为质厚衬度成像、衍射衬度成像(可分为明场像和暗场像)和相位衬度成像(高分辨像)。对于无定形和非晶试样,透射电镜图像是由于试样各部分的质量(或原子序数)和厚度不同形成的,这种衬度称为质量厚度衬度,简称质厚衬度。透射电镜的质厚衬度成像原理是建立在样品原子对入射电子的散射和磁透镜的小孔径角成像基础之上的。

当电子照射非晶体薄试样时,将与样品发生相互作用,或与原子核相互作用,或与核外电子相互作用。当与原子核相互作用时,由于电子质量远小于原子核,相互作用的结果近似认为是电子只改变运动方向,能量几乎不变。入射电子与原子核的几何关系如图3-14(a)所示,并遵守式(3-8)的关系:

$$\alpha = \frac{Z_e}{Ur_n} \tag{3-8}$$

式中 α——散射角,散射电子运动方向与入射方向之间的夹角;

Z_e——原子核的电荷;

U——电子加速电压;

r_n——入射电子对原子核的瞄准距离。

当入射电子与孤立核外电子相互作用时,由于两者质量相等,相互作用的结果是电子不仅改变运动方向,也改变电子的动能。入射电子与孤立核外电子的几何关系如图3-14(b)所示,并遵守式(3-9)所示的关系:

$$\alpha = \frac{e}{Ur_e} \tag{3-9}$$

式中 α——散射角,散射电子运动方向与入射方向之间的夹角;

e——电子电荷;

U——电子加速电压;

r_e——入射电子对孤立核外电子的瞄准距离。

原子核对入射电子的散射是成像的基础,核外电子对入射电子的散射形成背底。透射电镜中采用小孔径角成像的方式提高分辨能力,如图3-15所示。在物镜背焦面的位置(不同型号电镜,物镜光阑的位置稍有不同)插入一个小孔径的物镜光阑,将散射角大于α的电子阻拦,使之无法参与成像,仅散射角小于α的电子能够通过物镜光阑,参与成像。故样品厚度差越大,质量差越大,成像质量越好。同一样品厚度差固定不变时,通过更换不同大小型号的物镜光阑,能够改变参与成像电子的散射角,改变衬度。

3.2.3 透射电镜的衍射衬度形成原理

非晶态样品一般依据质厚衬度的原理成像,而晶体样品很多情况下厚度差距不大,原子种类差别也不大,这样不同部位对电子的散射或吸收大致相同,仅利用质厚衬度成像反差不

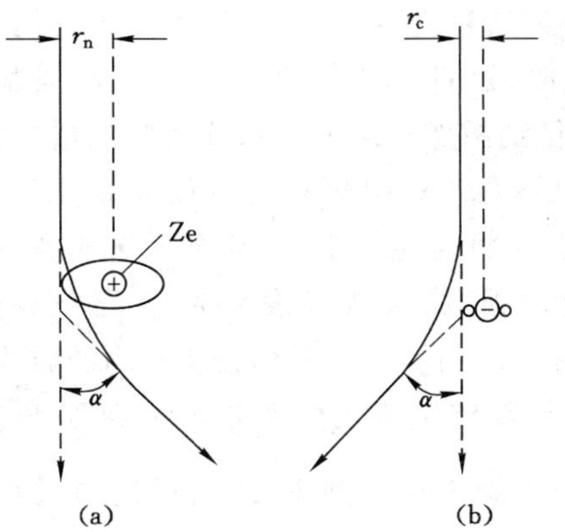

图 3-14　电子的散射

(a) 被原子核弹性散射；(b) 被核外电子非弹性散射

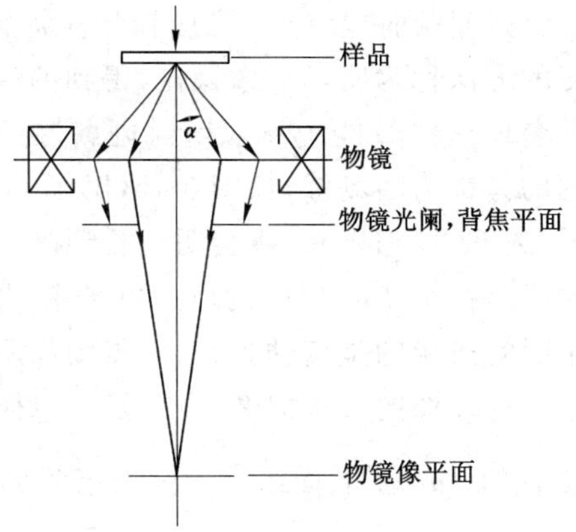

图 3-15　透射电镜小孔径角成像原理

大，难以形成让人满意的图像。为此，需要寻找新的成像方法，衍射衬度成像就这样产生了。衍射衬度形成机理可以认为是由于试样各部分晶体满足布拉格反射条件程度不同及结构振幅不同，形成的衍射强度的差异导致的衬度。

衍衬成像常用处理方式有两种：一种是利用透射束成像，称为明场像；另一种是利用衍射束成像，称为暗场像。衍衬成像可以用衍衬运动学和衍衬动力学进行解释，本书只利用衍衬运动学的部分简单结论来定性解释一些常见问题，相关知识的深入理解请参阅相关资料，本书不再讲述。

衍射衬度是来源于晶体试样各部分满足布拉格反射条件程度不同和结构振幅的差异。比如图 3-16 中所示，假设图中试样是单相多晶薄膜，薄膜由两个位相不同的两个相同晶粒 A 和 B 组成。在特定入射方向(可以通过双倾杆实现)晶粒 B 的某晶面 (hkl) 满足布拉格条件，而晶粒 B 的其他晶面偏离布拉格条件较远，晶粒 A 的所有晶面都偏离布拉格条件较远，这样就认为晶粒 B 满足双光束条件①。

在晶粒 B 满足双光束条件时，即晶粒 B 的 (hkl) 晶面满足布拉格条件，晶粒 B 的其他晶面偏离布拉格条件较大，晶粒 A 所有晶面都偏离布拉格条件较大，强度为 I_0 的入射电子束经过薄膜样品的散射后，形成了强度为 $I_{(hkl)}$ 的衍射束和强度为 $I_0-I_{(hkl)}$ 的透射束。在透射电子显微镜中第一幅衍射花样在背焦面上聚焦。若在背焦面上插入一个很小的光阑(一般是物镜光阑)阻挡晶粒 B 的衍射束，只让透射束通过光阑成像。此时，两颗晶粒透射束的强度将会有所不同。

晶粒 A：

$$I_A = I_0 \tag{3-10}$$

晶粒 B：

$$I_B = I_0 - I_{(hkl)} \tag{3-11}$$

透射束经放大成像后，在荧光屏(或 CCD 相机)上将会看到晶粒 B 由于多损失了能量

① 双光束条件是指通过转动样品使晶体中只有某一组晶面接近布拉格衍射位置，从而在晶体中除透射束外，只激发一只强衍射束。在实际的电镜操作中，完美的双光束条件很难得到，只要成像衍射束的强度远大于其他晶面的衍射束，忽略强度较弱的其他晶面的衍射束后就可以视为满足双光束条件。

$I_{(hkl)}$而亮度较弱，晶粒 A 亮度较强。将这种让透射束通过光阑，而把衍射束挡掉，得到图像衬度的方法称为明场成像操作，得到的像称为明场像，如图 3-16(a)所示。如果将光阑移动使其套住晶粒 B 的 (hkl) 衍射斑点，挡住透射束，得到图像衬度的方法称为暗场成像操作，得到的像称为暗场像，如图 3-16(b)所示。晶粒 B 的(hkl)衍射斑点经过放大成像后，在荧光屏(或 CCD 相机)上将会明显看到晶粒 B，而晶粒 A 将会显示很弱，甚至无法成像。原因是光阑阻挡了 $I_{(hkl)}$ 以外的所有电子束，晶粒 B 亮度较强，晶粒 A 亮度较弱，甚至没有显示。由于此时成像的是离轴光线，所得图像质量不高，有严重的像差。更优的和常用的方式是使用中心暗场像的方式成像，也就是通过照明系统的倾斜装置将入射束方向倾斜 2θ 角度，使晶粒 B 的 $(\bar{h}\bar{k}\bar{l})$ 晶面组处于强烈衍射的位向，物镜光阑仍在光轴中心，通过选择大小合适的光阑孔，使得只有晶粒 B 的 $(\bar{h}\bar{k}\bar{l})$ 衍射束正好通过光阑孔，而透射束被阻挡，如图3-16(c)所示。由明场像和暗场像的成像原理可知，明场像和暗场像在衬度上是互补的，当晶体内部有各种缺陷或第二相颗粒时，衍射衬度形成的是暗场像有其独到的优势。

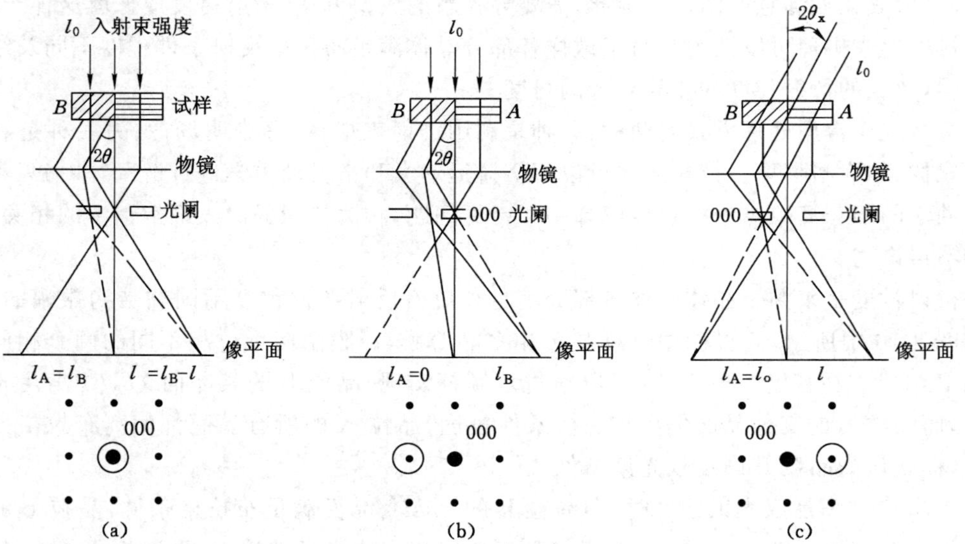

图 3-16　衍射成像原理

(a) 明场像；(b) 暗场像；(c) 中心暗场像

如果薄晶体样品中有些晶体符合或基本符合布拉格衍射条件，在结构因素不等于零的条件下，这些晶面就会产生衍射。若衍射束的总强度(所有衍射晶面产生的衍射束强度之和)为 I_D，则透射束成像时(在物镜后焦面上用物镜光阑套住透射束，挡住所有的衍射束)，荧光屏上的强度要减弱，因为此时透射束的强度应等于 $I_T=I_0-I_D$，而 $I_T<I_0$。如果样品内部存在许多晶粒(或各种组成相)，在电子束照射下，有些晶粒不发生衍射(或衍射束总强度很低)，另一些晶粒则相反。这种由于样品中不同晶体(或同一种晶体不同位向)衍射条件不同而造成的衬度差别就是衍射衬度形成的原因，如图 3-17 所示。

衍射衬度与布拉格衍射有关。衍射衬度的反差实际上就是衍射强度的反映。因此，计算衍射衬度实质就是计算衍射强度。薄晶体电子显微图像的衍射衬度可用运动学理论或动力学理论来解释。

3.2.4 透射电镜的相位衬度形成原理

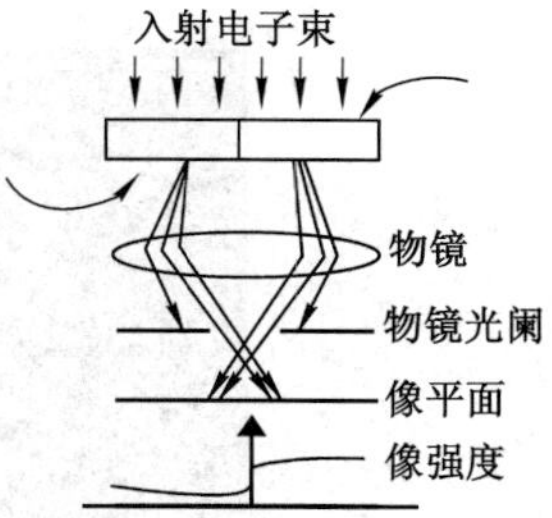

图 3-17　薄晶成像原理

相位衬度成像是基于透过试样后多束衍射电子波与透射电子波位相干涉而形成的图像衬度。如果所用试样的厚度小于 100 nm,甚至 30 nm,它可以让多束衍射光束穿过物镜光阑彼此相干成像。像的可分辨细节取决于入射波被试样散射引起的相位变化和物镜球差、散焦引起的附加相位差的选择。它追求的是试样的原子及其排列状态的直接显示。一束单色平行的电子波射入试样内与试样内原子相互作用,发生振幅和相位变化。当其逸出试样下表面时,成为不同于原入射波的透射波和各级衍射波。由于试样很薄,衍射波振幅很小,透射波振幅基本上与入射波振幅相同,非弹性散射可忽略不计。衍射波与透射波间的相位差为 $\pi/2$。如果物镜没有像差且处于正焦状态,而光阑也足够大,就可以使透射波与衍射波同时穿过光阑相干。相干结果产生的合成波振幅与入射波相同,只是相位稍有不同。由于振幅没变,因而强度不变,所以没有衬度。要想产生衬度,必须引入一个附加相位,使所产生的衍射波与透射波处于相等的或相反的相位位置。也就是说,让衍射波沿 x 轴向右或向左移动 $\pi/2$,这样,透射波与衍射波相干就会导致振幅增加或减少,从而使像强度发生变化,相位衬度得到显示。

综上所述,三种衬度的不同形成机制反映了电子束与试样物质原子交互作用后离开下表面的电子波通过物镜以后经人为地选择不同操作方式所经历的不同成像过程。在研究工作中,它们相辅相成,互为补充,在不同层次上为人们提供不同尺寸的结构信息,而不是互相排斥。

3.3 电子衍射原理与衍射花样的标定

3.3.1 电子衍射花样的概述

透射电镜的一个重要特点是组织形貌与晶体结构的同位分析。依据透射电镜的成像原理,当电子束会聚在物镜的背焦面时,能够得到第一幅反映晶体结构信息的电子衍射花样,经一系列的放大,能够在显示屏或 CCD 相机上成像。本节将对电子衍射花样的常见种类、电子衍射原理、标定方法进行简要介绍。

常见的电子衍射花样主要有以下几类:多晶电子衍射花样、单晶电子衍射花样、劳厄衍射花样、会聚束衍射花样、二次衍射花样、菊池衍射花样等。

图 3-18 是两张多晶电子衍射花样,其中图 3-18(a)是理想的多晶体电子衍射花样,由明锐衍射环构成,图 3-18(b)是不理想的多晶体电子衍射花样,没有明锐的衍射环,只有散乱的衍射斑点,衍射斑点隐约构成了环状的轮廓。

图 3-19 是单晶材料的电子衍射花样,由整齐的斑点构成,这些斑点具有二维平移对称性,是一个二维点群。

图 3-20 是典型的劳厄衍射花样,图 3-21 是典型的会聚束衍射花样,图 3-22 是典型的菊池衍射花样。

图 3-23 是纳米材料的典型电子衍射花样,由宽化弥散的衍射环构成,与多晶材料的电子衍射花样相似,只是衍射环宽化了一些。

图 3-24 是典型非晶材料的电子衍射花样，由一个巨大的弥散的衍射斑点构成。

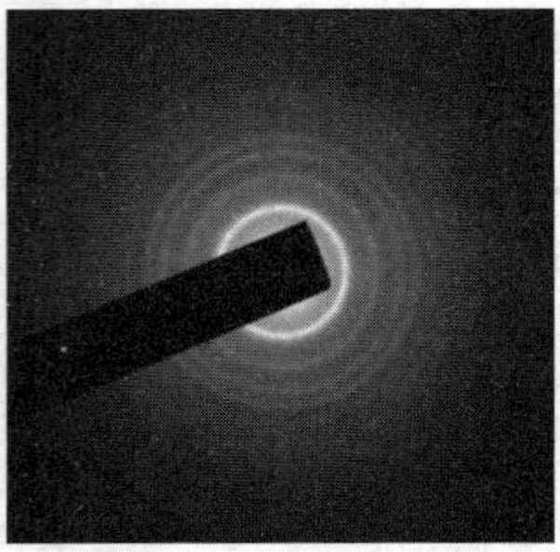

(a)

(b)

图 3-18　多晶材料的电子衍射花样

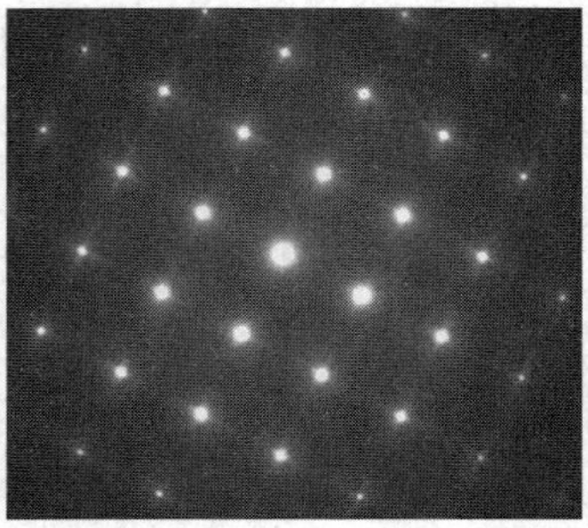

图 3-19　单晶材料的电子衍射花样

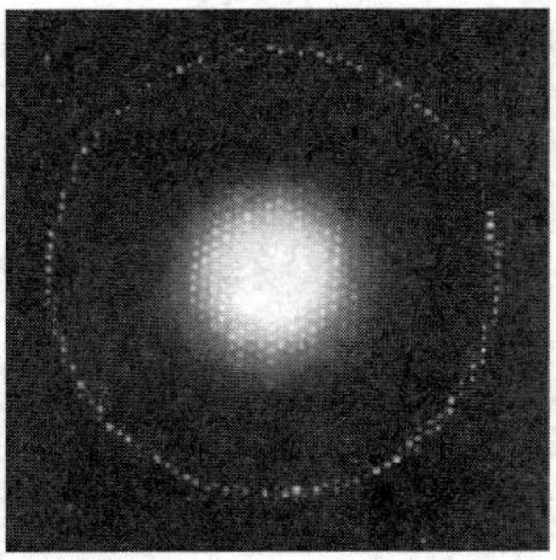

图 3-20　劳厄衍射花样

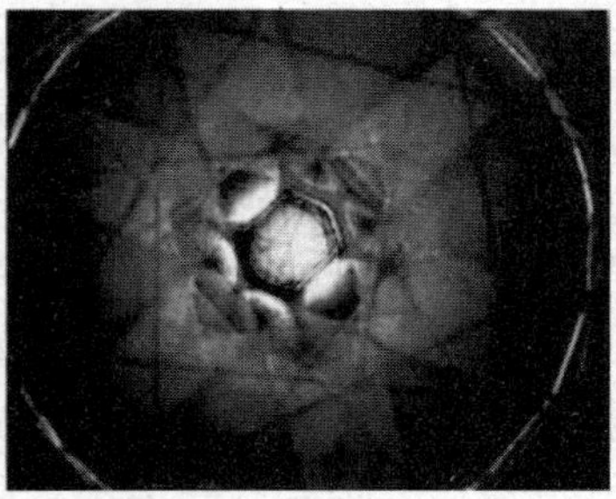

图 3-21　304 不锈钢的会聚束电子衍射花样

图 3-22　菊池衍射花样

图 3-23　纳米材料的电子衍射花样

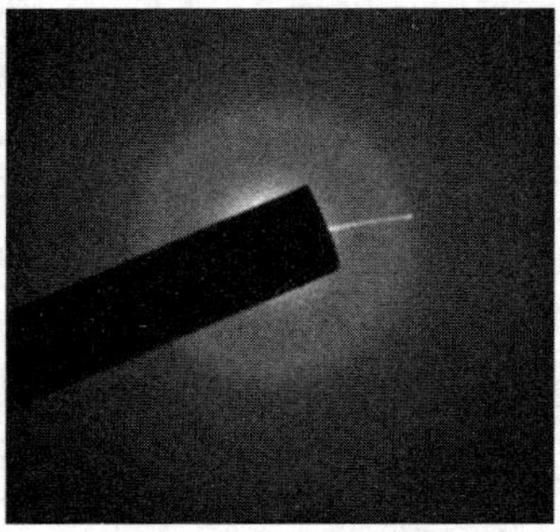

图 3-24　非晶材料的电子衍射花样

3.3.2 电子衍射的原理

3.3.2.1 布拉格定律

无论是电子衍射还是 X 射线衍射，衍射几何原理都是相同的，都可以用布拉格公式描述。布拉格公式及其相关知识已经在本书的第 1 章进行了讲解，这里只做一下简单的回顾。根据几何原理和光的衍射理论可以推导布拉格公式：

$$2d\sin\theta = n\lambda \tag{3-12}$$

式中　d——晶面间距，nm；

θ——衍射角，rad；

λ——电子波长，nm

n——衍射级数，在电子衍射中可以只考虑 1 级衍射，即 $n=1$。

对于透射电镜，照明光源为 100～200 kV 的电子束，电子波的波长为 $10^{-3}\sim10^{-2}$ nm 数量级，远远能够满足 $\lambda\leqslant 2d$ 的条件。

电子波的波长为 $10^{-3}\sim10^{-2}$ nm 数量级，常见晶面间距为 $10^{-1}\sim10^{0}$ nm 数量级，故：

$$\theta \approx \sin\theta = \frac{\lambda}{2d} < 10^{-2}\ \text{rad} < 1^\circ$$

表明电子衍射的衍射角总是非常小，这是电子衍射花样区别于 X 射线衍射花样的主要原因之一。

3.3.2.2 倒易点阵

为了便于处理晶体结构同其 X 射线衍射效应的关系，倒易点阵最初是由 P. P. 厄瓦耳引进的概念。倒易点阵是由倒易点所构成的点阵，是描述晶体结构的一种几何方法，它与空间点阵具有倒易关系。首先数学上可以认为倒易点阵是一种映射或者算法，再将倒易点阵中的相关结果应用到晶体几何中，就容易理解其中的内涵。

设正点阵的原点为 O，基矢为 $\boldsymbol{a},\boldsymbol{b},\boldsymbol{c}$，倒易点阵的原点为 O^*，基矢为 $\boldsymbol{a}^*,\boldsymbol{b}^*,\boldsymbol{c}^*$，则倒易点阵中单位矢量定义如式(3-13)：

$$\boldsymbol{a}^* = \frac{\boldsymbol{b}\times\boldsymbol{c}}{V},\boldsymbol{b}^* = \frac{\boldsymbol{c}\times\boldsymbol{a}}{V},\boldsymbol{c}^* = \frac{\boldsymbol{a}\times\boldsymbol{b}}{V} \tag{3-13}$$

式中　V——正点阵中单胞的体积。

$$V = \boldsymbol{a}\cdot(\boldsymbol{b}\times\boldsymbol{c}) = \boldsymbol{b}\cdot(\boldsymbol{c}\times\boldsymbol{a}) = \boldsymbol{c}\cdot(\boldsymbol{a}\times\boldsymbol{b}) \tag{3-14}$$

倒易点阵具有如下一些性质。

性质 1　倒易点阵的定义表明，正点阵和倒易点阵异名基矢点积为零，倒易基矢垂直于正点阵中和自己异名的二基矢所成平面。

$$\boldsymbol{a}^*\cdot\boldsymbol{b} = \boldsymbol{a}^*\cdot\boldsymbol{c} = \boldsymbol{b}^*\cdot\boldsymbol{a} = \boldsymbol{b}^*\cdot\boldsymbol{c} = \boldsymbol{c}^*\cdot\boldsymbol{a} = \boldsymbol{c}^*\cdot\boldsymbol{b} = 0 \tag{3-15}$$

性质 2　倒易点阵的定义表明，正点阵和倒易点阵同名基矢点积为 1，即：

$$\boldsymbol{a}^*\cdot\boldsymbol{a} = \boldsymbol{b}^*\cdot\boldsymbol{b} = \boldsymbol{c}^*\cdot\boldsymbol{c} = 1 \tag{3-16}$$

结合晶体几何的相关知识，定义从倒易点阵原点到倒易点的矢量为倒易矢量，则倒易矢量可以用倒易基矢表示，即：

$$\boldsymbol{g}_{(hkl)} = h\boldsymbol{a}^* + k\boldsymbol{b}^* + l\boldsymbol{c}^* \tag{3-17}$$

式中　$\boldsymbol{g}_{(hkl)}$——倒易矢量，1/nm；h,k,l 为整数。

性质 3　倒易矢量 $\boldsymbol{g}_{(hkl)}$ 的长度等于正点阵中干涉指数为(hkl)的晶面间距的倒数，倒易

矢量 $\boldsymbol{g}_{(hkl)}$ 的方向平行于干涉指数为(hkl)晶面的法线方向，即：

$$|\boldsymbol{g}_{(hkl)}|=\frac{1}{d_{(hkl)}} \tag{3-18}$$

式中　$d_{(hkl)}$——干涉指数为(hkl)的晶面间距，nm。

由于 $\boldsymbol{g}_{(hkl)}$ 在方向上是正点阵(hkl)晶面法线，在长度上是$\frac{1}{d_{(hkl)}}$，所以在倒易矩阵中 $\boldsymbol{g}_{(hkl)}$ 唯一的代表正点阵(hkl)晶面。这样正点阵中的二维平面在倒易点阵中就是一个倒易矢量，或者说倒易点阵中的倒易矢量就表示正点阵中对应指数的晶面，也可以说倒易点阵中的一个结点对应正点阵中的一个晶面。

性质 3 非常重要，是将衍射矢量和倒易矢量联系起来的桥梁和纽带，从而在衍射花样和晶体结构之间建立起了对应关系，是以后学习和解释衍射花样的基础。

3.3.2.3　晶带定律

在空间点阵中，同时平行于某一晶向的一组晶面构成一个晶带，而这个晶向称为晶带轴，如图 3-25 所示。

根据晶体学基础知识可以推导：

性质 1　晶带轴平行晶带中所有晶面，垂直晶带中所有晶面的法向矢量。

性质 2　若一晶面同时属于两个不同晶带，可求晶面的干涉指数。

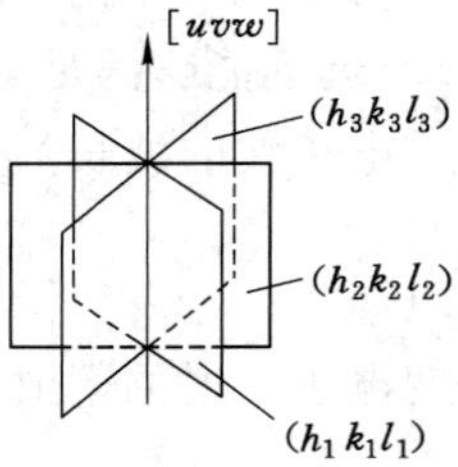

图 3-25　晶带和晶带轴

性质 3　若一晶向同时属于两个不同晶带，可求其晶向指数。

这三个性质非常重要，性质 1 是推导二维倒易点阵和衍射花样的基础，性质 2 在求两相的晶体学位相关系时必不可少，性质 3 是确定电子束入射方向（衍射方向）的基础。

从数学的角度可以认为电子衍射花样是倒易点阵截面在入射束方向上的放大，用这种方法理解电子衍射花样对初学者有一定的难度，需要较高的空间思维和空间想象能力。同时电子衍射花样也是晶带的二维倒易点阵的放大，从这个角度就比较容易理解，也容易估计电子衍射花样的形状，这就是要深入学习晶带定律及其相关知识的原因。

图 3-26 为空间点阵晶体的$[hkl]$晶带，在晶带中按指数的平方和从小到大的顺序找出几个晶带面，如$(h_1k_1l_1)$，$(h_2k_2l_2)$，$(h_3k_3l_3)$，分别在晶带面的法线方向找到其倒易矢量的大小，平移至与晶带轴垂直且经过倒易原点的平面，倒易矢量平移后构成的图形就是晶带的倒易点阵，这个二维倒易点阵就对应着以晶带轴为衍射方向的电子衍射花样雏形。厄瓦尔德作图法的结果与该方法吻合，同时两者都是从数学（或者说几何）的角度看待问题，而忽略了衍射强度和结构消光。

3.3.2.4　厄瓦尔德作图法

在理解倒易点阵和晶带定理等知识的前提下，可以用厄瓦尔德作图法来直观表达布拉格方程，增加对衍射几何条件和电子衍射花样的形象理解。

如图 3-27 所示，当一束电子波被晶面(hkl)反射时，假设 $\boldsymbol{N}$ 是晶面(hkl)的法向矢量，是入射波的波失[①]。波失的方向是波的传播方向，波失模量的大小是波长的倒数，布拉格方程

① 波失的定义请参考物理学的相关书籍，这里为了便于理解只做一点简单介绍。

可以变形为衍射矢量方程：

$$\boldsymbol{s}_0-\boldsymbol{s}=\frac{1}{\boldsymbol{d}_{(hkl)}}=\boldsymbol{g}_{(hkl)} \tag{3-19}$$

根据式(3-19)，入射矢量 $\boldsymbol{s}_0$，衍射矢量 $\boldsymbol{s}$ 和例易矢量 $\boldsymbol{g}_{(hkl)}$ 构成了矢量的三角形关系。

根据这个原理，厄瓦尔德建立了倒易点阵中衍射条件的图解法，称为厄瓦尔德作图法。假设入射方向为垂直向下，入射矢量的原点为正点阵原点 O，即晶体中心。规定入射矢量的终点是倒易点阵的中心 O^*，OO^* 就可以表示入射矢量，依据波矢的定义可知入射矢量的模长等于入射波波长的倒数$\frac{1}{\lambda}$。如图 3-28 所示，在此基础上规定以正点阵原点 O 为球心，以入射波波长的倒数$\frac{1}{\lambda}$为半径作球，即厄瓦尔德球，容易理解终点落在球面上的倒易矢量都符合衍射几何条件。

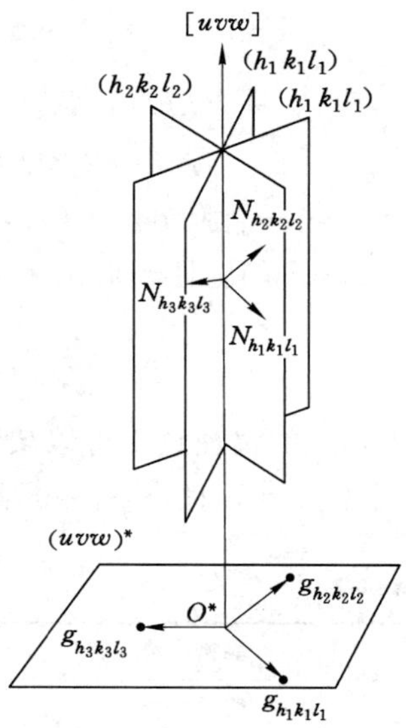

图 3-26　晶带与其二维倒易点阵

将厄瓦尔德球的下表面投影至照相底板(或 CCD 相机)，就得到了电子衍射花样。利用三角形相似容易求得：$R=\frac{L\lambda}{d}$，其中 R 是透射斑点到衍射斑点的距离，L 是样品到照相底板(或 CCD 相机)的距离，称为相机长度。这就是电子衍射的基本公式，是标定电子衍射花样的基础。

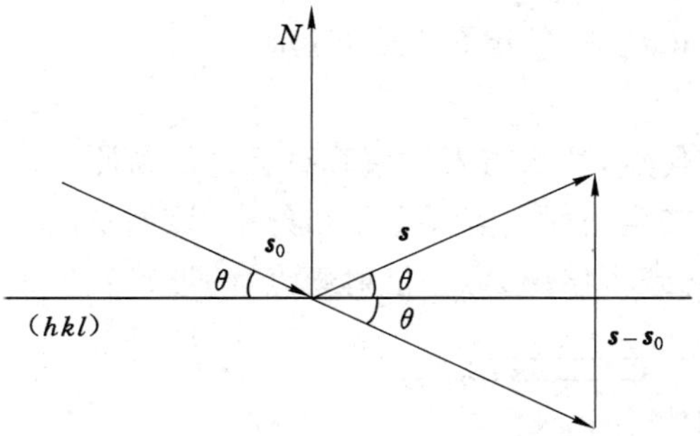

图 3-27　布拉格方程的矢量表示

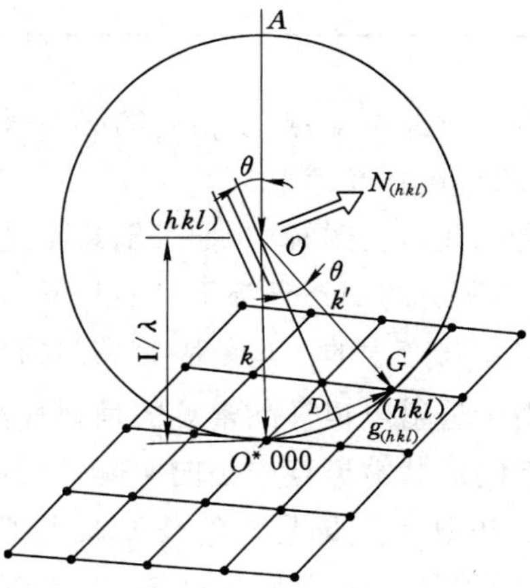

图 3-28　厄瓦尔德作图法

3.3.2.5　结构因子与结构消光

按照布拉格公式 $2d\sin\theta=\lambda(n=1$ 时)或厄瓦尔德作图法给出的晶面组(hkl)是产生衍射的必要条件，但不是充分条件。满足上述条件要求的晶面未必一定能够产生衍射。这样，把满足布拉格条件而不产生衍射的现象称为结构消光。这是因为衍射束强度：

$$I_{(hkl)}\propto\left|F_{(hkl)}\right|^2 \tag{3-20}$$

而又有：

$$F_{(hkl)} = \sum_{j=1}^{n} f_j \exp[2\pi i(\boldsymbol{g} \cdot \boldsymbol{r}_j)] = \sum_{j=1}^{n} f_j \exp[2\pi i(hx_j + ky_j + lz_j)] \tag{3-21}$$

式中 $F_{(hkl)}$——(hkl)晶面组的结构因子(结构振幅),表征晶胞内原子种类,原子个数以及原子位置对衍射强度的影响;

f_j——晶胞中位于(x_j, y_j, z_j)的第 j 个原子的散射因子;

n——晶胞原子数。

$$\boldsymbol{g} = h \cdot \boldsymbol{a}_1^* + k \cdot \boldsymbol{a}_2^* + l \cdot \boldsymbol{a}_3^*$$

$$\boldsymbol{r}_j = x_j \cdot \boldsymbol{a}_1 + y_j \cdot \boldsymbol{a}_2 + z_j \cdot \boldsymbol{a}_3 \text{(第 } j \text{ 个原子的坐标矢量)}$$

$F_{(hkl)}{}^2$ 的物理意义可以认为是单胞对波的衍射强度,即 $F_{(hkl)}{}^2$ 越大,$I_{(hkl)}$越大。当 $F_{(hkl)}=0$ 时,$I_{(hkl)}=0$,此时称为结构消光。常见晶体的结构消光规律见表 3-2。

表 3-2　常见晶体的结构消光规律

晶格类型	消光规律
简单立方	对指数没有限制(不会产生结构消光)
面心立方(FCC)	h,k,l 奇偶混合
体心立方(BCC)	$h+k+l$ 为奇数
密排六方(HCP)	$h+2k=3n$,同时 l 为奇数
体心四方(BCT)	$h+k+l$ 为奇数
金刚石立方	h,k,l 全偶且 $h+k+l=4n$,或 h,k,l 奇偶混合
复杂立方	h,k,l 奇偶混合
NaCl 型	h,k,l 奇偶混合

综上所述可知:产生衍射的必要条件是 $2d\sin\theta=\lambda$,充分条件是 $F_{(hkl)}\neq 0$。

3.3.2.6　晶体尺寸效应

在厄瓦尔德图解中,如果倒易点是理想的几何点,那么与入射束垂直且过倒易原点的倒易面上,所有的倒易点都不可能与反射球相交而产生衍射。实际电子衍射中,该倒易面上是有衍射花样产生的。这是因为晶体的尺寸效应导致了该倒易点(衍射斑点)的形状发生了改变。由于透射电镜样品常见的是薄片晶体,因此倒易点的形状沿斑点中心向两侧扩展成倒易杆,如图 3-29 所示。倒易杆的长度取决于样品晶体厚度,$l=2/t$。由图 3-29 可知,当衍射方向偏离布拉格角 θ 时,最大的偏移矢量是 $s=1/t$。如果偏移量再大,倒易杆就接触不了反射球,就不能产生衍射。

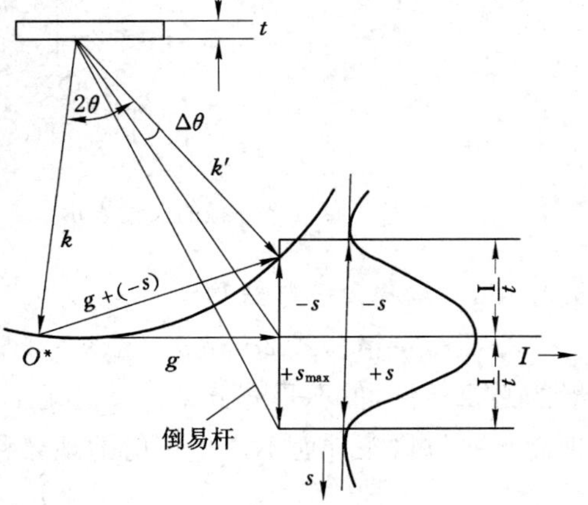

图 3-29　倒易杆和其强度分布

3.3.2.7　零层倒易面

零层倒易面是通过倒易原点且垂直于某一晶带轴的二维倒易平面用$(uvw)_0^*$ 表示。倒易原点是入射电子束通过厄瓦尔德球心和球面相交的那一点。( )表示平面,* 表示倒易,0 表示零层倒易面，通常 0 也可以省略。零层倒易面也可以用正空间的晶带轴[uvw]来表示。在零层倒易面上，一个倒易点代表正空间的一组平行晶面。

显然，若倒易面的法线为 $\boldsymbol{r}$，则该倒易面上所有倒易矢量 $\boldsymbol{g}$ 与 $\boldsymbol{r}$ 垂直，有 $\boldsymbol{g}\cdot\boldsymbol{r}=0$。这就是晶带定律在倒易点阵中的数学表达式，其中 $\boldsymbol{r}$ 是晶带轴方向。如果晶带轴与电子束的入射方向重合，那么 $\boldsymbol{r}$ 就是电子束入射方向。此时的电镜操作称为对称入射，如图 3-30(a)所示。如果晶带轴与电子束的入射方向有一定的夹角，称为非对称入射，如图 3-30(b)所示，非对称入射中夹角很小，一般可以忽略。在倒易平面上任选两个倒易矢量 $\boldsymbol{g}_1$，$\boldsymbol{g}_2$，按右手法则叉乘即可求得晶带轴方向 $\boldsymbol{r}=\boldsymbol{g}_1\times\boldsymbol{g}_2$。

那些在零层倒易面上方和下方且与零层倒易面平行的倒易面称为高阶倒易面。有 $\boldsymbol{g}\cdot\boldsymbol{r}=N$（$N=\pm1$、2、3…，为整数，表示距离零层倒易面的层数），这称为广义晶带定律。

3.3.3　选区衍射

选区衍射就是在样品上选取一个感兴趣的区域，并限制其大小，得到该微区电子衍射花样的方法，也称为微区衍射。有两种选区衍射方法——光阑选区衍射和会聚束衍射。

光阑选区衍射是用物镜像平面上的光阑限制微区大小。具体操作是先在明场像上找到感兴趣的微区，将其移到荧光屏中心，再用选区光阑套住微区而将其余部分挡掉。理论上，这种选区的极限约为 0.5 μm。

会聚束衍射是用会聚束的微细入射直接在样品上选择感兴趣部位并获得该微区衍射像。电子束可以聚集的很细，故所选微区可小于 0.5 μm。所选区域就是实际衍射区，可用于研究微小析出相和单个晶体缺陷。目前已经发展成为会聚束衍射技术。

实际上，选区光阑并不能完全挡掉光阑以外物相的衍射线。这样，选区和衍射像不能完全对应，有一定的误差。它起因于物镜有球差和像的聚焦误差。误差严重时，实际衍射区甚至不是光阑所选微区，以致衍射像和微区像来自两个不同部位，造成分析错误。

3.3.3.1　球差引起的选区误差

在图 3-31 中，选区光阑套住大小为 A_0B_0 的像，对应样品上 AB 微区的物。由于球差，

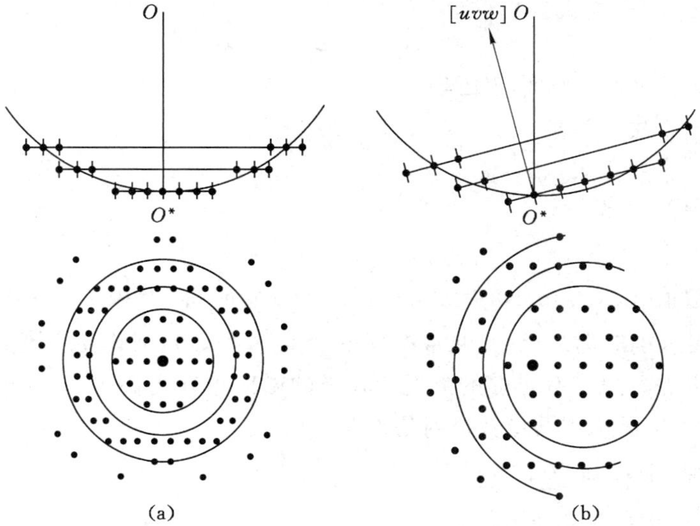

图 3-30　入射方式

(a) 对称入射；(b) 非对称入射

衍射束与透射束不能在平面上同一点成像(如虚线所示)。从虚线所示可以看出,A_0B_0像来自物平面上$A'B'$微区。误差大小可以用球差公式计算:

$$A'A = B'B = C_s\alpha^3$$

式中　C_s——球差系数;

α——$\alpha=2\theta$;

θ——衍射角。

3.3.3.2　失焦引起的选区误差

在图3-32中,AB,A_0B_0分别为正焦和失焦(偏离正焦位置)时相应于样品上选区光阑套住的微区。失焦面在样品与物镜之间时称为过焦,在样品之上时为欠焦。从图3-32可见,A_0的(hkl)衍射束与A'的(hkl)衍射束(虚线)重合,B_0的衍射束与B'的衍射束重合,即失焦时正焦面上光阑以外$A'A$区的衍射束可通过失焦面上光阑而到达物镜,正焦面上光阑以内的$B'B$区的衍射束被失焦面上光阑挡掉,从而引起误差。失焦引起的误差为:

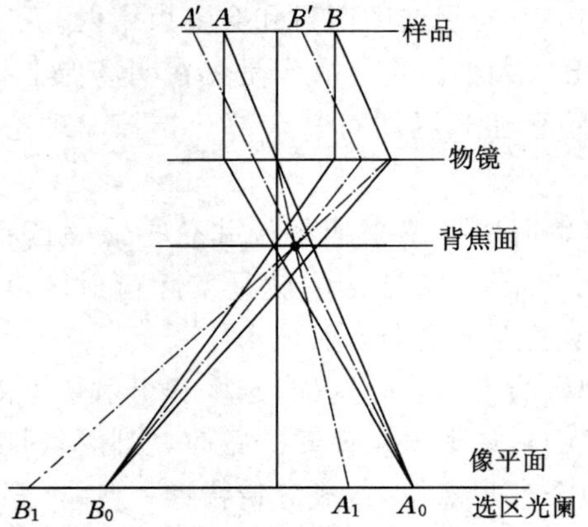

图3-31　球差引起的选区误差

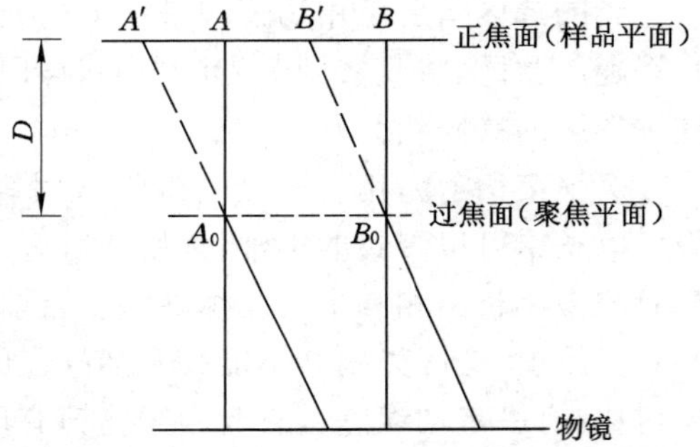

图3-32　失焦引起的选区误差

$$A'A = B'B = \pm D\alpha$$

式中　D——正焦面到失焦面的距离;

"+"号——用于过焦;

"−"号——用于欠焦。

总的选区误差Y为:

$$Y = C_s\alpha^3 \pm D\alpha$$

代入典型数值,$C_s=3$ mm,$\alpha=0.02$ rad,$D=5$ μm,得$Y=0.076\sim0.124$ μm。由此可见:① 不要采用过小的选区光阑(通常不宜小于1 μm^2)。光阑孔径应该大于$2MY$(M为物镜放大倍数),以保证斑点有足够的强度。较小的微区可在更高电压的电镜上观察,或采用会聚束衍射。② 尽量利用低指数衍射信息。

3.3.4　多晶电子衍射的标定

3.3.4.1　多晶电子衍射花样与拍摄

对于多晶薄膜、纳米晶体,当电子束照射时,被照射区域包含很多晶粒,此时其衍射花样为同心圆环。

当电子束照射多晶、纳米晶体时，衍射成像原理与多晶 X 射线衍射相似，如图 3-33 所示，不产生消光的晶面均有机会产生衍射。

每一族衍射晶面对应的倒易点分别集合而成一半径为 $1/d$ 的倒易球面，与厄瓦尔德球的交线为圆环。因此，样品各晶粒$\{hkl\}$晶面族晶面的衍射线轨迹形成以入射电子束为轴，θ 为半锥角的衍射圆锥，不同晶面族衍射圆锥 θ 不同，但各衍射圆锥共顶、共轴。

对应晶面的衍射花样为各衍射圆锥与垂直入射束方向的荧光屏或照相底板的相交线，是一系列同心圆环，如图 3-34 所示。

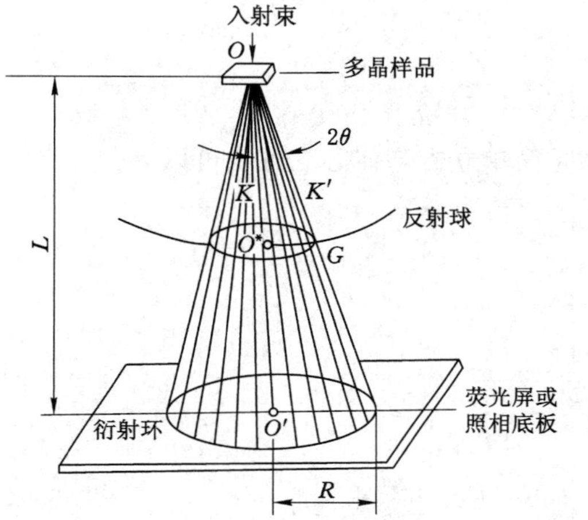

图 3-33　多晶衍射成像示意图

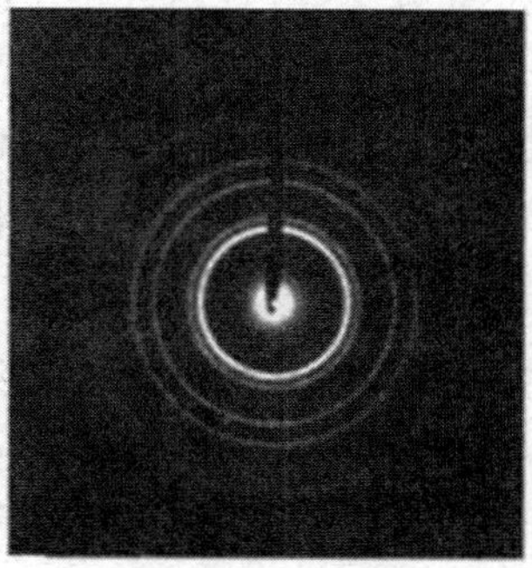

图 3-34　多晶衍射花样

3.3.4.2　多晶花样的标定方法

衍射花样的标定就是指衍射花样的指数化，即确定各衍射环对应衍射晶面的指数，并进行标定。常用的具体的标定方法是 R^2 比值法。下面以立方晶系为例来讨论多晶电子衍射花样的标定。

已知多晶花样为一系列同心圆环，每个圆环对应一个不同晶面。

由电子衍射基本公式：

$$R = \frac{L\lambda}{d} = \frac{L\lambda\sqrt{h^2 + k^2 + l^2}}{a} \tag{3-22}$$

$$R^2 = \frac{(L\lambda)^2(h^2 + k^2 + l^2)}{a^2} = \left(\frac{L^2\lambda^2}{a^2}\right)\cdot N \tag{3-23}$$

式中，

$$N = h^2 + k^2 + l^2$$

同一物相、同一衍射花样而言，$\frac{L^2\lambda^2}{a^2}$为常数，则 $R_1{}^2 : R_2{}^2 : \cdots : R_n{}^2 = N_1 : N_2 : \cdots : N_n$。

对立方系各类结构根据消光条件产生衍射的指数：

① 简单立方——100，110，111，200，210，211，220，221…。

② 体心立方——110，200，112，220，310，222，321…。

③ 面心立方——111，200，220，311，222，400…。

④ 金刚石立方——111，220，311，400，331，422…。

产生衍射的 N 值序比(或 R^2 序列比)为：

① 简单立方——1∶2∶3∶4∶5∶6∶8∶9∶10…。

② 体心立方——2∶4∶6∶8∶10∶12∶14∶16∶18…。

③ 面心立方——3∶4∶8∶11∶12∶16∶19∶20∶24…。

④ 金刚石立方——3∶8∶11∶16∶19∶24∶27…。

上述数列前后项差值的规律：

① 简单立方——1,1,1,1,1,2,1,1,1…。

② 体心立方——1,1,1,1,1,1,1,1,1…。

③ 面心立方——1,4,3,1,4,3,1…。

④ 金刚石立方——5,3,5,3,5,3,5…。

从差值数列可以看出各个结构的不同,特别是简单立方与体心立方也可以区分。

下面简单介绍一下其他结构的标定方法。

四方晶系:$a=b\neq c,\alpha=\beta=\gamma=90°$。

面间距公式：

$$d=\frac{1}{\sqrt{\dfrac{h^2+k^2}{a^2}+\dfrac{l^2}{c^2}}} \tag{3-24}$$

$$R^2=\frac{L^2\lambda^2}{d^2}\times\left(\frac{h^2+k^2}{a^2}+\frac{l^2}{c^2}\right)=L^2\lambda^2\left(\frac{M}{a^2}+\frac{l^2}{c^2}\right) \tag{3-25}$$

式中,$M=h^2+k^2$。

显然 R^2 比的数列是比较复杂的。但取$\{hk0\}$类晶面族,就有 $R^2\propto M$。

半径 R 平方比:1,2,4,5,8,9,10,13,16…。

3.3.5 单晶电子衍射的标定

单晶电子衍射花样的标定主要是指将花样指数化,其目的和内容包括:确定各衍射斑点的相应晶面指数;确定衍射花样所属晶带轴指数;确定样品的点阵类型、物相及位向。单晶电子衍射花样的标定是透射电镜应用中的一个基本且重要的内容,具有重要和广泛的意义。

3.3.5.1 单晶电子衍射花样与拍摄

(1) 单晶电子衍射花样的特征

根据前面讲述的知识,单晶衍射具体如下的特点：

① 电子束方向 B 近似平行于晶带轴$[uvw]$,因为衍射角 θ 很小,即入射束近似平行于衍射晶面;

② 反射球半径很大,衍射角 θ 很小,在倒易点阵原点 O^* 附近反射球近似为平面;

③ 由于样品为晶体薄膜,即样品厚度方向很小,倒易点阵扩展为有一定长度的倒易杆。

因此,不难看出,单晶电子衍射花样就是$(uvw)_0^*$零层倒易截面的放大像。成像原理图和单晶电子衍射花样如图 3-35 和图 3-36 所示。

已知单晶花样是一个零层二维倒易截面,其倒易点规则排列,具有明显对称性且处于二维网络的格点上。因此表达花样对称性的基本单元为平行四边形(图 3-37)。

平行四边形可用两边夹一角来表征。

平行四边形按照下述原则进行选择：

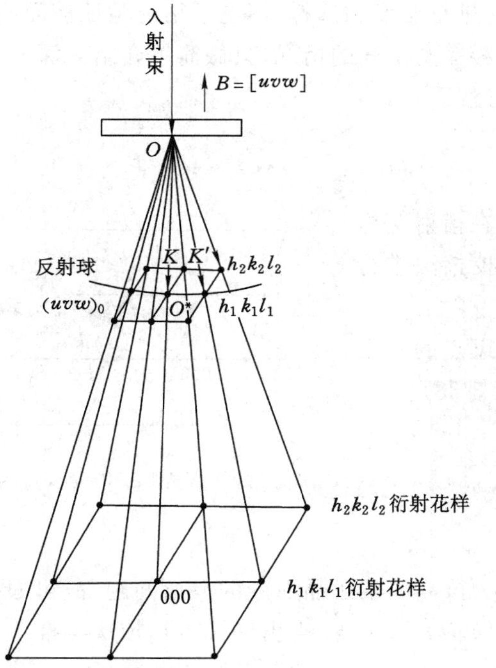

图 3-35　单晶电子衍射原理

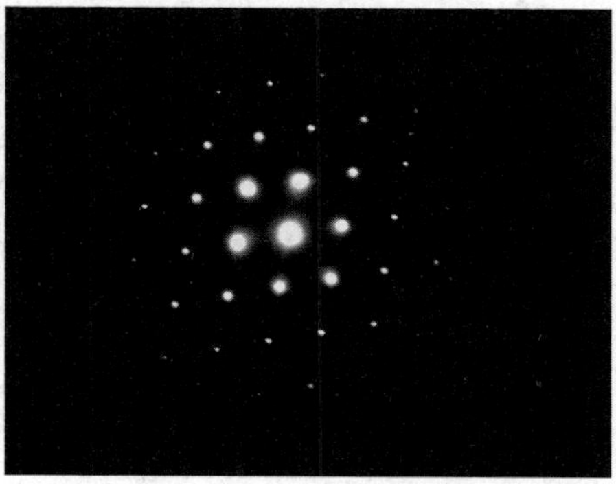

图 3-36　单晶 Si 的电子衍射花样

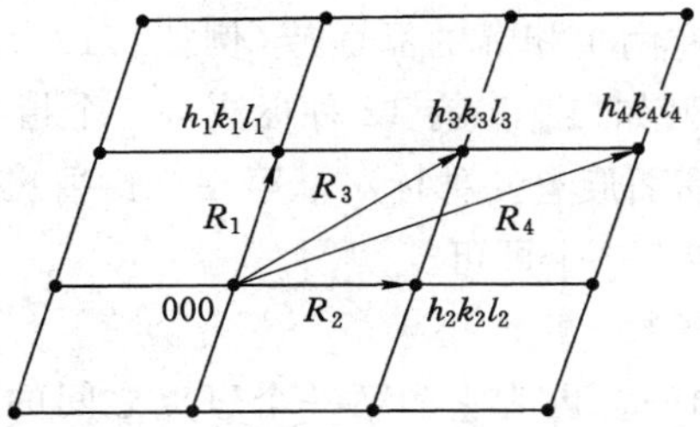

图 3-37　单晶衍射的周期性

① 最短边原则：以透射斑为起点，按照从小到大的顺序确定平行四边形的两边 R_1 和 R_2 且 $R_1<R_2$。

② 锐角原则：选取合造平行四边形的两边，使 R_1 和 R_2 之间的夹角 θ 为锐角或者直角，一般 $60°\leqslant\theta\leqslant90°$。

如图 3-37 所示，选择平行四边形。则平行四边形的对角线：

$$\overrightarrow{R_3}=\overrightarrow{R_1}+\overrightarrow{R_2} \tag{3-26}$$

已知 $h_1k_1l_1$ 和 $h_2k_2l_2$，可求得：$h_3=h_1+h_2$，$k_3=k_1+k_2$，$l_3=l_1+l_2$。

这种选择方法有时会导致所选的平行四边形对角线 R_3 是长对角线，而非短对角线。但选择方法便于查对晶系的晶面夹角表。

(2) 单晶衍射花样的标定

标定衍射花样时，根据对待标定相信息的了解程度，相应有不同的方法。常见的是待标定相的晶体结构已知或者可以在有限的范围内进行假设和选择，用电子衍射验证前面假设。本书主要讲解该种情况下的标定，对于待标定相完全未知的情况，只做简单介绍。深入学习请参看相关参考资料。下面来讨论几种标定方法。

① 已知晶体结构的衍射花样标定。

a. 尝试—校核（核算）法。

当晶体结构和电镜常数（现在的主流电镜在衍射花样电子照片上均有标尺）已知，可以使用尝试—校核法进行标定，具体标定步骤如下。

Ⅰ. 按照从小到大的顺序，测量靠近中心斑点的几个衍射斑点至中心斑点距离 $R_1, R_2, R_3, R_4 \cdots$（图 3-38）。

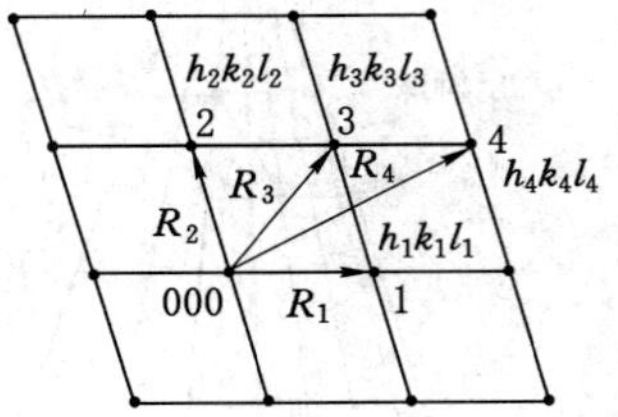

图 3-38 单晶电子衍射示意图

Ⅱ. 根据衍射基本公式：

$$R = L\lambda \frac{1}{d} \tag{3-27}$$

求出相应的晶面间距 $d_1, d_2, d_3, d_4 \cdots$。

Ⅲ. 因为晶体结构是已知的，某一 d 值即为该晶体某一晶面族的晶面间距，故可根据 d 值定出相应的晶面族指数$\{hkl\}$，即由 d_1 查出$\{h_1k_1l_1\}$，由 d_2 查出$\{h_2k_2l_2\}$，依次类推。

Ⅳ. 测定各衍射斑点之间的夹角。

Ⅴ. 指定离开中心斑点最近的衍射斑点的指数。对于 R_1，其相应斑点的指数应为$\{h_1k_1l_1\}$面族中的一个。

对于 h, k, l 三个指数中有两个相等的晶面族（例如{112}），有 24 种标法。两个指数相等、另一指数为 0 的晶面族（例如{110}）有 12 种标法。三个指数相等的晶面族（如{111}）有 8 种标法。两个指数为 0 的晶面族有 6 种标法。第一个衍射斑点的指数可以是等价晶面中的任意一个，按照个人习惯指定一个即可。

Ⅵ. 确定第二个斑点的指数。

第二个斑点的指数不能任选，因为它和第一个斑点之间的夹角必须符合夹角公式。对立方晶系而言，夹角公式为：

$$\cos\varphi = \frac{h_1h_2 + k_1k_2 + l_1l_2}{\sqrt{h_1{}^2 + k_1{}^2 + l_1{}^2} \times \sqrt{h_2{}^2 + k_2{}^2 + l_2{}^2}} \tag{3-28}$$

确定了两个斑点后，其他斑点可以根据矢量运算求得：

$$\overrightarrow{R_3} = \overrightarrow{R_1} + \overrightarrow{R_2} \tag{3-29}$$

即：

$$h_3 = h_1 + h_2, k_3 = k_1 + k_2, l_3 = l_1 + l_2$$

根据晶带定律求零层倒易截面的法线方向，即晶带轴的指数

$$[uvw] = \boldsymbol{g}_{(h_1k_1l_1)} \times \boldsymbol{g}_{(h_2k_2l_2)}$$

即：

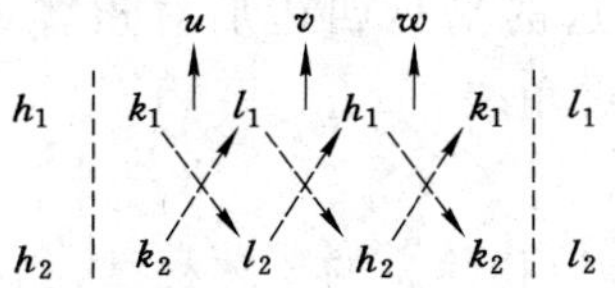

b. R^2 比值法。

当晶体结构和电镜常数已知，可以使用 R^2 比值法进行标定，具体标定步骤如下。下面先以立方晶系为例来讨论电子衍射花样的标定。

由电子衍射基本公式：

$$R=\frac{L\lambda}{d}=\frac{L\lambda\sqrt{h^2+k^2+l^2}}{a} \tag{3-30}$$

$$R^2=\frac{(L\lambda)^2(h^2+k^2+l^2)}{a^2}=\frac{L^2\lambda^2}{a^2}\cdot N \tag{3-31}$$

式中，$N=h^2+k^2+l^2$。

对同一物相、同一衍射花样而言，$\frac{(L\lambda)^2}{a^2}$ 为常数，则 $R_1^2:R_2^2:\cdots:R_n^2=N_1:N_2:N_3:\cdots:N_n$。

与立方系各类结构根据消光条件产生衍射的指数相同，即：

Ⅰ. 简单立方——100,110,111,200,210,211,220,221…。

Ⅱ. 体心立方——110,200,112,220,310,222,321…。

Ⅲ. 面心立方——111,200,220,311,222,400…。

Ⅳ. 金刚石立方——111,220,311,400,331,422…。

产生衍射的 N 值序列比(或 R^2 序列比)为：

Ⅰ. 简单立方——1∶2∶3∶4∶5∶6∶8∶9∶10…。

Ⅱ. 体心立方——2∶4∶6∶8∶10∶12∶14∶16∶18…。

Ⅲ. 面心立方——3∶4∶8∶11∶12∶16∶19∶20∶24…。

Ⅳ. 金刚石立方——3∶8∶11∶16∶19∶24∶27…。

上述数列前后项差值的规律：

Ⅰ. 简单立方——1,1,1,1,1,2,1,1,1…。

Ⅱ. 体心立方——1,1,1,1,1,1,1,1,1…。

Ⅲ. 面心立方——1,4,3,1,4,3,1…。

Ⅳ. 金刚石立方——5,3,5,3,5,3,5…。

从差值数列可以看出各个结构不同，特别是简单立方与体心立方也可以区分。使用 R^2 比值法进行立方系晶体标定时应当注意，由于电子衍射花样是某一晶带的二维倒易点阵，有可能会在 R^2 比值中有些缺失，比如简单立方入射方向为 [111] 晶向时，{200}、{222} 等晶面族不在该晶带，而不能产生衍射，就导致了 R^2 比值的缺失。

接着简单介绍一下材料科学中常用的其他结构的晶体如何使用 R^2 比值法进行标定。

Ⅰ. 四方晶系。

四方晶系：$a=b\neq c,\alpha=\beta=\gamma=90°$。

面间距公式：

$$d=\frac{1}{\sqrt{\frac{h^2+k^2}{a^2}+\frac{l^2}{c^2}}} \tag{3-32}$$

$$R^2 = \frac{(L\lambda)^2}{d^2} = (L\lambda)^2\left(\frac{h^2+k^2}{a^2}+\frac{l^2}{c^2}\right) = (L\lambda)^2\left(\frac{M}{a^2}+\frac{l^2}{c^2}\right) \tag{3-33}$$

式中，$M=h^2+k^2$。

显然 R^2 比的数列是比较复杂的。但取[hk0]类晶面族，就有 $R^2 \propto M$。

半径 R 平方比：1,2,4,5,8,9,10,13,16…，即：

$$R_1{}^2 : R_2{}^2 : R_3{}^2 : R_4{}^2 : \cdots = M_1 : M_2 : M_3 : M_4 \cdots$$
$$= 1:2:4:5:8:9:10:13:16:17:18\cdots$$

Ⅱ. 六方晶系。

六方晶体的晶面间距公式为：

$$d_{(hkl)} = \frac{1}{\sqrt{\frac{4}{3}\times\frac{h^2+hk+k^2}{a^2}+\frac{l^2}{c^2}}} \tag{3-34}$$

$$\frac{1}{d^2_{(hkl)}} = \frac{1}{\frac{4}{3}\times\frac{h^2+hk+k^2}{a^2}+\frac{l^2}{c^2}} \tag{3-35}$$

由电子衍射基本公式有：

$$R^2 = \frac{(L\lambda)^2}{d^2} = (L\lambda)^2\times\left(\frac{4}{3}\times\frac{h^2+hk+k^2}{a^2}+\frac{l^2}{c^2}\right) = (L\lambda)^2\left(\frac{4}{3}\times\frac{M}{a^2}+\frac{l^2}{c^2}\right) \tag{3-36}$$

式中，$M=h^2+hk+k^2$。

显然，这也是一个复杂的数列，但若取六方晶系 $l=0$ 的那些晶面族，即{hk0}面族，这些数组成一个新的 M_i 数列，则有：

$$R_1{}^2 : R_2{}^2 : R_3{}^2 : R_4{}^2 \cdots = M_1 : M_2 : M_3 : M_4 \cdots$$
$$= 1:3:4:7:9:12:13:16:19:21\cdots$$

从这个数列可以看出，R^2 比值的递增序列中，前后差总有 1∶3 比值的呼应关系，为六方晶体花样的一个主要特征。

c. R_j/R_1 特征值法。

在进行标定之前，首先要确定特征平行四边形。确定平行四边形的约定是短边为 R_1，长边为 R_2，夹角 φ 为直角，长对角线为 R_3，有 $R_1+R_2=R_3$。图 3-39 所示为约定的特征平行四边形。

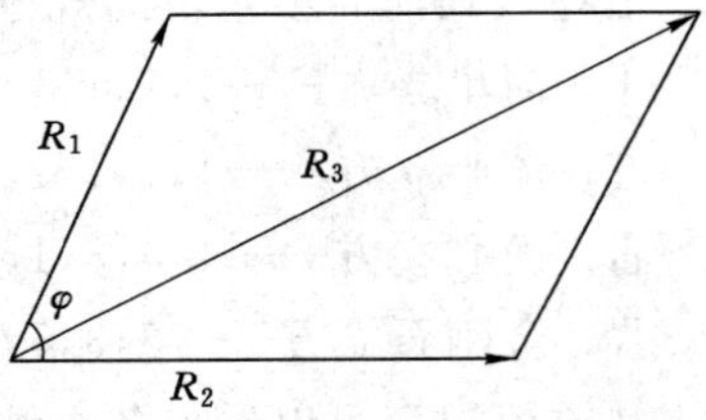

图 3-39　特征平行四边形

对于立方晶系有：

$$d = \frac{a}{\sqrt{h^2+k^2+l^2}} \tag{3-37}$$

$$\cos\varphi = \frac{h_1h_2+k_1k_2+l_1l_2}{\sqrt{h_1{}^2+k_1{}^2+l_1{}^2}\times\sqrt{h_2{}^2+k_2{}^2+l_2{}^2}} \tag{3-38}$$

结合电子衍射基本公式有 $\frac{|R_j|}{|R_1|} = \frac{d_1}{d_j} = \frac{\sqrt{h_j^2+k_j^2+l_j^2}}{\sqrt{h_1^2+k_1^2+l_1^2}}$。这样人们可以事先建立好立方晶系的 $\frac{|R_j|}{|R_1|}$ 及 φ 的表格，进行电子衍射花样标定时，测得 R_1、R_2、R_3 及 φ，就可以根据已

建立的表格查到对应的晶面指数($h_1k_1l_1$)和($h_2k_2l_2$)，再根据矢量关系可以立即给出 R_3 及其他晶面的指数。

例：如图 3-40 所示为 α-Fe 的电子衍射花样，已知电镜的相机常数 $L\lambda=1.98$ mm·nm，测得 A、B、C、D、E 各衍射斑点到中心透射斑的距离 $R_1=OA=9.8$ mm，$R_2=OB=13.8$ mm，$R_3=OC=16.9$ mm，$R_4=OD=27.6$ mm，$R_5=OE=29.6$ mm，$\varphi=90°$。

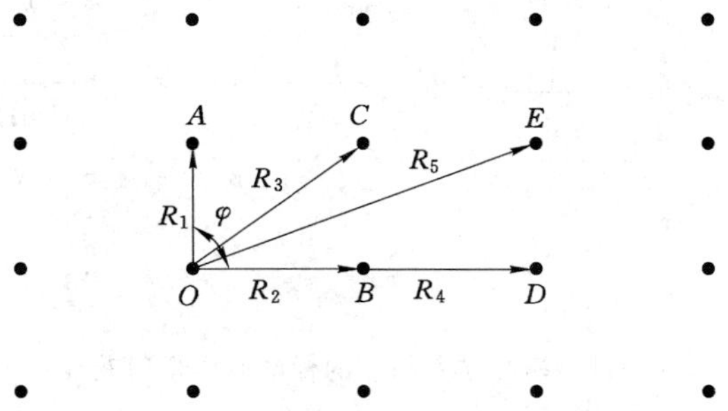

图 3-40　α-Fe 的电子衍射花样

具体标定步骤为：

Ⅰ. 在图中确定一个特征平行四边形，如 $OABC$；测得 $R_1=OA=9.8$ mm，$R_2=OB=13.8$ mm，$R_3=OC=16.9$ mm，$\varphi=90°$。

Ⅱ. 计算 $R_2/R_1=1.408$，$R_3/R_1=1.724$，查体心立方特征数值表。查表结果为：($h_1k_1l_1$)和($h_2k_2l_2$)分别为($01\bar{1}$)和($\bar{2}00$)，晶带轴指数为[011]。

Ⅲ. 根据矢量关系可以求得 C、D、E 的指数为($\bar{2}1\bar{1}$)，($\bar{4}00$)，($\bar{4}1\bar{1}$)。

Ⅳ. 根据电子衍射基本公式 $Rd=L\lambda$，计算 d 值；根据 d 值由式(3-37)求得晶格常数 a。

对于密排六方晶系，在轴比($\frac{c}{a}$)确定的情况下，也可以同样建立 $\frac{|R_j|}{|R_1|}$ 特征值表与 φ 表供查表法进行电子衍射花样的标定。

d. 标准衍射花样对照法。

标准花样就是各种晶体点阵一些主要晶带的零层倒易截面。它是根据晶带定律和相应晶体点阵的消光规律绘出的。标准花样对照法是一种简单易行而又常用的方法。即实际观察记录到的衍射花样直接与标准花样对比，写出斑点指数并确定晶带轴方向。这是熟练的电镜工作者常用的方法。标准花样是指各种晶体点阵主要晶带的倒易截面，可根据晶带定律和相应晶体点阵的消光规律绘制。标准花样对照法就是将实际观察、拍摄到的衍射花样直接与标准花样对照，写出斑点的指数并确定晶带轴的方向。一个较熟练的电镜工作者，对常见晶体的主要晶带标准衍射花样是熟悉的。因此在观察样品时，一套衍射斑点出现(特别是当样品材料已知时)，基本可以判断是哪个晶带的衍射斑点。应注意的是，在摄取衍射斑点图像时，应尽量将斑点(特别是在晶体结构未知时)便于和标准衍射花样比较。应特别指出，在通过电子衍射确定其晶体结构时往往需要同时摄取不同方向的多张衍射斑点。在操作上可通过系列倾转衍射(采用同一相机常数)来实现。

上例也可以用标准衍射花样对照法进行标定。查得体心立方标准花样图谱，如图3-41所示，可以发现上例的实际衍射花样转 90°后与图 3-41(b)是相同的，所以上例的衍射花样

就可以直接按图 3-41(b)的指数标定，结果与 $\frac{|R_j|}{|R_1|}$ 特征法是一致的。

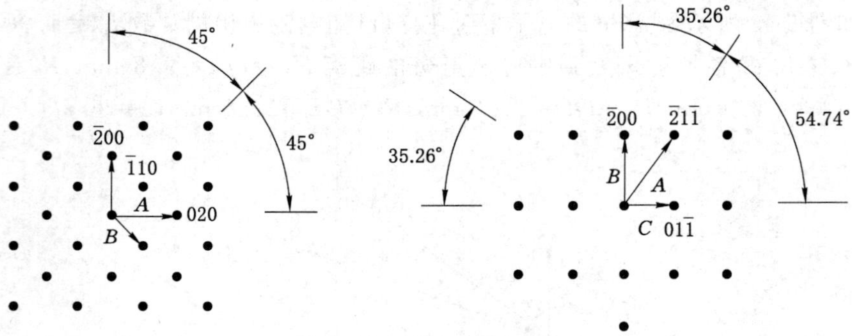

(a) (b)

图 3-41 体心立方晶体的标准电子衍射花样

(a) $\frac{A}{B}=\frac{\sqrt{4}}{\sqrt{2}}=1.414$，B=[001]；(b) $\frac{A}{C}=\frac{\sqrt{6}}{\sqrt{2}}=1.732$，B=[011]

② 未知晶体结构衍射花样的标定。

当电镜常数（现在的主流电镜在衍射花样电子照片上均有标尺）已知，晶体结构未知，但是能够估计，并且参测的结果在 JCPDS(ASTM) 卡片中可以找到，需要用电子衍射来验证猜测结果时，可以按照如下方法标定。

a. 测定低指数斑点的 R 值。最好在几个不同的方位摄取衍射花样，使得能够尽可能多的测出最前面的 8 个 R 值。

b. 根据 R，计算出各个对应的 d 值。

c. 查 JCPDS(ASTM) 卡片，各 d 值和晶体结构都相符的物相即为待测的晶体。

对于结构未知，从其他的实验和参考文献中也不能得到确定信息，难以估计或者尽管能够估计，但是没有 JCPDS(ASTM) 卡片的在这里不做讲述。

注意：电子衍射的精度有限，有可能出现几张卡片上 d 值均与测定的 d 值相近，此时应根据待测晶体的其他信息，例如化学成份等来排除不可能出现的物相。

d. 单晶衍射花样标定中的不唯一性问题。

从图 3-42 的标定结果可见，同一衍射花样既可以标定为[$1\bar{1}0$]晶带的衍射，也可以标定为[$\bar{1}10$]晶带的衍射。这是由于晶体点阵具有对称性，倒易点阵平面又具有附加的二次旋转对称，这些倒易平面同属于〈110〉晶向族。因此，上例的电子衍射花样共有 12 种标定结果。如果不考虑晶体的取向，电子衍射花样的标定仅仅是为了确认其晶体结构，则对于一幅电子衍射花样，标定为其中任何一种都是正确的，它们之间是等价的。

由于电子衍射花样存在附加的二次旋转对称性，使得一个衍射斑点的指数既可以标定为(hkl)，也可以标定为($\bar{h}\bar{k}\bar{l}$)。因此，对于一幅电子衍射花样，即使在同一晶带 [uvw] 下进行标定，仍然会得出两种不同的结果，这就是 180°不唯一性。如果 [uvw] 本身就是二次旋转对称轴，则不必区别 (hkl) 和($\bar{h}\bar{k}\bar{l}$)，任选其中一套指数并不改变晶体的取向。但是如果 [uvw] 不是二次旋转对称轴，(hkl) 和($\bar{h}\bar{k}\bar{l}$) 两幅电子衍射花样是有区别的，因为两种标法代表两种不同取向。也就是说电子衍射花样可以绕 [uvw] 旋转 180°后相重合，而两种不同取向的晶体绕 [uvw] 旋转 180°不能重合，如图 3-42 所示。

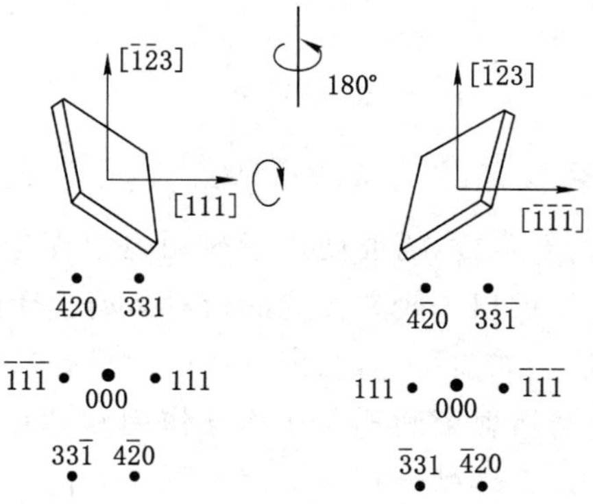

图 3-42　单晶指数标定的 180°不唯一性

(a) $B=[\bar{1}\bar{2}3]$；(b) $B=[\bar{1}\bar{2}3]$

因此，在标定电子衍射花样时，如果涉及晶体取向分析，共存相间的取向关系以及界面、位错、层错等缺陷的晶体学性质测定时，必须考虑并设法消除 180°不唯一性。消除 180°不唯一性的方法较多，其中一个有效的方法是样品系列倾转技术，借助双晶带电子衍射花样和利用高阶劳厄斑点也是常用的方法。

利用系列倾转技术消除 180°不唯一性的具体操作方法是：以晶体的某一特定方向为轴倾转样品，根据样品倾转角度以及倾转前后的电子衍射花样判定晶体的实际取向，从而唯一确定衍射斑点的指数。

图 3-42(a)和图 3-42(b)为面心立方晶体同一张电子衍射花样的两种标定结果，晶带指数均为 $[\bar{1}\bar{2}3]$。考虑晶体的取向，其中只有一种标定结果是正确的。即只有一种结果能反映样品晶体目前的真实取向。根据晶体学分析，如果图 3-42(a)所示的标定结果是正确的，则样品晶体以 [111] 为轴顺时针旋转 19.11°后，将使晶体的 $[0\bar{1}1]$ 方向与入射束平行，得到图 3-43(a)所示的 $[0\bar{1}1]$ 晶带的电子衍射花样；如果图 3-42(b)所示的标定结果是正确的，则上述同轴同方向的倾转样品，即意味着以 $[\bar{1}\bar{1}\bar{1}]$ 为轴顺时针方向倾转，则倾转 21.79°后应该得到如图 3-43(b)所示的 $[\bar{2}\bar{1}3]$ 晶带的电子衍射花样。由此可见，系列倾转法消除 180°不唯一性，在该例中就是绕 [111] 和 $[\bar{1}\bar{1}\bar{1}]$ 同轴同方向倾转样品。转到 19.11°出现如图 3-43(a)所示的衍射花样，那么图 3-42(a)所示的标定是正确的；若转

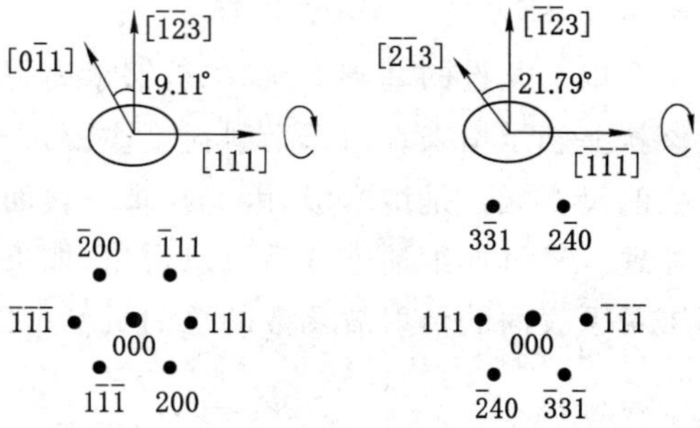

图 3-43　系列倾转方法消除 180°不唯一性

(a) $B=[0\bar{1}1]$；(b) $B=[\bar{2}\bar{1}3]$

到 19.11°不出现如图 3-43 所示的衍射花样，而是转到 21.79°出现如图 3-43(b)所示的衍射花样，则如图 3-43(b)所示的标定是正确的。

3.4 衍衬运动学简介

3.4.1 运动学理论假设

若希望能够定量理解衍射强度，需要使用衍衬动力学理论，该理论非常复杂，对其进行符合常见实验结果的近似，发展出了较易接受的衍衬运动学理论，衍衬运动学理论采用双束近似和晶柱近似的处理方法。如前所述，双束近似认为只有透射束和一个衍射束参与成像，其他光束可以忽略，透射束与衍射束间不存在相互作用和能量交换。晶柱近似认为计算样品下表面衍射束强度时，可以将样品分割为贯穿上下表面的与透射束平行的一个个小晶柱(尺寸为纳米级)，相邻晶柱中的电子束互不干扰，计算结果与晶柱大小及晶柱所在的位置无关。运动学和动力学理论的根本区别在于动力学理论考虑了透射束与衍射束之间的交互作用。在运动学理论适用的范围内，由于动力学理论可以导出运动学的结果，因此运动学理论实质上是动力学理论在一定条件下的近似。运动学理论可以定性地解释几乎所有常见衍衬现象，但由于该理论忽略了透射束与衍射束的交互作用以及多重散射引起的吸收效应，使运动学理论具有一定的局限性，对某些现象无法解释。

当晶体中存在缺陷或者第二相时，衍射衬度像中会出现和它们对应的衬度，即使是在完整晶体中，也会出现等厚条纹和等倾条纹；晶体中缺陷和衍射衬度之间在尺度和位置上具有怎样的对应性，完整晶体中的衬度又是怎样来的？要回答这些问题，必须从理论上来予以解释。要解释清楚透射电镜下观察到的电子显微像，最理想也是最直接的方法就是直接算出样品下表面处的电子波分布函数，得出每一点的强度，则无论是衍射衬度还是相衬度都不再成为问题。但是我们知道对于求电子束与样品相互作用后的电子波函数的表达式这样一个实际的问题，根本就不可能解出来。因此，必须对问题进行简化。衍射衬度的运动学和动力学理论就是基于这样的思想提出的用以解释衍射衬度的两种理论。

3.4.2 运动学公式的推导

在以上假设的基础上，如果能够求出每个小晶柱下表面的电子波振幅，则整个像的衬度应该就能表示出来。由于衍射衬度主要用来解释大于 1 nm 的显微组织结构，而选取的小晶柱的尺度大约是纳米级，因此在求下表面的电子波振幅时可以将整个下表面当成一个点来处理。经过详细地推导后可以得出，如果将每个小晶柱分成无数个小的薄层，则每一个小薄层对下表面的衍射波函数的总的贡献可以表示成：

$$d\Psi_g = \frac{i\lambda F_g}{V_c \cos\theta}\Psi_0 \exp[2\pi i(K_g - K_0)r]dz \tag{3-39}$$

式中 Ψ_0——入射波函数的振幅，在运动学理论中总为单位 1；

λ——衍射波的波长；

F_g——晶体单胞的结构因子；

V_c——晶体单胞的体积；

θ——衍射波波矢与水平小薄层之间的夹角。

3.4.3 消光距离的导出

引入消光距离这一物理参量实际上已经属于动力学衍衬理论范畴了。它是指由于透射束与衍射束之间不可避免地存在动力学交互作用，透射束振幅及透射束强度并不是不变的。衍射束和透射束的强度是互相影响的，当衍射束的强度达到最大时，透射束的强度最小。而且动力学理论认为，当电子束达到晶体的某个深度位置时，衍射束的强度会达到最大，此时透射束的强度为 0，衍射束的强度为 1。

消光距离是指衍射束的强度从 0 逐渐增加到最大，接着又变为 0 时在晶体中经过的距离。这个距离可以从理论上推导出来。

式(3-39)中，Ψ_0 是入射束的振幅，取单位 1，所以衍射束每穿过一个晶柱的小薄层 dz，对 P 点衍射贡献的振幅就可以写为 $\dfrac{\lambda F_g}{V_c\cos\theta}$，那么每穿过一个单胞的厚度振幅可以写成 $\dfrac{a\lambda F_g}{V_c\cos\theta}$，可以将上面的振幅值设为常数 q。

由上面的结果可以知道，衍射波函数对小晶柱下表面的贡献，每穿过一个单胞的厚度，都可以用 dΨ_g 表达出来，每两个单胞厚度之间振幅是相同的，但相位存在一个很小的差别，那个经过 n 个单胞厚度以后，电子波函数对下表面总的衍射波振幅的贡献可以用振幅相位图表示出来，如图 3-44 所示。

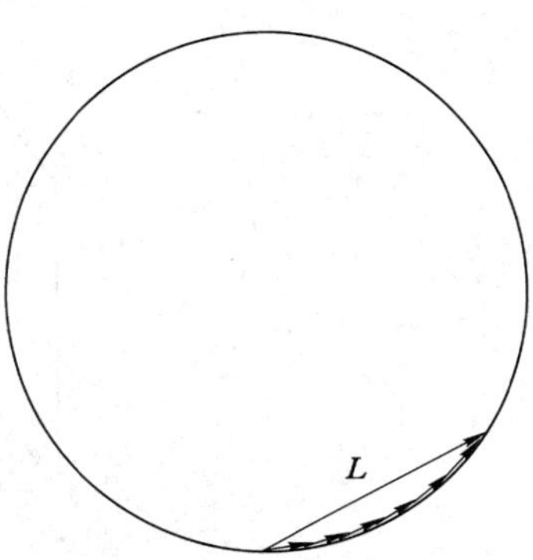

图 3-44　电子波函数对总衍射波振幅贡献的示意图

在图 3-44 中，L 是经过 n 个单胞后总的振幅，由前面的动力学讨论，衍射束的强度最大只能等于入射束的强度 1，而图 3-44 中衍射束的总的结构振幅最大时是圆的直径，假设衍射波函数经过 m 个单胞厚度后它对晶柱下表面的贡献值达到最大，也就是说其总的振幅达到最大，那么此时它应该等于上面圆的直径，由前面的讨论可知，直径的大小应该等于 1。由于 q 的值非常小，每个 q 值接近等于上图中对应的圆弧，因此有：$mq=\pi\times1/2$(半径)。代入 q 的值马上可以得到 m 的值，所以消光距离就等于 $2m$ 个单胞的长度，所以消光距离可以表示成：

$$\xi_g = 2ma = \frac{\pi a}{q} = \frac{V_c\cos\theta}{\lambda F_g} \tag{3-40}$$

3.4.4 衍射衬度运动学理论推导过程中存在的问题

式(3-39)中，其相位因子$(K_g-K_0)r$ 一般表示两束波的程差，很容易让人误以为衍衬成像是一个干涉成像过程，但事实并非如此——衍衬成像是一个非相干的单束成像过程。在衍衬运动学的推导过程中，F_g 是表示单位体积的散射因子(结构因子)，实际上暗示着薄层中每一处的散射因子都是相同的，这与事实是不相符的，实际上晶体中只有有原子的地方才有散射。在衍衬运动学的推导过程当中，实际上是假设小晶柱中的小薄层的面积是无穷大的，因为只有这样，这一薄层对 P 点的总的散射振幅贡献才能等于第一半波带的一半，这一假设显然是不合理的。在衍衬运动学理论的推导过程中，实际上是把小晶柱的下表面当成一个点来处理的，看起来很不合理，但考虑到衍衬成像的分辨率极限是 1.5 nm，而小晶柱的尺度在 1 nm 以内，因此这样处理还是可以的。

3.5 晶体缺陷分析

这里讲述的晶体学缺陷主要有三种，即位错、层错及第二相粒子给基体造成的畸变。

3.5.1 位错

3.5.1.1 螺型位错引起的衬度

由图 3-45 可知，由于螺位错的存在而引入的衍射衬度可以表示成：

$$\left(\frac{\Delta I}{I}\right)_A = \frac{I_B - I_A}{I_B} = \frac{I_T - 0}{I_T} = 1 \tag{3-41}$$

图中 z 是小晶柱中薄层所在的位置，而 z_0 是位错距样品表面的距离，而 x 则是位错到小晶柱的距离。

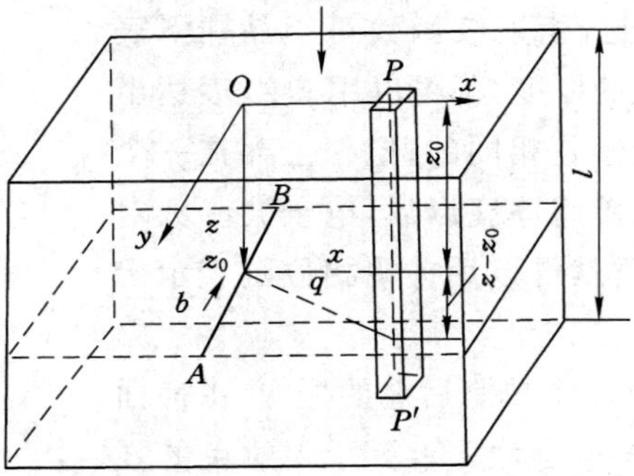

图 3-45 螺位错 AB 平行于试样表面

因此由于螺位错的存在而引起的相位角的变化可以表示成：

$$\alpha = 2\pi g \cdot R = 2\pi \frac{gb}{2\pi} \arctan\left(\frac{z - z_0}{x}\right) = n\varphi \tag{3-42}$$

式中，α 为由于螺位错的位移矢量引起的相位角改变；$n = g \cdot b$。

在位错附近某一小晶柱对其下表面处的总的衍射贡献为：

$$\varphi_g = \frac{i\pi}{\xi_g}\int_0^t e^{i\alpha} e^{-2\pi i s} z \, dz = \frac{i\pi}{\xi_g}\int_0^t e^{in\varphi} e^{-2\pi i s} z \, dz \tag{3-43}$$

由上面的表达式可以看出，要使由于螺位错的存在而引入的附加项的值为 1，则 n 必须等于 0，即 $g \cdot b = 0$ 时才不会出现衬度，因此 $g \cdot b = 0$ 是螺位错不可见的判据。

3.5.1.2 刃型位错和混合型位错引起的衬度

刃型位错的几何模型如图 3-46 所示。

刃位错的应变场可以写为 $\boldsymbol{R} = \boldsymbol{R}_1 + \boldsymbol{R}_2$。应变场可以表示为：

$$\begin{cases} \boldsymbol{R}_1 = \dfrac{b}{2\pi}\left[\varphi + \dfrac{\sin 2\varphi}{4(1-\sigma)}\right] \\ \boldsymbol{R}_2 = \dfrac{b}{2\pi}\left[\dfrac{1-2\sigma}{2(1-\sigma)}\ln|r_0| + \dfrac{\sin 2\varphi}{4(1-\sigma)}\right] \end{cases} \tag{3-44}$$

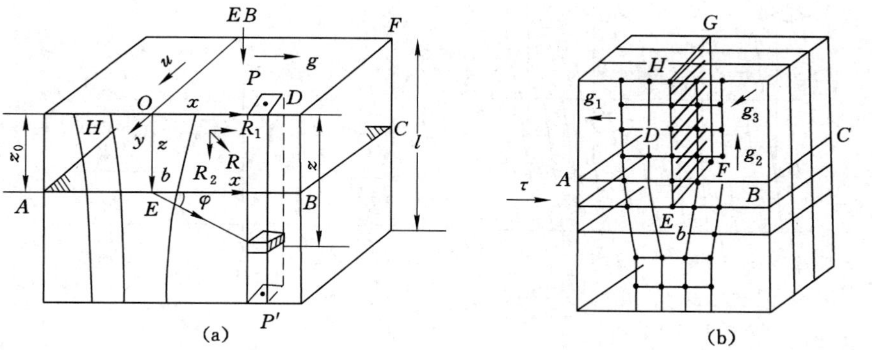

(a)　　(b)

图 3-46　刃型位错的几何模型

式中，$\boldsymbol{R}_1$ 平行于柏氏矢量；$\boldsymbol{R}_2$ 垂直于位错所在的滑移面；σ 为泊松比；φ 为从柏氏矢量到散射元的极角；r_0 是柱体内散射元关于位错核心的径向坐标。

混合型位错的应变场矢量可以写成：

$$R=\frac{1}{2\pi}\left\{b\varphi+b_{\mathrm{e}}\frac{\sin 2\varphi}{4(1-\sigma)}+b\times u\left[\frac{1-2\sigma}{2(1-\sigma)}\ln|r|+\frac{\cos 2\varphi}{4(1-\sigma)}\right]\right\} \tag{3-45}$$

将这些应变场引起的位移矢量代入公式：

$$\Phi_{\mathrm{g}}=\frac{i\pi}{\xi_{\mathrm{g}}}\int_0^t[\exp(2\pi ig\cdot R)\cdot\exp(-2\pi isz)]\mathrm{d}z \tag{3-46}$$

会得到一个附加位向因子非常复杂的表达式，经过详细分析后可以得出刃位错和混合位错有如下特点：

刃位错和混合位错不可见判据是 $g\cdot b=0$ 且同时要求 $g\cdot(b\times u)=0$；但是由于 $g\cdot b=0$ 时，即使另外一项不为零，其衬度也会非常低，因此实际上对于所有的位错，都采用 $g\cdot b=0$ 作为不可见判据。

3.5.1.3　位错衬度像偏离真实位置的解释

如图 3-47 所示，(hkl)是由刃型位错线 D 引起的局部畸变的一组晶面，如图 3-47(a)所示，并以它作为操作反射用于成像。若该晶面与布拉格条件的偏离参量为 s_0，并假定 $s_0>0$，且在远离位错 D 区域(例如 A 和 C 位置，相当于理想晶体)衍射波强度为 I(暗场像中的背景强度)，如图 3-47(b)所示，位错引起其附近晶面的局部转动，意味着在此应变场范围内，(hkl)晶面存在着额外的附加偏差 s'。离位错越远，s'越小。在位错线的右侧，$s'>0$，在其左侧 $s'<0$。于是，参看图 3-47(a)，在右侧区域内(如 B 位置)，晶面的总偏差 $s_0+s'>s_0$，使衍射强度 $I_{\mathrm{B}}<I$；而在左侧，由于 s_0 和 s'符号相反，总偏差 $s_0+s'<s_0$，且在某个位置(例如 D')恰巧使 $s_0+s'=0$，衍射强度 $I_{D'}=I_{\max}$。这样，在偏离位错线实际位置的左侧，将产生位错线的像(暗场像中为亮线，明场相反)，如图 3-47(c)所示。不难理解，如果衍射晶面的原始偏离参量 $s_0<0$，则位错线的像将出现在其实际位置的另一侧。这一结论已由穿过弯曲消光条纹(其两侧 s_0 符号相反)的位错线像相互错开某个距离得到证实。

3.5.1.4　位错线的特点

如图 3-47 所示，当衍射条件使基体偏离布拉格条件时(存在偏离矢量时)，刃位错中多余半原子面的位向应该与基体相同，因而它并不满足布拉格条件。而在位错的应变场中，有一个相当宽的范围内晶面接近满足布拉格条件，接近产生衍射带。因此在明场像下，这一个

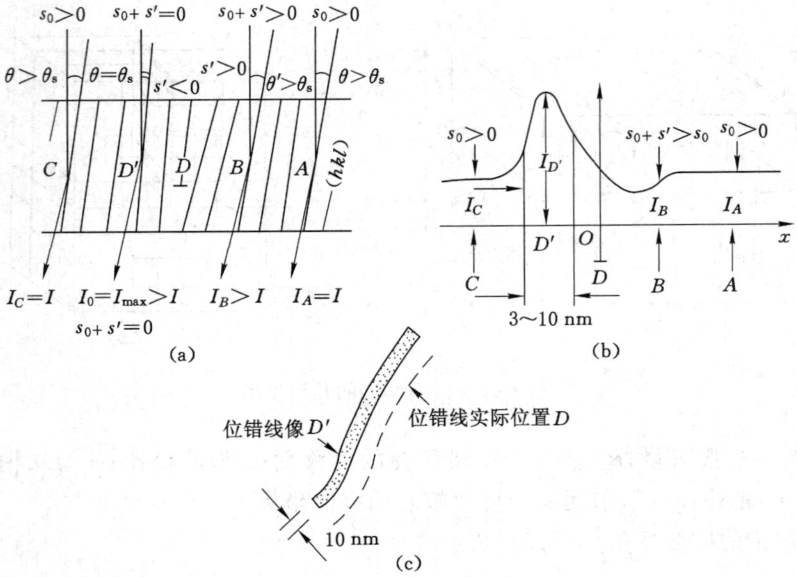

图 3-47　刃型位错衬度的产生及其特征

宽的衍射带实际上就是我们看到的暗的位错线。因此这样的位错线往往看起来是很粗的，有 80～120 Å。另外，位错像距离位错的真实位置也会比较远，有 80～100 Å。

用弱束暗场的方法可以使位错的分辨率提高，而且可以使其像与真实位置更加接近。这是因为弱束暗场是在大的偏离矢量下成像，在大的偏离矢量下，只有畸变量大的晶面才能接近满足布拉格条件，人们知道只有在靠近位错的地方才存在大的畸变区，因此在弱束暗场下只有在靠近位错线的很近部分才能显示衬度，而且这个宽度也会比较小。在弱束暗场下位错线的分辨率可以达到 15 Å，位错像距位错真实位置的距离大约为 20 Å。

这是从衍射几何来解释位错像的形成原因。当从理论上来分析时，根据动力学原理，位错线的宽度约为有效消光距离 ξ_g^{eff} 的 1/5～1/2。而有效消光距离可以表示成：

$$\xi_g^{\text{eff}} = \frac{\xi_g}{\sqrt{1+s^2\xi_g^2}} \tag{3-47}$$

由式(3-47)可以看出，在大偏离矢量下(弱束暗场)位错线像的宽度要窄得多。

部分典型位错组态如图 3-48 至图 3-53 所示。

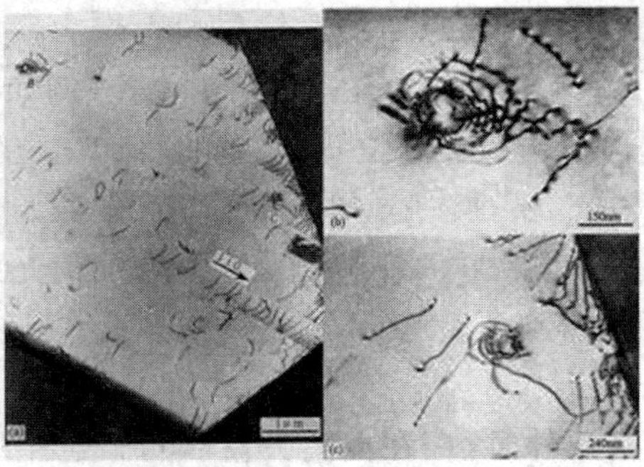

图 3-48　不锈钢中析出相周围的位错纠结

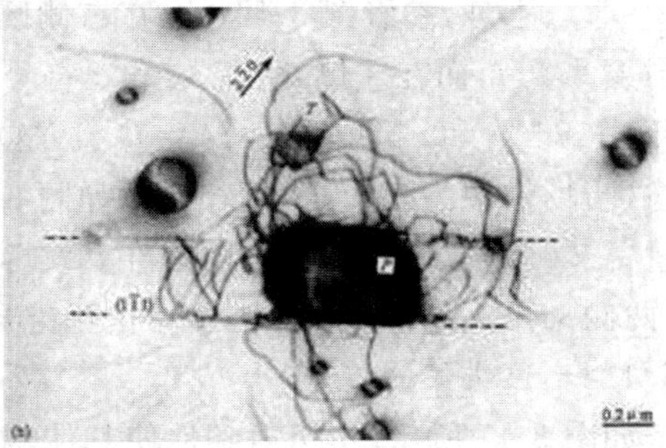

图 3-49　NiAl 合金中的位错

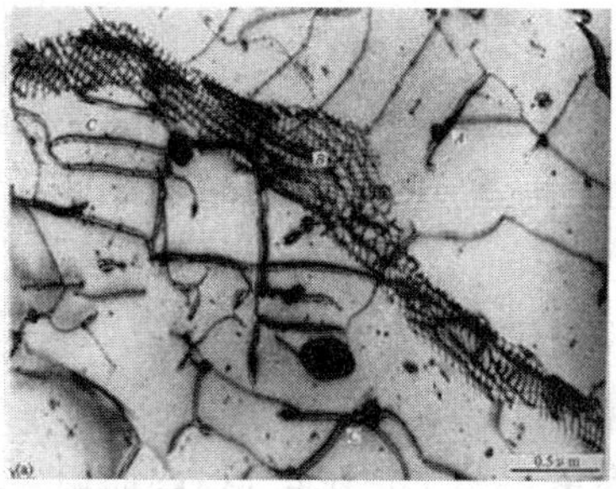

图 3-50　位错纠结形成的晶界

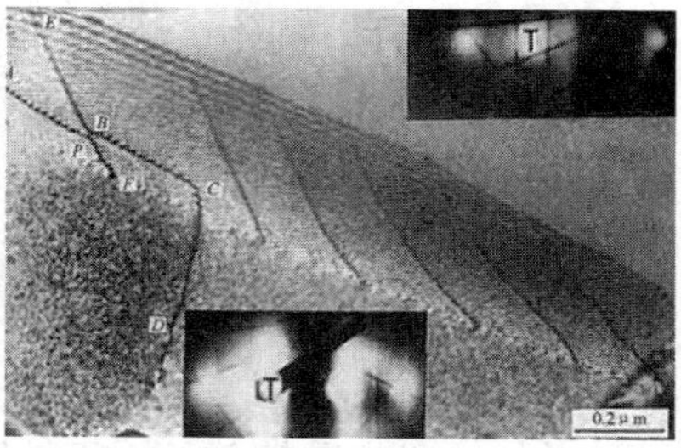

图 3-51　超塑性变形 Al-40wt%Zn 合金中的小角晶界处的位错组态

图 3-52　Ni 基高温合金高温蠕变后的位错组态

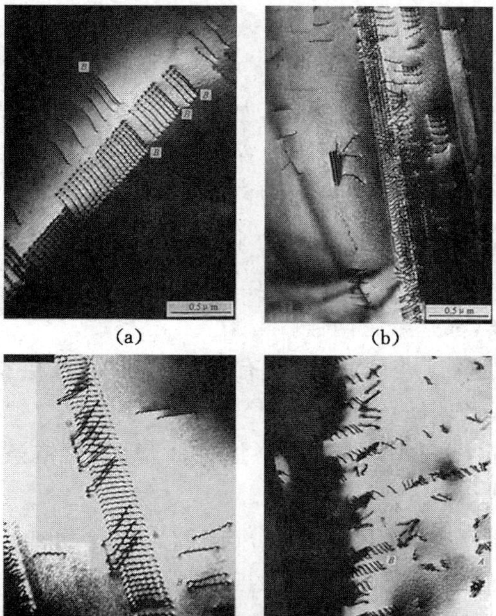

(a)　(b)　(c)　(d)

图 3-53　Ni 基高温合金经固溶处理和形变后的位错组态

(a) 未变形;(b) 200 ℃,形变 2%;(c) 200 ℃,形变 2%;(d) −196 ℃,形变 2%

3.5.2 层错

层错是指晶体中具有某种堆垛次序的原子面，由于错排而引入的缺陷。层错总是发生在密排的晶体学平面上，层错面两侧分别是位向相同的两块理想晶体，它们之间相互错动了位移矢量 R。

对于面心立方晶体的{111}层错，R 可以是±1/3〈111〉或者± 1/6〈112〉，它们分别代表层错生成的两种机制。

层错是晶体缺陷中最简单的平面缺陷，其位移矢量是一个恒定的值，因而由其产生的相位角 $2\pi g \cdot R$ 将为一恒定的值，当 $g \cdot R$ 为一整数时，层错将不可见。

对于层错而言，晶体一和晶体二具有完全相同的位向，它们之间仅仅是在层错面上相差一个滑移矢量，在有层错的区域任选一个小晶柱，设该小晶柱中，层错在深度 t_1 处，则整个小晶柱对下表面散射波振幅的总的贡献为：

$$\mathrm{d}\Psi_g = \frac{i\lambda F_g}{V_c \cos\theta}\Psi_0 \exp[2\pi i(K_g - K_0)\cdot r]\mathrm{d}z \tag{3-49}$$

积分之后得：

$$\Phi_g = \frac{i}{s\xi_g}\exp(-\pi i g\cdot R)\exp(-\pi i s t)\cdot\left\{\sin(\pi s t + \pi g\cdot R) - \sin(\pi g\cdot R)\exp\left[2\pi i s\left(\frac{t}{2} - t_1\right)\right]\right\} \tag{3-50}$$

与之对应的强度表达式为：

$$I_g = \frac{1}{(s\xi_g)^2}\left\{\sin^2(\pi s t + \pi g\cdot R) + \sin^2(\pi g\cdot R) - 2\sin(\pi g\cdot R)\sin(\pi s t + \pi g\cdot R)\cos\left[2\pi s\left(t_1 - \frac{t}{2}\right)\right]\right\} \tag{3-51}$$

由上式可以看出，当偏离矢量为常数时，如果层错可见（$g \cdot R$ 不为整数），则小晶柱下表面的电子衍射波强度只取决于层错所在位置样品的厚度，也就是说层错的衬度是样品厚度的函数。有鉴于此，层错的衬度应该具有如下的特点：

① 对于确定的层错，当操作反射确定时，则 $g \cdot R$ 确定，在样品厚度 t 和偏离矢量 s 都确定的前提下，I_g 将随层错所在位置的深度 t_1 周期变化，周期为 $1/s$，与层错的类型无关，其周期函数与等厚条纹一样，都是余弦函数。

② 当层错在样品中的深度相同时，会具有相同的强度，故层错的衍衬像表现为一组平行于样品表面和层错交线的明暗相间的条纹。

③ 当衍射矢量偏离布拉格位置的程度增加时，s 增大，层错条纹间的间距变小（条纹变密），层错的衍衬强度锐减。

④ 由层错强度的周期函数——$\cos[2\pi s(t_1 - t/2)]$特点，可知层错条纹的强度总是中心对称的（这一点是层错条纹区别于等厚条纹的最本质特点）。

由周期函数特点可知，当层错面平行样品表面时将不显示衬度。

典型层错的观察结果如图 3-54 和图 3-55 所示。

3.5.3 第二相粒子

由于第二相粒子的存在而引入的衬度主要有以下几种：① 基体周围应变场引起的衬度；② 第二相与基体由于位向差引起的衬度；③ 结构因子差别而形成的衬度；④ 特定情况

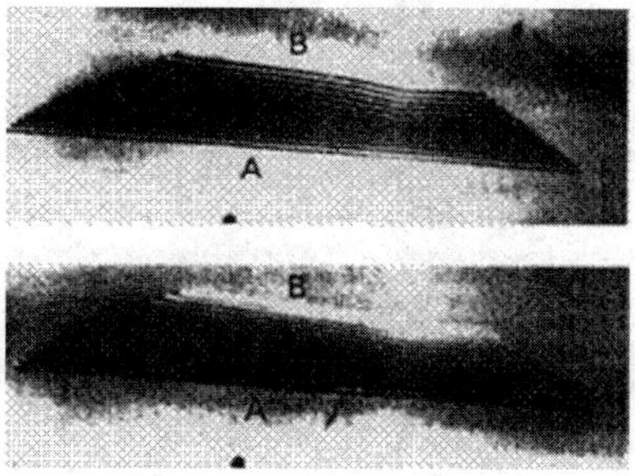

图 3-54　层错的明场相

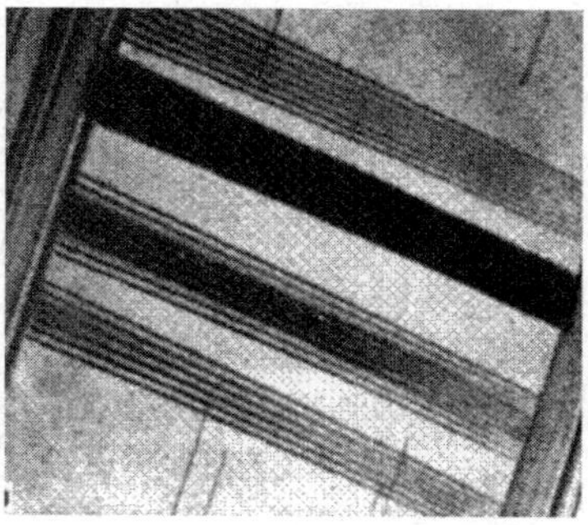

图 3-55　层错的暗场相

下形成的波纹图;⑤ 第二相和基体存在的相界面引起的衬度。

上述内容中,波纹图类似两束波的干涉,可不再介绍。结构因子差别而形成的衬度可以当成等厚条纹的问题来处理,相界面引起的衬度与层错类似(层错就是其中的一种),但要复杂得多。

这里主要讨论球形第二相粒子导致的应变场衬度。

对于球形粒子引起的位移矢量,在球的外部可以表示为:

$$\boldsymbol{R} = \frac{\varepsilon r_0^3}{r^3}\boldsymbol{r} \tag{3-52}$$

在球的内部,可以表示为:

$$\boldsymbol{R} = -\varepsilon r \tag{3-53}$$

由畸变后的晶柱对下表面的散射贡献表达式:

$$\mathrm{d}\Psi_g = \frac{i\lambda F_g}{V_c \cos\theta}\Psi_0 \exp[2\pi i(K_g - K_0)\cdot r]\mathrm{d}z$$

考虑到球形第二相粒子的应变场位移矢量的特点,它是中心对称的,如图 3-57(a)所示,因此其衍射衬度具有自身的特点:第二相粒子衬度消失的判据严格地讲也是 $g\cdot R=$整数,但由于球形粒子中任意方向都存在应变矢量,所以这个判据只能判断一些数学上的点消光,实际上人们能够看到的衬度是当某个面上的应变场矢量都垂直于 g 时,这个面上的所有衬度都不可见,这时 $g\cdot R=0$,因此人们认为第二相粒子的衬度消失的判据为 $g\cdot R=0$。另外,由于应变场是球形对称分布的,所以对于任意操作反射,与之平行的平面上的任意位移矢量都能使 $g\cdot R=0$,因此当改变操作反射时,第二相质点衍衬像上的无衬度线也将随之改变,但该线将始终与操作反射矢量垂直。如图 3-56 所示,清晰显示了共格第二相的无衬度线与其“花瓣状”基体衬度。

3.6　试样要求与制备方法

电子与物质能够相互作用,但是电子对物质的穿透能力很弱,约为 X 射线穿透能力的万分之一。而在透射电镜中真正需要的是具有穿透能力的透射电子束和弹性散射电子束。为了使它们能够达到清晰成像的程度,就必须要求样品有足够薄的厚度。在实际中,一般透射电镜的合格样品要求厚度小于 100 nm,而观察原子结构像的样品时厚度要

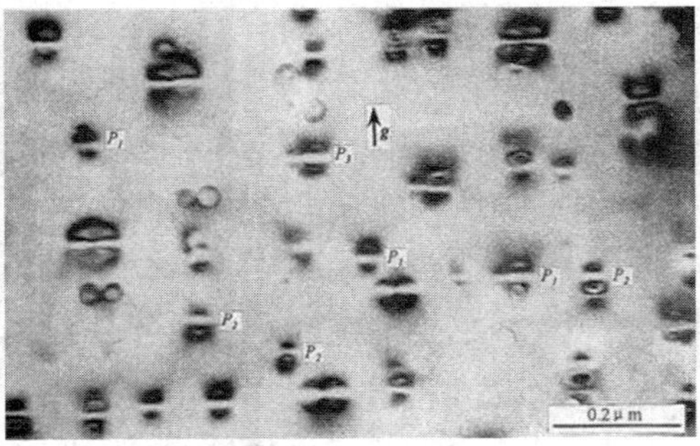

图 3-56 奥氏体不锈钢中的共格应变含铜沉淀相

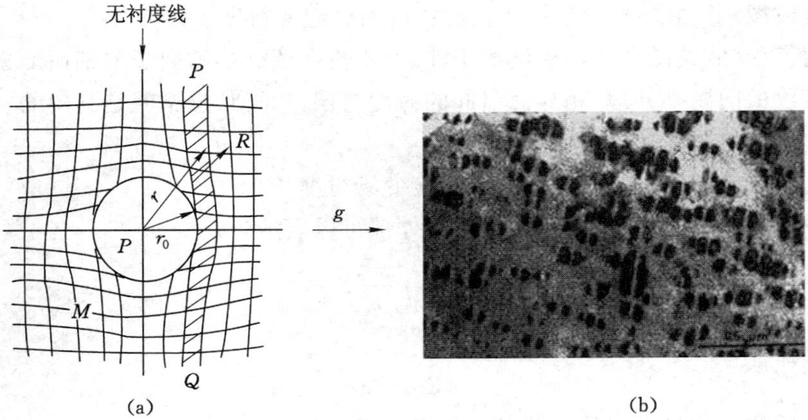

图 3-57 共格应变程度像与原理示意图

(a) 球形共格有错配度粒子的“无衬度线”；(b)“花瓣状”基体衬度效应

求更高一些。

为了制备合适厚度的样品，相关制样手段和减薄方法有许多，而这些方法都可能对材料的组织造成影响，导致得到错误的观察结果。如何制备样品使之能够真实反映原始材料的显微组织和结构等信息，不增加各种操作引入的假象，是一项电镜使用者必须具备的基本工作，这项重要工作需要一定的技巧和经验。

常见透射电镜样品包括覆膜样品、粉末样品、薄膜样品和切片样品，各种样品有独立的制备方法。本节主要介绍材料科学中常见的粉末样品和薄膜样品的制备方法。

3.6.1 粉末样品的制备

粉末样品制备的关键是如何将超细的颗粒分散开来使之各自独立而不团聚。某种粉末样品不同条件下的制备结果如图 3-58 到图 3-60 所示。粉末样品常用的制备方法有胶粉混合法和支持膜分散法。

① 胶粉混合法——在干净玻璃片上滴火胶棉溶液，然后在玻璃片胶液上放少许粉末并搅匀，将另一玻璃片压上，两玻璃片对研并突然抽开，等待膜干。用刀片将膜划成小方格，然后将玻璃片斜插入水杯中，在水面上下空插，膜片逐渐脱落，用铜网将方形膜捞出，晾干待观察。

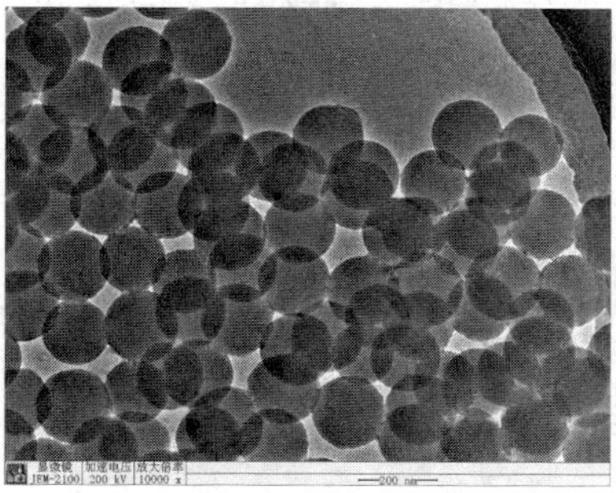

图 3-58　分散不充分

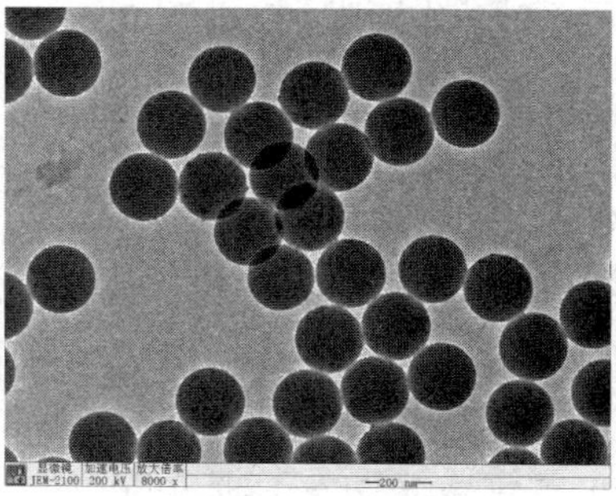

图 3-59　分散适当

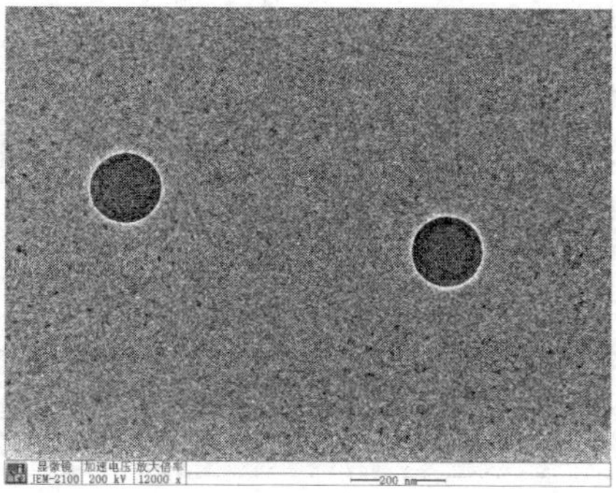

图 3-60　过于分散

② 支持膜分散法——将适量的待观察粉末放入乙醇(或者其他合适的分散剂中)，用微波震荡，形成均匀的悬浊液，然后滴到带有碳膜的支持网上，晾干待观察。

3.6.2　薄膜样品的制备

材料科学工作者最常接触的是块体材料，部分情况下是丝材等三维材料，其厚度一般不能满足透射电镜的要求，必须采用各种方法对其进行减薄。薄膜样品制备的要求：① 制备过程中不引入任何材料组织的变化；② 薄膜应具有一定的强度和较大面积的透明区域；③ 制备过程应易于控制，有一定的重复性和可靠性。

3.6.2.1　金属薄膜的制备

(1) 取样切片

从样品上的典型部位用线切割机或类似设备切下 0.3～0.5 mm 厚度的薄片。切割过程中一定要注意充分冷却，不要破坏材料原始组织。由于线切割过程中的热作用，一般会在试样的表面形成 20～50 μm 深的破坏层，在后续的减薄过程中需要将破坏层除去。

(2) 机械研磨预减薄

研磨方法与金相试样磨抛过程基本一样。将线切割得到的试样磨抛并预减薄到 50～100 μm。由于试样较薄，在研磨过程中一般将样品薄片胶黏在平整的样品托上面，用水磨砂纸在水流下进行减薄。若用普通金相砂纸减薄，需要注意冷却。待减薄到 200 μm 左右，用有机溶剂溶液(比如乙醇)浸泡样品薄片，使之自动脱落，然后将样品薄片的另外一面胶黏在样品托上，使用相同的方法减薄，直至样品薄片的厚度为 50～100 μm。减薄过程中一定要用力均匀，动作要慢，冷却要充分，砂纸表面要干净，否则容易出现减偏、塑性变形、组织改变、划伤等缺陷。每面减薄的最后阶段，用力一定要轻，否则塑性变形层的深度过大，会影响最后的组织观察，甚至引入伪像。

(3) *冲片*

利用专用冲片器将经过机械减薄的样品薄片冲制成直径 3 mm 的试样。冲制后的试样要求边缘平滑，没有毛边。若有毛刺(在冲片器质量不佳或使用时间较长后经常出现此种情况)，需用剪刀修整，再使用机械减薄进行少量研磨，除去边缘的弯曲与毛刺。

(4) *双喷电解减薄*

经过前两步的加工，试样已经是厚度为 50～100 μm、直径 3 mm 的金属薄膜。为满足透射电子显微镜的需要，仍需进一步减薄。双喷电解减薄是制备金属薄膜试样最为常用的有效方法。早期制备金属薄膜的方法(例如窗口法和 Ballmann 法)都由于过程复杂、可靠性差而逐渐被淘汰。

双喷电解减薄根据不同的金属选择合适的电解液及相应的抛光制度均匀薄化金属试样，部分常用电解液和抛光制度见表 3-3。

表 3-3　部分常用电解液配方

材料	方法	条件
Al 和 Al 合金	电解抛光　62%磷酸＋14%硫酸＋160 g/L 铬酸	9～12 V
	化学抛光　40 mL 氢氟酸＋60 mL 水＋0.5 g 氯化镍	70 ℃
	电解抛光　20%高氯酸＋80%乙醇	15～20 V，<30 ℃
	电解抛光　70%甲醇＋30%硝酸	12～20 V，-30 ℃左右
Cr 合金	电解抛光　5%高氯酸＋95%甲醇	−40～−50 ℃
Co 合金	电解抛光　2%高氯酸＋8%柠檬酸＋10%丙酮＋80%乙醇＋50 g/L 硫氰化钠	25，−30 ℃
Cu	化学抛光 50%　硝酸＋25%醋酸＋25%磷酸	20 ℃
铜合金	电解抛光　20%硝酸＋80%甲醇	5～9 V
	电解抛光　33%硝酸＋67%甲醇	−30 ℃
Cu-Ni 合金	电解抛光　30 mL 硝酸＋50 mL 醋酸＋10 mL 磷酸	2.9 V，20 ℃
Fe，低合金钢不锈钢	化学抛光　50%盐酸＋10%硝酸＋5%磷酸＋35%水 或 5%盐酸＋30%硝酸＋10%氢氟酸＋45%水	热 热
	电解抛光　133 mL 醋酸＋7 mL 水＋25 g 铬酸	25～30 V，<30 ℃
不锈钢	化学抛光　45%水＋30%硝酸＋10%氢氟酸＋15%盐酸	
	电解抛光　5%高氯酸＋95%醋酸 60%磷酸＋40%硫酸 10%高氯酸＋90%乙醇	20 V，<15 ℃ 25 V 12 V，0 ℃
GaAs	化学抛光　盐酸∶过氯化氢∶水＝40∶4∶1	
Ge	化学抛光　氢氟酸∶硝酸∶丙酮∶溴=15∶25∶15∶0.3	2 min

续表 3-3

材　料	方　法	条　件
Mg—Al 合金	化学抛光　80%正磷酸+20%乙醇	
	电解抛光　1%高氯酸+99%乙醇	30~50 V，−55 ℃，不锈钢阴极
Mo，Mo 合金	电解抛光　75%酒精+25%硫酸	−30 ℃
Ni 合金	喷射 10%硝酸+90%水	
	电解抛光　10%高氯酸+90%丙酮	铂阳极
Ni 基高温合金	电解抛光　20%高氯酸+80%酒精	22 V，0 ℃
Nb，Nb 合金	化学喷射　60%硝酸+40%氢氟酸	25 ℃
Si	化学薄化　氢氟酸∶硝酸∶醋酸=1∶3∶2	
Ti	化学抛光　30%氢氟酸(浓度 48%)+70%硝酸	0 ℃
Ti 合金	电解抛光　30 mL 高氯酸(30%浓度)+175 mL 丁醇+300 mL 甲醇	11～20 V　<−25 ℃　不锈钢阴极
Ti−Al 合金	电解抛光　甲醇∶丁醇∶高氯酸=60∶35∶5	−20 ℃
Ti−Ni 合金	电解抛光　6%高氯酸+94%甲醇	20 V，−60 ℃
W 及 W 合金	电解抛光　10 g 氢氧化钠+100 mL 水	5 V
U	电解抛光　133 mL 醋酸+25 g 铬酐(CrO_3)	35～40 V，10 ℃
V 合金	电解抛光　100 g/L 氢氧化钠水溶液	5 V
Zn	电解抛光　50%正磷酸+50%乙醇	
Zr	电解抛光　2%高氯酸+98%甲醇	−70 ℃

图 3-61 是 Fischione 公司生产的 Model 110 电解双喷仪的外观形状，图 3-62 是双喷电解减薄的原理示意图。将 ϕ3 mm 金属薄膜用试样夹固定，并与阳极相连。阴极和一对电解液喷管相连，喷管中心对准金属薄膜试样的中心，喷管分别处在金属薄膜试样的两侧。电源连通后，电解液通过耐酸泵加压循环，以从喷管喷出的液柱作为阴极，试样作为阳极，金属薄膜逐渐电解腐蚀。一旦腐蚀减薄至中心穿孔，光敏元件输出的电信号将通过电子线路立即切断电源或者发出警报，一个金属薄膜试样就制备完毕。这种方法制备的样品边缘较厚，有一定的强度，中心薄化区域大，观察范围大。图 3-63 所示的是理想的电镜观察样品。

3.6.2.2　非金属薄膜的制备

本书中以陶瓷样品为例简介非金属薄膜样品的制备工艺和操作过程。

(1) 取样并切片

从样品上的典型部位用金刚石圆锯或者金刚石线锯切下 0.1～0.3 mm 厚度的薄片(根据设备的精度尽力切割较薄的样品以减少以后的减薄工作量)，切割过程一定要注意不要破坏材料原始组织。

(2) 直径 3 mm 样品的制备

切割后的薄片使用超声波切割机切割成直径 3 mm 样品。若没有超声波切割机，可以将样品加工成对角线小于 3 mm 的方形样品，减薄后将样品粘在铜环上面即可。

图 3-61 Fischione 公司的 Model 110 电解双喷仪外观

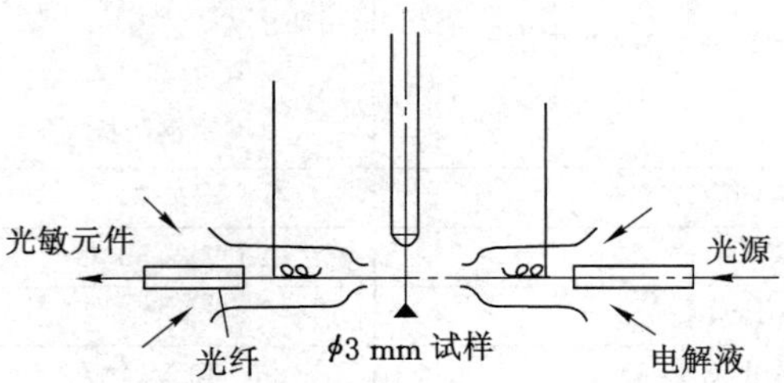

图 3-62 电解双喷减薄原理

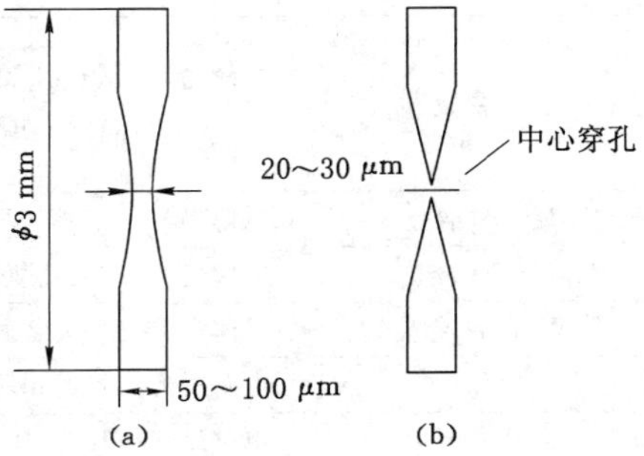

图 3-63 圆片样品的剖面形状

(a) 中心凹陷的圆片；(b) 最后制成的薄膜

(3) 机械研磨预减薄

使用金刚砂纸研磨试样并预减薄到 50～100 μm。加工方法与制备金属薄膜试样相同。减薄过程中一定要用力均匀、要慢，砂纸表面要干净，否则容易出现减偏、划伤甚至碎裂。

(4) 离子减薄

经过机械研磨预减薄的非金属材料样品常用的有效最终减薄方法是离子减薄。这种方法是利用适当能量的 Ar 离子束轰击试样，均匀地打出试样中的原子从而实现样品的薄化。离子减薄仪结构复杂，Fischione 公司生产的 Model 1010 型离子减薄仪外观如图 3-64 所示，操作界面如图 3-65 所示，它由离子枪(双枪)、样品台、真空系统及照明监控系统等部分组成。两个离子枪从真空室两侧插入，试样由真空室上部垂直插入，试样夹在不锈钢支座上，在一定能量和角度的离子束轰击中转动。当出现微孔时，照明监控系统启动，切断电源，样品制备完毕。

使用离子减薄时，当离子束的加速电压在 10 kV 以下时，加速电压升高，离子流的能量上升，传递给样品表面原子的能量增加，减薄速率升高；加速电压超过 10 kV 后，高能离子入射深度增加，进入样品的较深位置，将能量传递给深层原子，不能使表面原子脱离，反而会降低减薄速率。常用的减薄电压为 3～6 kV。离子入射角对减薄速率也有很大的影响，减薄初期离子入射角一般选择 15°～20°，减薄速率较大。即将穿孔时降低入射角，选择 10°～15°较优，较低的入射角增加薄区面积，扩大观察选择范围。离子减薄法减薄样品的效率很

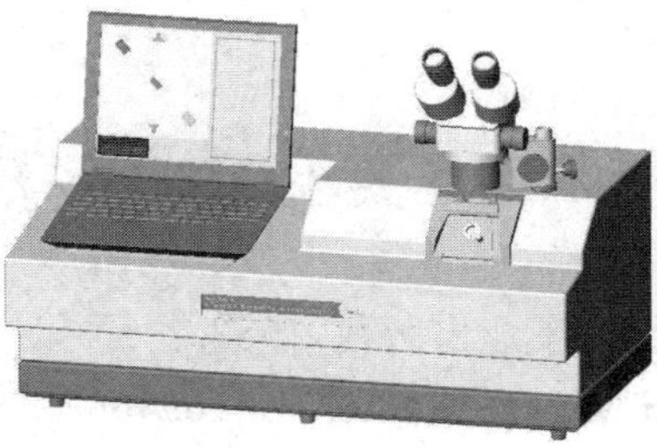

图 3-64　Fischione 公司的 Model 1010 型离子减薄仪外观

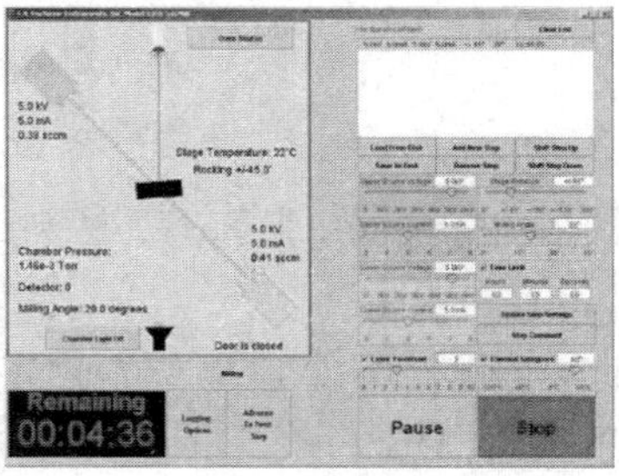

图 3-65　Model 1010 离子减薄仪操作界面

低，花费时间较长，一般一个合格样品的制备需要数小时甚至数天时间。同时仪器的长期稳定性也是影响样品合格率的一个重要的指标。Fischione 公司的 Model 1010 型离子减薄仪常用的减薄电压为 3～4 kV，束流大小为 3～4 mA，入射角为 12°～15°。

(5) 凹坑仪减薄

为了减少离子减薄的时间，提高减薄效率，在离子减薄之前可以用凹坑仪对样品进行减薄。凹坑仪的原理是使用专用蜡和熔蜡台，将样品固定到样品台基座上，通过在 y 轴上旋转样品，在 x 轴上旋转研磨轮，使用抛光剂研磨，实现研磨轮和样品间的磨损减薄。通过测量装置的精确控制，样品的中心位置能够获得几个微米厚度的薄区。

图 3-66 是 Fischione 公司生产的 Model 200 型凹坑仪外观，图 3-67 是其原理示意图。凹坑仪能够在直径 Φ3 mm 的样品中央部位磨成一个一定厚度的凹坑，熟练操作人员能够保持凹坑后的厚度在 10 μm 左右。

图 3-66　Fischione 公司的 Model 200 型凹坑仪外观

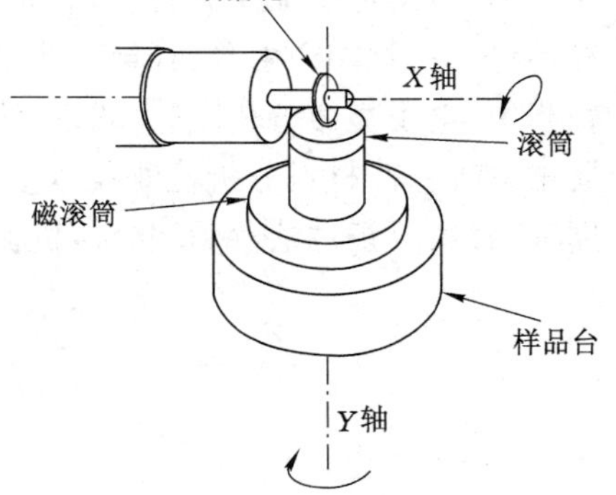

图 3-67　凹坑仪原理

薄膜样品的制备，需专门的仪器和有一定经验的操作人员来完成。之所以采用如此繁杂的制备过程，目的是尽量避免或减少减薄过程引入的组织结构变化，以得到真实的样品组织与形貌。

参 考 文 献

[1] 常铁军，高灵清，张海峰. 材料现代研究方法[M]. 哈尔滨：哈尔滨工业大学出版社，2005.
[2] 陈世扑，王永瑞. 金属电子显微分析[M]. 北京：机械工业出版社，1982.
[3] 电子衍射[DB/OL]. http://wenku.baidu.com/view/20343e144431b90d6c85c731.html.
[4] 郭可信，叶恒强，吴玉琨. 电子衍射图[M]. 北京：科学出版社，1983.
[5] 郭可信，叶恒强，吴玉琨. 电子衍射图在晶体学中的应用[M]. 北京：科学出版社，1989.
[6] 黄孝瑛，侯耀永，李理. 电子衍衬分析原理与图谱[M]. 山东：山东科学技术出版社，2000.
[7] 黄孝瑛. 材料微观结构的电子显微学分析[M]. 北京：冶金工业出版社，2008.
[8] 黄孝瑛. 透射电子显微学[M]. 上海：上海科学技术出版社，1987.
[9] 黄新民. 材料研究方法[M]. 哈尔滨：哈尔滨工业大学出版社，2008.
[10] 进藤大浦，及川哲夫. 材料评价的分析电子显微方法[M]. 刘安生，译. 北京：冶金工业出版社，2001.
[11] 进藤大浦，平贺贤二. 材料评价的高分辨电子显微方法[M]. 刘安生，译. 北京：冶金工业出版社，1998.
[12] 李方华. 电子晶体学与图像处理[M]. 上海：上海科学技术出版社，2009.
[13] 李炎. 现代材料微观分析技术[M]. 北京：化学工业出版社，2011.
[14] 刘文西，黄孝瑛，等. 材料结构电子显微分析[M]. 天津：天津大学出版社，1989.
[15] 谈育煦. 金属电子显微分析[M]. 北京：机械工业出版社，1989.
[16] 杨传铮，等. 物相衍射分析[M]. 北京：冶金工业出版社，1989.
[17] 张晓中. 电子显微分析[M]. 北京：清华大学出版社，2006.
[18] 周玉，武高辉. 材料分析检测技术[M]. 哈尔滨：哈尔滨工业大学出版社，2007.
[19] 周玉. 材料分析方法[M]. 北京：机械工业出版社，2011.

第 4 章　热分析方法

4.1　概述

热分析一词是由德国的 Tammann 教授提出的(德文 thermische analyze,对应英文 thermal analysis,法文 thermal analyse),1905 年发表在《应用与无机化学学报》上。顾名思义,热分析可解释为以热进行分析的一种方法。热分析技术的基础是物质在温度变化过程中往往伴有物理和化学状态的变化(如升华、氧化、聚合、硫化、脱水、结晶、熔融、化学反应等),同时伴有相应的热力学性质(如热焓、比热、导热系数等)的变化,因此可通过测定其热力学性能的变化来了解物质物理、化学变化过程,对物质进行定性、定量的分析,从而进一步研究物质的结构和性质之间的关系,为新材料的研究和开发提供热性能数据和结构信息。

随着热分析技术和研究的不断发展,1968 年成立了国际热分析协会(International Confederation for Thermal Analysis,简称 ICTA)。ICTA 对热分析的定义:热分析是在程序控制温度下,测量物质的物理性质随温度变化的一类技术。程序控制温度是指用固定的速率加热或冷却,一般采用线性程序,但也可能是温度的对数或倒数程序。物理性质则包括物质的质量、温度、热焓、尺寸、机械、声学、电学及磁学性质等,这里所说的物质是指被测样品以及其反应产物,包括中间产物。

热分析发展的历史较久,应用的方面很宽,涉及多种学科领域。1780 年,英国的 Higgins 在研究石灰黏结剂和生石灰的过程中第一次使用天平测量了实验受热时所产生的重量变化。19 世纪末 20 世纪初,法国 H. Le. Chcterlier 创立了 DTA。1915 年的日本本多太郎提出了“热天平”概念并创立了 TG。1964 年,Wattson 和 O′Neill 等提出了差示扫描量热法的原理及设计方案,进而发展成为差示扫描量热技术,发展和壮大了热分析技术。我国热分析的起步较晚,在 20 世纪 50 年代末、60 年代初开始有热分析仪器的产生。热分析仪器可广泛用于化学、物理学、高分子化学与物理、地质学、生物学等基础科学领域的研究。近年来,随着热分析仪器微机处理系统的不断完善,热分析仪器获得数据的准确性进一步提高,从而加速了热分析技术的发展。

4.1.1　热分析的历史与发展

在热分析的发展历史上,人们最早发现和应用的是热重法。人类对热的控制是从大约公元前五万年——人类学会了火的使用开始的。公元前 332～330 年,古埃及人提炼金时使用了称重法,这是人类学会称重的标志。然而真正把重量与热联系起来还是 18 世纪的事——1780 年英国人 Higgins 在研究石灰黏结剂和生石灰的过程中第一次用天平测量了试样受热时所产生的重量变化。1786 年英国人 Wedsnood 在研究黏土时测出了第一条热重曲线,观察到将黏土加热到“暗红”时出现明显失重。这就是热重法的开始。

差热分析的出现应该说起源于法国。1887 年法国人 Chatelier 将一个铂—铂/10％铑热电偶插入受热的黏土试样中来测量黏土的变化过程。由于 Chatelier 只用了一根热电偶，因而严格说只能叫热分析，算不上差热分析。1899 年英国人 Roberts 和 Austen 对 Chatelier 的方法进行了改进——采用两个热电偶反向连接，一个热电偶插入样品中，另一个插到参比物内，通过一镜式检流计显示输出信号，直接记录样品和参比物之间的温差随时间的变化规律，这才是真正意义上的差热分析。1955 年 Boersma 指出了此种做法的弊病，并开始把热电偶的接点埋入两个具有空穴的镍均温块中，样品和参比物分别放在两个空穴中。Boersma 的这个方法一直沿用至今。以后对差热分析的改进只不过是在试样和参比物的配置、热电偶的形式以及记录方法、控温方式等方面。现在比较普遍使用哑铃型热偶，试样容器直接放于热偶平板上，大大提高了灵敏度，能够快速升(降)温。

1964 年，Walrson 和 O'Neill 等人发表了称之为差示扫描量热法的文章提出了差示扫描量热的概念，后来被 Perkin. ELmer 公司所采用，研制成功了差示扫描量热仪(或 DSC 仪)，由于 DSC 仪能直接测量物质在程序温度下所发生的热量变化(以毫卡计)，而且定量性和重复性都很好，因此它一出现就受到人们的普遍重视。现在差示扫描量热仪的品种及差示扫描量热法的应用都发展很快。目前 DSC 仪器从设计原理上看可分为两大类：一类称功率补偿式 DSC，另一类称热流式 DSC，后者属于定量型 DTA。

热分析方法种类繁多，每种方法的利用率也不相同，最古老的热分析方法之一——热重法迄今仍起重要作用。DTA 仍较常用，然而似乎略有下降的趋势，这与过去几十年间 DSC 的应用有所增长有关。从统计数字来看，DTA 与 DSC 的利用率之比由 1975 年的约 2∶1，到 1980 年 DTA 只略强于 DSC，到 2010 年的旗鼓相当，但尚远未达到 DSC 可以取代 DTA 的程度。两种最重要的热分析方法 TG—DTA 联用表现出增长的趋势，其原因可能是联用仪器的不断普及。同样，热机械分析也表现出略有增长的趋势。用 DSC 以外的方法测量的量热数据占有相当大的比例。质谱法应用于热分析有稳定增长的趋势，但此种仪器昂贵，价格是简单热分析仪器的 5～10 倍。然而其增长趋势显示出这种方法越加重要，逸出分解产物的联用质谱法(如色—质联用)提供了更新的信息。

4.1.2 热分析技术的定义与分类

4.1.2.1 热分析的定义

热分析规范化是热分析工作者的一项基本建设，一项重要的技术基础。它使世界各国不同领域的热分析工作者统一语言、统一标准、统一单位，有利于学术交流。

热分析的规范化从热分析的定义开始。由于热分析技术应用范围广泛、历史久、文献多、测量方法多，为了避免热分析术语的误解和混淆，有必要对其进行统一命名。以 R. C. Mackenzie为首，于 1965 年第一届国际热分析协会期间组成了国际热分析协会(ICTA)命名委员会，该会在历届国际会议上发表了多个方案，引起了一些国家和地区学术团体和组织的注意，并取得了相应的响应。

在中国化学会举办的第一届热化学会(1980 年 10 月，西安)和北京热分析名词讨论会(1981 年 7 月)上，曾就中文热分析术语进行了充分地讨论和磋商，之后经广泛征求意见，现已以国家标准公布。

在确定中文热分析术语时，应遵循的基本原则应当是：以 ICTA 公布的方案为依据、符合汉语规范、考虑真实的物理含义和以往的习惯，并注意其他学科的关系。

热分析是测量物质的物理性质与温度关系的一类技术的统称，其数学表达式为：

$$P = f(\theta) \tag{4-1}$$

式中，P 为物质的一种物理量；θ 为物质的温度。

程序控制温度就是把温度看做时间的函数：

$$\theta = \varphi(t) \tag{4-2}$$

式中，t 为时间，则：

$$P = f(\theta \text{或} t) \tag{4-3}$$

通俗地讲，热分析是通过测定物质加热或冷却过程中物理性质的变化来研究物质性质及其变化，或者对物质进行分析鉴别的一种技术。

现行热分析定义的特点是，抽出其共同部分而加以科学概括，只要稍作变动，便可派生、演绎出各种具体方法的定义。这个总定义把那些目前尚未发现的热分析方法也包括在内。可以说这是一个包罗万象的定义，与其他学科的界线并不十分清晰。

热分析的记录称为热分析曲线。热分析曲线是在程序控制温度下使用热分析仪记录的物理量与温度的关系。

4.1.2.2　热分析的分类

物质在受热过程中要发生各种物理、化学变化，这种变化可用各种热分析方法跟踪。下面以几种常用热分析法为例，叙述它们的定义。由此推而广之，可得表 4-1 所列其他热分析法的定义。

表 4-1　　热分析技术方法的分类

物理性质	分析技术名称	简称	物理性质	分析技术名称	简称
质量	热重法	TG	焓	差示扫描量热法	DSC
	等压质量变化测定		尺寸	热膨胀法	
	逸出气体检测	EGD	力学特性	热机械分析	TMA
	逸出气体分析	EGA		动态热机械分析	DMA
	放射热分析		声学特性	热发声法	
	热微粒分析			热声学法	
温度	加热曲线测定		光学特性	热光学法	
	差热分析	DTA	电学特性	热电学法	
			磁学特性	热磁学法	

按照热分析的总定义，热重法（thermogravimetry，简称 TG）定义为：在程序控温下，测量物质的质量与温度的关系的技术。TG 的原定义是：在速度可调的加热或冷却的环境中，记录物质的重量与时间或温度的关系的方法。现定义将观测的物理量定义为质量，而不称为重量，这是由于在磁场作用下，当达到强磁性体居里点时可观察到这种铁磁性材料的表观失重，尽管无质量变化。就其实质来讲，这种表观失重不是热重法所要观察的，因此现行方案将所观测的物理量定义为质量。鉴于该过程不是在化学上通常所理解的对比分折，所以分析一词尽量回避，故不称为热重分析（TGA）。但又如差热分所（DTA）已用得很广，仍沿用。由于热分析实验多系在等速升温下进行（动态法），因而一般不必再特意称动态热重法。

微商热重法(DTG)是热重曲线对时间或温度一阶微商的方法。记录为微商热重曲线或DTG曲线、纵轴为质量变化速率,向下表示减小,即峰应向下。

差热分析(differential thermal analysis,简称DTA)定义为:在程序控温下,测量物质和参比物的温度差与温度的关系的技术。记录为差热分析曲线或DTA曲线,温度差ΔT为纵轴,向下表示吸热;时间t或温度T为横轴,从左向右表示增加。峰的前沿最大斜率点的切线与外推基线的交点称为外推始点(extrapolated onset)。

差示扫描量热法(differential scanning calorimetry,简称DSC)是指在程序控温下测量输入到物质和参比物的功率差与温度的关系的技术。又可按所用的测量方法分为功率补偿型DSC(power-compensation DSC)和热流型DSC(heat-flux DSC)两种。DSC的原定义是:在可调速的升、降温环境中,把试样和参比物置于等同的温度条件下,将两者间的温度差保持为零所必需的功率对时间或温度作记录的方法。DSC这个名称,最初(1963年)来自美国Perkin-E1mer公司商品仪器的型号DSC—1,后来就以此来命名这种方法。一般避免用商品名来命名一种方法,这是一个例外。

纵观热机械分析(thermomechanical analysis,TMA),可依作用负荷区分为如下三类:

① 在近于无负荷下的热膨胀法(thermodilatometry)——在程序控温下,测量物质在可忽略负荷时的尺寸与温度的关系的技术。其中又有线热膨胀法(linear thermodilatometry)和体热膨胀法(vobune thermodilatometry)之分。

② 在非振动负荷下的热机械分析(TMA)——在程序控温下测量物质在非振动负荷(压缩、拉伸、弯曲或扭曲等)下的形变与温度的关系的技术。高聚物玻璃化转变温度和流动温度的温度—形变曲线法的测定即属此类方法。

③ 动态热机械法(dynamic thermodilatometry)——在程序控温下测量物质在振动负荷下的动态模量和(或)力学损耗与温度的关系的技术。扭辫分析(torsional braid analysis,TBA)是动态热机械法之一,该法试样是涂于一个丝辫上。

这类方法所测的是物质的力学性质随温度的变化,但考虑到长期的习惯叫法,故仍称热机械分析。

① 逸出气分析(evolved gas analysis,EGA)——在程序控温下,测量从物质中释放出的挥发性产物的性质和(或)数量与温度的关系的技术。需明确说明分析的方法,裂解气色谱和热质谱均可用于此种目的。还出现一种thermofractography的方法,应称热分级谱,但此种称呼易与用分级的方法测定聚合物的分子量分布相混淆。该法是在等速升温下,使构成物质的组分逐次挥发或分解,随时以氮气流将这些可挥发性物从管状炉中带出,捕集在与温升同步移动的薄层板上,而后层析,鉴定各温度下逸出的物质成份。

② 逸出气检测(evolved gas detection,EGD)——在程序控温下,定性检测从物质中逸出挥发性产物与温度的关系的技术(应指明检测气体的方法)。

③ 热电学法(thermoelectrometry)——在程序控温下,测量物质的电学特性与温度的关系的技术。最常用的是测量电阻、电导和电容。对驻电体注入电流、冷却,而后在升温过程观测释放出来的电流,也属此列,称为热释电流。

④ 热光学法(thermoptometry)——在程序控温下,测量物质的光学特性与温度的关系的技术。在地质部门和高分子科学中所开展的热释光工作,以及根据透光率随温度的变化确定高聚物熔融温度的方法,均属此列。按所测光的性质,这类技术有热光度法(thermophotometry)、热光谱法(thermospectrometry)、热折射法(thermorefactometry)、热释光法(thermo1uminescence)和热显微镜法(thermomicroscopy)等。

⑤ 热发声法(tbermosonimetry)——在程序控温下,测量物质发出的声音与温度的关系的技术。如在地质学上所采用的热爆破法,它是测定矿物包裹体(如 CO_2、碱、有机物的水溶液)爆破的温度和爆破时所发出的声音的频率。

属声学特性的热分析方法尚有热传声法(thermoacoustimely),它是指在程序控温下,测量通过物质后的声波特性与温度的关系的技术。这是研究高聚物黏弹性,观察分子运动的一种方法。

4.1.3　报道热分析数据的一些具体要求

考虑到热分析数据具有程序性的特点,必须仔细注明具体的实验条件,并考虑到热分析技术应用于多种学科领域,也有必要在数据的表达方式上取得一致。为此,在 ICTA 名词委员会报告的基础上并参照有关资料,对报道热分析数据提出了如下的建议:

① 以确切的名称、化学式或相同的组成数据标明所有物质。

② 说明所有物质的来源、化学纯度和其他有关数据。

③ 在所测温度范围的升温速率。

④ 标明试样空气氛的压力、组成和纯度。注明气氛控制条件,是静态的还是动态的,是否有气体产生。

⑤ 标明横坐标的温度或时间单位。

⑥ 精确标出纵坐标标尺的测量单位。TG 曲线失重画成向下形式的曲线,以质量或质量百分数为单位;DTA 曲线纵坐标标尺应示 ΔT 在室温的灵敏度,以℃表示。吸热反应画成 DTA 曲线峰朝下,放热向上;DSC 曲线纵坐标标尺通常应为功率差,单位一般为 mJ/s。

⑦ 所用仪器类型,包括厂家和仪器型号。

⑧ 试样的制备方法,DTA 或 DSC 还需写明试样是稀释或采用的参比物。

4.1.4　热分析的应用

热分析技术是对各类物质在很宽的温度范围内进行定性或定量表征极为有效的手段,通过测定加热或冷却过程中物质本身发生变化和测定加热过程中从物质中产生的气体,推知物质变化,对各种温度程序都适用。对样品的物理状态无特殊要求,所需样品量很少,不仅能独立完成某一方面的定性、定量测定,而且还能与其他方法相互印证和补充,已成为研究物质的物理性质、化学性质及其化学变化过程的重要手段。它在基础科学和应用科学的各个领域都有极其广泛的应用。表 4-2 是一些热分析技术的主要应用范围。

表 4-2　主要热分析技术的应用范围

热分析技术 / 应用范围	TG	DTA	DSC	TMA	DMA	EGA	热电学法	热光学法
相转变、融化、凝固	—	B	A	C	—	—	B	A
吸附、解吸	A	B	A	—	—	B	—	B
裂解、氧化还原、酸化黏合	A	B	A	—	B	B	B	B

续表 4-2

应用范围＼热分析技术	TG	DTA	DSC	TMA	DMA	EGA	热电学法	热光学法
相图制作	B	A	A	C	—	—	—	C
纯度测定	—	B	A	—	—	—	—	B
热固化	—	B	B	B	—	—	—	B
玻璃化转变	—	B	A	A	B	—	C	B
软化	—	—	C	A	C	—	C	C
结晶	—	B	A	B	B	—	C	B
液晶、比热容测定	—	B	A	—	—	—	—	—
耐热性测定	A	A	A	B	B	B	C	B
升华、反应和蒸发速率测定	A	B	A	—	—	A	C	B
膨胀系数、黏度测定	—	—	—	A	—	—	—	—
黏弹性	—	—	—	A	A	—	—	—
组分分析	A	B	A	—	C	A	B	B
催化研究	—	B	A	—	—	A	—	—
煤、能源、地球化学	A	A	B	—	—	C	—	—
生物化学	C	B	A	—	—	C	—	—
海水资源	B	B	A	—	—	C	—	—

注：A——最适用，B——可用，C——某些样品可用。

热分析的应用十分广泛。在操作气氛中，可以测定下述参数：蒸气压、热稳定性、可燃性、软化温度及沸点等。从测定结果可得到相图、游离及结合水量、溶剂保留量。热分析可用于添加剂分析、矿物特性及高分子系列分析等。在产品可靠性分析这一重要领域中，热分析方法可以得到产品的热容数据、液晶转变、固体脂肪指数、纯度高分子质量控制、玻璃化转变、居里点及纤维性能、劈切模量变化等。膨胀系数及抗氧化性等研究可以得出稳定性的信息，材料的动力学性能可由测量黏弹性、抗冲击性能、老化特性、弹性模量、逸失模量及壳模量等来获得。最后，通过相变热、反应动力学、催化剂评价、金属—气体反应及结晶现象来研究化学反应。

目前应用最多的是差热分析、热重分析、差示扫描量热分析、热机械分析，它们是热分析的四大支柱，用于研究物质的晶型转变、熔融、蒸发、吸附等物理现象以及脱水、分解、氧化、还原等化学现象，能迅速得到被研究物质的热稳定性、热分解产物、热变化过程的焓变、各种类型的相变点、玻璃化温度、软化点、比热容、纯度、爆破温度等数据以及高聚物的表征和结构性能研究。

4.2 差热分析

差热分析(differential thermal analysis，DTA)是在程序控制温度下，测量试样与参比物(基准物,在测量温度范围内不发生任何热效应的物质,如 α-Al_2O_3)之间的温度差与环境温度或时间关系的一种技术,其使用最早,应用最广泛。差热分析方法能较精确地测定和记录一些物质在加热过程中发生的失水、分解、相变、氧化还原、升华、熔融、晶格破坏和重建以及物质间的相互作用等一系列的物理化学现象,并借以判定物质的组成及反应机理。因此,差热分析法已广泛用于地质、冶金、网资、水泥、玻璃、耐火材料、石油、建材、高分子等各个领域的科学研究和工业生产中。

4.2.1　差热分析的基本原理

物质在加热或冷却过程中会发生物理或化学变化,同时往往还伴随吸热或放热现象,改变了物质原有的升温或降温速率。热效应的变化会导致晶型转变、蒸发、升华、熔融等物理变化以及氧化、还原、脱水等化学变化的发生。此外,一些物理变化(如玻璃化转变)虽无热效应的变化,但某些物理性质(如比热容)也会发生变化。物质发生焓变时质量不一定改变,但温度必定会改变。基于物质此类性质,差热分析得以应用和发展。

基于物理学知识,两种不同成份的材质导体组成闭合回路,当两端存在温度梯度时,回路中就会有电流通过,此时两端之间就存在电动势——热电动势。如图 4-1 所示,利用两种能产生显著电现象的金属丝 A 和金属丝 B(如铜和镍铜)焊接后组成闭合回路,两个焊接点的温度分别为 T_1、T_2,当温度 T_1、T_2 不同即存在温度梯度时,两端之间就存在电动势,闭合回路中就有电流流动,检流计指针发生偏转,即构成了热电偶[图 4-1(a)]。若将金属丝 A、B 焊接后其一端置于待测温度处,另一端(冷端)置于恒定的已知温度的物质(如冰水混合物)中。这样,回路中将产生一定的温差电动势,可由电流计直接读出待测温度值,即构成了用于测温的温差热电偶[图 4-1(b)]。

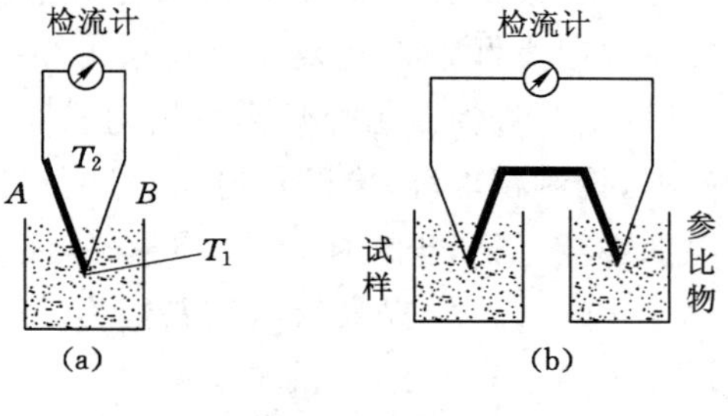

图 4-1　热电偶和温差热电偶

(a) 热电偶;(b) 温差热电偶

当试样在加热或冷却过程中发生物理或化学变化时,所吸收或释放的热量导致试样和参比物之间产生温度差,使试样温度高于或低于参比物的温度。基于上述原理制成温差热电偶。将两端分别插入被测试样和不发生热效应的参比物中,放置于电炉中的恒温带,试样和参比物同时升温。随着温度升高,当被测试样无热效应变化时,温差热电偶两焊接点温度相等,不产生温差电动势;当试样在某一特定温度下发生物理化学反应引起热效应变化:即试样侧的温度在某一区间会变化,不随程序温度升高,而是有时高于或低于程序温度,而参比物一侧在整个加热过程中始终不发生热效应,其温度一直跟随程序温度升高,则两焊接点产生温度梯度,闭合回路中有温差电动势产生,然后利用某种方法把这温差记录下来,就得到了差热曲线,再针对该曲线进行分析研究。这就构成了差热分析的基本原理。

差热分析装置称为差热分析仪。差热分析仪通常都是在线性升温下测量样品温差与温度或时间之间关系的。差热分析仪是通过加热过程中的吸热和放热行为以及材料的重量变化来研究材料加热时所发生的物理化学变化过程。一般的差热分析仪由加热系统、温度控制系统、信号放大系统、差热系统和记录系统等组成。有些型号的产品也包括气氛控制系统和压力控制系统。图 4-2 所示为差热分析仪构造示意图。

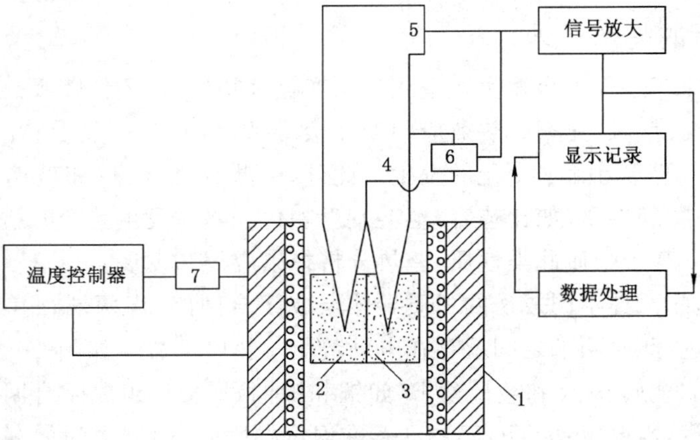

图 4-2　差热分析仪构造示意图

1——加热炉；2——试样；3——参比物；4——测温热电偶；
5——温差热电偶；6——测温元件；7——温控元件

① 加热系统提供测试所需的温度条件，根据炉温可分为低温炉（＜250 ℃）、普通炉、超高温炉（可达 2 400 ℃）；按结构形式可分为微型、小型、立式和卧式。系统中的加热元件及炉芯材料根据测试范围的不同进行选择。加热炉内有均匀温度区，使试样均匀受热；程序控温，以一定速率均匀升（降）温，控制精度高；电炉热容量小，便于调节升、降温速度；炉子的线圈无感应现象，避免对热电偶电流干扰；炉子体积小、质量轻，便于操作和维修。使用温度上限 1 100 ℃以上，最高可达 1 800 ℃。为提高仪器抗腐能力或试样需要在一定气氛下反应等，可在炉内抽真空或通以保护气，一般用氮气保护。

试样容器通常容纳粉末状样品（现在液体也可）。样品坩埚主要采用陶瓷材料、石英质、刚玉质和钼、铂、钨等。在进行实验时，首先将待测样品和参比物装入样品坩埚内，然后放入样品支架上。在耐高温条件下，支架通常选择传导性好的材料如镍（＜1 300 ℃）、刚玉（＞1 300 ℃）等。

热电偶是差热分析的关键元件。对热电偶的要求较高，具体如下：能产生较高温差电动势，随温度呈线性关系的变化；能测定较高的温度，测温范围宽，长期使用无物理、化学变化，高温下耐氧化、耐腐蚀；比电阻小、导热系数大；电阻温度系数和热容系数较小；足够的机械强度，价格适宜。通常热电偶的材料选取铜—康铜（长期 350 ℃ /短期 500 ℃）、铁—康铜（600/800 ℃）、镍铬—镍铝（1 000/1 300 ℃）、铂—铂铑（1 300/1 600 ℃）、铱—铱铑（1 800/＞2 000 ℃）。

② 温度控制系统用于控制测试时的加热条件，如升温速率、温度测试范围等。它一般由定值装置、调节放大器、可控硅调节器（PID—SCR）、脉冲移相器等组成，随着自动化程度

的不断提高，大多数已改为微电脑控制，提高了控温精度。该系统要求保证能使炉温按给定的速率均匀地升温或降温。升温速率要求控制在 1～100 ℃/min 范围内，常用的为 1～20 ℃/min。一般降温用液氮。

③ 信号放大系统。通过直流放大器把差热电偶产生的微弱温差电动势放大、增幅、输出，使仪器能够更准确地记录测试信号。

④ 差热系统。差热系统是整个装置的核心部分，由样品室、试样坩埚、热电偶等组成。其中热电偶是其中的关键元件，既是测温工具，又是传输信号工具，可根据试验要求具体选择。

⑤ 记录系统。记录系统早期采用双笔记录仪进行自动记录，目前已能使用计算机进行自动控制和记录，并可对测试结果进行分析，为试验研究提供了很大方便。

⑥ 气氛控制系统和压力控制系统。该系统能够为试验研究提供气氛条件和压力条件，增大了测试范围，目前已经在一些高端仪器中采用。

4.2.2　差热分析的试验方法

根据差热分析曲线特征，如各种吸热与放热峰的个数、形状及位置等，可定性分析物质的物理化学变化过程，还可依据峰面积半定量地测定反应热。

4.2.2.1　差热分析曲线

（1）差热曲线基本特征

在 DTA 试验中，把两个接点分别插在样品与参比物之中，它们之间的温度差的变化是由于相转变或反应的吸热或放热效应引起的。如相转变、熔化、结晶结构的转变、沸腾、升华、蒸发、脱氢、裂解或分解反应、氧化或还原反应、晶格结构的破坏和其他化学反应。一般来说，相转变、脱氢还原和一些分解反应产生吸热效应；而结晶、氧化和一些分解反应产生放热效应。测量电动势（电压）可知温差，进一步可知热效应的出现与否及强度。将试样和参比物分别放入坩埚，置于炉中以一定速率进行程序升温，以 T_s 和 T_r 表示各自的温度。设试样和参比物的热容量不随温度而变。

若以 $\Delta T = T_s - T_r$ 为纵坐标对温度（或时间）t 作图，所得 DTA 曲线如图 4-3(a)所示。

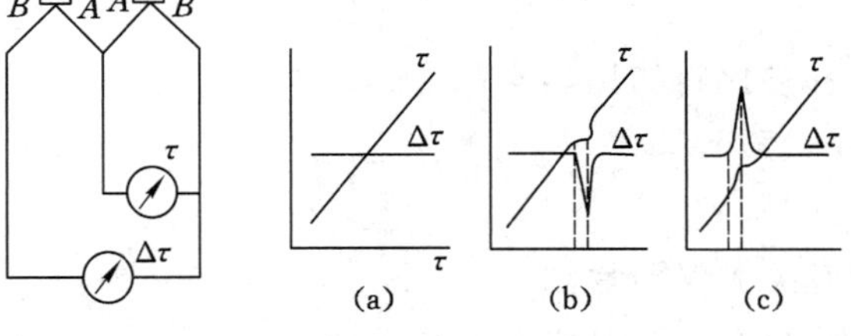

图 4-3　DTA 曲线一

当试样在该温度下不产生任何反应，即无热效应时，则两焊点间的温度相等，即 $T_s = T_r$，$\Delta T = 0$，这时记录仪上只呈现一条平行于横轴的直线，称为差热曲线的基线。

随着温度的增加，试样产生了热效应，与参比物间的温差变大，在 DTA 曲线中表现为吸热峰和放热峰。如果试样在加热过程中产生熔化、分解、吸附水与结晶水的排除或晶格破坏等，试样将吸收热量，这时试样的温度将低于参比物的温度，即 $T_s < T_r$，$\Delta T < 0$，闭合回路中便有温差电流通过，驱使伺服电机带动记录笔向一侧偏斜。随着试样吸热反应的结束，

T_s、T_r 趋近于相等，笔针将回到原处，在曲线上表现为一个吸热峰。显然，过程中吸收的热量越多，温差越大，在差热曲线上表现为峰的面积越大。

当试样在加热过程中发生氧化、晶格重建及形成新的矿物时，一般为放热反应，致使试样温度升高，热电偶两焊点的温度变为 $T_s>T_r$，$\Delta T>0$，闭合电路中产生的温差电动势，使记录笔向另一侧偏转，随着放热反应的结束，T_s 与 T_r 又趋近于相等，笔针重新回到原处，在曲线上表现为一个放热峰。

试样在吸热或放热反应中所吸收或放出的热量越多，温差越大，吸热峰、放热峰的面积越大，试样发生变化的次数多，吸热峰、放热峰的数目也多，所以各种吸热峰和放热峰的个数、形状和位置与相应的温度可用来定性地鉴定所研究的物质，而其面积与热量的变化有关。

在差热曲线上，峰温无严格的物理意义，一般来说峰顶温度并不代表反应的终止温度。最大的反应速率也不发生在峰顶而是在峰顶之前。峰顶温度仅表示试样和参比物温差最大的一点，而该点的位置受试样条件的影响较大，所以峰温一般不能作为鉴定物质的特征温度，仅在试样条件相同时可作相对比较。

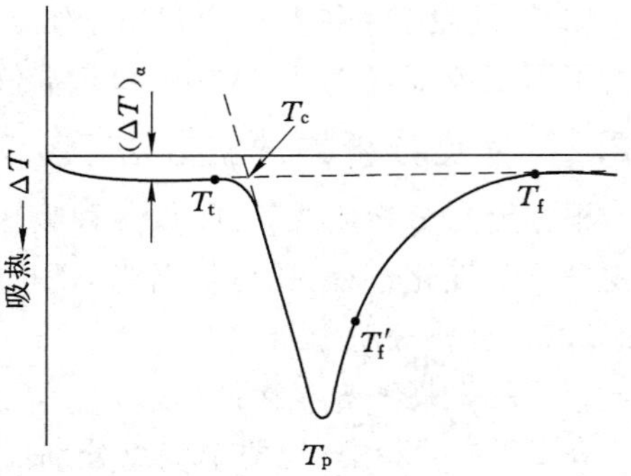

图 4-4　DTA 曲线二

(2) 差热曲线温度特征

由于试样、参比物之间热容等不同以及其他的不对称性，在出现变化之前 DTA 曲线不会完全在零线上，而表现出一定的基线偏离，如图 4-4 所示，这时的 ΔT 与时间 t 的关系可表示为：

$$\Delta T=\frac{c_{pR}-c_{pS}}{K}\Phi\left[1-\exp(-\frac{K}{c_{pS}}t)\right] \tag{4-4}$$

当 t 足够大时，式(4-4)即表示基线的位置$(\Delta T)_\alpha$。

$$(\Delta T)_\alpha=\frac{c_{pR}-c_{pS}}{K}\Phi \tag{4-5}$$

式中　c_{pS}，c_{pR}——试样和参比物的比热容；

Φ——升温速率；

t——时间；

K——与灵敏度有关的仪器常数。

由式(4-5)可以看出，只有当升温速率保持不变和 c_{pR}，c_{pS} 接近时(比如用参比物稀释试样)，才能使基线平直，并与零线偏离较小。

当有热效应发生时，曲线便开始离开基线，此点称为始点温度，标以 T_t。该点与仪器的灵敏度有关，灵敏度越高则出现越早，即 T_t 值越低。基线延长线与曲线起始边切线交点的温度 T_c，称外推始点。峰温为 T_p。T_c，T_p 的重复性较好，常以此作为特征温度，以作比较。从外观上看，曲线回复到基线的温度是 T_f，即终止温度。而反应中真正终止温度是在 T'_f，由于整个体系的热惰性，即使反应终了，热量仍有一个散失过程。使曲线不能立即回到基线。

T_f 可以通过作图的方法来确定，T_f 之后 ΔT 即以指数函数降低，因而如以 $\Delta T—\Delta T(a)$ 的对数对时间作图，便可得一直线。当从峰的高温侧的底端来看这张图时，则偏离直线的那点，即表示终点 T_f。

DTA 曲线的另一个重要特征是由 $T_t T_p T_f T_i$ 所包围的峰面积 S(有时由于反应前后基线的不一致，给 DTA 曲线峰面积的测量带来一定困难)。在一定实验条件下，这一峰面积直接与反应热有关。

可以说，一条 DTA 曲线，最重要的是外推始点 T_c、峰温 T_p 和峰面积 S_0。T_c 和 T_p 比较直观，下面着重介绍峰面积的求法。

(3) 峰面积的计算方法

DTA 或 DSC 曲线峰面积是反应热的一种度量。可以热效应的始点和返回到基线之点分别作为积分的上、下限，对温差进行积分，即以积分 $\int \Delta T \mathrm{d}t$ 定量地表示这个反应热的数值。求取面积最熟知的手工方法是求积仪法、剪纸称重法和数格子法。在所研究的反应进行期间，试样的基本性质(主要是指热传导、密度和比热容)在变化，使热分析曲线偏离基线。用热惰性物质稀释试样或使试样与热电偶分开，可消除或减弱这种不利的效应。偏离基线的变化给作图计算面积造成一定困难，主要是难于确定面积的包围线。

对于反应前后基线没有偏移的情况，只要连接基线就可求得峰面积，这是不言而喻的。下面对于基线有偏移的情况，列举几种确定这个包围线的常用方法，以图 4-5(a)至图 4-5(f)为序，分别予以叙述。

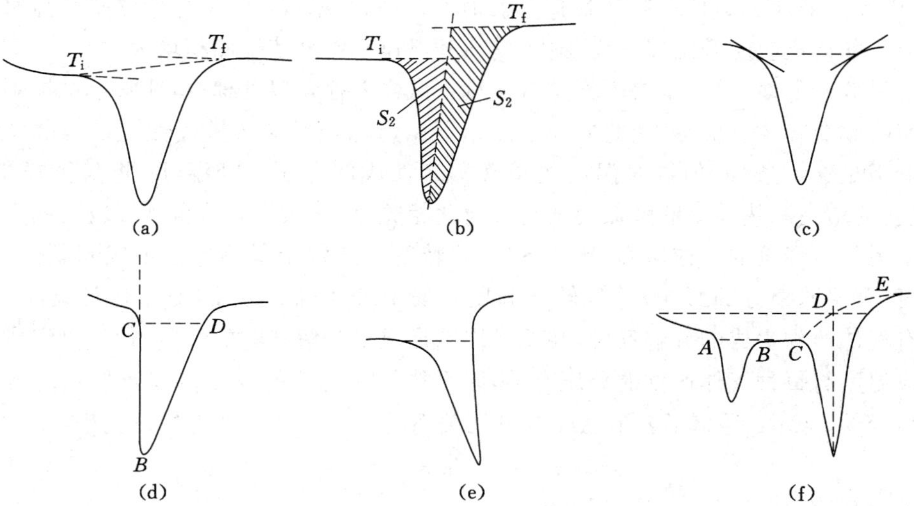

图 4-5　峰面积求法

① 分别作反应开始前和反应终止后的基线延长线，它们离开基线的点分别是 T_i(反应始点)和 T_f(反应终点)，联结 $T_i T_p T_f$ 各点，便得峰面积，这就是 ICTA 所规定的方法[图 4-5(a)]。

② 由基线延长线和通过峰顶 T_p 作垂线，与 DTA 曲线的两个半侧所构成的两个近似三角形面积 S_1，S_2[图 4-5(b)中以阴影表示]之和：

$$S = S_1 + S_2 \tag{4-6}$$

表示峰面积,这种求面积的方法是认为在 S_1 中丢掉的部分与 S_2 中多余的部分可以得到一定程度的抵消。

上述两种方法经常采用。

③ 由峰两侧在曲率最大的两点间连线所得峰面积。这只适于对称峰[图 4-5(c)]。

④ 在图中的 C 点作切线的垂线,将所得三角形 BCD 面积作为所求的峰面积[图 4-5(d)]。

⑤ 对于峰形很明确而基线有移动的吸热峰,也采用直接延长原来的基线而得峰面积的简单方法[图 4-4(e)]。

⑥ 对于基线有明显移动的情形,方法较为麻烦,需画参考线。从有明显移动的基线[图 4-5(f)的 BC]连接 AB,显然这是视 BC 为产物的基线,而不是第一反应的持续。第二部分面积是 $CDEF$,DF 是从峰项到基线的垂线。

(4) 影响曲线定量分析的基本因素

尽管差示扫描量热法(DSC)在定量化程度上要比差热分析好,但因这一方法出现得较晚,前人在 DTA 的数据处理上做了大量工作,所阐述的许多道理可作为 DSC 在考虑问题时参考和借鉴,故在此简单阐述影响 DTA 定量分析的基本因素。

这里首先从原理上,就温度的均匀化、温度梯度、产物分压和在不同的温区等量热表现出不等的峰面积等方面加以讨论。

通常由于试样和参比物之间并非热绝缘,使得 ΔT 值减小,致使温度趋于相等。这种与时间有关的温度均等化也与均温块体的性质(如热传导率)有关。慢速升温使均等化的可能性增大,因此热效应的数值也就比快速升温时小。所以说,在 DTA 定量方面升温速率是相当重要的。如果反应时升温速率无变化,提高升温速率将会使峰面积增大。

在定量分析方面,另一重要因素是试样量。试样内存在温度梯度,使整个试样不是以相等的速率吸收或释放反应热,因此曲线下面积不一定总与反应热呈线性关系。试样量相当小时可能满足这一条件,但这时温度的精确测量就成问题了。峰温 T_p 将随试样半径、密度、比热容的增高和热导率的降低而增高。与此相关,后来微量方法得到了较大的发展。

对于无气体释放的可逆转变(比如 SiO_2 的转变),通常定量测量是不成问题的,不受材料孔隙度、升温速率等的影响,并且转变温度一般十分明确。然而,对于化学反应则不然。比如伴有气体产物生成的分解反应,在试样周围形成了分解产物的气氛,使气氛组成有所改变。反应温度与每种气体产物的分压有关,因而热效应所处的温度范围及热量均会随升温速率发生变动。Carn 导出了表示 ΔH 与分压关系的方程。反应若为如下类型:

$$\mathrm{AB}_{(\text{固相})} \rightarrow \mathrm{A}_{(\text{固相})} + \mathrm{B}_{(\text{气相})} \tag{4-7}$$

则平衡常数随温度的变化有如下关系:

$$\frac{\mathrm{dln}\, K_\mathrm{P}}{\mathrm{d}T} = \frac{\mathrm{dln}\, P_\mathrm{R}}{\mathrm{d}T} = \frac{\Delta H_\mathrm{n}}{RT^2} + \frac{1}{RT^2}\int_0^T \Delta c_p \mathrm{d}T \tag{4-8}$$

式中 ΔH_0——在温度 T_0 时反应[式(4-7)]的焓变;

P_R——B 的分压;

K_P——热力学平衡常数。

如果忽略 Δc_p 随温度的变化,积分则得表示式:

$$\ln \frac{P_2}{P_1} = -\frac{\Delta H_0}{R}\left(\frac{1}{T_2} - \frac{1}{T_1}\right) + \frac{\Delta c_p}{R}\ln \frac{T_2}{T_1} \tag{4-9}$$

式中　P_1, P_2——气体的分压；

T_1, T_2——峰温；

c_p——在恒定压力下的比热容；

Δc_p——产物和起始物 c_p 之差。

在影响热分析曲线定量计算的因素之中，通常采用的以热惰性物质稀释试样的方法也应考虑在内。稀释使峰面积减小，要求在更高的灵敏度进行测量。

4.2.2.2　差热分析实验

差热分析实验主要包括：试样和参比物的准备及装填；升温速率的选择；差热电偶的选择；试样和参比物容器的判断，记录仪走纸速度的选择以及接通电源等具体操作，最后编写实验报告等。

(1) 参比物应符合的要求

① 整个测温范围内无热反应；

② 比热和导热性能与试样相近；

③ 粒度与试样相近（通过 100～300 目筛的粉末）。

常用的参比物为 α-$A1_2O_3$（经 1 720 K 煅烧过的高纯氧化铝酚，全部是 α 型氧化铝晶体）。

(2) 试样

① 粉末试样的粒度均应通过 100～300 目筛；聚合物应切成碎块或薄片，纤维状试样应切成小段或制成球粒状，金属试样应加工成小圆片或小块等。

② 为使试样的导热性能与参比物接近，常在试样中添加适量的参比物使试样稀释。

③ 尽可能使试样与参比物的装填密度相接近。

(3) 升温速率

升温速率的选择需要依据试样和试样容器的热容及导热性能来确定。常用的升温速率为 1～20 ℃/min。

(4) 走纸速度

为保证差热曲线的幅度合适，记录仪的走纸速度应与升温速度相配合，升温速度为 20 ℃/min 时，走纸速度为 30 cm/h 左右为宜。

(5) 试样座和参比物座的分辨

为使差热记录笔移动的方向符合常规，装填试详前应分辨出试样座和参比物座。方法是用热物体接近热电偶的某一焊点，并将差热量程置于 100 mV 挡，如果输出仪表的指针或差热记录笔移向左侧，则接近热端为参比物座；如果移向右侧，接近热端为试样座。也可用棉花沾少量乙醇或乙醚，接触某侧热电偶的焊点，若是热记录笔向左移动，则接触侧为试样座。

4.2.2.3　差热曲线的影响因素

通过差热曲线测定的主要物理量是热效应发生和结束的温度、峰顶温度、峰面积以及通过定量计算测定转变物质的量或相应的转变热。在测试过程中体系的温度在不断发生变化，从而引起物质的热性能变化，因此，许多因素都会影响 DTA 曲线的基线、峰形和温度。归纳起来，影响 DTA 曲线的主要因素有下列几个方面：

① 仪器方面的因素——包括加热炉的形状和尺寸、坩埚材料及大小形状、热电偶性能

及其位置、显示、记录系统精度等。

② 试样因素——包括试样的热容量、热导率和试样的纯度、结晶度或离子取代以及试样的颗粒度、用量及装填密度、参比物的影响等。

③ 实验条件——包括加热速度、气氛和压力等。

(1) 仪器方面因素

同一台仪器进行实验时，影响因素通常从如坩埚或热电偶等有限的几个方面作进行考虑。但在分析不同仪器获得的实验结果或考虑仪器更新时，仪器因素是不容忽视的。

① 炉子的结构和尺寸。炉子的结构和尺寸与炉子的均温区有关，而均温区的好坏又与差热基线有关，因此，如果炉子的结构尺寸合理，均温区好，则差热基线较直，检测性能也稳定。一般而言，炉子的炉膛直径越小、长度越长，均温区就越大，且均温区内的温度梯度就越小。

② 坩埚材料和形状。坩埚材料包括金属材料（如铝、不锈钢、铂金等）和非金属材料（如石英、氧化铝、氧化铍等）两类，其传热性能各不相同。金属材料坩埚的热导性能好，基线偏离小，但灵敏度较低，峰谷较小。非金属材料坩埚的热传导性能较差，容易引起基线偏离，但灵敏度较高，较少的样品就可获得较大的差热峰谷。若坩埚的直径大、高度小、试样接触比表面积大，反应更容易进行，灵敏度高，峰形也尖锐。

实验中要求坩埚对试样、产物（包括中间产物）、气氛都是惰性的，并且不起催化作用。

对碱性物质（如 Na_2CO_3）不能用玻璃、陶瓷类坩埚；含氟高聚物（如聚四氟乙烯）与硅形成化合物，也不能使用玻璃、陶瓷类坩埚；铂具有高热稳定性和抗腐蚀性，高温时常选用，但不适用于含有 P、S 和卤素的试样。另外，Pt 对许多有机、无机反应具有催化作用，若忽视可导致严重的误差。

③ 热电偶性能与位置。热电偶的性能、接点位置、类型和大小等因素都会对差热曲线的峰形、峰面积及峰温等产生影响。此外，热电偶在试样中的位置不同，也会使热峰产生的温度和热峰面积有所改变。这是因为物料本身具有一定的厚度，因此物料的物理化学过程在表面进行得较快，而中心部分较迟，使试样出现温度梯度。试验表明将热电偶热端置于坩埚内物料的中心点时可获得最大的热效应。因此，热电偶插入试样和参比物时应具有相同的深度。

(2) 试样方面因素

① 热容量和热导率变化。试样的热容量和热导率的变化会引起差热曲线的基线变化。一台性能良好的差热仪的基线应是一条水平直线，但试样差热曲线的基线在热反应的前后往往不会停留在同一水平线上。这是由于试样在热反应前后热容或热导率变化的缘故。如图 4-6(a)所示反应前基线低于反应后基线，表明反应后热容减小。图 4-6(b)所示反应前基线高于反应后基线，表明反应后试样热容增大。反应前后热导率的变化也会引起基线有类似的变化。

② 试样的颗粒度、用量及装填密度。在 DTA 中试样的热传导性和热扩散性都会对 DTA 曲线产生较大的影响，若涉及气体参加或释放气体的反应，还与气体的扩散等因素有关，显然这些影响因素与试样的用量、粒度、装填的均匀性和密实程度以及稀释剂等密切相关。

a. 试样颗粒度的影响。差热分析可以用来研究只要能将它们装入试样坩埚内的任何物质，绝大多数采用粉末试样。试样的颗粒度大多数对差热曲线有明显影响，影响的程度取决于反应过程的类型。对表面反应和受扩散控制的反应来讲，颗粒变化均可以引起峰形的改变。

图 4-7 为不同尺寸块状和粉状氟铝酸盐玻璃的 DTA 曲线，从图中可以看出玻璃样品粒度对差热分析结果影响很大。样品粒度越大，析晶放热峰越宽，峰值强度越小；相反，玻璃粒度越小，析晶放热峰越窄，峰值强度越大。相应地，玻璃的起始析晶温度和析晶峰温度也随粒度减小而降低。玻璃样品粒度越小，样品表面积越大，表面能越高，质点活性越强，化学反应驱动力越大，使析晶容易在较低温度发生。另外，样品粒度降低有可能使玻璃的析晶机理发生变化，可能会从大颗粒时由扩散控制的析晶过程转化为小颗粒或粉体时的由界面控制的析晶过程。玻璃颗粒越大，由于扩散过程较慢使析晶时间增长，放热分散使析晶放热峰强度降低。而小颗粒或粉体样品则可能由于主要受界面析晶过程控制，使得其析晶速度加快，放热更为集中。当然，不同玻璃和粒度样品的析晶机理并不绝对受一种机理控制，可能同时受两种机理控制。在反应过程不受扩散过程控制的反应和相转变中，颗粒大小的影响一般是很小的。一般在进行差热分析时通常采用超细的粉末，不规定试样的颗粒范围。但相同的物质进行比较时，重要的是确保试样颗粒大小范围相同。

图 4-6 热反应前后基线变化

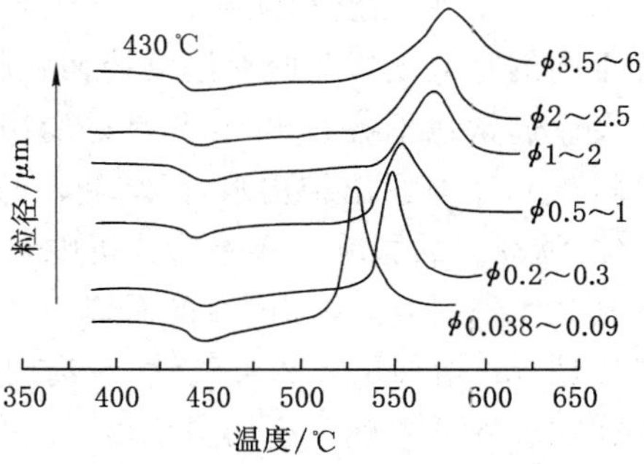

图 4-7 不同粒度下的氟铝酸盐玻璃的 DTA 曲线

b. 试样用量对 DTA 曲线有一定的影响。图 4-8 为不同用量的氢氧化镁 DTA 曲线。由图可知，氢氧化镁用量越多，内部传热时间越长，形成的温度梯度越大，DTA 峰形就会扩张，分辨率要下降，峰顶温度会移向高温，即温度滞后会更严重，容易掩盖邻近小峰谷。试样用量以少为原则，较适宜的试样用量为 5～15 mg；对装填要求为薄而均匀，装填不均匀也会影响产物的扩散速度和试样的传热速度，因此会影响 DTA 曲线形态。

c. 试样的装填密度影响扩散速度和传热，因而影响曲线形态。装填过于疏松，反应速度减慢，使临近峰合并，一般采用紧密装填。

如果存在热分解气体时，试样的装填松紧程度会影响热分析气体产物向周围介质空间的扩散和试样与气氛的接触。例如含水草酸钙（$CaC_2O_4 \cdot H_2O$）分解的第二步失去 CO 的反应，即：

$$CaC_2O_4 \cdot H_2O \rightarrow CaCO_3 + CO$$

如图 4-9 所示，当介质中为空气时，如果装样较疏松，有较充分的氧化气氛，DTA 曲线 1 呈现放热峰（511 ℃），是 CO 的氧化，即 $2CO + O_2 \rightarrow 2CO_2$。如装样较实，出于缺氧状态，曲线 2 则呈现吸热峰。

上述现象说明，对于含水草酸钙的分解，这一步反应的吸、放热现象与试样的装填情况有关。总的来说，如果其分解所需的能量小于CO氧化放出的能量，则表现为放热效应，反之为吸热。

分析时要注意试样粒度、用量、装填情况应与参比物尽可能相同。

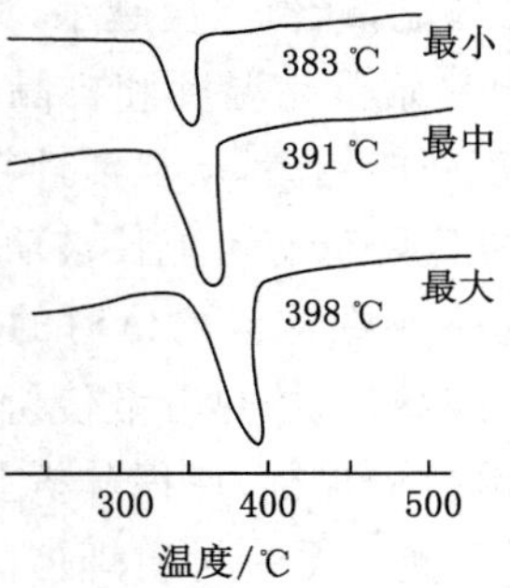

图 4-8　试样用量的大小对氢氧化镁 DTA 曲线的影响

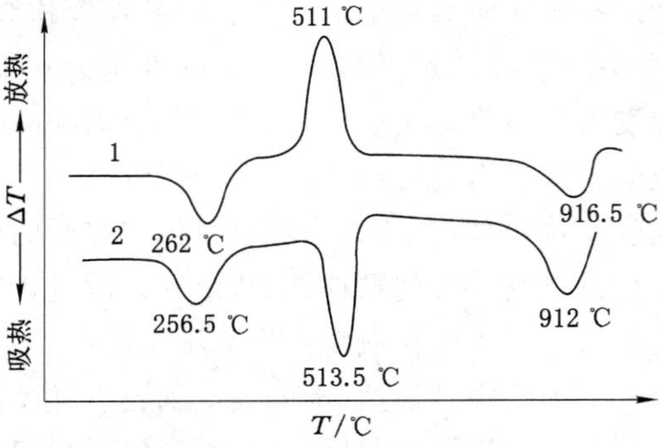

图 4-9　草酸钙的 DTA 曲线

1——装填较疏松；2——装填较实

③ 试样的结晶度和纯度。Carthew 等研究了试样的结晶度对差热曲线的影响，发现结晶度不同的高岭土样品吸热脱水峰面积随样品结晶度的减小而减小，随结晶度的增大，峰形更尖锐。通常也不难看出，结晶良好的矿物，其结构水的脱出温度相应要高些，如结晶良好的高岭土 600 ℃脱出结构水，而结晶差的高岭土 560 ℃就可脱出结构水。

④ 稀释剂的影响。在差热分析中有时需要在试样中添加稀释剂，常用的稀释剂有参比物或其他惰性材料，添加的目的有以下几方面：a. 改善基线；b. 防止试样烧结；c. 调节试样的热导性；d. 增加试样的透气性，以防试样喷溅；e. 配制不同浓度的试样等。但稀释剂的加入往往会降低差热分析的灵敏度。

(3) 实验条件

① 升温速度。从广义上讲，温度程序包括加热方法、升温速率以及线性加热或冷却的线性度和重复性，它是影响差热曲线最重要的实验条件之一，能直接影响 DTA 曲线的形状和特征。在差热分析中，升温速度的快慢对差热曲线的基线、峰形和温度都有明显的影响。升温越快，更多的反应将发生在相同的时间间隔内，峰的高度、峰顶或温差将会变大，峰形尖锐。升温速率慢，基线漂移小，使体系接近平衡条件，得到宽而浅的峰，也能使相邻两峰更好地分离，因而分辨力高。但测定时间长，需要仪器的灵敏度高。

不同的升温速度还会明显影响峰顶温度。图 4-10 显示了不同加热速度下高岭土脱水反应的差热曲线形态和温度。从图中可见，随着升温速度的提高，峰形变得尖而窄、形态拉长，峰温增高。升温速度低时，峰谷宽、矮，形态扁平，峰温降低。

升温速度不同还会影响相邻峰的分辨率，较低的升温速度率使相邻峰易于分开，而升温速率太快容易使相邻峰谷合并。图 4-11 所示为胆甾醇丙酸酯的 DTA 曲线中两个相邻峰的分辨率随升温速变化而变化的情况，可以看出，当升温速率为 10 ℃/min 时，胆甾醇丙酸酯的曲线上出现了 3 个吸热谷，对应的温度分别为 85 ℃、95 ℃和 110 ℃。DTA 温度为 85 ℃时，胆甾醇丙酸酯由结晶态向蝶状液晶态转变温度为 110 ℃时，蝶状胆甾醇向各向同性的转变。当升温速率为 30 ℃/min 时，结晶态→蝶状液晶态胆甾醇的两个吸热峰合并为一个吸热峰。在温度大约为 85 ℃处却检测到一个新的小吸热峰，这是因为低的升温速率淹没了小的峰，而高的升温速率能提高峰的灵敏度，却降低了相邻峰的分辨率。因此，太高的升温速率有可能引起一个峰掩盖另一个相邻的峰，但升温速率非常小时，峰形变得平坦而不明显。

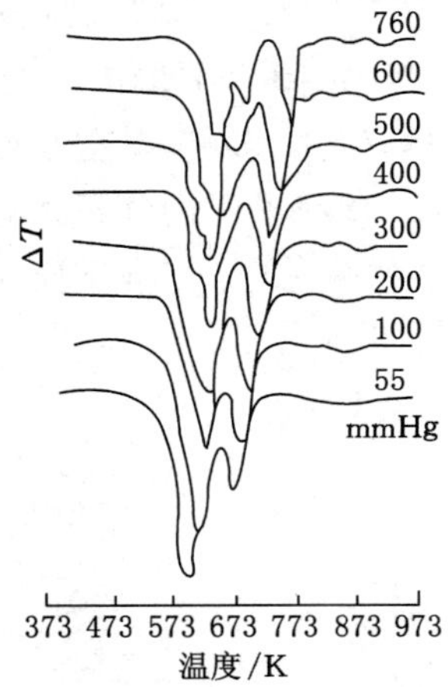

图 4-10　不同升温速率的高岭土脱水反应的 DTA 曲线

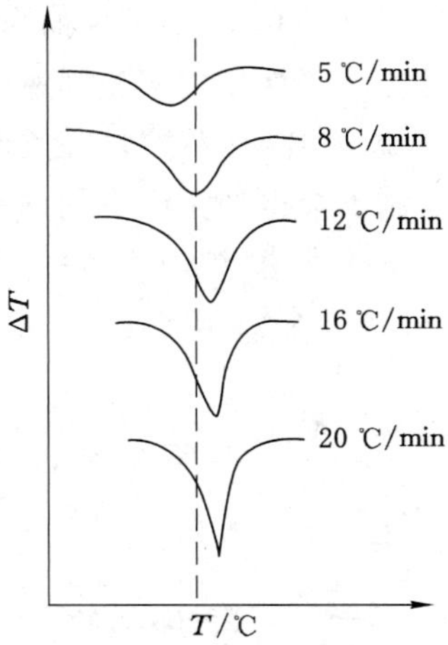

图 4-11　不同升温速率的胆甾醇丙酸酯的 DTA 曲线

因此，选择合适的升温速率是提高测试精度的一个关键因素，这与试样本身性质有关。例如，硅酸盐材料的导热性较差，在加热过程中会出现内外的温度差。因此，必须根据试样来选择合适的升温速率，使试样内外的温差以不影响试样的正常热效应为宜；选择升温速率时应考虑到试样的量、传热性能以及参比物、炉子、试样座的特征和记录的灵敏度等。此外，导热性差的试样，记录仪灵敏度高时升温速率可以适当降低，反之则应加快升温速率。升温速率选择适当，可以得到精确表征试样热效应特性的 DTA 曲线。一般来说，一般试样宜选用 10 ℃/min 的升温速率。

② 压力和气氛的影响。压力和气氛可以影响试样化学反应和物理变化的平衡温度和峰形，分析时必须根据试样的性质选择适当的压力和气氛。

不涉及气相的物理变化，如晶型转变、熔融、结晶等，转变前后体积变化不大，压力对差热曲线影响很小，峰温基本不变。对于化学或物理变化中要放出或消耗气体的反应，如热分解、升华、脱水、氧化等，压力对平衡温度有明显的影响，差热曲线的峰温变化较大。其峰温移动的程度与过程的热效应有关。当外界压力增大时，试样的分解、扩散速度均降低，使热反应的温度向高温方向移动；当外界压力降低或抽真空时，试样的分解、扩散速度将加快，使热反应的温度向低温方向移动，如图 4-12 和图 4-13 所示。

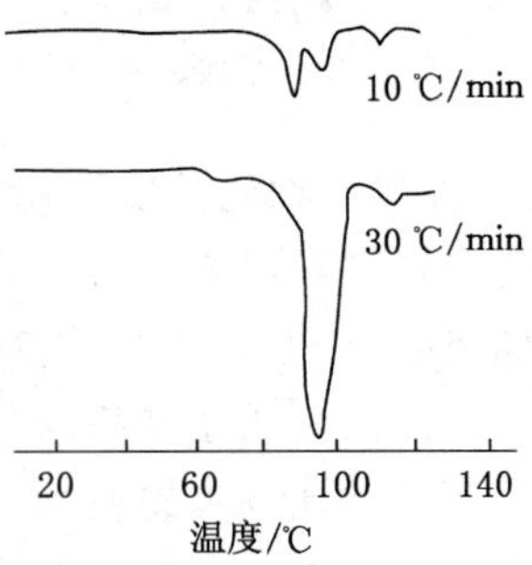

图 4-12　不同压力下 $PbCO_3$ 在 CO_2 气中的 DTA 曲线

气氛对差热分析的影响由气氛与试样变化关系所决定。当试样的变化过程有气体放出或能与气氛组分作用时，气氛对差热曲线的影响就特别显著。在差热分析中，常用的气氛有静态和动态两种；气氛组成可以是活性的或是惰性的；气氛压力可以是常压、高压甚至真空。

对于静态气氛，在试样局部的气氛组成和压力是无法控制的，这时实验结果往往重复性不好。在动态气氛中，试样可以在选定的压力、温度和气氛组成等条件下完成变化过程。大量的研究表明，气氛组成、气氛压力和气氛类型对差热分析结果都有影响。无论是动态气氛还是静态气氛，气体种类是最重要的影响因素。气氛压力不仅影响峰的形状，而且有时还会影响反应机理。不同性质的气氛如氧化性、还原性和惰性气氛对 DTA 曲线的影响是很大的。气氛对碳酸盐、硫化物、硫酸盐等类矿物加热过程中的行为有很大影响，某些矿物试样在不同的气氛控制下会得到完全不同的差热分析曲线。图 4-14 显示了不同气氛下碳酸锶的热分解反应。试验表明，炉内气氛的气体与试样的热分解产物一致时，分解反应所产生的起始、终止和峰顶温度趋向增高。

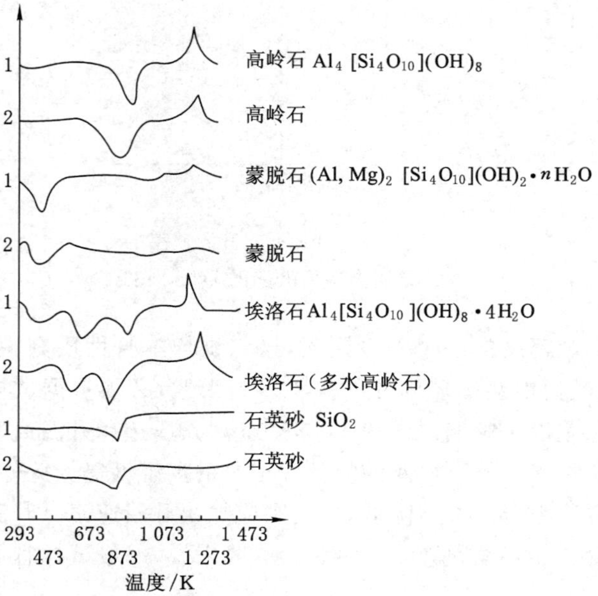

图 4-13 压力对 DTA 曲线形态的影响

1——空气中加热的试样；2——真空中加热的试样

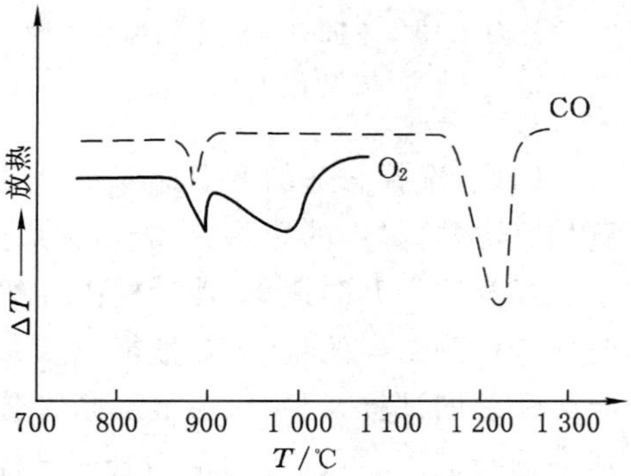

图 4-14 碳酸锶的 DTA 曲线

③ 参比物的性质。作为参比物的基本条件是在实验温度区内具有热稳定性质，其作用是为获得 ΔT 创造条件。但由于参比物的导热系数受比热容、密度、粒度、温度和装填方式等的影响，引起差热曲线基线的偏移，即使同一试样用不同参比物实验，引起的基线偏移也不一样。因此为了获得与零基线接近的基线，需要选择与试样导热系数尽可能相近的参比物。所选参比物最终必须满足基线能够重复这一基本要求。故选用参比物时以其热容、导热系数等是否与试样相等或接近为原则。最常用的参比物有 α-Al_2O_3、MgO 等。

4.2.3 差热分析的应用

DTA 曲线提供的信息有：峰的位置、峰的形状、峰的个数。依据差热分析曲线特征，如各种吸热与放热峰的个数、形状及相应的温度等，可定性分析物质的物理或化学变化过程，还可根据峰面积半定量地测定反应热。差热分析的应用如下：

4.2.3.1 物质的定性分析

应用差热分析对材料进行鉴别主要是根据物质的相变（包括熔融、升华和晶型转变等）

和化学反应(包括脱水、分解和氧化还原等)所产生的特征吸热或放热峰。有些材料常具有比较复杂的 DTA 曲线,虽然不能对 DTA 曲线上所有的峰作出解释,但是它们像指纹一样表征材料的特性。依据峰温、形状和峰数目定性表征和鉴别物质。将实测样品 DTA 曲线与各种化合物的标准(参考)DTA 曲线对照,即可表征和鉴别。标准卡片有:萨特勒(Sadtler)研究室出版的卡和麦肯齐(Mackenzie)制作的卡片(分为矿物、无机物与有机物三部分)。

图 4-15 是天然橡胶、丁二烷橡胶和丁苯橡胶的 DTA 曲线。根据热裂解行为可对这三种橡胶进行区别。

4.2.3.2　物质的定量分析

差热分析不仅可以定性地测定混合物的组成,而且可以半定量地测定体系中各组分的含量。虽在混合物中,但是单个化合物的各种热效应仍能全部表述出来,而且在一定的温度下,因热效应而在差热曲线上出现的吸热或放热峰的面积大小,与这种物质在混合物中的含量成正比。

4.2.3.3　热转变温度

聚合物的热转变温度与其组成和结构密切相关。聚对苯二甲酸乙二醇酯(PET)具有良好的化学性能和物理机械性能,为纤维和薄膜的良好材料。掌握其各转变温度有利于加工。图 4-16 是在氮气保护下测定的未拉伸 PET 纤维的 DTA 曲线。77 ℃、136 ℃、261 ℃及 447 ℃分别是它的玻璃化转变温度、低温结晶化温度(冷结晶温度)、熔融温度及分解温度。

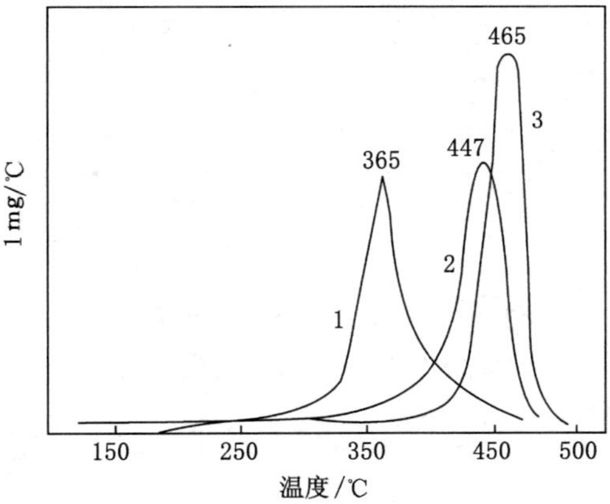

图 4-15　天然橡胶、丁二烷橡胶和丁苯橡胶的 DTA 曲线

1——NB;2——BR;3——SBR

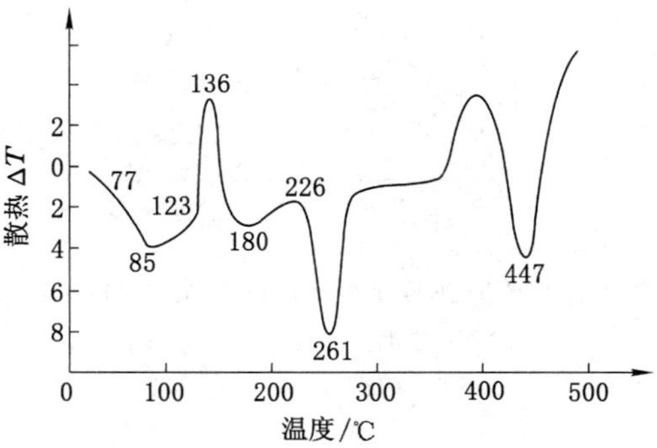

图 4-16　未拉伸 PET 纤维的 DTA 曲线

差热分析的应用是多方面的,目前已从确定溶液或熔合体中物相变化的温度与它们组成间的关系,扩展到研究许多无机和有机体系的本质和确定反应的机构。现将差热分析的应用举例介绍如下。

4.2.3.4　差热分析在确定水泥水化产物中的应用

不同品种的水泥在水化过程中得到的水化产物是不同的,即使是同种水泥,由于生产或水化过程的环境、条件不同,得到的水化产物的品种及数量也不尽相同。不同的水化产物在加热过程中脱水、分解的温度各不相同,体现在 DTA 曲线上就会在不同温度下出现不同的吸热峰和放热峰。图 4-17 为某普通硅酸盐水泥水化 28 d 的 DTA 曲线。由图可以看出 DTA 曲线上的 103 ℃、123 ℃、140 ℃、464 ℃、710 ℃和 725 ℃处都出现了吸热峰。在 103 ℃出现吸热峰的同时伴随有 1.31%的失重,这是水化试样脱去游离水的过程。继续加热,在 123 ℃、140 ℃、464 ℃、710 ℃出现的吸热峰则分别是 C—S—H 凝胶脱水、水化硫铝酸钙(Art)脱水、氢氧化钙脱水和碳酸钙分解的吸热峰,这些过程都有不同程度的失重。725 ℃的吸热峰应是 C_2S 发生晶型转变的吸热峰,晶型转变时没有重量变化。在这些吸热峰中以水化硅酸钙脱水、氢氧化钙脱水和碳酸钙分解的吸热峰最为明显。

4.2.3.5 差热分析在研究水化速度及进程上的应用

各种熟料单矿物和水泥的水化速度可以用结合水、水化热或水化深度等方法测定,差热分析也是一种相当有效的方法。图 4-18 是 C_2S 和 C_3S 两种单矿物水化 3 d 的 DTA 曲线。比较两条曲线可以看出 C_2S 和 C_3S 水化后的 DTA 曲线上都有水化硅酸钙的脱水吸热峰和 $CaCO_3$ 的分解吸热峰,但 C_2S 的 DTA 曲线上的峰较弱,而 C_3S 的 DTA 曲线上的峰较宽、较深,且具有明显的 $Ca(OH)_2$ 的脱水吸热峰,这说明 C_3S 的水化速度比 C_2S 快和水化产物数量多。

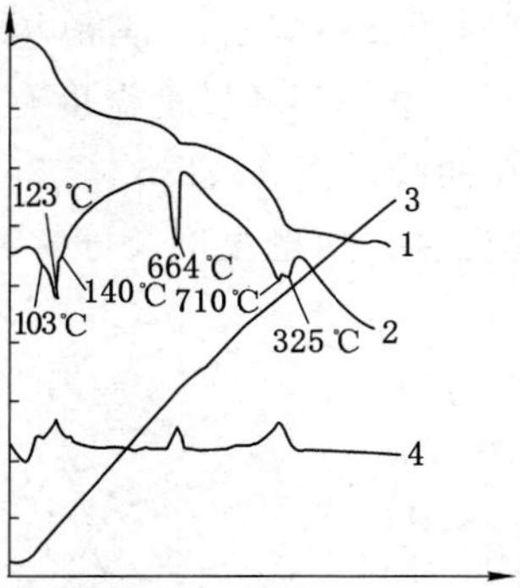

图 4-17 普通硅酸盐水泥水化 28 d 的 DTA 曲线

1——TG 曲线;2——DTA 曲线;

3——T 曲线;4——DTG 曲线

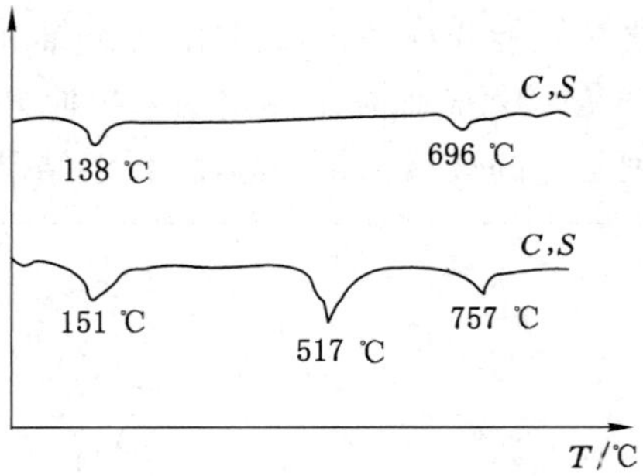

图 4-18 C_2S 和 C_3S 两种单矿物水化 3 d 的 DTA 曲线

4.2.3.6 差热分析在玻璃研究中的应用

差热分析可以用于玻璃科学研究的很多方面,包括微晶玻璃晶化工艺、玻璃析晶动力学、玻璃分相等。在玻璃工业节能方面,差热分析也有重要的应用。此外,根据差热分析测试结果,可以获得玻璃的特征温度,根据这些特征温度计算出各种指标,可以从不同的角度和根据不同的指标判定玻璃的稳定性。

差热分析是研究微晶玻璃晶化工艺行之有效的方法。由差热分析结果可判断出玻璃的析晶活化能,同时还可准确、快速地确定最佳热处理温度。通过差热分析曲线的形状还可大致了解玻璃的结晶能力和热处理过程的软化变形情况。

利用差热分析确定微晶玻璃最佳处理工艺——热处理工艺对微晶玻璃晶化后材料的性能具有重要影响。根据差热分析曲线上的放热峰位置,可先固定生长温度,在不同的成核温度下保温,研究成核速度随温度变化的规律并确定最佳成核温度。还可以通过改变成核的生长温度，找出生长速度随温度变化的规律，确定最佳成核的生长温度。此外，在晶化温度停留的时间也可由差热分析曲线得出。通过实验不断延长玻璃晶化时间并作差热分析，相应于结晶相的放热结晶峰，晶化程度较差时，差热分析曲线上放热峰峰值会有所减弱，峰强度会有所降低。反之，当玻璃达到较高的微晶化后，不会发生上述现象。

4.2.3.7　差热分析在硅酸盐工业节能方面的应用

硅酸盐工业是高能耗的产业，节约能源、提高能源的利用率，符合可持续发展战略的工业生产要求，且有利于改善环境、保护资源、促进经济稳定可持续发展。硅酸盐工业使用的原料种类较多，由于其化学成份、矿物组成及成岩机理的不同，在生产硅酸盐产品时消耗的能耗存在较大的差异，当原料确定后，其地质岩相组成决定物料的易烧性和能耗高低。利用 DTA 技术可以判断原料的易烧性或易熔性，为硅酸盐工业优化选择原料，提供参考依据，达到节能目的。在生产水泥的配合生料中，石灰石占 80%左右，石灰石分解温度的高低是决定水泥烧成的热耗高低和生料的易烧性的主要因素，前者与石灰石中 CaO 含量有关，而后者与其地质成因有关。图 4-19 表示不同品位石灰石的差热曲线，由曲线可知，石灰石的 CaO 含量不同，其分解温度差在 200 ℃左右，随 CaO 含量降低，分解温度降低，因此在满足配合生料成份的前提下，选择合适品位的石灰石匹配有利于节约能耗。在硅酸盐玻璃中，选择能加快石英熔融并降低石英熔融温度的矿物和提高玻璃配合料的易熔性是玻璃工业中的有效节能措施。霞石是长石的变种，以高碱、低硅为特征，属硅酸不饱和矿物原料，在玻璃工业中用做替代长石的原料，从图 4-20 可以看出，霞石替代长石时，可以降低玻璃的熔融温度，提高玻璃配合料的易熔性。

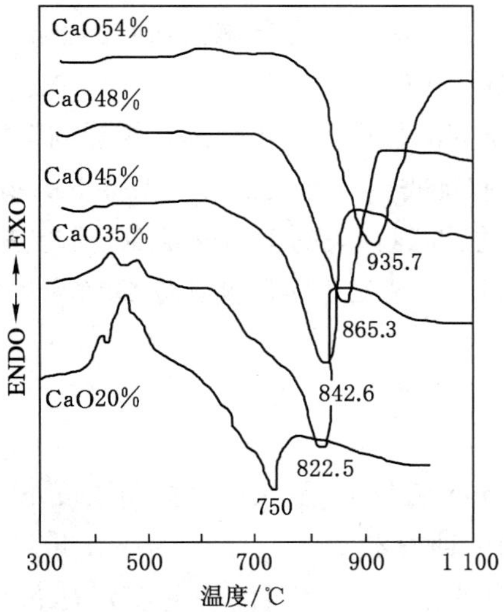

图 4-19　不同品位石灰石的 DTA 曲线

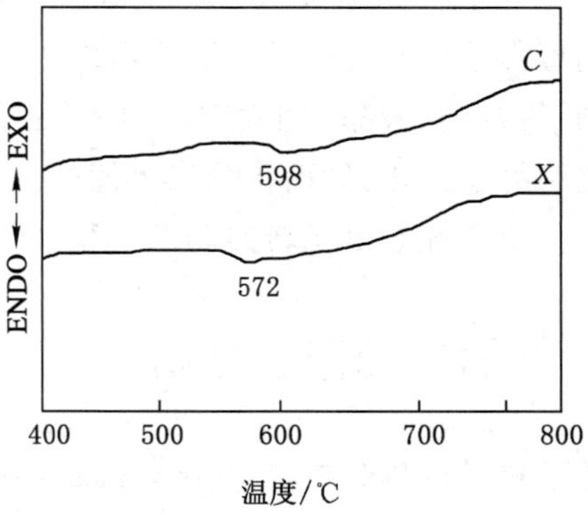

图 4-20　长石和霞石正长岩玻璃的 DTA 曲线

4.2.3.8　热分析用于消除陶瓷烧成缺陷实例

某陶瓷公司生产含有 3.5%左右结合剂的不同尺寸形状的干压成形氧化铝小样（直径为 2.54～10.16 cm），在隧道窑中以小时为周期进行烧成，由于发生丝状裂纹而导致 40%的废品率。为了考察结合剂的燃烧效应，该公司分别在空气和氮气中对加结合剂的氧化铝样品用 DTA/TGA 综合热分析仪及热膨胀仪进行分析，图 4-21、图 4-22 的 DTA 曲线表明烧成过程中有空气与否的显著区别。由图 4-21 可知，在空气中，由于结合剂燃烧导致的放热反应很剧烈，使得样品温度超过炉温，并因结合剂燃烧留下的气孔空间被烧结助剂和氧化铝的共熔物所填充，产生巨大收缩，这样一方面制品温度急剧上升，另一方面又急剧收缩，致使制品容易产生裂纹。从图 4-22 可以看出，在氮气中 350～600 ℃期间，样品是吸热反应，表明结合剂是分解而非氧化反应，此吸热反应强度远低于空气中的放热反应强度，样品在氮气中没有产生巨大收缩，所以样品在氮气中进行反应时整个升温过程比较平稳，没有急剧升温和收缩现象，不会产生裂纹缺陷。

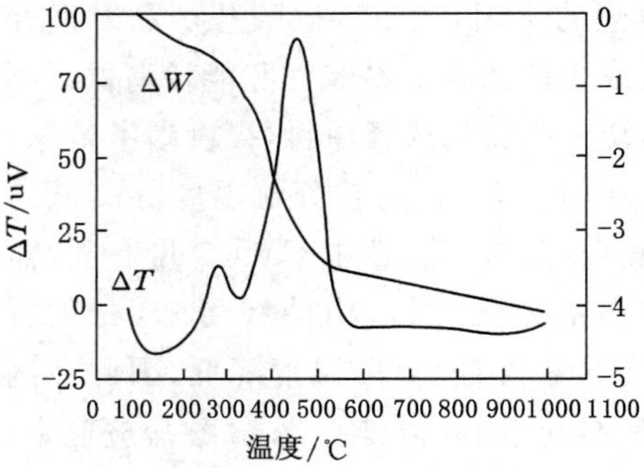

图 4-21　空气中的 DTA/TGA 曲线

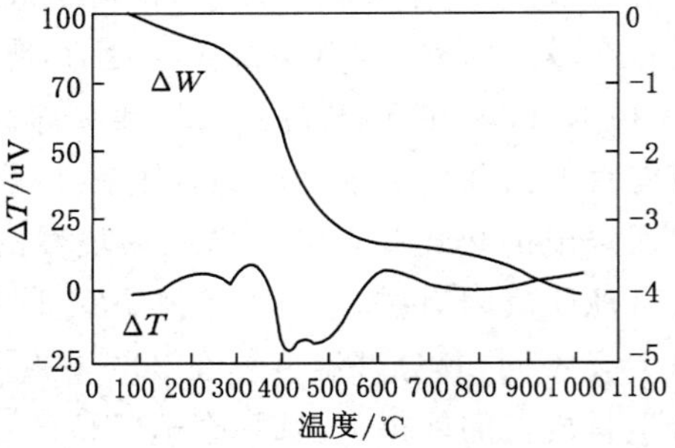

图 4-22　氮气中的 DTA/TGA 曲线

解决方法：根据热分析结果，确认在结合剂燃烧区间要尽量减少窑炉气氛中的氧含量，以便更好地控制结合剂的燃烧反应，使结合剂产生分解反应。烧成试验表明，将氧含量降至 5% 以下时结合剂燃烧反应弱，制品基本上不出现裂纹。具体实现措施是：在隧道窑 300～600 ℃区间进行遮挡，不让外界空气流入和减少助燃空气量。

随着新学科和材料工业的不断发展，差热分析研究的物质由无机物逐步扩展到有机物、高聚物、络合物、液晶和生物高分子等。差热分析不仅能得到程序控制温度条件下的物理化学变化和物态变化，从而推导出可能的变化过程，还能得到相关的动力学信息，使差热分析法研究物质的静态信息转向动态过程，由静态向动态的转变对现实以及理论都有重大意义。

4.3　差示扫描量热分析

差示扫描量热分析(differential scanning calorimetry，DSC)是在程序控制温度下，测量输入到试样和参比物的热量差随温度或时间变化的一种技术。

在差热分析中当试样产生热效应时，升温速率是非线性的，从而使校正系数 K 值变化，难以进行定量。由于试样产生热效应时与参比物、环境的温度有较大差异，三者之间会发生热交换，从而降低了对热效应测量的灵敏度和精确度。总的来说，差热分析曲线影响因素很多，难以进行定量分析工作，只能进行定性或半定量的分析工作，难以获得变化过程中的试样温度和反应动力学的数据。

为了克服差热分析在定量测定上存在的不足，发展了 DSC。该法对试样产生的热效应能及时得到应有的补偿，使得试样与参比物之间无温差、无热交换，试样升温速度始终跟随炉温线性升温，保证了校正系数 K 值恒定，具有操作简便、分辨率高、定量性好和基线回复快等优点。

4.3.1 差示扫描量热法的基本原理

每当材料的物理状态发生变化，如蒸发、熔融、晶型转变等，或者发生化学反应，如氧化、还原、脱水等，它总是要吸收热或放出热，这些变化过程往往只需要改变材料的温度就能发生。DSC 就是通过测量输给样品和参比物之间的热量差与温度或时间关系来获得相关信息。根据测量方法的不同，差示扫描量热法可分为功率补偿型差示扫描量热法和热流型差示扫描量热法两种。

4.3.1.1 功率补偿型差示扫描量热法

功率补偿型 DSC 工作原理建立在"零位平衡"原理上，即把 DSC 热系统分为两个控制环路。如图 4-23 所示，其中一个环路作为平均温度控制，以保证按预定的速率升高样品和参比物的温度，以便把此温度记录下来。另一个环路的作用是当样品和参比物之间出现温度差时，能够通过调节功率输入的方式来消除这种温度差。当试样吸热时，补偿系统流入试样侧加热丝的电流增大。试样放热时，补偿系统流入参比物侧加热丝的电流增大，直至试样和参比物两者热量平衡，温差消失。这样通过连续不断地自动调节加热器的功率，总是可以使样品托架的温度与参比托架的温度保持相同。

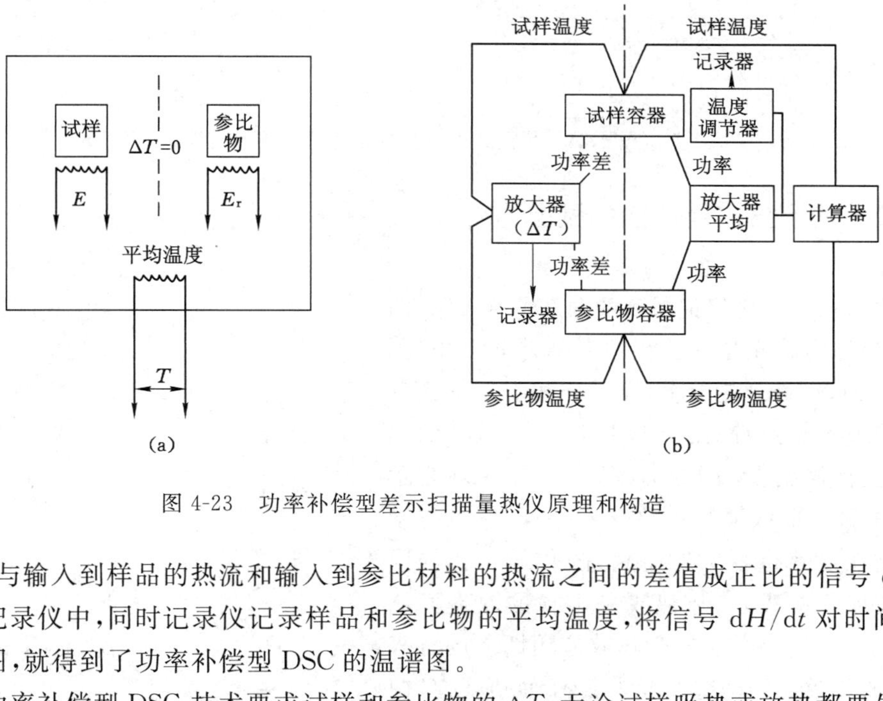

图 4-23 功率补偿型差示扫描量热仪原理和构造

这时，与输入到样品的热流和输入到参比材料的热流之间的差值成正比的信号 dH/dt 被馈送到记录仪中，同时记录仪记录样品和参比物的平均温度，将信号 dH/dt 对时间或平均温度作图，就得到了功率补偿型 DSC 的温谱图。

对于功率补偿型 DSC 技术要求试样和参比物的 ΔT，无论试样吸热或放热都要处于动态零位平衡状态，使 ΔT 等于 0，这是 DSC 和 DTA 技术最本质的区别。

4.3.1.2 热流型差示扫描量热法

热流型 DSC 的热分析系统与功率补偿型 DSC 的差别较大，包括热流式和热通量式。本节主要介绍热流式，它主要通过测量加热过程中试样吸收或放出的热流量来进行 DSC 分析。

热流式差示扫描量热仪的构造与差热分析仪相近，如图 4-24 所示。它利用康铜盘把热量传输到试样和参比物，并且康铜盘还作为测量温度的热电偶结点的一部分，传输到试样和参比物的热流差通过试样和参比物平台下的镍铬板与康铜盘的结点所构成的热电偶进行监控，试样温度由镍铬板下方的热电偶进行直接监控。当加热器在程序控制单元下加热时，试样和参比物在加热块的作用下均匀升温。由于在高温时试样和周围环境的温差较大，热量的损失较大。因此在等速升温的同时，仪器自动改变差示放大器的放大系数，温度升高时，放大系数增大，以补偿因温度变化对试样热效应测量的影响。该法的特点是试样与参比物之间仍存在温差，但要求试样和参比物温差 ΔT 与试样和参比物间热流量差成正比例关系，这样，在给予样品和参比品相同功率的情况下，测定样品和参比物两端的温差 ΔT，然后根据热流方程，将 ΔT 换算成 ΔQ(热量差)作为信号的输出。

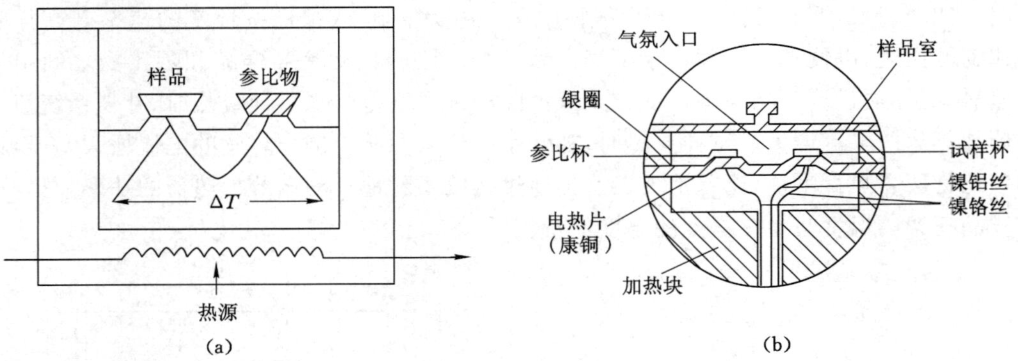

图 4-24　热流式差示扫描量热仪原理和构造

4.3.2　差示扫描量热法的试验方法

4.3.2.1　差示扫描量热曲线

差示扫描量热仪记录到的曲线称为 DSC 曲线：纵坐标为试样与参比物的功率差 $\mathrm{d}H/\mathrm{d}t$(单位：mJ/s)，也称为热流率，即试样相对于参比物能量的吸收比例，该比例取决于 DSC 试样的热容；横坐标为温度(T)或时间(t)。图 4-25 表示典型的 DSC 曲线。与差热分析一样，它也是基于物质在加热过程中发生物理、化学变化的同时往往伴随有吸热、放热现象出现的原理而制得。但在 DTA 曲线中，吸热效应用凹下的谷来表示，放热效应用凸起的峰来表示，而在 DSC 曲线中，吸热(endothermic)效应用凸起正向的峰表示(热焓增加)，放热(exothermic)效应用凹下的谷表示(热焓减少)。差示扫描量热法在进行热量测定时，熔化热、转变热、反应热等均与记录的 DSC 曲线及其基线围成的面积(降面积)成比例。比例系数是仪器常数。据一般报道，比例系数随温度而变，通常均采用可靠的纯物质和文献值，预先求出各种温度下的比例系数。DSC 可以直接测量样品在发生物理或化学变化时的热效应。

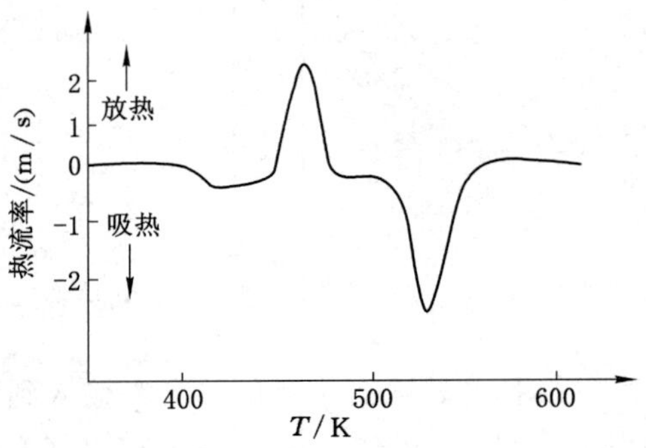

图 4-25　典型的 DSC 曲线

样品真实的热量变化与曲线峰面的关系为：

$$m\Delta H = KA \tag{4-10}$$

式中　m——样品质量；

ΔH——单位质量样品的焓变；

A——与 ΔH 对应的曲线峰面积；

K——修正系数，称为仪器常数。

4.3.2.2　差示扫描量热法的温度和能量的校正

DSC 是一种动态量热技术，在程序温度下，测量样品的热流率随温度变化的函数关系，常用来定量地测定熔点和热容。因此，对 DSC 仪器校正最重要的有两项：温度校正和能量校正。

(1) 温度校正

DSC 温度坐标的精确程度是衡量仪器的一项重要指标。即使出厂时调试好的仪器，由于重新更换样品支架、重新调整基线、改变环境气氛，严格地说来都应进行重新校正。一般采用 99.999% 的高纯金属铟的熔融转变温度（熔点为 156.63 ℃，熔融热 ΔH=28.59 J/g）进行温度的校正。校正时必须选用测定时所用的控温速率进行校正。精密温度测定时，可选用其他纯物质校正，以接近测量范围。

常用标准物质熔融出转变温度和能量见表 4-3。

表 4-3　　常用标准物质熔融转变温度和能量

物　质	铟(In)	锡(Sn)	铅(Pb)	锌(Zn)	K_2SO	K_2CrO
转变温度/℃	156.60	231.88	327.47	419.47	585.0±0.5	670.5±0.5
转变能量/(J/g)	28.46	60.47	23.01	108.39	33.27	33.68

纯物质的熔融是一个等温的一级转变过程，因此在转变过程中样品温度是不变的。起始转变温度不像峰温那样明显地受样品量变化的影响，如图 4-26(a)所示，所以它的相变温度应是开始能检测到的温度；实践中常用峰谷前沿切线的外延起始点温度作为熔融转变温度，如图 4-26(b)所示铟的熔融温度即峰前沿斜率为 $\frac{1}{R_0}\cdot\frac{\mathrm{d}T}{\mathrm{d}t}$ 的切线的外延起始温度 E。

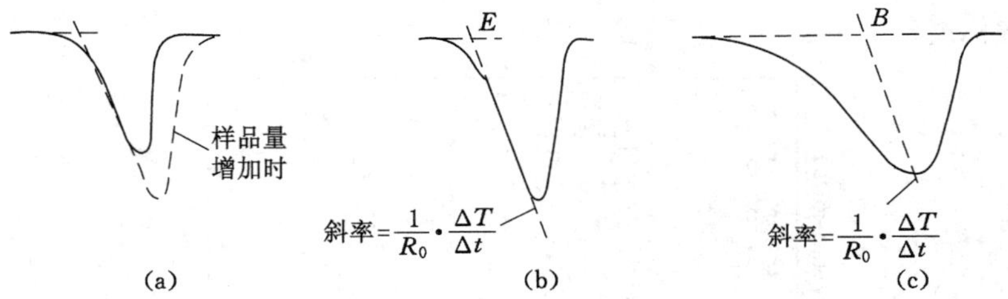

图 4-26　熔融转变温度的测量

对于不等温的二级转变来说，如图 4-26(c)所示，熔融转变温度最好用铟熔融峰的前沿切线来确定，可将铟的熔融峰的前沿切线重合在试样的熔融峰上面，即过试样熔峰顶作一斜率为 $(1/R_0)\mathrm{d}T/\mathrm{d}t$ 的直线平行于铟的前沿切线，并使其与试样 DSC 曲线的外延基线相交，交点 B 即为试样熔融的转变点。

(2) 能量校正与热焓测定

当测量伴随某一转变或反应时总的能量(焓变)时,需对整个 DSC 峰面积对应于时间进行积分:

$$\Delta H = \int \frac{\mathrm{d}H}{\mathrm{d}t}\mathrm{d}t \tag{4-11}$$

但实际的 DSC 能量(热焓)测量包括有仪器校正常数、灵敏度(量程)、记录仪扫描速率(纸速)及峰面积的测量等,通常用式(4-12)来计算反应或转变的焓变。

$$\Delta H = KAR/(Ws) \tag{4-12}$$

式中,ΔH 为试样转变的热焓,mJ/mg;W 为试样质量,mg;A 为试样焓变时扫描峰面积,mm^2;R 为设置的热量量程,mJ/s;s 为记录仪走纸速度,mm/s;K 为仪器校正常数。

仪器校正常数 K 的测定常用已知熔融热容的高纯金属作为标准,最常用做校正标准的是铟。精确称量 5～10 mg 试样,并选择适当的升温速率、灵敏度(量程)和记录仪纸速,测量出它的 DSC 曲线,即可按式(4-13)求出仪器校正系数 K。

$$K = \Delta HWs/AR \tag{4-13}$$

由式(4-13)可见,仪器量程标度、纸速等如有误差,在上述校正中均已并入校正系数 K 中,因此对于测量能量来说,这种校正精度已足够。但对那些要求直接涉及纵坐标位移的测量,如动力学研究和比热测定,还需对量程标度进行精确修正。

(3) 量程校正

量程标度的准确度关系到纵坐标的准确度,在需要准确动力学数据和比热数据的测量中是极为重要的。量程标度的精确测定可用铟作标准进行校正,校正方法为:在铟的记录纸上划出一块大小适当的长方形面积,如取高度为记录纸的横向全分度的 3/10,即三大格,长度为半分钟走纸距离,再根据热量量程和纸速将长方形面积转化成铟的 ΔH,按式(4-13)计算校正系数 K'。若量程标度已校正好,则 K' 与铟的文献值计算的 K 应相等。若量程标度有误差,则 K' 与按文献值计算的 K 不等,这时的实际量程标度应等于 $K/K'R$。

如图 4-27 所示,测定时选定量程 41.84 mJ/s,纸速 32 mm/min,加热速度 10 ℃/min,则划出长方形长为 30 s,高为 12.552 mJ/s,长方形的面积即相当于热量 30 s×12.552 mJ/s =376.6 mJ。将该面积 A 和纸速 s 代入式(4-13)即可计算 K' 与标准铟的 K 值相比较就可得到实际量程标度。

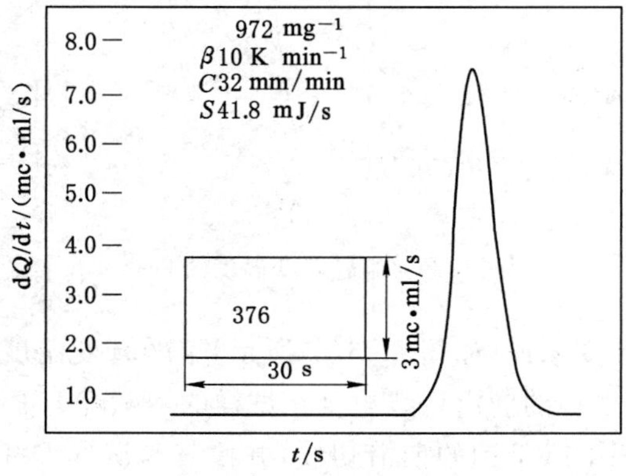

图 4-27　标准铟熔融面积转化为同面积的长方形面积计算热量

4.3.2.3　DSC和DTA应用中需注意的问题

① 通过测量热量变化的方法，差热分析和差示扫描量热法都能得到热谱图。谱图直接反映出温度变化过程中样品的物理化学变化过程，如结晶、熔融、氧化、分解等，在谱图中这些吸热或放热的变化呈现为吸热峰或放热峰；聚合物的玻璃化转变是聚合物状态的变化。在热谱图上一般呈现为基线的拐折。这种拐折是由聚合物比热容发生变化引起的。但是，有时玻璃化转变在热谱图上的曲线上表现为一小峰，这往往是由于样品受过冻结应变或由退火处理所造成的，可以用聚合物的自由体积理论加以解释。

② 样品受热的历史对它的性能影响很大，尤其是聚合物样品的转变与松弛受加工温度、冷热处理的时间长短与速度快慢、放置的温度与时间的影响更大，在做热分析和进行图谱分析中要特别注意。

③ DSC比DTA易于定量，测定样品在发生转变时热量的变化。计算热焓 H 的变化公式如下：

$$\Delta H = KA \tag{4-14}$$

式中，A 为吸热或放热峰的面积；K 为校正系数，与样品的尺寸和导热系数有关。

K 值可用同类已知热熔的样品的热谱图热转变峰的面积求出。在高度自动化的热分析仪器中峰面积由数字积分仪自动测量，经过计算机计算。在DTA中测定的是样品与参比物温度差的变化，K 值与温度变化（升温或降温）有关，计算 H 困难。在DSC中由于仪器设计使得样品与参比物之间的温差为零，K 值与温度变化无关。计算 H 时只需根据吸热或放热峰的面积，所以其应用范围越来越超过DTA。

④ 升温速度在DTA和DSC测定中是重要条件之一：升温速度过快使转变温度向高温方向偏移，所得数据偏高，还会造成相邻转变峰的重叠。影响峰面积的测量：升温速度过慢，测试效率低，还会使得高分子链的热转变与松弛缓慢，在热谱图上的变化不明显，影响转变温度尤其是玻璃化转变温度的确定。因此需根据样品的性能选择适当升温速度，常用的升温速率为5 ℃/min。应区分的是，在保证DSC谱图各转变峰的分离度的前提下，升温速度的变化对转变温度有影响。但对谱图中吸热峰或放热峰的峰面积无影响（对峰的高低和宽窄有影响），不影响DSC热量的定量计算。

⑤ 一些物质在空气存在的条件下受热易被氧化，所以样品要在惰性气体保护下进行，常用干燥的氮气，必要时用氦气。

⑥ 用做DTA和DSC分析的样品一般为固体，固体样品用量小时受热均匀。样品预先经充分干燥，一般用量为5～15 mg。有时样品为胶状树脂。实验时要求将皿式样品池的盖加封。近年来，DTA已用于溶液的测定，用特殊结构的测定装置、溶液注入管中封口后装在这种装置中。

⑦ DTA和DSC试验中所用到的参比物是热惰性物质。这些物质具有蒸汽压低和化学稳定性好的特性，常用的参比物有 Al_2O_3、MgO等。

4.3.2.4　差示扫描量热法的影响因素

由于DTA和DSC都是以测量试样焓变为基础的，而且两者在仪器原理和结构上有许多相同或相近处，因此影响DTA的各种因素也会以相同或相近的规律对DSC产生影响。但是由于DSC试样用量少，试样内的温度梯度较小且气体的扩散阻力下降，功率补偿型DSC还有热阻影响小的特点，因而某些因素对DSC的影响显得更为重要，主要有两个方面——实验条件和试样参数。

实验条件主要包括升温速率、气氛和参比物。

① 升温速率——在DSC实验中，升温速率是对DSC曲线产生最明显影响的实验条件之一。通常升温速率范围为5～20 ℃/min。一般来说，升温速率越快，单位时间产生的热效应增大，峰形越大，越尖锐，灵敏度提高，分辨率下降。灵敏度和分辨率是一对矛盾，人们一般选择较慢的升温速率以保持好的分辨率，而适当增加样品量来提高灵敏度。

② 气氛——不同性质的气氛，如氧化气氛、还原气氛或惰性气氛，对DSC测定有较大影响。一般使用惰性气体，如氮气、氩气、氦气等，就不会产生氧化反应峰，同时又可以减少试样挥发物对监测器的腐蚀。气流流速必须恒定(如10 mL/min)，否则会引起基线波动。气体性质对测定有显著影响，要引起注意。如氦气的热导率比氮气、氩气的热导率大约4倍，所以在做低温DSC用氦气作为保护气时，冷却速度加快，测定时间缩短，但因为氦气热导率高，使峰检测灵敏度降低，约为氮气的40%，因此在氦气中测定热量时要先用标准物质重新标定核准。在空气中测定时，要注意氧化作用的影响。有时可以通过比较氮气和氧气中的DSC曲线来解释一些氧化反应。

③ 参比物——参比物的影响与差热分析相同，即在整个测温范围内无热反应，比热与导热性与试样相近等。常用的参比物有α-Al_2O_3(经1 270 K煅烧的高纯氧化铝粉)。

试样参数主要包括试样的用量、样品粒度和试样形状。

试样用量多，热效应大，峰顶温度滞后，容易掩盖邻近小峰谷。样品量少，样品的分辨率高，但灵敏度下降，一般根据样品热效应大小调节样品量。另外，样品量多少对所测转变温度也有影响。随样品量的增加，峰起始温度基本不变，但峰顶温度增加，峰结束温度也提高，因此如同类样品要相互比较差异，最好采用相同的量。总的来说，试样用量以少为原则，一般为几十毫克。样品粒度和试样形状也会对实验造成一定的影响。

4.3.3 差示扫描量热法的应用

差示扫描量热法与差热分析的应用功能有许多相同之处，但由于DSC克服了DTA以ΔT间接表示物质热效应的缺陷，具有分辨率高、灵敏度高等优点，适合于研究伴随焓变或比热容变化的现象。因而可以定量测定多种热力学和动力学参数，且可进行晶体微细结构分析等工作，因此DSC已成为材料研究十分有效的方法之一。

4.3.3.1 熔点的测定

熔点即固相到液相的转变温度。ICTA规定外推起始温度为熔点。外推起始温度的定义为：峰前沿最大斜率处的切线与前沿基线延长线的交点处温度，如图4-28中的点T_P。

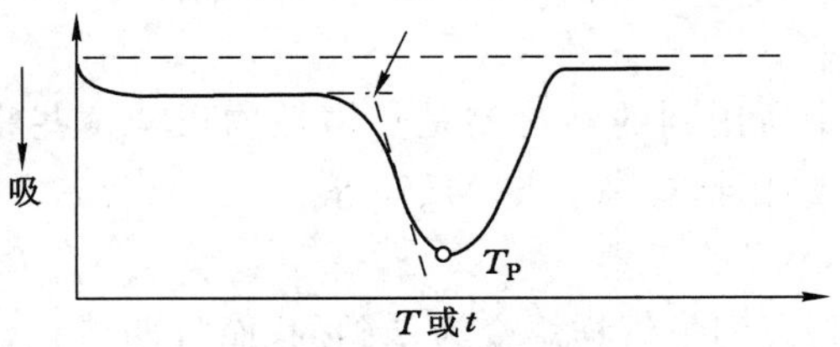

图4-28 DSC曲线上熔点特征

4.3.3.2　比热容的测定

比热是物质的一个重要物理常数。可用基线偏移测定试样的比热容，大部分用 DSC 测定。利用 DSC 法测量比热是一种新发展起来的一种仪器分析方法。在 DSC 法中，热流速率正比于样品的瞬时比热：

$$dH/dt = mc_p dT/dt \tag{4-15}$$

比热容的测定分为直接法和间接法两种。

(1) 直接法(能量校正)

$$c_p = c \cdot m = \frac{dH}{dT} = \frac{dH}{dt} \cdot \frac{dt}{dT} = \frac{dH}{dt} \cdot \frac{1}{\beta}$$

故：

$$c = \frac{\frac{dH}{dt}}{m\beta} \tag{4-16}$$

式中，dH/dt 为热流速率，s^{-1}；m 为样品质量，g；c_p 为比热容，J/(g・℃)；β 为程序升温速率，℃/s，但由于 β 不是绝对线性的，所以此方法误差较大。

(2) 间接法(比例法)

为了解决 dH/dt 的校正工作，可采用已知比热的标准物质如蓝宝石作为标准，为测定进行校正。实验时首先将空坩埚加热到比试样所需测量比热的温度 T 低的温度 T_1 恒温，然后以一定速度(一般为 8～10 ℃/min)升到比 T 高的温度 T_2 恒温，作 DSC 空白曲线，如图 4-29 所示；再将已知比热和质量的参比物放在坩埚内，按同样条件进行操作，作出参比物的 DSC 曲线；然后再将已知质量的试样放入坩埚，按同样条件作 DSC 曲线。此时可从图中量得欲测温度 T 时的 y' 和 y 值。

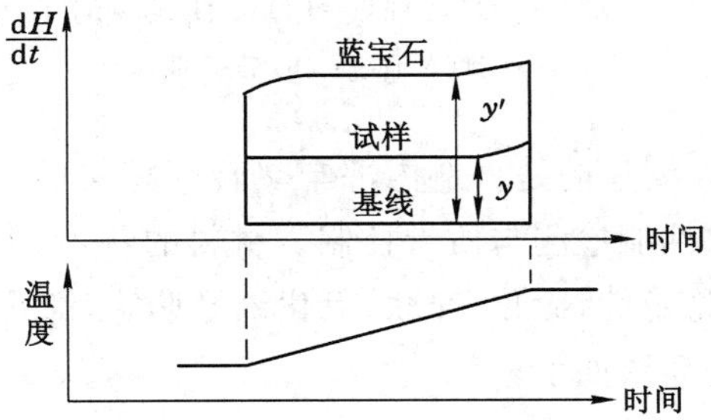

图 4-29　用比值法确定比热

对于标准参比物(蓝宝石)：

$$(dH/dt)_B = m_B c_{pB} dT/dt \tag{4-17}$$

将式(4-17)除以式(4-15)得：

$$c_p = \frac{m_B c_{pB}}{m} \frac{dH}{dt} / \left(\frac{dH}{dt}\right)_B = c_{pB} \frac{m_B}{m} \frac{y}{y'} \tag{4-18}$$

采用 DSC 法测定物质比热时，精度可达到 0.3%，与热量计的测量精度接近，但试样用量要小 4 个数量级。

间接法不受 β 的影响，有利于定量计算。可计算热力学参数：焓[式(4-19)]，熵[式(4-20)]。

$$\Delta H = H_T - H_0 = \int_0^T c_p \mathrm{d}T \tag{4-19}$$

$$\Delta S = S_T - S_0 = \int_0^T c_p \frac{\mathrm{d}T}{T} \tag{4-20}$$

4.3.3.3 玻璃化转变温度 T_g 的测定

高聚物的玻璃化转变温度 T_g 是一个非常重要的物性数据，高聚物在玻璃化转变时由于热容的改变导致 DTA 或 DSC 曲线的基线的平移，会在曲线上出现一个台阶。玻璃态是高聚物高弹态的转变，是链段运动的松弛现象(链段运动"冻结"→"解冻")。玻璃化转变发生在一个温度范围内，在玻璃化转变区，高聚物的一切性质都发生急剧的变化，如比热容、热膨胀系数、黏度、折光率、自由体积和弹性模量等。根据 ICTA 的规定，以转折线的延线与基线延线的交点 B 作为 T_g 点。图 4-30 又以基本开始转折处 A 和转折回复到基线处 C 为转变区。有时在高聚物玻璃化转变的热谱图上会出现类似一级转变的小峰，常称为反常比热峰[图 4-30(b)]，这时 C 点定在反常比热峰的峰顶上。

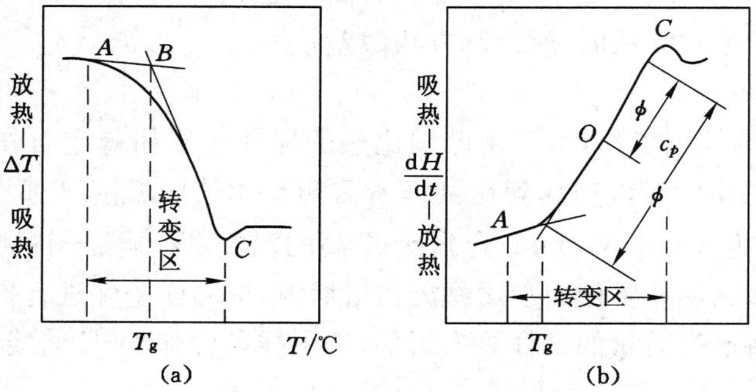

图 4-30　用 DTA 曲线和 DSC 曲线测定 T_g 值

(a) DTA 曲线；(b) DSC 曲线

差示扫描量热仪 DSC 测量的是材料内部与热转变相关的温度、热流的关系，应用范围非常广，特别是材料研发、性能检测与质量控制。材料的特性，如玻璃化转变温度、冷结晶、相转变、熔融、结晶、产品稳定性、固化/交联、氧化诱导期等，都是 DSC 的研究领域。现将差示扫描量热法的应用举例介绍如下。

(1) 水泥水化产物的研究

水泥基水化产物相的性质决定水泥混凝土材料的结构强度和工程性质，因此水化产物相一直是研究的热点。而不同温湿条件下，水泥水化产物的失水对水泥制品的凝结和硬化有着重要的影响。水泥水化产物的热分解其实就是一个脱水过程。采用 DSC 技术对微量材料进行测试，能够有效地减少固体样品之间的热交换，对其相应数据进行积分或微分处理。

在恒定的升温速率下，水化水泥浆体的升温曲线呈现 3 个主要的吸热反应阶段，对应 3 个吸热峰，图 4-31 所示为试样在不同升温速率(/β)下的 DSC 曲线，峰值温度分别出现在 86.11～122.65 ℃，423.84～474.84 ℃，634.47～696.75 ℃三个区域内。第 1 个区域(86.11～122.65 ℃)的峰对应于 AFt(高硫型水化硫铝酸钙晶体)的结合水脱除，升温速率为 5 ℃/min 时此位置前 55 ℃左右的 1 个小肩峰是由脱除吸附水产生，随着升温速率的提高肩峰消失，仪器扫描不到；第 2 个区域（423.84～474.84 ℃）的峰是由 $Ca(OH)_2$ 分解，脱除结构水产生；第 3 个区域（634.47～696.75 ℃）的峰则是水化硅酸钙凝胶（C—S—H）脱水所致，由于试样为养护期 3 d，龄期较短，C—S—H 含量不高，因此第 3 峰不太明显。

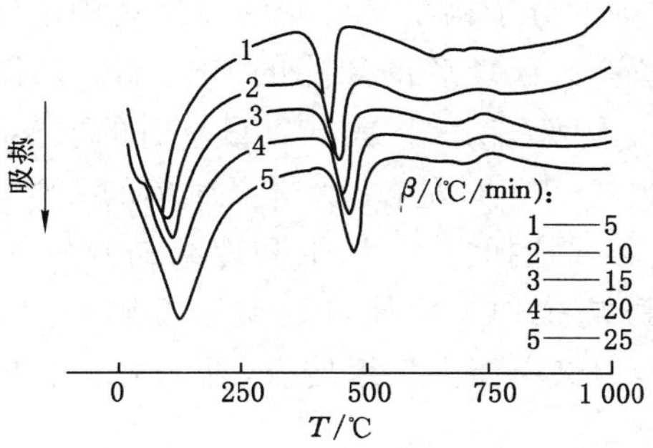

图 4-31　试样在不同升温速率(/β)下的 DSC 曲线

(2) 测定外掺氧化镁水泥浆体中的氢氧化镁

大体积混凝土常因水泥水化过程的放热而使体内温度升高，在之后的降温阶段混凝土收缩而导致开裂。为防止这种收缩，可以向水泥中掺加氧化镁，由氧化镁水化生成 $Mg(OH)_2$ 的体积膨胀来补偿混凝土的收缩。由于氧化镁的膨胀过程受多种因素影响（烧结温度、晶粒尺寸、晶体结构等），迄今无法确定膨胀体积与掺加氧化镁量之间的联系，其困难在于未水化氧化镁和生成 $Mg(OH)_2$ 含量的测定。而 DSC 可用于对外掺氧化镁水泥浆体中的 $Mg(OH)_2$ 进行定量分析。图 4-32 为不同 $Mg(OH)_2$ 掺量的 DSC 曲线。

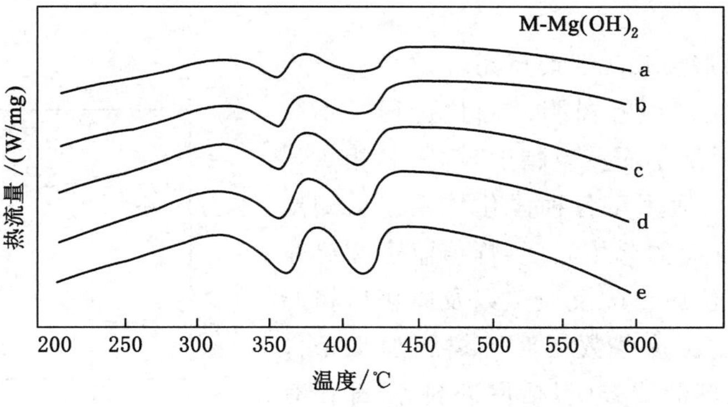

图 4-32　5 种 $Mg(OH)_2$ 的 DSC 图谱

a——2%；b——3%；c——4%；d——5%；e——6%；

水泥浆体在加热过程中，存在多种成份的放热和吸热反应，比如：在 120 ℃，水化硅酸钙和钙矾石受热脱水；氢氧化钙在 480 ℃左右失水生成氧化钙；碳酸钙在 740 ℃以上吸热分解成氧化钙和二氧化碳，水泥浆体中 $Mg(OH)_2$ 在 370 ℃左右失水生成氧化镁。这些吸热反应在 DSC 曲线上会表现出不同强度的吸热峰，同时这些吸热峰的面积与其百分含量相关。对这五种掺量的 $Mg(OH)_2$ 的吸热峰面积拟合计算，最终可完全测定外掺氧化镁水泥浆体中 $Mg(OH)_2$ 含量。

(3) 高聚物结晶行为的研究

用DSC法测定高聚物的结晶温度和熔点可以为其加工工艺和热处理条件等提供有用的资料。最典型的例子是运用DSC法的测定结果确定聚酯薄膜的加工条件。聚酯熔融后在冷却时不能迅速结晶,因此经快速淬火处理可以得到几乎无定型的材料。淬火冷却后的聚酯再升温时无规则的分子构型又可变为高度规则的结晶排列,因此会出现冷结晶的放热峰。图4-33是经淬火处理后的聚酯的DSC图。从图上可看到3个热行为:第一个是81 ℃的玻璃化转变温度;第二个是137 ℃左右的放热峰,这是冷结晶峰;第三个是结晶熔融的吸热峰,出现在250 ℃左右,从这个简单的DSC曲线即可以确定其薄膜的拉伸加工条件。拉伸温度必须选择在 T_g 以上和冷结晶开始的温度(117 ℃)以下的温度区间内,以免发生结晶而影响拉伸。拉伸热定型温度则一定要高于冷结晶结束的温度(152 ℃)使之冷结晶完全,但又不能太接近熔点,以免结晶熔融。这样就能获得性能好的薄膜。

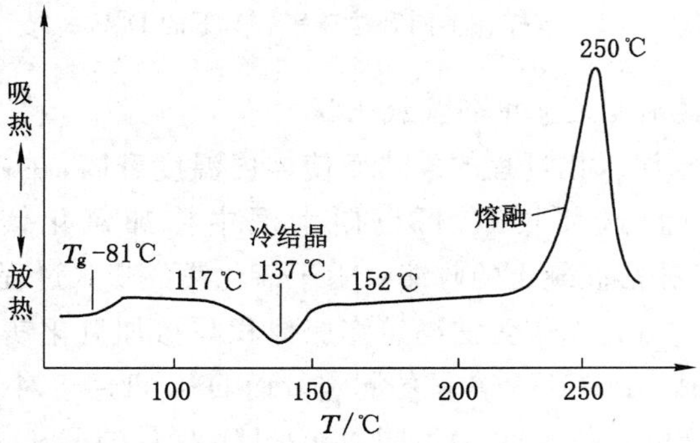

图4-33　用DSC曲线确定聚酯薄膜的加工条件

(4) 热固性树脂固化过程的研究

用DSC法测定热固性树脂的固化过程有不少优点。例如试样用量小而测量精度较高(其相对误差可在10%之内),适用于各种固化体系。从测定中可以得到固化反应的起始温度、峰值温度和终止温度,还可得到单位质量的反应热以及固化后树脂的玻璃化转变温度。这些数据对于树脂加工条件的确定,评价固化剂的配方(包括促进剂等)都很有意义。图4-34示出一种典型的环氧树脂的DSC曲线,可以看出首先出现一个吸热峰,这是树脂由固态熔化,然后出现一个很明显的放热峰,这就是固化峰。可以用基线与之相切得到固化起始温度 T_a 和终止温度 T_c,从曲线峰顶得到 T_b,由图还可看到下面一条曲线,这是经过第一次实验后,对原试样再进行第二次实验。这时试样已经经过热处理而固化,所以不再出现固化峰,而仅仅看到一个转折,即固化后树脂体系的玻璃化转变。但是如果树脂固化不完全,则仍可看出有较平坦的固化峰痕迹,同时玻璃化转折出现在较低的温度上,完全固化或经后固化处理的样品测出的 T_g 温度最高。

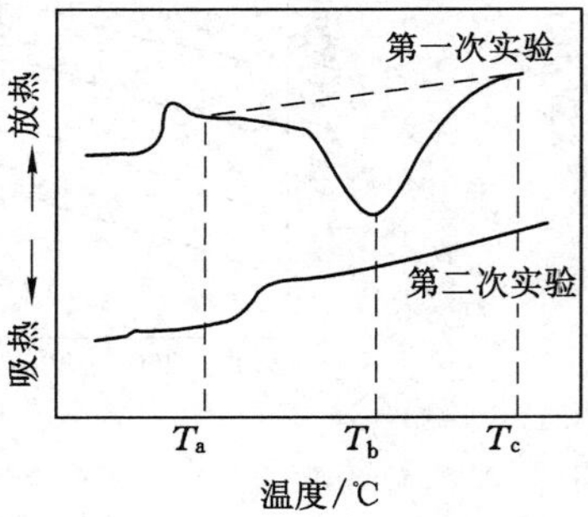

图4-34　典型的环氧树脂固化的DSC曲线

4.4 热重法

热重法(thermogravimetry,简称 TG)是在程序控制温度下测量获得物质的质量与温度关系的一种技术。前面所讲的 DTA 和 DSC 都是利用物质在加热或冷却过程中产生的热效应来表征和分析物质的性能,从而达到鉴别物质的目的。然而许多物质在加热或冷却过程中除了产生热效应外往往有质量变化,其变化的大小及出现的温度与物质的化学组成和结构密切相关。因此只要物质受热时质量发生变化,就可以用热重法来研究其变化过程,如脱水、吸湿、分解、化合、吸附、解吸、升华等。其特点是定量性强,能准确地测量物质的质量变化及变化的速率,不管引起这种变化的是物理的还是化学的。

热重法定义中描述为质量的变化而不是重量变化,主要是基于在磁场作用下,具有强磁性的材料,当其温度达到居里点时,虽然无质量变化,却有表观上的失重。而热重法则指观测试样在受热过程中实质上的质量变化。

最早应用质量—温度关系研究物质的本质和特性应追溯到 1903 年 Nernst 和 Rieseteld 的工作。继本多光大朗(日本,1915 年)和 Maucice Guichard (法国,1923 年)之后,通过斋藤平吉、小林松助、加藤多喜雄,Duval 等对无机盐等多种化合物的 TG 测定,使这种实验技术成为一种更为有力的分析工具。Duval 从 1947 年开始发表了一些工作,还曾利用 Chevenard 热天平(1948 年)观察滤纸的燃烧,第一次记录了聚合物的热重结果。Jellinek 在 1949 年利用石英弹簧秤,研究了某些合成高聚物(聚苯乙烯、聚乙烯)在真空中的失重。后来随着航天等尖端技术的发展,这种方法成为耐高温聚合物研究不可缺少的手段。

4.4.1 热重法的基本原理

热重法包括静态法和动态法两种类型。

静态法又分等压质量变化测定和等温质量变化测定两种。等压质量变化测定又称自发气氛热重分析,是在程序控制温度下测量物质在恒定挥发物分压下平衡质量与温度关系的一种方法。该方法利用试样分解的挥发产物所形成的气体作为气氛,并控制在恒定的大气压下测量质量随温度的变化,其特点就是可减少热分解过程中氧化过程的干扰。等温质量变化测定是指在恒温条件下测量物质质量与温度关系的一种方法。该法每隔一定温度间隔将物质恒温至恒重,记录恒温恒重关系曲线。

动态法又称非等温热重法,分热重分析和微商热重分析。热重和微商热重分析都是在程序升温的情况下测定物质质量变化与温度的关系。微商热重分析又称导数热重分析(derivative thermogravimetry,DTG),它是记录热重曲线对温度或时间的一阶导数的一种技术。由于动态非等温热重分析和微商热重分析简便实用,又利于与 DTA 、DSC 等技术联用,因此广泛应用在热分析技术中。本节重点介绍动态热重分析法。

用于热重法的仪器是热天平(热重分析仪)。在我国早期使用的热天平有采用光学系统记录的法国设计的 Chevenard 热天平、匈牙利的 OD—102 型热分析仪、电容跟踪式的英国 Stanton 天平等。近年使用的有 Perkin-Elmer 公司的 TGS—2、DuPont 公司的 951 热天平,以及日本理学电机、岛津制作所等厂家的热天平。国内生产热天平的有北京光学仪器厂和上海天平仪器厂。例如北京光学仪器厂生产的 4.1 型差示热天平(后改称 LCT 型),上海天平仪器厂生产 WRT—1,WRT—2 型微量热天平、PRT—1 普通型热天平和海城无线电一厂的 TG—1 型微量热天平。

热天平的主要组成部分可以说是天平和炉子。早些时候，一些化学工作者利用普通化学天平，自行改制热天平，天平试样一侧的下方放上炉子，试样下吊炉中。另一种形式是弹簧秤式，考虑到弹簧材料的模量随温度变化会产生测量误差，因而使用模量温度系数小的石英丝和退火钨丝。石英玻璃内摩擦甚小，易受外界冲击引起震动而难于衰减，并易破碎，不易操作。弹簧的伸张与质量成比例，可通过测高仪直接测量弹簧形变或用差动变压器将其转换成电量来测量。一般来讲，与常规分析天平一样，都是称量仪器，由天平、加热炉、程序控温系统与记录仪等几部分组成。但因其结构特殊，使其与一般天平在称量功能上有显著差别。图 4-35 为热天平结构图。它由精密天平和线性程序控温加热炉组成，能自动、连续地进行动态称量与记录，并在称量过程中能按一定的温度程序改变试样的温度。而且试样周围的气氛也是可以控制或调节的。如果试样无质量变化，则天平保持初始平衡状态，若质量改变，天平就失去平衡；由传感器检测输出天平失衡信号，信号经测重系统放大并调节电流使天平恢复原始平衡的零位。通过记录这种电流的变化能得到试样质量变化信息。温度同时由热电偶测定并记录，于是得到温度与质量的关系。

热天平测定样品质量变化的方法有变位法（利用质量变化与天平梁的倾斜成正比的关系，用直接差动变压器控制检测）和零位法。零位法是靠电磁作用力使因质量变化而倾斜的天平梁恢复到原来的平衡位置（即零位），施加的电磁力与质量变化成正比，而电磁力的大小与方向是通过调节转换机构中线圈中的电流实现的，因此检测此电流值即可得知质量变化。通过热天平连续记录质量与温度的关系，即可获得热重曲线。图 4-36 为带光敏元件的自动记录热天平示意图。天平梁倾斜（平衡状态被破坏）由光电元件检出，经电子放大后反馈到安装在天平梁上的感应线圈，使天平梁又返回到原点。

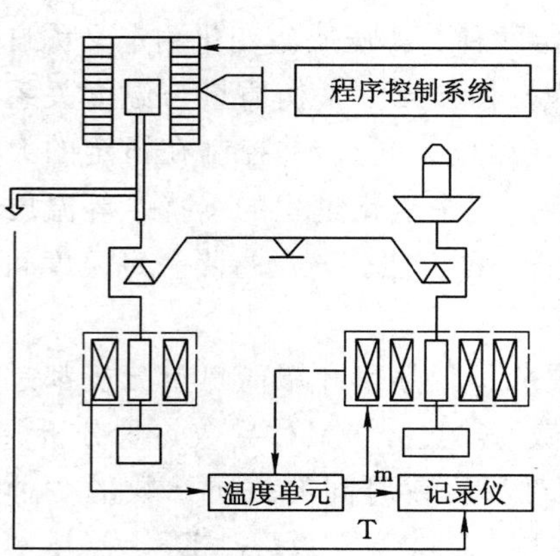

图 4-35　热天平结构图

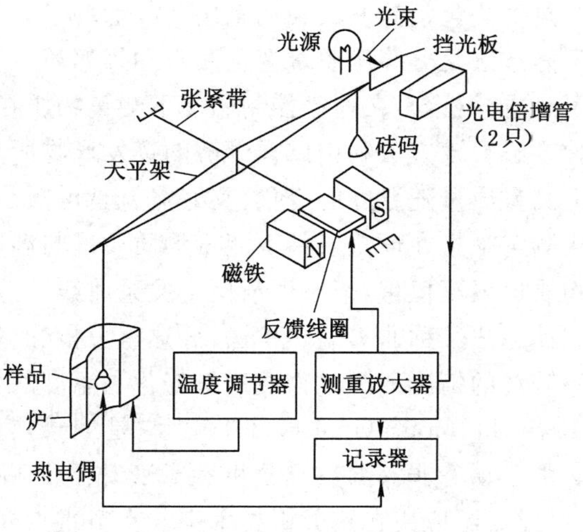

图 4-36　带光敏元件的热重法装置——热天平示意图

4.4.2　热重法的试验方法

4.4.2.1　热重曲线

由热重法测得的记录为在温度程序控制下物质质量与温度关系的曲线，即热重曲线

(TG 曲线)。如图 4-37 所示,TG 曲线横轴表示温度或时间,从左到右表示增加,温度单位使用摄氏度(℃)或热力学温度(K),在动力学分析中采用热力学温度(K)或其倒数 $\frac{1}{T}(K^{-1})$ 。纵轴为质量,从上向下表示减少,可以余重(实际称重 mg 或剩余百分数%)或剩余份数 C(从 $t\to 0$)表示。DTG 曲线可以每分钟或每摄氏度产生的变化表示,如 mg/min,mg/℃或%/min,%/℃等。

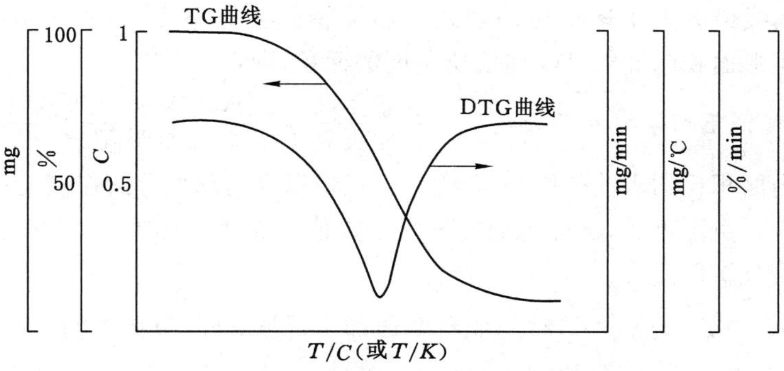

图 4-37　TG 和 DTG 曲线

对热重曲线进行一次微分就能得到微商热重曲线,纵坐标为 dW/dt,横坐标为温度或时间。它反映试样质量的变化率与温度 T 或时间 t 的关系,即失重速率,记录为微商热重曲线(DTG 曲线)。DTG 曲线是一个峰形曲线。DTG 曲线在分析时有重要作用:能精确反映样品的起始反应温度,达到最大反应速率的温度(峰值)以及反应终止的温度,而 TG 曲线很难做到;DTG 曲线峰面积与样品对应的质(重)量变化成正比,可精确进行定量分析;能够消除 TG 曲线存在整个变化过程各阶段变化互相衔接而不易分开的毛病,以 DTG 峰的最大值为界把热失重阶段分成两部分,区分各个反应阶段,这是 DTG 的最大可取之处;另外,如果把 DTG 和 DTA 的同一样品谱图进行比较,能判断出是重量变化引起的峰还是热量变化引起的峰。

TG 曲线一般可直接从记录曲线取得,由于受仪器精度的限制,为更易把握,也可由实验前后试样的实际称重与记录的失重曲线对照重新校核仪器的实际量程。

如果仪器没有直接记录 DTG 曲线,则可通过作图或计算求得,如逐点求切线和斜率。此法带有一定的任意性,易引进作图误差。当取的实验点足够密时(如对于一条 TG 曲线取 40 点左右),相邻两点间的失重速率可近似取它们的差商 $\frac{\Delta m}{\Delta T}$ 或 $\frac{\Delta m}{\Delta t}$。所取的间距越小,求出的峰值越接近实际,但各点会有较大的跳动。间距大,跳动小,对失重速率有均化作用,使极大失重速率的数值降低、峰形变钝。

也可按牛顿二项式(4-21)求第 n 点的失重速率。

$$\frac{\mathrm{d}m_n}{\mathrm{d}t} = (-m_{n+2} + 8m_{n+1} - 8m_{n-1} + m_{n-2})/12h \tag{4-21}$$

式中的 h 为质量变化值的等时间间隔,m_{n-2},m_{n-1},m_{n+1},m_{n+2} 是前后相邻 $n-2$,$n-1$,$n+1$,$n+2$ 各点的质量。这是假定从第 $n-2$ 项到 $n+2$ 项的 5 个值成三个方程式而求得的。h 取值越小,求得的变化速率就越分散,但微商值较佳。

可以多种方式表达 TG 曲线的特征温度，从直观数值或经画图、简单计算求出的特征温度，如：

① TG 曲线一些直观而简单的数值，如起始失重、失重 5%，10%，20%，50%、呈现极大失重的温度 T_0 及其速率 $(dm/dT)_p$，甚至完全失重的温度，或取某一固定温度时的失重百分数。

② 10%正切温度(TTN)是正切温度(TN)与失重 10%时一个面积比的乘积。正切温度是通过 TG 曲线最大失重速率点的切线与温度轴的交点温度；面积比是图 4-38 中失重 10%时的那块矩形面积除此时 TG 曲线所包围的面积，即：

$$\underset{(\text{TTN})}{10\%\text{正切温度}} = \underset{(\text{TN})}{\text{正切温度}} \times \frac{\text{失重 }10\%\text{时 TG 曲线包围的面积}}{\text{失重 }10\%\text{时的矩形面积}}$$

正切温度与面积比的求法如图 4-38 所示。正切温度与起始分解温度有关，而面积比涉及起始分解程度。由图可见，试样越稳定这两个数值就越大。因此可以说这两个数相乘就特别强调了起始分解性质。

③ 加和温度 $\sum T$ 为 900 ℃时的余重 C 值加 1 再被 2 除，以此商值为余重 C 时所对应的温度。例如，余重为 10%，这商值为 $(0.10+1)/2=0.55$，由 $C=0.55$ 可得如图 4-39 所示的 $\sum T$ 值。

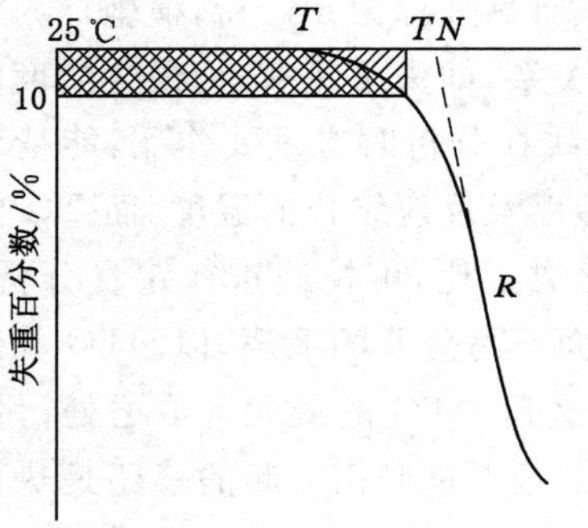

图 4-38　10%正切温度(TTN)求法示意图

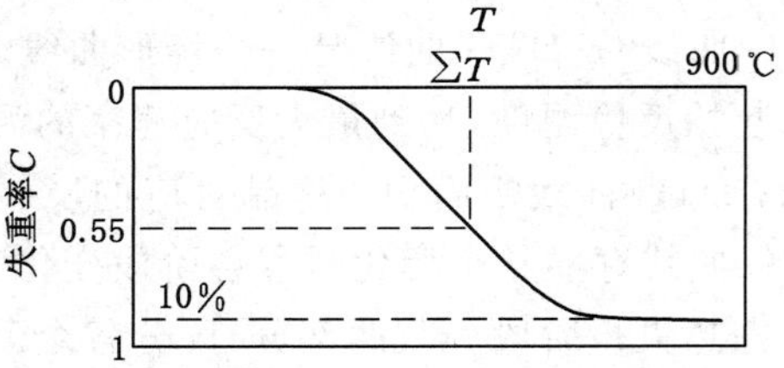

图 4-39　$\sum T$ 求法示意图

④ 积分程序分解温度 IPDT(intagral procedural decomposition temperature)是对整个 TG 曲线从 25～900 ℃求和的一种方法，提供了对不同材料进行比较的共同基础。对于在 900 ℃以下全部挥发的物质，可表示为：

$$T_A = 875A + 25 \tag{4-22}$$

T_A 是表示一个假定的温度，在该温度材料迅即挥发。A 是表示图 4-39 中 2～900 ℃ TG 曲线下的面积(图中以斜线表示)与矩形面积之比。而对于不完全挥发的材料，必须引入因子 K 是从 25 ℃～T_A 曲线下的面积(图 4-40 中以十字线表示的部分)与 T_A 和余重分数围绕的矩形面积之比，IPDT 可用式(4-23)表示。

$$\text{IPDT} = 875K_A + 25 \tag{4-23}$$

图 4-41 是 $CuSO_4 \cdot 5H_2O$ 在空气中并以约 4 ℃/min 的升温速率测得的 TG 曲线和微商热重曲线。其中图 4-41(a)所示曲线由三个单步过程和四个平台所组成。每个单步过程

表示试样经历了一个伴有质量变化的过程，而质量不变的平台与某种稳定化合物相对应。图中 A 点前 100 ℃附近的初始失重是脱去吸附水和天平内空气动力学因素形成的。A 点至 B 点，质量没有变化，试样是稳定的；B 点至 C 点是一个失重过程，失重量是 m_0-m_1；D 点和 C 点之间，试样质量又是稳定的；由 D 点开始试样进一步失重，直到 E 点为止，这一阶段的失重是 m_1-m_2；E 点和 F 点之间，新的稳定物质形成；最后的失重发生在 F 点和 G 点之间，失重量是 m_2-m_3；G 点和 H 点区间代表试样的最终形式，它在实验温度范围内是稳定的。通过失重量的计算，表明该化合物的失水过程经历了以下三个步骤：

$$CuSO_4 \cdot 5H_2O \xrightarrow{\Delta} CuSO_4 \cdot 3H_2O + 2H_2O \uparrow$$

$$CuSO_4 \cdot 3H_2O \xrightarrow{\Delta} CuSO_4 \cdot H_2O + 2H_2O \uparrow$$

$$CuSO_4 \cdot H_2O \xrightarrow{\Delta} CuSO_4 + H_2O \uparrow$$

$CuSO_4 \cdot 5H_2O$ 的失水之所以分为三步进行，是因为这些结晶水在晶体中的结合力是不相同的。

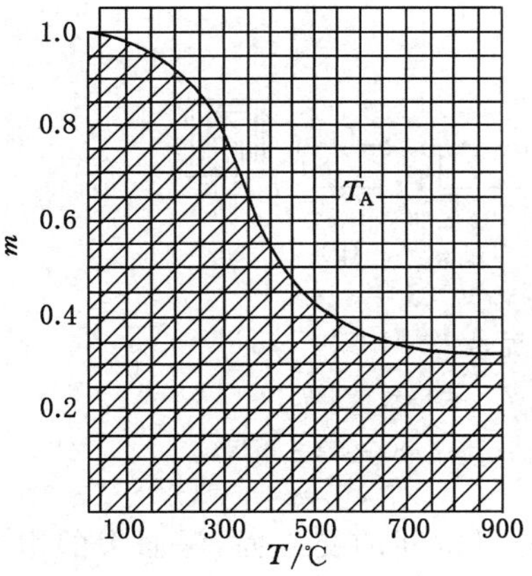

图 4-40 确定 IPDT 的示意图

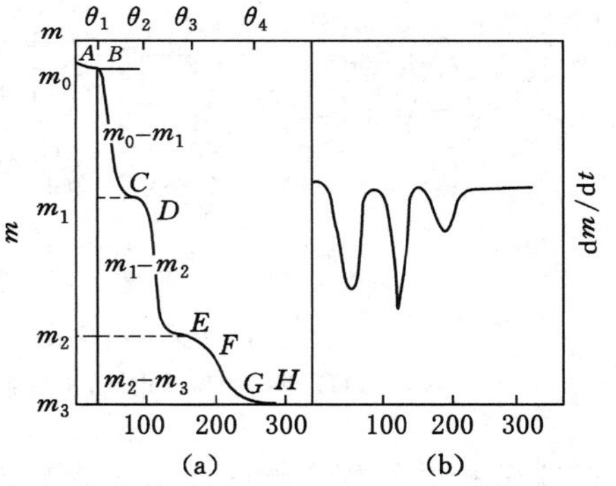

图 4-41 五水硫酸铜的 TG 和 DTG 曲线

(a) TG 曲线；(b) DTG 曲线

从上述例子看出，当原始试样及其可能生成的中间体在加热过程中因物理或化学变化而有挥发性产物释出时，从热重曲线中可以得到它们的组成、热稳定性、热分解及生成的产物等与质量相联系的信息。

需要注意的是，实际上的 TG 曲线并非是一些理想的平台和迅速下降的区间连接而成，常常在平台部分也有下降的趋势，可能原因有：这个化合物通过重结晶或用其他溶剂进行过处理，本身含有吸附水或溶剂，因此减重；高分子试样中的溶剂，未聚合的单体和低沸点的增塑剂的挥发等，也造成减重。

可用以下方法消除上述影响：无机化合物在较低温度下干燥，如采用硅胶、五氧化二磷干燥剂，把吸湿水去掉。可控温下的真空抽吸，把单体及低沸点的增塑剂、挥发物分离出来。

4.4.2.2 影响热重曲线的因素

热分析（包括热重）数据往往不是物质固有的参数，它们具有程序性的特点，受仪器结构、实验条件和试样本身反应的影响。因此，在表达热分析数据时必须注明这些条件。近数十年来，随着科学技术的不断发展，在热分析仪系列化、仪器本身小型化和试样用量微量化等方面取得了很大进步。从仪器的设计和制造上，对于一些影响热重数据的因素已予以一定程度的解决。但考虑到在解释热重数据，特别是自行装配热分析仪时，可能会遇到与此相关的问题。对某些热分析仪也还不同程度的存在其中的一些问题。因此有必要写出这些以往积累的知识，以使读者了解热重分析结果受哪些因素的影响。这一类工作有许多是在20世纪50年代后期采用热天平所做的。

热重法和差热分析一样，也是一种动态技术，其实验条件、仪器的结构与性能、试样本身的物理、化学性质以及热反应特点等多种因素都会对热重曲线产生明显的影响。来自仪器的影响因素主要有基线、试样支持器和测温热电偶等；来自试样的影响因素有质量、粒度、物化性质和装填方式等；来自实验条件的影响因素有升温速率、气氛和走纸速率等。为了获得准确并能重复和再现的实验结果，研究并在实践中控制这些因素，显然是十分重要的。

为方便叙述，从以下几个方面来加以说明。

(1) 仪器的影响

① 坩埚形式。热重分析所用的坩埚形式多种多样，其结构及几何形状都会影响热重分析的结果。图4-42为常用的几种坩埚示意图。

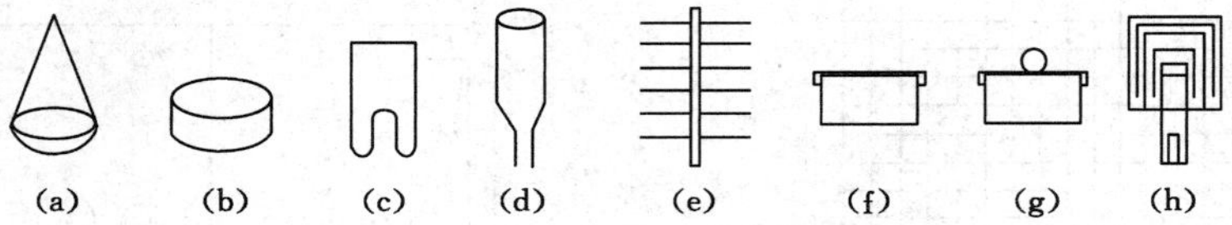

图4-42　热天平常用坩埚类型

(a)，(b) 无盖浅盘式；(c)，(d) 深坩埚；(e) 多层板式坩埚；(f) 带密封盖的坩埚；(g) 带有球阀密封盖的坩埚；(h) 迷宫式坩埚

热重分析时气相产物的逸出必然要通过试样与外界空间的交界面，深而大的坩埚或者试样充填过于紧密都会妨碍气相产物的外逸，因此反应受气体扩散速度的制约，结果使热重曲线向高温侧偏移。当试样量太多时，外层试样温度可能比试样中心温度高得多，尤其是升温速度较快时相差更大，因此会使反应区间增大。

② 对流。对流影响主要是当热天平加热时，随着炉温的升高，使炉内试样周围的气体各点处所受热的温度不均，从而导致较重气体向下移动，其形成的气流冲击试样支持器组件，产生表观增重现象；较轻气体向上移动，其形成的气流把试样支持器向上托，产生表观失重现象，如图4-43所示。升温速率的不同、炉膛的尺寸和坩埚在炉中的位置都会改变炉内气体的对流和湍流。同时当炉内有流动气体时，还会出现附加的表观增重。这种表观增重的大小与该流动气体的分子量也有关。

③ 挥发物的冷凝。热重分析法所用试样在受热分解或升华时，逸出的挥发分通常在热分析仪的低温区冷凝，这不仅污染仪器，还会使试验结果产生偏差。当继续升温时，这些冷凝物可能会再次挥发，产生假失重，以致TG曲线混乱，使测定结果失去意义。要减小冷凝影响，一方面可在热重分析仪的试样盘周围安装一个耐热的屏蔽套管，或者采用水平式的热天平；另一方面，要尽量减少试样用量，选择合适的净化气体流量。同时在热分析时，对试样的热分解及升华有个初步的估计，以免造成仪器的污染。

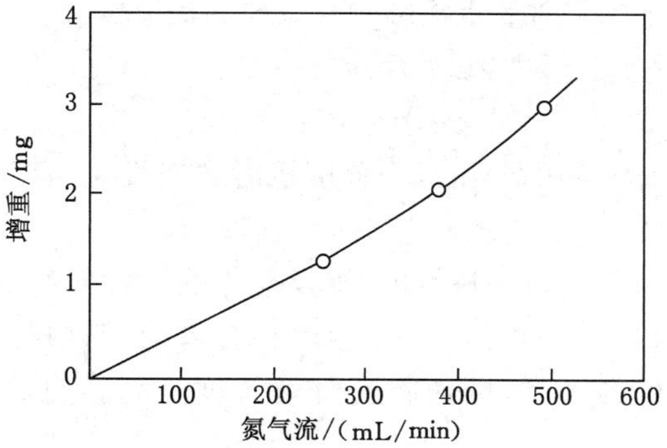

图 4-43　气流流速对表观重量的影响

(2) 实验条件对 TG 的影响

① 升温速率。热重法是试样边升温边称重。试样和炉壁不能接触。试样的升温是靠介质—试样容器—试样进行热的传递，在炉子和试样之间形成温差。这受到试样性质、尺寸、试样本身物理(或化学)变化引起的热焓变化等因素的影响，并在试样内部也可形成温度梯度。这个非平衡过程随升温速率的提高而增加。

升温速率对热重曲线有明显的影响，这是因为升温速率直接影响炉壁与试样、外层试样与内部试样间的传热和温度梯度。图 4-44 为升温速率对坩埚的影响。但一般来说升温速率并不影响失重量。

对于单步吸热反应，升温速率越大，热滞后越严重，易导致起始温度和终止温度偏高，温度区间也越宽甚至不利于中间产物的测出。图 4-45 为升温速率对苯乙烯的热重曲线的影响。升温速率慢，起始分解温度和终止温度通常均向低温移动且反应区间缩小，但失重百分比一般并不改变。

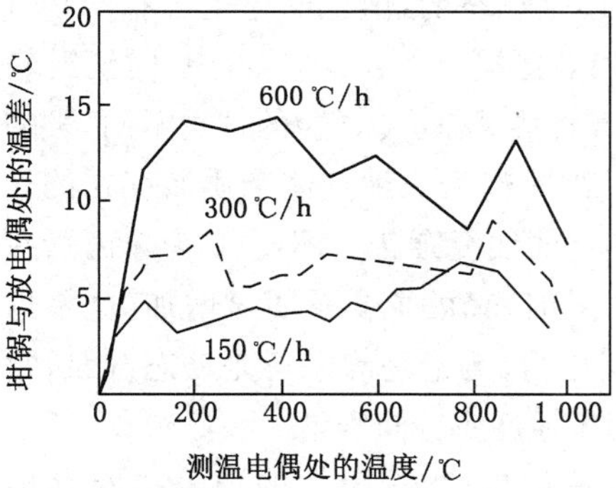

图 4-44　升温速率对坩埚的影响

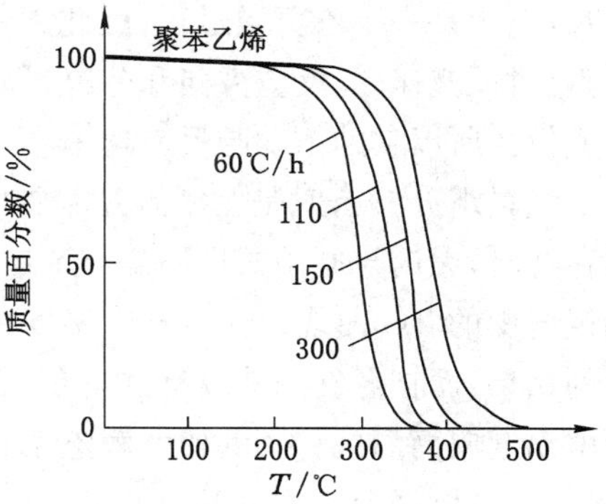

图 4-45　升温速率对苯乙烯的热重曲线的影响

提高升温速率使 TG 曲线向高温推移，借此可进行动力学分析。以往文献中 TG 实验的升温速率以 5 ℃/min 或 10 ℃/min 的居多。改变升温速率可以分离相邻反应，如快速升温时曲线表现为转折，则慢速升温时可成平台。

一般进行热重法测定不要采用太高的升温速率，对于传热好的无机物、金属试样可用：10～20 ℃/min；对于传热差的有机和高分子材料：5～10 ℃/min。对作动力学分析还要低一些。

② 炉内气氛。炉内气氛是对热重法影响与试样的反应类型、分解产物的性质和装填方式等许多因素有关。在热重分析中，常见反应之一是：

$$A_{(固)} \rightleftharpoons B_{(固)} + C_{(气)}$$

这一反应，只有在气体产物的分压低于分解压时才能发生，且气体产物增加，分解速率下降。

在静态气氛中，如果气氛气体是惰性的，则反应不受惰性气氛的影响，只与试样周围自身分解出的产物气体的瞬间浓度有关。当气氛气体含有与产物相同的气体组分时，由于加入的气体产物会抑制反应的进行，因而将使分解温度升高。例如 $CaCO_3$ 在真空、空气和 CO_2 中的分解：

$$CaCO_{3(固)} \rightleftharpoons CaO_{(固)} + CO_{2(气)}$$

其起始分解温度随气氛中的二氧化碳分压的升高而增高，$CaCO_3$ 在三种气氛中的分解温度之差可达数百度。气氛中含有与产物相同的气体组分后，分解速率下降、反应时间延长。

静态气氛中，试样周围气体的对流、气体产物的逸出与扩散，也都影响热重分析的结果。气体的逸出与扩散、试样量、试样粒度、装填的紧密程度及坩埚的密闭程度等许多因素有关，使它们产生附加的影响。

在动态气氛中，惰性气体能把气体分解产物带走而使分解反应进行得较快，并使反应产物增加。当通入含有与产物气体相同的气氛时，这将使起始分解温度升高并改变反应速率和产物量。所含产物气体的浓度越高，起始分解温度就越高、逆反应的速率也越大。随着逆反应速率的增加，试样完成分解的时间将延长。动态气氛的流速、气温以及是否稳定，对热重曲线也有影响。一般来说，大流速有利于传热和气体的逸出与扩散，这将使分解温度降低。

在热重法中还会遇到下面两类不可逆反应：

$$A_{(固)} \longrightarrow B_{(固)} + C_{(气)} \quad (1)$$

$$A_{(固)} + B_{(气)} \longrightarrow C_{(固)} + D_{(气)} \quad (2)$$

反应(1)是一个不可逆过程，因此无论是静态的还是动态的，惰性的还是含有产物气体 C 的气氛，对反应速率、反应方向和分解温度原则上均没有影响。而在反应(2)中，气氛组分 B 是反应成份。所以它的浓度与反应速率和产物的量有着直接关系。B(气)的种类不同，影响情况不同。气氛组分 B 有时是为了研究需要加入的，有时则是作为一种气体杂质而存在的。作为杂质存在时，无论与原始试样还是与产物反应均使热重曲线复杂化。图 4-46 为聚丙烯在空气中和氮气中的 TG 曲线。在空气中温度为 150～180 ℃时，聚丙烯质量明显增加，这是聚丙烯氧化的结果，而在氮气中就没有这一现象。提高气氛压力，无论是静态还是动态气氛，常使起始分解温度向高温区移动和使分解速率有所减慢，相应地反应区间则增大。

③ 记录仪纸速。在热重法中，无论快或慢的热分解反应，记录仪的记录速度对热分解曲线的形状都有着显著影响，这涉及 TG 曲线温度读数的精确程度。往往是走纸速度快的比走纸速度慢的梯度大，分辨率也大，但不宜太快，否则会使失重速率的差别减小。图 4-47 为走纸速度对热重曲线的影响。一般情况下，走纸速度快，分辨率高。所以加大走纸速度可使曲线的某些特征温度(如反应的起始、终点和转折)变得不明确，引起作图误差，带有相当大的随意性。一般情况下，当升温速率 0.5～10 ℃/min 时，走纸速度 15～30 cm/h 为宜。

④ 热天平灵敏度。热天平的灵敏度是影响 TG 曲线的关键性因素。灵敏度越高，试验时使用的试样重量就可以越少，热分解产生的中间化合物的重量平台就越清晰，分辨率也就

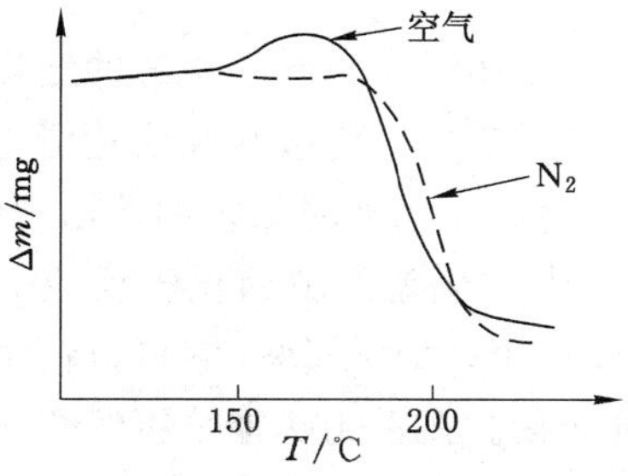

图 4-46　聚丙烯在空气和氮气中的 TG 曲线

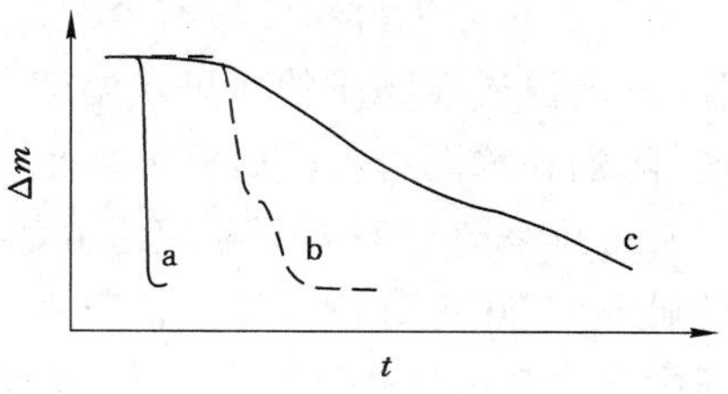

图 4-47　走纸速度对热重曲线的影响

a——过慢；b——适度；c——过快

越高。热天平本身的灵敏度已由生产厂家标定好，使用者只要根据试样测定的具体要求对其灵敏度定期进行校正，即可减少其对 TG 曲线的影响。

（3）试样的影响

在影响热重曲线的试样因素中，主要有试样量、试样粒度和热性质以及试样装填方式等。

① 试样用量。试样量对热重曲线的影响不可忽视，它从两个方面来影响热重曲线：一方面，试样的吸热或放热反应会引起试样温度发生偏差，用量越大，偏差越大；另一方面，试样用量对逸出气体扩散和传热梯度都有影响，用量大则不利于热扩散和热传递。图 4-48 为不同用量 $CuSO_4 \cdot 5H_2O$ 的热重曲线，从图中可看出，用量少时得到的结果较好，热重曲线上反应热分解中间过程的平台很明显，而试样用量较多时则中间过程模糊不清，因此要提高检测中间产物的灵敏度，应采用少量试样以获得较好的检测结果。

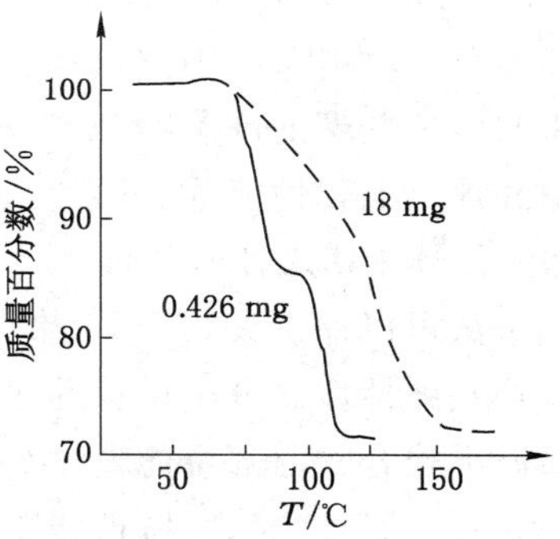

图 4-48　$CuSO_4 \cdot 5H_2O$ 的热重曲线

② 试样粒度。试样粒度不同，对气体产物扩散的影响也不同，从而导致反应速度和 TG 曲线形状的改变。粒度大，往往得不到较好的 TG 曲线；粒度越小，反应速度越快。同时，粒度越小不仅使热分解温度偏低，而且也可使分解反应进行得越完全。为了得到较好的试验结果，要求试样粒度均匀。

③ 试样装填方式。试样装填方式对热重曲线的影响，一般来说，装填越紧密，试样颗粒间接触就越好，也就越利于热传导，但不利于气氛气体向试样内的扩散或分解的气体产物的扩散和逸出。通常试样装填得薄而均匀，可以得到重复性好的实验结果。

4.4.3　热重法的应用

热重法有力地推动了无机分析化学、高分子聚合物、石油化工、人工合成材料科学的发展，同时在冶金、地质、矿物、油漆、涂料、陶瓷、建筑材料、防火材料等方面应用也十分广泛，尤其近年来在合成纤维、食品加工方面应用更加广泛。总之，热重分析在无机化学、有机化学、生物化学、地质学、矿物学、地球化学、食品化学、环境化学、冶金工程等学科中发挥着重要的作用。热重分析的应用，举例介绍如下。

4.4.3.1 热重法在无机材料中的应用

热重法在无机材料领域有着很广泛的应用。它可以用于研究含水矿物的结构及热反应过程、测定强磁性物质的居里点温度、测定计算热分解反应的反应级数和活化能等。在测定玻璃、陶瓷和水泥材料的研究方面也有着较好的应用价值。在玻璃工艺和结构的研究中，热重分析可用来研究高温下玻璃组分的挥发、验证伴有失重现象的玻璃化学反应等。在水泥化学研究中，热重分析可用于研究水合硅酸钙的水合作用动力学过程，它可以精确测定加热过程中水合硅酸钙中游离氢氧化钙和碳酸钙的含量变化。在采用热重分析结合逸气分析研究硬化混凝土中的水含量时，可以发现在500 ℃以前发生脱水反应，而在700 ℃以上发生的则是脱碳过程。

物质的热重曲线的每一个平台都代表了该物质确定的质量，它能精确地分析出二元或三元混合物各组分的含量。在研究白云石的热重曲线时，如图4-49所示，可求出白云石中CaO和MgO的含量，并推算白云石的纯度。图中m_1-m_0为白云石中$MgCO_3$分解出CO_2的失重，以此可算出MgO的含量。m_2-m_1为白云石中$CaCO_3$分解放出CO_2的失重，以此可算出CaO的质量。由白云石中的CaO和MgO的质量可算出白云石的纯度。

4.4.3.2 热重法在高分子材料中的应用

在高分子材料研究中，热重法可用于测定高聚物材料中的添加剂含量和水分含量、鉴定和分析共混和共聚的高聚物、研究高聚物裂解反应动力学和测定活化能、估算高聚物化学老化寿命和评价老化性能等。

(1) 材料热稳定性的评价

热重法可以评价聚烯烃类、聚卤代烯类、含氧类聚合物、芳杂环类聚合物(单体、多聚体和聚合物)、弹性体高分子材料的热稳定性。

高温下聚合物内部可能发生各种反应，如开始分解时可能是侧链的分解，而主链无变化，达到一定的温度时，主链可能断裂，引起材料性能的急剧变化。有的材料一步完全降解，而有些材料可能在很高的温度下仍有残留物。

如图4-50所示，在同一台热天平上，以同样的条件进行热重分析，比较五种聚合物的热稳定性。可见，每种聚合物在特定温度区域有不同的TG曲线，这为进一步研究反应机制提供了有启发性的资料。由图中TG曲线的信息，可知这五种聚合物的相对热稳定性顺序是PVC＜PMMA＜HPPE＜PTFE＜PI。

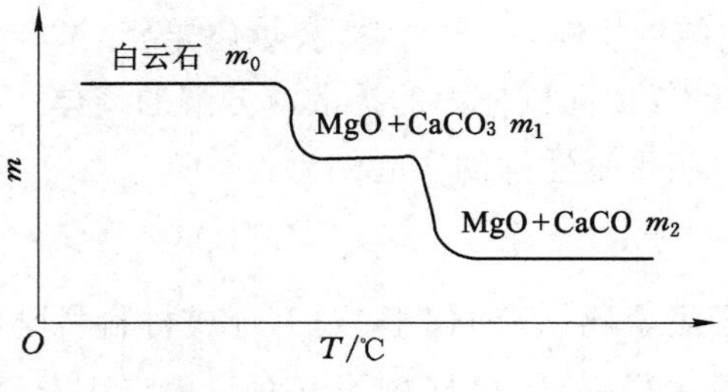

图4-49 白云石的热重曲线

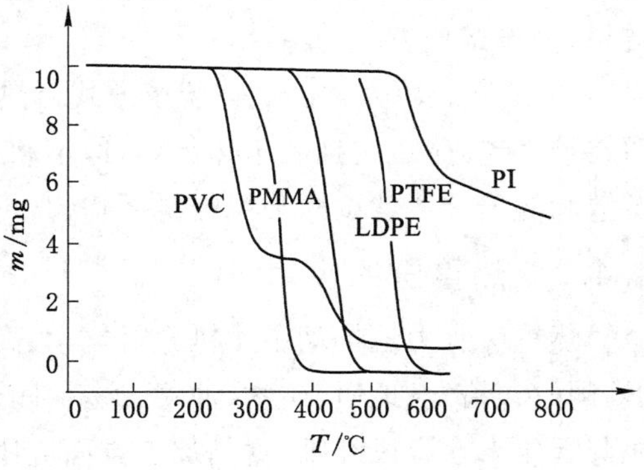

图4-50 五种聚合物的TG曲线

（2）材料的热特性

每种高分子材料都有自己特有的热重曲线。通过研究材料的热重曲线，可以了解材料在温度作用下的变化过程，从而研究材料的热特性。随着材料科学的发展，单一材料已远不能满足人们的需求，在这种趋势下，复合材料应运而生。近年来，人们一直进行着对环氧树脂的改性工作，其中在环氧树脂体系中加入橡胶类弹性体是目前发展较为成熟的一种增韧方法。聚氨酯（PU）增韧改性环氧树脂是近年来环氧树脂增韧改性领域的热门课题，其目标就是在增韧的同时［环氧树脂（EP）本身优良的力学性能不会下降或略微有所提高］，耐热性能得到提高。通过 TG/DTG 曲线研究，探讨材料的耐热性能变化。图 4-51 为不同 PU 含量 EP/PU 改性材料的 TG/DTG 曲线。从图中可以看出，与纯环氧树脂相比，聚氨酯的加入并没有引起曲线总趋势的改变，说明改性后材料的热分解机理与纯环氧树脂大致相同。

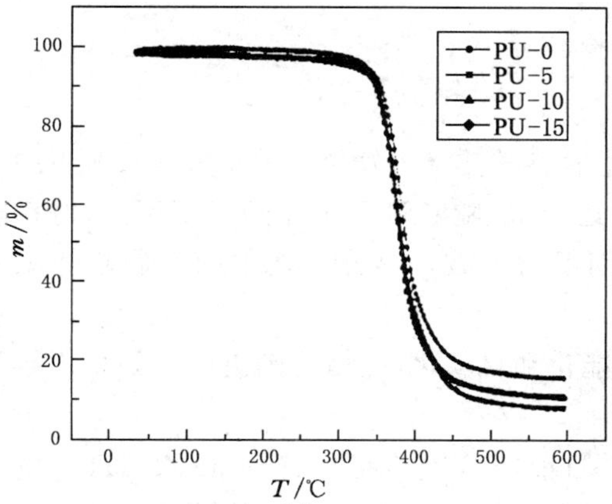

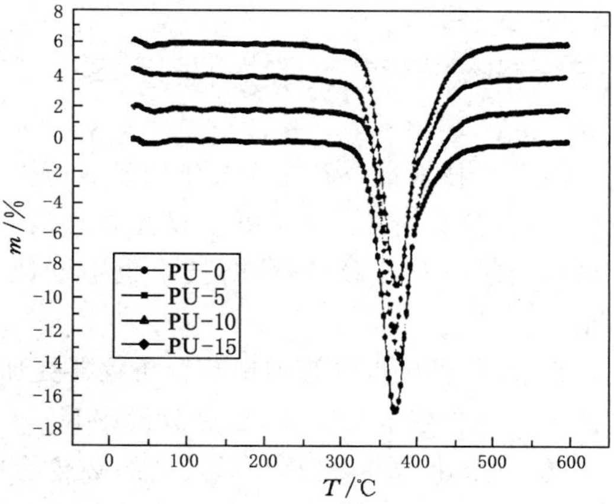

图 4-51　不同 PU 含量 EP/PU 改性材料的 TG/DTG 曲线

（3）材料种类的鉴别

利用材料的特征热谱图可以对材料的种类进行鉴别。一般材料的 TG 谱图可从有关手册或文献中查到。如果是热稳定性差异非常明显的材料同系物，通过 TG 则很容易区别。

图 4-52 是聚苯乙烯（PS）、聚 α-甲基苯乙烯（P-αMS）、苯乙烯和甲基苯乙烯无规共聚物（S-αMS 无规）以及其嵌段共聚物（S-αMS 嵌段）四种试样的 TG 曲线。由此可见，PS 和 P-αMS 热失重差别明显，无规共聚物介于两者之间，而嵌段共聚物则由于形成聚苯乙烯和聚甲基苯乙烯各自的段区而出现明显两个阶段的失重曲线。

（4）聚合物复合材料成份分析

许多复合材料都含有无机添加剂，它们的热失重温度往往要高于聚合物材料，因此根据热失重曲线，可得到较为满意的分析结果。图 4-52 是混入一定重量比的碳和二氧化硅的聚四氟乙烯的 TG 曲线。可以看出，在 400 ℃以上聚四氟乙烯开始分解失重，留下碳和 SiO_2 在 600 ℃时通入空气加速碳的氧化失重，最后残留物为 SiO_2。根据图 4-53 上的失重曲线，很容易定出聚四氟乙烯的质量分数为 31.0％，C 为 18.6％，而 SiO_2 为 50.5％，其余为挥发物（包括吸附的湿气和低分子物）。

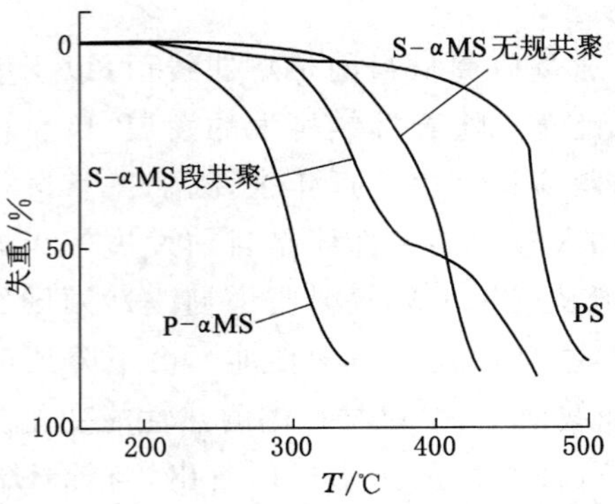

图 4-52 用 TG 法鉴别同系材料和共聚物

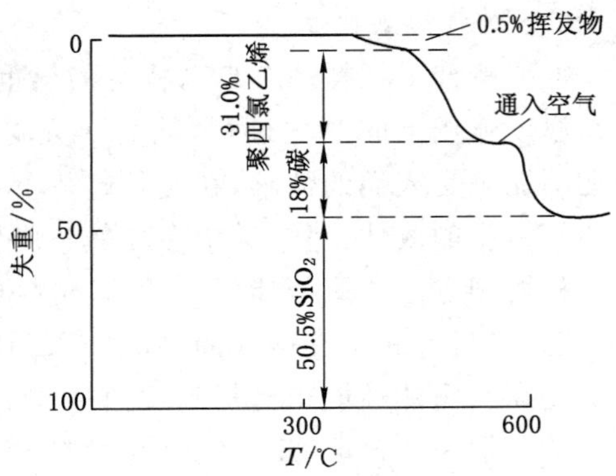

图 4-53 TG 法分析含填料的聚四氟乙烯成份

4.5 热分析技术的发展趋势

热分析技术迄今已有百余年的发展历史。随着科学技术的发展以及在材料领域中的广泛应用,使热分析技术展现出新的生机和活力。近年来,随着科研工作的不断深入,对材料测试的要求日益升级,热分析技术也不断取得创新与突破。热分析技术的发展趋势主要包括:

① 计算机技术的渗透使热分析仪器更加智能化和自动化,应用范围更广。如采用数字过滤技术改善仪器信噪比,提高分辨率等。

② 小型化、高能化是今后发展的必然趋势。目前,TG 精度可以达到 ng 级,DTA 精度可以达到 μW 级。还可以以极快的速度达到极高或极低的温度,挑战温控技术极限。如日本理学的热流式 DSC,体积只相当于原先产品的三分之一,同时还提高了仪器的灵敏度和精度。

③ 新型热分析技术不断问世,如高温 DSC、高压 TG、微分 DTA、温度调节技术、微量热技术、介电热技术、样品控制热分析、脉冲热分析等。

④ 联用技术能够获取更多信息,成为热分析发展新亮点。一般来说,每种热分析技术只能了解物质性质及其变化的某些方面,而一种热分析手段与别的热分析手段或其他分析手段联合使用,会收到互相补充、互相验证的效果,从而获得更全面可靠的信息。目前,除了 DTA、DSC、TG 可相互连用外,热分析还能与气相色谱(GC)、质谱(MS)、红外光谱(IR)等仪器的联合使用分析。

随着科学技术上的进步与研究工作的深入,过去较少应用的热分析技术现在也得到了普遍的应用,如热机械分析技术。热机械分析技术主要分为两种——动态热机械分析(DMA)和静态热机械分析(TMA)。目前,DMA 已经从过去单纯测定材料的动态黏弹性发展到可以测定材料的静态黏弹性,并且只要配置了合适的配件,如与显微镜联用,功能还能进一步扩展。

生物大分子热力学过程有着重要的研究意义,而研究这一过程需要利用目标分子直接测量伴随生物大分子反应的热效应。微量热技术便是测定这种热效应的一种新型热分析技术,具有样品用量小、精确度高、测定速度快、操作简单等特点。目前,微量热仪器主要包括差示扫描微量热仪、等温滴定量热仪(ITC)、热活性微量热仪等。其中,等温滴定量热仪和差示扫描微量热仪的原理相似,前者只是增加了滴定模块的功能:ITC可以收集到滴定过程中吸热或放热的热量变化,用以了解生物分子之间的相互作用。

热分析应用如此之广,与热分析联用技术的兴起有着很大的关系。目前,热分析联用技术主要包括同时联用、串接联用和间歇联用三种类型。

① 同时联用技术,即综合热分析法,它是在程序控温下对一个试样同时采用两种或多种分析技术进行分析。最常用的有TG—DTA,TG—DSC,TG—DTA/D等。近期发展的有动态热机械(DMA)与介电分析(DEA)联用,DMA与流变仪(Rheometer)联用和差示扫描量热(DSC)与光量热计(photocalorimeter)联用。指除了拥有各种单一热分析仪器的分析手段外,还可对物质的各种热效应进行综合判断,从而更为准确地判断物质的热过程。由于综合热分析技术能在相同的试验条件下获得尽可能多的表征材料特性的多种信息,因此它在科研和生产中获得了广泛的应用。

a. DTA—TG联用。DTA—TG是出现最早的联用技术。溶胶—凝胶法是一种低温制备新材料的方法,在材料制备过程中需进行烧结以脱去吸附水和结构水,并排除有机物,同时材料还会发生析晶等变化。图4-54为某一凝胶材料的DTA—TG联用曲线。由图可知,DTA曲线上110 ℃附近的吸热峰为吸附水的脱去;而300 ℃附近的吸热峰伴随有明显的失重,应为由凝胶中的结构水脱去而引起的;400 ℃附近的放热峰也伴随着失重,因此可以认为属有机物的燃烧;而在500～600 ℃的放热峰所对应的TG曲线为平坦的过程,说明该峰属析晶峰。通过DTA—TG联用分析可以定出以下烧结工艺制度:升温烧结时在100 ℃、300 ℃和400 ℃附近的升温速度要慢,以防止制品开裂。

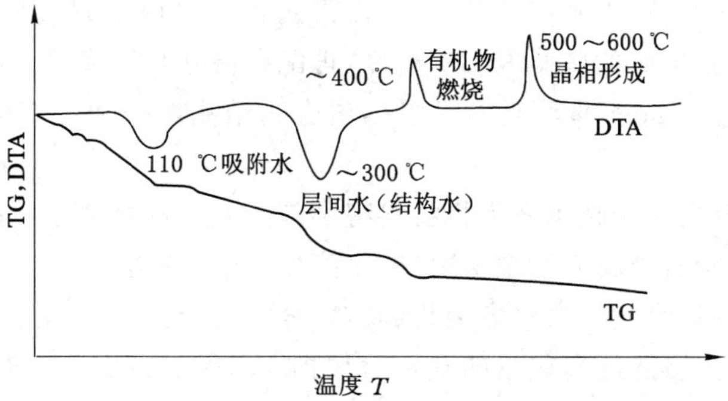

图4-54 凝胶化材料的DTA—TG联用曲线

b. DMA—DEA联用。DEA是一种在设定时间/温度及频率下对材料的两项基本电荷特性—电容及电导进行定性定量分析的技术。电容和电导分别描述了材料容纳电荷和传导电荷的能力,它们与材料的分子运动相关联。DEA可提供的参数有介电常数、玻璃化转化温度、固化程度及固化速率、二级转化温度、损耗系数、离子导电率、高级形态学等。PE公司新型动态热机械—介电同步分析仪,由动态热机械分析仪和介电分析仪两个主要部分组成并由相应的配件和软件连接。DMA7e主机作为主要的力学测试机构和试样夹具。试样夹具采用平行板测试系统,为圆片状。若试样为液体(如固化前的环氧树脂),则可用杯状和平板的测试系统。Eumetric系Ⅲ型微介电分析仪作为电信号的发生、接收和数据处理系统，在底盘(即样品底部)施加振荡电压、电信号穿过试样，到达上平行板后通过一个电导接口箱将信号输入计算机，通过数据处理，以离子黏度随时间变化的形式输出。

c. DSC—PC 联用。差示扫描量热仪和光量热计(PC)联用，可以测定材料在单波长或全光谱紫外光辐照下光化学反应热焓(热流)值的变化。可以进行光硬化、分解树脂、黏接剂、涂料、光纤维被覆材料等紫外线照射树脂的交联度的特性评价。在半导体、电子、印刷油耀、涂料工业中的低温光引发固化方面有着极其广泛的应用。PE 公司开发的双光束光量热计 DPA7 可以与 DSC7 联用，有两种光学系统可供选择。选择单波长可精确评价反应机制及光引发剂、选择全光谱范围可模拟加工条件。多光源可用于不同的反应条件，DSC7 可保证热恰测定的准确性。

② 串接联用技术是指热分析技术与质谱、红外光谱等联用的一类综合分析技术。这种联用技术目前主要用于热分析过程挥发产物的分析。

采用红外光谱(IR)对多组分共混、共聚或复合成的材料及制品进行研究时，经常会遇到这些材料中混合组分的红外光谱谱带位置很靠近，甚至重叠、相互干扰，很难判定。而采用 DSC 法测定混合物时，不需要分离即可将混合物中几种组分的熔点按高低分辨出来。采用 IR—DSC 联用技术，则可根据 IR 法提供的特征吸收谱带初步判断几种基团的种类，再由 DSC 法提供的熔点和曲线就可准确地鉴定共混物组成。这种方法对于共混物、多组分混合物和难以分离的复合材料的分析和鉴定来说，准确而快捷，是一种行之有效的方法。

热分析与质谱(MS)联用，同步测量样品在热处理中质量热焓和析出气体组分的变化，对剖析物质的组成、结构以及研究热分析或热合成机理来说，都是极为有用的一种联用技术。而调幅式 DSC 技术(MDSC)是在线性升温的基础上，另外重叠一正弦波加热方式。当试样缓慢地线性加热时，可得到高的解析度，而采用正弦波振荡方式加热，产生瞬间的剧烈温度变化，可同时兼具较好的敏感度和解析度，再配合傅立叶转换可将试样热焓变化的总热流分解为可逆和不可逆部分，既可区分可逆的聚合物结晶熔融和玻璃化转变过程以及不可逆的热焓松弛现象。

热分析和质谱分析联用技术在无机材料特别是高温无机材料方面的应用十分广泛。在各种无机材料(如硅酸盐和粉末冶金材料)的生产中，热处理是必不可少的方法。各种无机材料在受热过程中往往会发生质量的变化(脱蜡、分解、放气、气体反应等)，体积和几何形状的变化(收缩、致密化、膨胀等)，热焓的变化(相的形成，相的转变等)，电导和其他电学、磁学和光学性能的变化等。热分析和质谱分析联用技术不仅可以测得各种无机材料在受热过程中发生的质量、体积和其他性能的变化，同时可对逸出的气体组分进行表征。这对分析无机材料的热分解机理，改进材料的制备工艺都有着极其重要的意义。近代新型无机材料的发展中正崛起一种无机—有机复合材料。通过将有机官能团引入无机材料的网络之中，对无机材料加以改性，使材料同时兼有无机和有机材料的某些特性，大大改进了材料的性能，扩大了材料的应用范围。利用热分析和质谱分析联用技术可以研究有机—无机复合材料的复合网络的热分解行为。从挥发的有机官能团或者它们的碎片离子质谱表征分析，可以推导出该种有机—无机复合材料的键的断裂方式以及与温度的关系。这对有机先驱体的选择有极大帮助。

质谱在鉴别挥发性物质和物质的热分解碎片方面是十分理想的工具。热分析和质谱分析联用技术的发展主要将集中在下列几个方面：

a. 联用仪器配有更高级的计算机软件，能解决材料在热分析过程中同时逸出气体组分质谱峰的判别以及重叠质谱峰的分解。

b. 热分析仪和质谱联用的方法更趋于多样化。可根据材料研究的实际需要，对 TG、DTA(差热)、DSC(差示扫描量热)、GC(色谱)、FTIR(傅立叶红外光谱)和 MS 等有选择性地加以组合和同步联用，如 TG—MS；TG—DTA—MS；TG—DTA/DSC—MS；还可加上 GC，如 TG—GC—MS 或加 FTIR，如 TG—FTIR—MS。间歇式联用有 TG—CT—GC—MS(CT 为 Cold Trap，冷阱)。

c. 热分析仪和串联质谱(TG—MS/MS)的联用技术将会很快发展。采用串联质谱 MS/MS，引入了第二次质谱分离步骤，将能够区分具有相似热失重行为的试样。这对于分析混合物试样具有较大意义。

d. 热分析和质谱联用技术的应用和研究范围将变得更加宽广。由于对环境试样，往往少量样品不足以代表环境的污染状况。

e. 一种新的脉冲热分析方法可以在选定的温度下进行气体—固体间反应。这种方法适合于用 MS 对逸出气体进行定量表征。

综上所述，热分析质谱法的发展前景十分广阔。在这里不再一一赘述。热分析质谱联用技术的应用在我们国内虽然是近十年的事情，但已经引起人们浓厚的兴趣和密切关注，并有许多研究机构、高技术和产业部门已经或正在着手开展相关的研究工作。

③ 间歇联用技术是指对同一试样应用两种分析技术，而对第二种分析技术的取样是不连续的。TA—GC 联用属于间歇串联联用，如差热分析和气相色谱的间歇联用。由于 GC 从进样到出峰需要一定的时间间隔，而热分析是一种连续的测定过程，就要通过一种接口或取样器，可以每隔一定时间间隔通过载气把热分析气相产物送入 GC 进行分析。因为分析不连续性，从而限制了热分析与色谱联用技术的发展。

热分析技术的新的一个发展趋势是自动化程度更强，近年来出现了自动进样器，实现了数十个样品可自动进样。许多公司相继推出带有机械手的自动热分析测量系统，并配有相应的软件包，能实现自动设定测量条件和存储测试结果，使仪器操作更简便、结果更精确、重复性与工作效率更高。而模型动力学处理软件的开发使处理动力学数据更为方便。

参考文献

[1] 常铁军，祁欣. 材料近代分析测试方法[M]. 哈尔滨：哈尔滨工业大学出版社，1999.

[2] 刘振海. 热分析导论[M]. 北京：化学工业出版社，1991.

[3] 杨南如. 无机非金属材料测试方法[M]. 武汉：武汉工业大学出版社，1990.

[4] 杨淑珍，周和平. 无机非金属材料测试实验[M]. 武汉：武汉工业大学出版社，1991.

[5] 周玉. 材料分析方法[M]. 北京：机械工业出版社，2000.

[6] 左演声，等. 材料现代分析方法[M]. 北京：北京工业大学出版社，2000.

第5章 红外吸收光谱分析

红外光谱(infrared spectroscopy,IR)是研究分子运动的吸收光谱。通常红外光谱是指波长为 2～25 μm 的吸收光谱,这段波长范围反映分子中原子间的振动和变角运动。分子在振动运动的同时还存在转动运动,虽然转动运动所涉及的能量变化较小,处在远红外区,但转动运动影响到振动运动产生偶极矩的变化,因而在红外光谱区实际所测得的谱图是分子的振动与转动运动的叠加的表现,因此红外光谱又称为分子振转光谱。

红外光谱可以应用于化合物分子结构的测定,未知物鉴定以及混合物成份分析。根据光谱中吸收峰的位置和形状可以推断未知物的化学结构;根据特征吸收峰的强度可以测定混合物中各组分的含量;应用红外光谱可以测定分子的键长和键角,从而推断分子的立体构型,判断化学键的强弱等。因此,红外光谱是一种非常重要的分析工具。

5.1 基本原理

5.1.1 概述

5.1.1.1 红外光的发现

1800 年,英国天文学家 F. W. Herschel 用温度计测量太阳光可见光区内、外温度时,发现红色光以外"黑暗"部分的温度比可见光部分高,从而意识到在红色光之外还存在一种肉眼看不见但具有热效应的光,因此称之为红外光,而对应的这段光区便称为红外光区。

5.1.1.2 物质对红外光的选择性吸收

Herschel 在温度计前放置了一个水溶液,结果发现温度计的示值下降,这说明溶液对红外光有一定的吸收。然后,他用不同的溶液重复了类似的实验,结果发现不同的溶液对红外光的吸收程度是不一样的。Herschel 意识到这个实验的重要性,于是他固定用同一种溶液,改变红外光的波长做类似的实验。结果发现,同一种溶液对不同的红外光也具有不同程度的吸收,也就是说,对某些波长的红外光吸收得多,而对某些波长的红外光却几乎不吸收,所以说物质对红外光具有选择性吸收。

显然,如果用一种仪器把物质对红外光的吸收情况记录下来,这就是该物质的红外吸收光谱图,横坐标是波长,纵坐标为该波长下物质对红外光的吸收程度。

由于物质对红外光具有选择性的吸收,因此,不同的物质便有不同的红外吸收光谱图,所以我们可以从未知物质的红外吸收光谱图反过来求证该物质究竟是什么物质。这正是红外光谱定性分析的依据。

5.1.1.3 红外吸收光谱区域

红外区是电磁波总谱中的一部分,它在可见光区和微波区之间,波长范围为 0.75～1 000 μm。根据实验技术和应用的不同,红外区又可进一步分成三个区。

① 近红外区——此区波长范围为 0.75～2 μm，适于天然有机物（如油、糖、蛋白质、氨基酸、天然橡胶等）的定量分析。主要用于测定含—OH，—NH 或—CH 的水、醇、酚、胺及不饱和碳氢化合物。

② 中红外区——此区波长范围为 2～25 μm，又称基频红外区，在有机结构和组成份析中用得最多，地位非常重要。绝大多数有机化合物和无机化合物的基频吸收都落在这一区域。

③ 远红外区——此区波长范围为 25～1 000 μm，适于元素有机物（除 H、O、N、S 和 X 以外元素与 C 直接结合成键的有机化合物）的分析，主要用于测定骨架弯曲振动及有机金属化合物等重原子振动。

5.1.2　分子振动及偶极矩

5.1.2.1　分子振动

(1) 分子振动方程式

分子振动可以近似看做分子中的原子以平衡点为中心，以很小的振幅做周期性的振动，这种分子振动的模型可以用经典的力学方法模拟，如图 5-1 所示。对双原子分子而言，可以把它看成一个失重的弹簧连着两个质量分别为 m_1 和 m_2 的小球，弹簧的长度代表分子化学键的长度。这个体系的振动频率取决于弹簧的强度，即化学键的强度和小球的质量。其振动是在连接两个小球的键轴方向发生的。根据经典力学原理，此简谐振动遵循胡克定律。

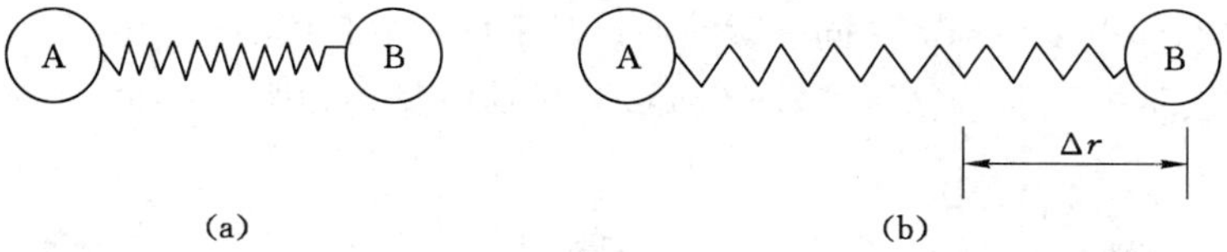

图 5-1　双原子分子振动时原子的位移

(a) 平衡位置；(b) 位移位置

由胡克定律有：

$$F = -kx \tag{5-1}$$

式中　k——弹簧的力常数；

x——谐振子位移的距离。

对分子来说，k 就是化学键的力常数，x 是原子位移的距离。根据牛顿第二定律有：

$$F = ma = m\frac{d^2x}{dt^2} \tag{5-2}$$

将式(5-1)代入式(5-2)中，得：

$$m\frac{d^2x}{dt^2} = -kx \tag{5-3}$$

解此微分方程得：

$$x = A\cos(2\pi\nu t + \varphi) \tag{5-4}$$

式中　A——振幅；

ν——振动频率。

将式(5-3)对 t 微分两次再代入式(5-2)中，可解出：

$$\nu = \frac{1}{2\pi}\sqrt{\frac{k}{m}} \tag{5-5}$$

对于双原子分子来说，用折合质量 μ 代替 m，得：

$$\nu = \frac{1}{2\pi}\sqrt{\frac{k}{\mu}} \tag{5-6}$$

式中　μ——折合质量，$\mu = \dfrac{m_1 m_2}{m_1 + m_2}$；

　　k——化学键力常数(相当于弹簧的胡克常数)，单位为 N/m 或者 g/s^2；

　　ν——振动频率。

一般来说，单键的 $k=4\times10^5\sim6\times10^5$ g/s^2，双键的 $k=8\times10^5\sim12\times10^5$ g/s^2，叁键的 $k=12\times10^5\sim20\times10^5$ g/s^2。

双原子分子的振动只发生在连接两个原子的直线上，并且只有一种振动方式，而多原子分子则有多种振动方式。假设分子由 n 个原子组成，每一个原子在空间都有 3 个自由度，则分子有 $3n$ 个自由度。非线性分子的转动有 3 个自由度，线性分子则只有两个转动自由度，因此非线性分子有 $3n-6$ 种基本振动，而线性分子有 $3n-5$ 种基本振动。

(2) 简正振动

分子中任何一个复杂振动都可以看成不同频率的简正振动的叠加。简正振动是指这样一种振动状态，分子中所有原子都在其平衡位置附近做简谐振动，其振动频率和位相都相同，只是振幅可能不同，即每个原子都在同一瞬间通过其平衡位置且同时到达最大位移值，每一个简正振动都有一定的频率，称为基频。H_2O 和 CO_2 的简正振动如图 5-2 和图 5-3 所示。

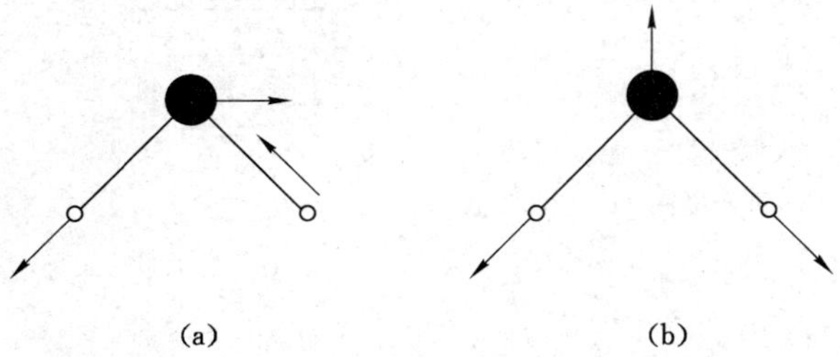

图 5-2　H_2O 分子的三种简正振动方式

(a) 不对称伸缩振动；(b) 对称伸缩振动；(c) 弯曲振动

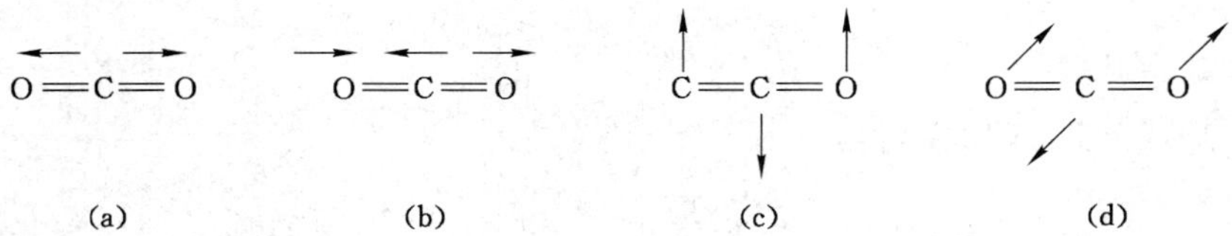

图 5-3　CO_2 分子的四种简正振动方式

(a) 对称伸缩；(b) 不对称伸缩；(c) 弯曲振动；(d) 另一种弯曲振动

(3) 分子的振动形式

分子的基本振动形式有 6 种，以亚甲基为例，列于表 5-1 中。

表 5-1　　亚甲基的基本振动形式

振动模式		代号		示意图	亚甲基键的变化
伸缩	对称伸缩	ν	ν_s	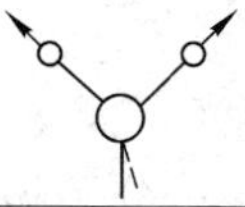	改变键长
	不对称伸缩		ν_{as}	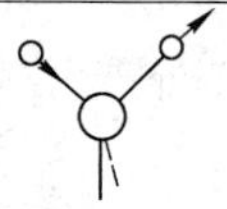	
弯曲(变形)	面内弯曲(剪式)	δ	δ	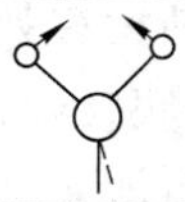	改变键角
	面外弯曲(扭绞)		t	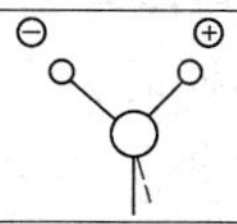	
摇摆	面内摇摆	r	r	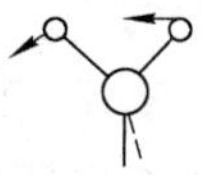	键长和键角都不变
	面外摇摆		w	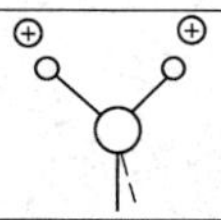	

5.1.2.2　偶极矩

从整体而言,分子呈电中性。由于构成分子的各原子的电负性(指原子在分子中对成键电子的吸引能力)不同,因此分子呈现不同的极性(指一根共价键或一个共价分子中电荷分布的不均匀性),以偶极矩表示。

$$\boldsymbol{\mu} = r \times q \tag{5-7}$$

偶极矩 $\boldsymbol{\mu}$ 是正负电荷中心间距离 r 与电荷所带电量 q 的乘积,单位是 D(德拜)。它是一个矢量,可用它表示极性大小。通常偶极矩越大,极性越强。

偶极矩又分键偶极矩和分子偶极矩。分子偶极矩是键偶极矩经矢量加法后得到的。

根据偶极矩还可判断分子的空间构型。如:同属 AB_2 型分子,CO_2 的 $\boldsymbol{\mu}=0$,可判断其结构对称,是直线型的;而 H_2O 的 $\boldsymbol{\mu}\neq 0$,可判断其结构不对称,是折线型的。

5.1.3　红外光谱的产生

5.1.3.1　红外吸收的本质

分子内原子不停地振动,振动时正负电荷所带电量不变,但其中心距离发生变化,因此分子偶极矩发生变化。对称分子由于正负电荷中心重叠,$r=0$,因此对称分子中原子振动不会引起偶极矩的变化。

当用波长连续变化的红外光照射分子时,与分子振动频率相同的特定波长的红外光被吸收,即产生了共振。光的辐射能通过分子偶极矩的变化传递给分子,此时分子中某种基团就吸收了相应频率的红外辐射,从基态振动能级跃迁到较高的振动能级,即从基态跃迁到激发态,从而产生红外吸收。如果红外光的振动频率与分子中各基团的振动频率不符合,则该部分的红外光就不会被吸收。

红外光照射到样品时，分子吸收的红外光能量 $E_{吸}=h\nu=hc/\lambda$，将红外光 $\lambda=0.75\sim1\,000\ \mu m$，$c=3\times10^{8}$ m/s，$h=6.63\times10^{-34}$ J·s $=4.1\times10^{-15}$ eV·s 代入上式得：$E_{吸}=hc/\lambda=1.2\times10^{-3}\sim1.6$ eV。

分子吸收光子后，依光子能量的大小可引起分子转动、振动和电子能阶的跃迁等。电子跃迁的能量 $E_e=1\sim20$ eV，分子振动的能量 $E_v=0.05\sim1$ eV，分子转动的能量 $E_r=10^{-4}\sim0.05$ eV。由此可看出，红外光谱就是由于分子的振动和转动引起的，因而又称为振—转光谱。

正常情况下，分子振动大多处于基态，被红外辐射激发后跃迁到第一激发态，这种跃迁所产生的红外吸收称为基频吸收。在红外吸收光谱中，大部分吸收都属于基频吸收。

除了基频振动外，还可能得到其他频率的吸收，它们来自：

① 合频频率 $\nu_m+\nu_n$，同时激发了两个基频到激发态。合频也称为组频。

② 差频 $\nu_m-\nu_n$，一个振动模式由基态到激发态，同时另一个振动模式从激发态回到基态。

③ 倍频 2ν，3ν…，由基态到第二激发态、第三激发态……的跃迁。由于跃迁是量子化的，所以吸收的频率是基频的整数倍。

合频和倍频属同一数量级，出现在高频区，而差频很弱，不易观察。

5.1.3.2 产生红外光谱的条件

显然，并不是每种振动都能和红外辐射发生相互作用而产生红外吸收光谱。那么，要产生红外吸收必须具备哪些条件呢？实验证明，红外光照射分子，引起振动能级的跃迁，从而产生红外吸收光谱，必须具备以下两个条件。

① 红外辐射应具有恰好能满足能级跃迁所需的能量，即物质的分子中某个基团的振动频率应正好等于该红外光的频率。因为分子运动的能量是量子化的，所以被分子吸收的光子其能量必须等于分子动能的两个能级之差，否则不能被吸收。或者说，当用红外光照射分子时，如果红外光子的能量正好等于分子振动能级跃迁时所需的能量，则可以被分子所吸收，这是红外光谱产生的必要条件。

② 物质分子在振动过程中应有偶极矩的变化，也就是说，只有能引起分子偶极矩变化的振动才能产生红外吸收光谱，这是红外光谱产生的充分条件。因此，只有极性分子才有红外吸收光谱，非极性分子没有红外吸收光谱。因为对称分子，如 N_2、O_2、CO_2 等，其正负电荷中心重叠，原子振动没有偶极矩变化，故不吸收红外辐射，不产生吸收光谱。

5.2 实验技术

5.2.1 红外光谱仪

5.2.1.1 色散型红外光谱仪

色散型红外光谱仪又称传统红外光谱仪或经典红外光谱仪。它主要由光源、样品池、单色器、检测器、放大器及记录装置五个部分组成，如图 5-4 所示。

(1) 光源

红外光源应是能够发射高强度的连续红外光的物体。常用的光源见表 5-2。

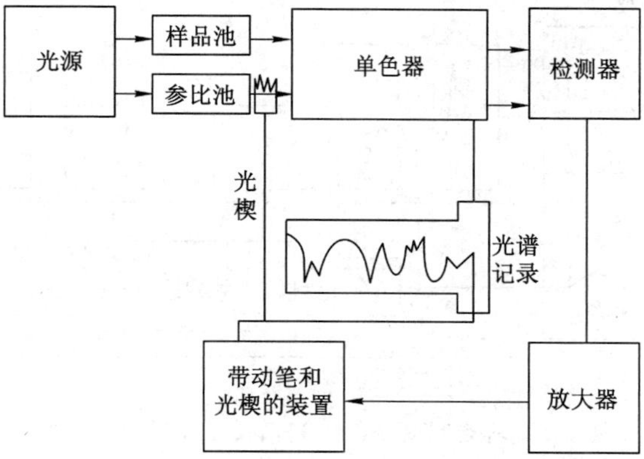

图 5-4　色散型红外分光光度计简图

表 5-2　　**红外光谱的常见光源**

名　　称	适用波长范围/cm^{-1}	说　　明
能斯特(Nernst)灯	400～5 000	ZrO_2,ThO_2等烧结而成
碘钨灯	5 000～10 000	
硅碳棒	200～5 000	FTIR,需用水冷或风冷
炽热镍铬丝圈	200～5 000	风冷
高压汞灯	<200	FTIR,用于远红外区

(2) 样品池

红外光谱仪的样品池一般为一个可插入固体薄膜或液体池的槽,如果需要对特殊的样品(如超细粉末等)进行测定,则需要装配相应的附件。

(3) 单色器

单色器由狭缝、准直镜和色散元件(光栅或棱镜)通过一定的排列方式组合而成,其作用是把通过吸收池而进入入射狭缝的复合光分解成为单色光照射到检测器上。

(4) 检测器

红外分光光度计的检测器主要有高真空热电偶和测热辐射计。此外还有可在常温下工作的硫酸三甘肽(TGS)热电检测器和只能在液氮温度下工作的碲镉汞(MCT)光电导检测器等。

(5) 放大器及记录装置

由检测器产生的电信号是很弱的,例如热电偶产生的信号强度约为 10^{-9} V,此信号必须经电子放大器放大。放大后的信号驱动光楔和马达,使记录笔在记录纸上移动。

色散型红外光谱仪的主要缺点是扫描速度太慢、信号弱、痕量组分的分析困难。

5.2.1.2　傅立叶变换红外光谱仪

傅立叶变换红外光谱仪(FTIR)主要由迈克尔逊干涉仪和计算机两部分组成。仪器整机原理如图 5-5 所示。

(1) 光源

FTIR 要求光源能发射出稳定、能量强、发射度小的具有连续波长的红外光。通常使用

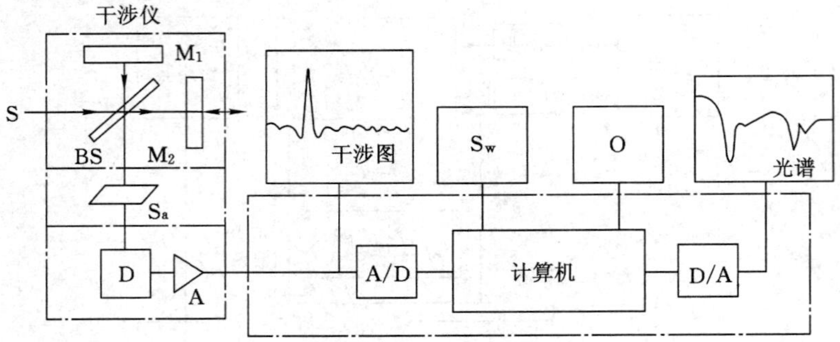

图 5-5 傅立叶变换红外光谱仪工作原理示意图

S——光源；M_1——定镜；M_2——动镜；BS——分束器；D——探测器；S_a——样品；

A——放大器；A/D——模数转换器；D/A——数模转换器；S_w——键盘；O——外部设备

能斯特灯、硅碳棒或涂有稀土化合物的镍铬旋状灯丝。

(2) 迈克尔逊干涉仪

FTIR 仪器的核心部分是迈克尔逊干涉仪，如图 5-6 所示。它由定镜、动镜、分束器和探测器组成。定镜和动镜相互垂直放置，定镜 M_1 固定不动，动镜 M_2 可沿图示方向平行移动，在放置一呈 45°的分束器 BS(由半导体锗和单晶 KBr 组成)，BS 可让入射的红外光一半透光，另一半被反射。当 S 光源的红外光进入干涉仪后，透过 BS 的光束Ⅰ入射到动镜表面，另一半被 BS 反射到定镜上称为Ⅱ，Ⅰ和Ⅱ又被动镜和定镜反射回到 BS 上(图上为便于理解绘成双线)。同样原理又被反射和透射到探测器 D 上。

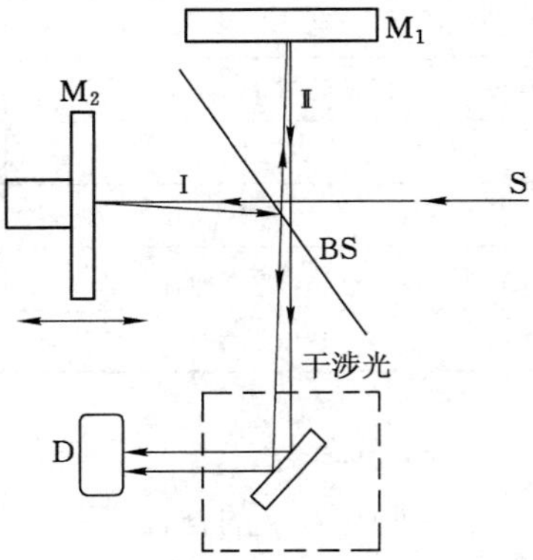

图 5-6 迈克尔逊干涉仪示意图

如果进入干涉仪的是波长为 λ 的单色光，开始时，因 M_1 和 M_2 与分束器 BS 的距离相等(此时 M_2 又称为零位)，Ⅰ光束和Ⅱ光束到达探测器时位相相同，发生相长干涉，亮度最大。当动镜 M_2 移动到入射光的 $\lambda/4$ 距离时，则Ⅰ光的光程变化为 $\lambda/2$，在探测器上两光束的位相差为 180°，则发生相消干涉，亮度最小。当动镜 M_2 移动 $\lambda/4$ 的奇数倍，即Ⅰ光和Ⅱ光的光程差 x 为 $\pm\lambda/2$，$\pm 3\lambda/2$，$\pm 5\lambda/2$…时(正负号表示动镜由零位向两边的位移)，都会发生这样的相消干涉。同样，动镜 M_2 移动 $\lambda/4$ 的偶数倍时，则会发生相长干涉。因此，当动镜 M 匀速移动时，也即匀速连续改变两光束的光程差，就会得到如图 5-7 所示的干涉图。当入射光为连续波长的多色光时，便可得到如图 5-8 所示有中心极大的并向两边衰减的对称干涉图。

在迈克尔逊干涉仪中，核心部分是分束器，简称 BS，其作用是使进入干涉仪中的光，一半透射到动镜上，一半反射到定镜上。又返回到 BS 上，形成干涉光后送到样品上。不同红外光谱范围所用 BS 不同。BS 价格昂贵，使用中要特别予以保养。

(3) 检测器

检测器一般有热检测器和光检测器两大类。热检测器的工作原理——把某些热电材料的晶体放在两块金属板中，当光照射到晶体上时，晶体表面电荷分布变化，由此可以测量红外辐射的功率。热检测器有氘化硫酸三甘钛(DTGS)、钽酸锂($LiTaO_3$)等类型。光检测器

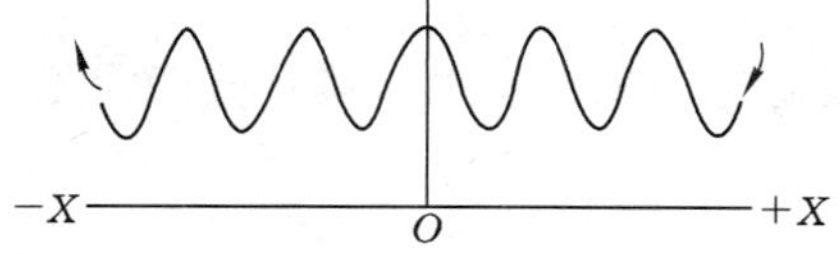

图 5-7　单色光的干涉图

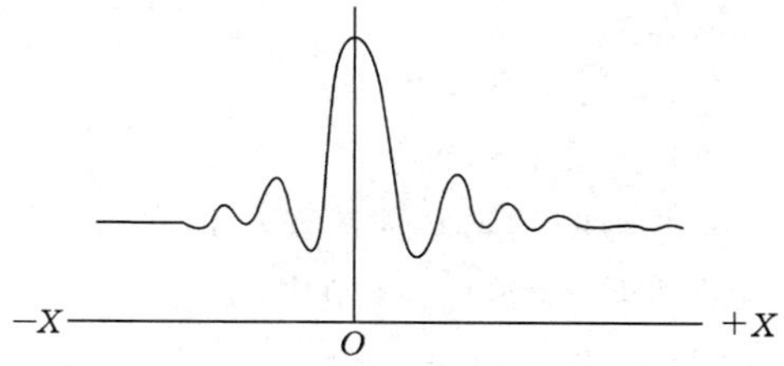

图 5-8　多色光的干涉图

的工作原理——某些材料受光照射后，导电性能发生变化，由此可以测量红外辐射的变化。最常用的光检测器有锑化铟、汞镉碲（MCT）等类型。

（4）记录系统（红外工作软件）

FTIR 红外谱图的记录、处理一般都是在计算机上进行的。目前国内外都有比较好的工作软件，如美国 PE 公司的 Spectrum V3.01，它可以在软件上直接进行扫描操作，可以对红外谱图进行优化、保存、比较、打印等。

傅立叶变换红外光谱仪具有大能量输出、高信噪比、高波数精度及快速扫描等优点，现已得到相当广泛的应用。

5.2.2　样品制备

5.2.2.1　样品制备的要求

① 试样应该是单一组分的纯物质，纯度应大于 98％或符合商业标准。多组分样品应在测定前进行分离提纯，否则各组分光谱相互重叠，难以解析。

② 试样中应不含游离水。水会产生极大的红外吸收，严重干扰试样谱图，还会浸蚀吸收池的盐窗。

③ 试样厚度（浓度）应选择适当。如果试样太薄，产生的红外光谱的吸收峰会很弱，有些峰甚至会被基线噪音所掩盖。反之，如果试样太厚，吸收峰变高、变宽，甚至会产生截顶。

理想的谱图应有 2～3 个强峰接近 100％的吸收，大多数峰的透射比在 10％～80％范围内。相应的样品适当厚度为 10～30 μm。根据不同的高分子，所控制的样品厚度会有所不同，比如含氧基团的吸收很强，因而含氧高分子的厚度不应超过 30 μm。另外，饱和聚烯烃则可以稍厚一些，控制在 300 μm 以下，才有理想的谱图。

④ 试样表面对红外光应无反射。一般表面反射的能量损失为百分之几，但在强谱带附近可达 15％以上。尤其是低频一侧，由于样品的折射率变得很大，从而使折射和反射大为增加。为了改进光谱质量，可以在参比光路中放入一个组分相同但薄得多的样品，这样可以有效补偿由于反射而引起的谱带变形。

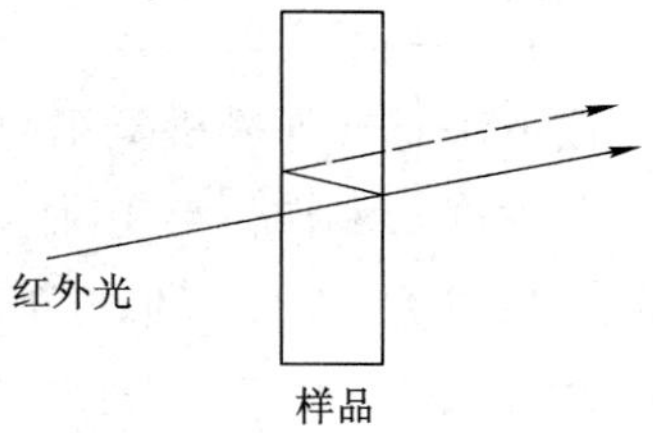

图 5-9　干涉条纹产生原因示意图

反射对光谱的另一种干扰是干涉条纹。由于样品直接透射的光和经样品内、外表面两次反射后再透射的光存在光程差，从而在光谱中出现等波数间隔的干涉条纹，如图 5-9 所示。这种影响在长波（即低频）区尤为突出。消除干涉条纹的常用方法是使样品表面变粗糙，可用楔形薄膜或在样品表面涂上一层折射率相近的红外“透明”物质（如液状石蜡或全氟煤油)。

5.2.2.2 制样方法

(1) 直接采用法

有些透明的塑料薄膜虽然稍厚,但具有塑性,只需轻轻拉伸使之变薄后就可使用。厚度适当的透明薄膜可直接使用。

(2) 热压成膜法

热压成膜法适于热塑性或不易溶解的高聚物。对PE、PP、PVC等尤为合适。橡胶由于具有高弹性,不宜用此法。

较薄样品的厚度靠样品量和温度来控制,较厚样品则要用模型板来限制厚度。一般在10 t压机上,加热温度应在聚合物实测的熔点或软化温度以上30 ℃左右。参考温度:PS:130 ℃;PVC:190 ℃;ABS、SBS:160 ℃。

热压法的优点是可以改变不同的条件(如熔融温度、时间和冷却介质)以观察结构等的变化,还可以在熔化时测定颜料、填料或其他不熔添加物的性质、颗粒尺寸及分布等。此方法快速简便,但有以下缺点:① 由于降解,会产生一些非代表性结构,尤其在边缘与空气接触的地方;② 薄膜中的结晶结构与实际制品在同样的加工温度下得到的结构可能不一样,主要是由于薄膜的表面成核和熔体取向保留下来的结构。

(3) 流延薄膜法

该方法又称溶液铸膜法。先将高分子样品溶解在适当的溶剂中,再将溶液均匀地浇在平滑的物体(如玻璃板、PTFE板等)表面,待溶剂干后,揭下薄膜。薄膜的厚度由溶液的浓度控制。

这种方法非常有用,但要注意溶剂可能残留在薄膜中而带来假象。因而选择适当溶剂和干燥彻底是很重要的。

溶剂使用最多的是四氢呋喃,号称"万能溶剂",能溶解许多高分子,但要注意四氢呋喃在贮存时有被氧化的可能。甲苯和1,2-二氯乙烷也可用做一些高分子的溶剂。二甲基甲酰胺虽是好溶剂但难以挥发,可以用水洗的方法除去。类似地,尼龙可用甲酸溶解,用水洗除甲酸。水溶性高分子可以水作溶剂。

干燥速度要慢,以避免气泡产生,另一方面通常要加热到高分子的玻璃化温度以上才能把溶剂赶尽。所以建议先在室温挥发,最后在红外灯下干燥以除去残留溶剂,干燥速度可通过样品与红外灯的距离来控制。

(4) 溴化钾压片法

该方法是红外光谱常用的制样方法,适用于固体粉末样品。

取少许粉末样品与100~200倍重量的溴化钾在玛瑙研钵中研磨成细粉。如果高分子样品不是粉末,也可用低温研磨预先制备粉末样品。橡胶由于不能热压,故常采用这种方法。

样品粉末要与溴化钾研磨得很均匀,避免由于颗粒不均匀产生散射而造成基线不平。由于溴化钾极易吸潮,故应在红外灯下充分干燥后才能压片,否则会在约1 640 cm^{-1}和3 300 cm^{-1}出现水的吸收。

压片机的构造如图5-10所示,它是由压杆和压舌组成。压舌的直径为13 mm,两个压舌的表面光洁度很高,以保证压出的薄片表面光滑。因此,使用时要注意样品的粒度、湿度和硬度，以免损伤压舌表面的光洁度。

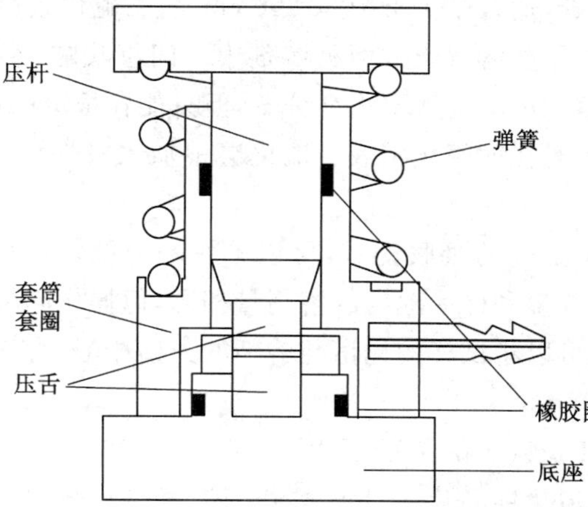

图 5-10　压片机的构造示意图

下面简单介绍一下压片过程：将其中一个压舌放在底座上，光洁面朝上，并装上压片套圈，研磨并干燥后的样品放在这一压舌上，将另一压舌光洁面向下轻轻转动以保证样品平面平整，顺序放压片套筒、弹簧和压杆，加压 10 t，持续 3 min。拆片时，将底座换成取样器（形状与底座相似）。将上、下压舌及中间的样品和压片套圈一起移到取样器上，再分别装上压片套筒及压杆，稍加压后即可取出压好的薄片。

(5) *切片法*

切片首先要选用适当的切片机。比如对韧性的高分子或大面积切片应使用滑板型切片机，对较易切的高分子用旋转型切片机即可。通常使用钢刀，刀刃有碳化钨更好。

各种聚合物的硬度和韧性相差很大，因而必须采用不同的切片方法。硬度和韧性适中的试样，在室温下易于切片；太易于形变的试样，则需低温切片；质地坚硬的试样，只能升温切片或像金属那样研磨加工。

理想的无定形高分子的最佳切片温度稍低于 T_g，但结晶、交联、添加剂会改变切片温度。聚乙烯是结晶度影响切片温度的典型例子。LDPE 在室温下切片易发生形变，切片会留有应力而报废，只有冷冻至－120 ℃附近才能切片；而 HDPE 由于结晶度高在室温下就较硬而能切片，实际上 HDPE 冷冻（－50 ℃）切片更为有利。如果切片机没有冷冻装置时，用干冰冷却切片机样品台是可行的办法。

颜料、稳定剂、润滑剂等一般对切片性能影响不大，但填料如 $CaCO_3$、TiO_2、玻纤等会使材料变硬而有利于切片。相反，增塑剂可使聚氯乙烯的 T_g 从 80 ℃降至室温以下，故聚氯乙烯需冷冻切片。

硬度和韧性适中的高分子可切成约 10 μm 厚的切片，如需要更薄的切片也需冷冻。而且如果允许切片面积减小到最大限度，则可能得到更薄的切片。与冷冻切片相反，对于太硬或太韧的聚合物，适当升温则利于切片，较便利的方法是用理发吹风机给样品吹热风。

(6) *液膜法*

将高分子溶液在卤化物晶片上涂上薄薄一层液膜就可以进行测定。如果溶液黏度很小，可夹在两片卤化物晶片之间测定。

这个方法很少用于高分子样品，因为绝大部分有机溶剂都有较强的吸收。虽然有少数溶剂吸收较少，如四氯化碳，适合于 1 350～4 000 cm^{-1}，二硫化碳适合于 200～1 350 cm^{-1}，但是只有少数非极性高分子能溶解于这两种溶剂中。四氢呋喃、氯仿、二氧杂环己烷、二甲基甲酰胺和丙酮等极性溶剂虽能溶解不少高分子，但只能在很窄的波数范围内测定，这些溶剂往往用于定量分析。有时在四氯化碳或二硫化碳中加入极性溶剂，可以帮助溶解某些极性较弱的高分子。

为了消除样品溶液中溶剂的吸收谱带，可以采用补偿技术，就是在参比池内放入纯溶剂，而且令参比池内的溶剂量和样品池内的溶剂量相同，但操作起来比较麻烦。在傅立叶变换红外光谱仪上，计算机可以将试样的光谱与溶剂的光谱相减，直接得到无溶剂谱带的差示光谱图。

最常用的卤化物晶片是氯化钠晶片，适用于 700～5 000 cm^{-1}。有的样品需观察 350～700 cm^{-1}这一段，可采用溴化钾晶片。对于含水溶液，即使水量很少也会腐蚀溴化钾或氯化钠晶片的表面，此时应改用耐水的氟化钙或氯化银晶片。

5.3 红外吸收光谱图

5.3.1 谱图的表示方法

5.3.1.1 横坐标

红外吸收光谱图的横坐标一般有两种表示方法。

(1) 波长

波长即相邻两个波峰(波谷)的距离，用 λ 表示，单位为 μm。它通常出现在谱图的上方。

(2) 波数

如果对波长取倒数，则称为波数，用 $\bar{\nu}$ 表示，$\bar{\nu}=\dfrac{10^4}{\lambda}$。其含义是每厘米中包含的波的数目，单位是 cm^{-1}。波数通常出现在谱图的下方。

波长和波数可同时标在同一张谱图上。

由于光谱图横坐标表示各种振动频率，而波数与频率有正比关系，即 $\bar{\nu}=\dfrac{\nu}{c}$，所以用波数表征振动频率更直观。

5.3.1.2 纵坐标

红外吸收光谱图的纵坐标也有两种表示方法。

(1) 透光度

$$T=\frac{I}{I_0}\times 100\%$$

式中 I_0——入射光强度；

I——入射光被样品吸收后透过的光强度。

(2) 吸光度

$$A=\lg\frac{1}{T}=\lg\frac{I_0}{I}$$

透光度和吸光度不能同时出现在同一张谱图上。

5.3.2　谱图解析三要素

在红外光谱图中会有许多峰(又称谱带),它们分别对应分子中某个或某些基团的吸收,因而红外光谱主要提供了基团的信息。

在拿到一个红外光谱图后,首先要审核的是谱带的位置(谱图横坐标上的波数),其次是谱带的强度(峰的高度或面积),然后是谱带的形状(如宽度、劈裂等)。这三个方面都能提供分子结构的信息,称为谱图解析三要素。

5.3.2.1　谱带的位置

具有相同官能团的一系列化合物,近似的有一个共同的吸收频率范围,而分子中其他部分对其吸收频率的影响较小,这种能代表某种基团存在并具有较高强度的吸收峰称为基团的特征吸收峰。这个峰所在的频率位置称为基团的特征吸收频率。

谱带的位置即谱图上横坐标的值,它反映的是基团(或化学键)的特征吸收频率,这是红外光谱法的最重要的数据,是定性鉴别和结构分析的依据。通过它可确定聚合物类型。

重要的官能团(如 OH、NH、C ═ O 等)的强特征吸收出现在 650～903 cm^{-1}和 1 300～4 000 cm^{-1},称为官能团吸收区。而 903～1 300 cm^{-1}中间部分称为指纹区。因为这部分的吸收常是相互作用的振动引起的,对不同试样可能都是独特的,故称指纹区。

要注意的是,基团的特征吸收频率会因分子中基团所处的不同状态以及分子间的相互作用而有所变动,比如氢键的形成会使吸收频率位移。这些内容以后会详细讲解。

下面介绍一些出峰的规律:

$$\nu = \frac{1}{2\pi}\sqrt{\frac{k}{u}}$$

由上式可看出,基团的振动频率与键力常数成正比,与折合质量成反比。利用它可帮助记忆:

① C、N、O 相对原子质量相近,因此它们的 ν 主要取决于 k。

三键 k 最大,故 ν 最大,吸收峰常出现在 2 100～2 400 cm^{-1},如:C ≡ C 出峰位置在 2 222 cm^{-1}。双键 k 次之,吸收峰常出现在 1 500～1 900 cm^{-1},如 C ═ C 出峰位置在1 667 cm^{-1}。单键 k 最小,吸收峰通常出现在 1 300 cm^{-1}以下,如 C—O 出峰位置在1 280 cm^{-1}。

② C—C、C—N、C—O,k 相近,但 u 不同,故出峰位置:C—C＞C—N＞C—O,分别为 1 429 cm^{-1},1 330 cm^{-1},1 280 cm^{-1}。

③ H 原子质量最小,故 C、N、O 与 H 之间的振动通常出现在高波数区,一般吸收峰在 2 700 cm^{-1}以上。

5.3.2.2　谱带的强度

谱带的强度即谱图纵坐标的值,它与分子数(基团数)有关,常用来做定量计算。

谱带的强度还与分子振动的对称性(分子极性)有关。对称性越高,振动中分子偶极矩变化越小,谱带强度也就越弱。

比如苯在 1 600 cm^{-1}的谱带比较弱,是由于它的振动是对称的,但取代苯在 1 600 cm^{-1}附近有较强的谱带。一般来说,极性较强的基团在振动时偶极矩的变化大,吸收峰强。

5.3.2.3　谱带的形状

谱带的形状即谱带的宽窄,尖锐还是平坦,是否有分裂等。多用于研究分子的对称性、旋转异构、互变异构等。此外，在指证官能团时也能起到一定作用，可以按其吸收峰的宽度来区别在同一特征吸收频率处出峰的不同官能团。

比如，酰胺的 ν(C═O)和烯的 ν(C═C)均在 1 650 cm^{-1}附近有吸收，但由于酰胺基团的羰基大都形成氢键，其峰较宽，很容易和烯类相区别。

5.3.3 影响频率位移的因素

分子中各基团的振动不是孤立的，是受到分子其他部分以及测定状态、外部条件的影响。因此，同一基团的振动在不同结构或不同环境中其吸收频率都或多或少要有所移动。了解频率位移的影响因素及其规律对鉴定工作很有用处。

5.3.3.1 外部因素

(1) 物理状态的影响

同一样品不同的相态，光谱差别很大，其原因：气态时，分子伸缩振动频率高，液态次之，固态最小。

(2) 溶剂的影响

同一物质在不同溶剂中由于溶质和溶剂的相互作用不同，测得的吸收光谱也不同。通常情况下，极性基团的伸缩振动频率随溶剂极性增大而向低频移动。

(3) 粒度的影响

粒度越大，基线越高，峰宽而强度低。随粒度变小，基线下降，强度增高，峰变窄。通常要求粒度大小必须小于测定波长。

5.3.3.2 内部因素

基团处于分子中某一特定的环境，因此它的振动不是孤立的。基团确定后，相邻的原子或其他基团可以通过电子效应、空间效应等影响化学键的力常数，从而使其振动频率发生位移。同一种官能团的吸收振动总是出现在一个窄的波数范围内，但它不是出现在一个固定波数上，具体出现在哪一波数与基团在分子中所处的环境有关，这也是红外光谱用于有机分子结构分析的依据。影响频率位移的内部因素主要是分子结构上的原因。

(1) 电子效应

① 诱导效应。当基团旁连有电负性不同的原子或基团时，通过静电诱导作用，引起分子中电子云密度的变化，从而引起基团化学键的键力常数变化，影响了基团的频率位移。这种作用称为诱导效应。例如在一些化合物中，羰基伸缩振动频率($\nu_{C=O}$)，随着取代基电负性增大，吸电子诱导效应增加，使羰基双键性加大，$\nu_{C=O}$向高波数移动。

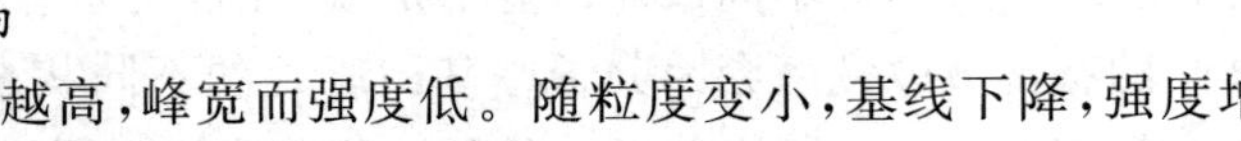

1 715 cm^{-1} 1 735 cm^{-1} 1 800 cm^{-1} 1 870 cm^{-1}

② 共轭效应。当两个或更多的双键共轭时，因 π 电子离域增大，即共轭体系中电子云密度平均化，使双键的键强降低，双键基团的振动频率随之降低，仍以 $\nu_{C=O}$为例加以说明：

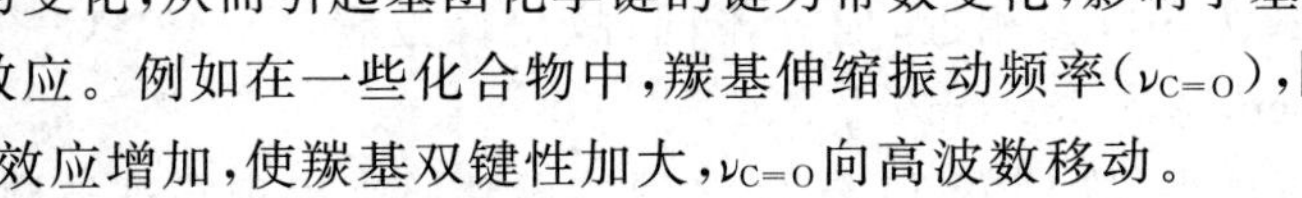

1 715 cm^{-1} 1 690 cm^{-1} 1 665 cm^{-1}

面对共轭体系中的单键而言，则键强有所增强，相应的振动频率增大。如脂肪醇的红外光谱中，C—O—H 基团中的 C—O 反对称伸缩振动频率（$\nu_{as\,C-O}$）位于 1 050～1 150 cm^{-1}。在酚中，因为氧与芳环的 p—π 共轭，使 C—O 键强增大。其 ν_{C-O} 蓝移到 1 200～1 230 cm^{-1}。

有些时候，诱导效应和共轭效应同时存在，应具体分析哪一种效应的影响更大。例如酰胺 R—CO—NH_2，氮原子上的孤对电子与羰基形成 p—π 共轭，使 $\nu_{C=O}$ 红移；氮的电负性比碳大，吸电子诱导效应使 $\nu_{C=O}$ 蓝移，因共轭效应大于诱导效应，总结果 $\nu_{C=O}$ 红移到 1 689 cm^{-1} 左右，而在脂肪族酯中也同时存在共轭和诱导两种效应，但诱导效应占主导地位，所以酯的 $\nu_{C=O}$ 出现在较高频率处。

(2) 空间效应

① 空间位阻。共轭体系具有共平面的性质，如果因邻近基团体积大或位置太近而使共平面性偏离或破坏，就会使共轭体系受到影响。原来因共轭效应而处于低频的振动吸收向高频移动，仍以 $\nu_{C=O}$ 为例，当苯乙酮的苯环邻位有甲基或异丙基存在时，$\nu_{C=O}$ 发生蓝移。

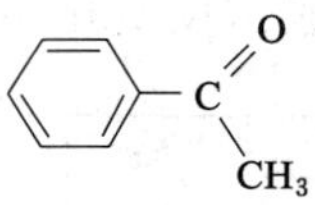

1 663 cm^{-1}

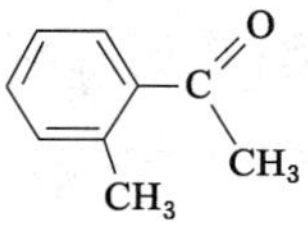

1 686 cm^{-1}

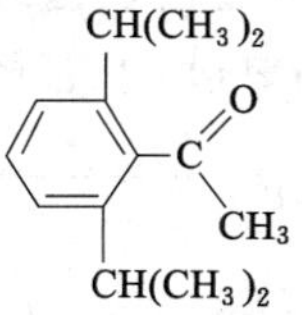

1 693 cm^{-1}

② 环的张力。环张力的大小会影响环上有关基团的振动频率。基本规律是随着环张力增大，环外基团伸缩振动频率增加，而环内基团振动频率反而下降。表 5-3 列出了一些典型例子。

表 5-3　环的张力对基团振动频率的影响　cm^{-1}

基团种类	基团①	六元环	五元环	四元环	三元环
环外基团	环酮 $\nu_{C=O}$	1 715	1 745	1 780	1 850
	环外烯 $\nu_{C=C}$	1 651	1 657	1 678	1 781
	环烷烃 ν_{C-H}	2 925	—	—	3 050
环内基团	环内烯 $\nu_{C=C}$	1 639	1 623	1 566	—

注：① 环酮，如 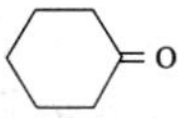，环外烯，如 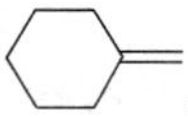。环烷烃，如 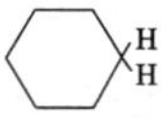，环内烯，如 。

(3) 偶合效应

当两个频率相同或相近的基团连接在一起时，会发生偶合作用，分裂成两个峰，一个比原来吸收峰的 ν 高些，另一个则低些。

(4) 氢键效应

氢键的形成使参与形成氢键的原有化学键的力常数降低，吸收频率向低频移动。氢键形成程度不同，对键力常数的影响不同，使吸收频率有一定范围，即吸收峰展宽。形成氢键后，相应基团振动时偶极矩变化增大，因此吸收强度增大。

例如醇、酚的 ν_{O-H}，当分子处于游离状态时，其振动频率为 3 640 cm^{-1} 左右，呈现一个中等强度的尖锐吸收峰；当分子因氢键而形成缔合状态时，振动频率红移到 3 300 cm^{-1}附近，谱带增强加宽。胺类化合物的 NH_2或 NH 也能形成氢键，有类似现象。除伸缩振动外，OH、NH 的弯曲振动受氢键影响也会发生谱带位置的移动和峰形展宽。还有一种氢键是发生在 OH 或 NH 与 C ═ O 之间的，如羧酸以这种方式形成二聚体：

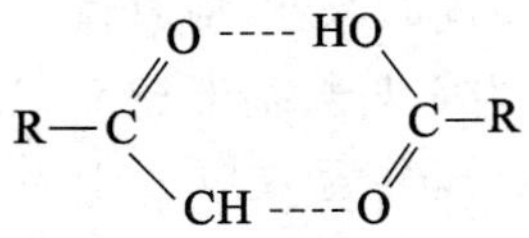

这种氢键比 OH 自身形成的氢键作用更大，不仅使 ν_{O-H}移向更低频，在 2 500～3 200 cm^{-1}区域，而且也使 $\nu_{C=O}$红移。游离羧酸的 $\nu_{C=O}$约为 1 760 cm^{-1}，而缔合状态(如固、液体)时，因氢键作用 $\nu_{C=O}$移到 1 700 cm^{-1}附近。

氢键对振动频率的影响是能用实验证明的。如在气相或非极性的稀溶液中测定醇或酸的红外光谱，得到的是游离分子的红外光谱，此时没有氢键的影响。如果以液态的纯物质或浓溶液测定，得到的是由氢键缔合分子的红外光谱，两者有较大的差别(图 5-11)。有些化合物能形成分子内氢键，如邻羟基苯甲酸，其 ν_{O-H}、$\nu_{C=O}$不会受到浓度变化的影响。

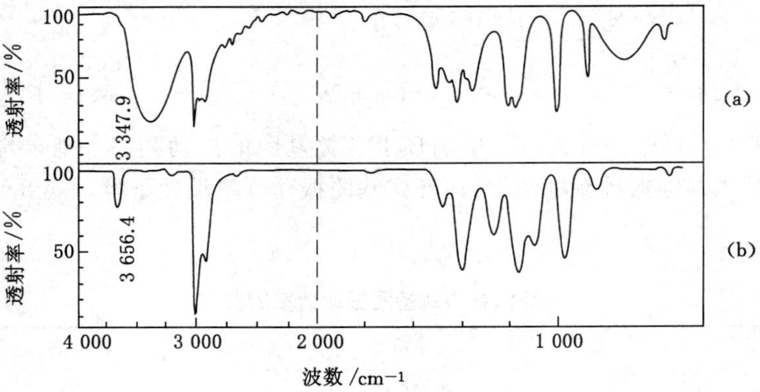

图 5-11　异丙醇的液膜和气相红外光谱

(a) 液膜；(b) 气相

5.3.4　影响谱带强度的因素

谱带强度与基团振动时偶极矩变化的大小有关，偶极矩变化越大，谱带强度越大。偶极矩没有变化，谱带强度变为 0，即为红外非活性。而偶极矩的变化和分子(或基团)本身固有的偶极矩有关，极性较强的基团，振动中偶极矩变化较大，对应的吸收谱带也较强。例如 C ═ O和 C—C 伸缩振动频率相差不大，都在双键区，但吸收强度差别很大，C ═ O 的吸收很强，而 C ═ C 的吸收较弱。单键也一样，C—O、C—X(X 为卤素原子)这样的极性基团在谱图中总是产生强吸收，而 C—C 基团的吸收峰较弱。

基团的偶极矩还与结构的对称性有关，对称性越强，振动时偶极矩变化越小，吸收谱带越弱。例如 C ═ C 在下面三种结构中，吸收强度差别很明显(ε 为摩尔吸光系数)。

$$R—CH═CH_2(\varepsilon=40),R—CH═CH—R'(顺式\ \varepsilon=10,反式\ \varepsilon=2)$$

端烯烃的对称性较差，顺式烯烃其次，反式烯烃的对称性最强，因此它们的 C ═ C 吸收峰强度依次递减，在反式烯烃中几乎常常检测不到。

5.4　各类化合物的红外光谱特征

5.4.1　烃类化合物

5.4.1.1　烷烃

烷烃的结构简单，直链烷烃分子中只有甲基(CH_3)和亚甲基(CH_2)，支链烷烃中还可能有次甲基(CH)或季碳原子存在。这些基团的伸缩振动和弯曲振动产生的吸收峰是烷烃红外光谱的主要吸收峰，它们大体在三个区域内。

饱和 C—H 的伸缩振动位于氢键区 2 800～3 000 cm^{-1}，其中包括 CH_3、CH_2 不对称和对称伸缩振动以及 CH 基团的伸缩振动。它们的振动频率相差不大，在分辨率低时发生重叠，在谱图上只能见到两个吸收峰。表 5-4 列出了各基团不同振动方式的具体频率，由这些数据可知，同一基团的不对称伸缩振动比对称伸缩振动频率高，而对同一类型的振动而言，甲基频率最高，在高分辨率的谱图中，通过检测 2 950～2 960 cm^{-1} 的峰可以推测分子中是否有 CH_3 存在。

表 5-4　　烷烃类化合物的特征基团频率

基　团	振动形式	吸收峰位置	强度①	备　注
—CH_3	ν_{asCH}	(2 962±10) cm^{-1}	s	异丙基和叔丁基在 1 380 cm^{-1} 附近劈裂为双峰
	ν_{sCH}	(2 872±10) cm^{-1}	s	
	δ_{asCH}	(1 450±10) cm^{-1}	m	
	δ_{sCH}	1 370～1 380 cm^{-1}	s	
$\diagdown CH_2 \diagup$ (>CH_2)	ν_{asCH}	(2 926±5) cm^{-1}	s	
	ν_{sCH}	(2 853±10) cm^{-1}	s	
	δ_{CH}	(1 465±20) cm^{-1}	m	
—CH (次甲基)	ν_{sCH}	(2 890±10) cm^{-1}	w	
	δ_{CH}	～1 340 cm^{-1}	w	
—$(CH_2)_n$—	CH_2 的 δ_{CH}	～720 cm^{-1}	w	$n\geqslant 4$

注：① 吸收强度表示：vs——很强，s——强，m——中强，w——弱。

CH_3、CH_2 的弯曲振动频率位于 1 300～1 500 cm^{-1}。其中 δ_{asCH_3} 和 δ_{asCH_2} 都出现在1 460 cm^{-1} 附近，δ_{CH_3} 在 1 380 cm^{-1} 附近，这是甲基的又一个特征峰。当分子中有异丙基时，因振动偶合作用使 1 380 cm^{-1} 的峰发生裂分在 1 375 cm^{-1} 和 1 385 cm^{-1} 左右出现强度接近的两个峰(图 5-12)，叔丁基也会有类似现象发生，但出现的两个分裂峰强度不等，其中处于低波数的峰强度约为高波数的两倍。

当分子中含有四个以上—CH_2—所组成的长链时，在 720 cm^{-1} 附近出现较稳定的 $(CH_2)_n$ 面内摇摆振动弱吸收峰，峰强度随相连的 CH_2 个数增加而增强。如图 5-13 所示正癸烷的红外光谱。

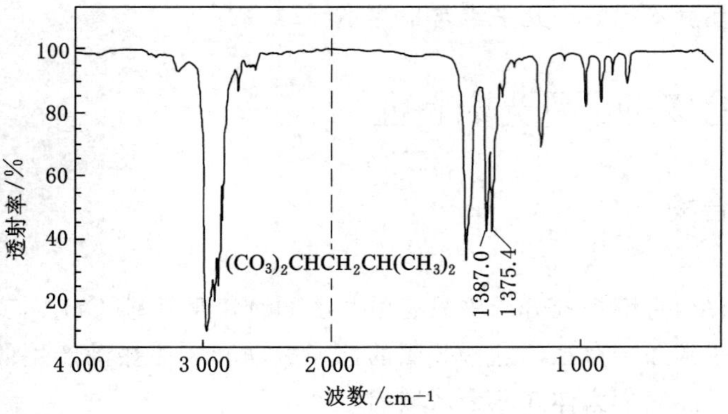

图 5-12　2,4-二甲基戊烷的红外光谱

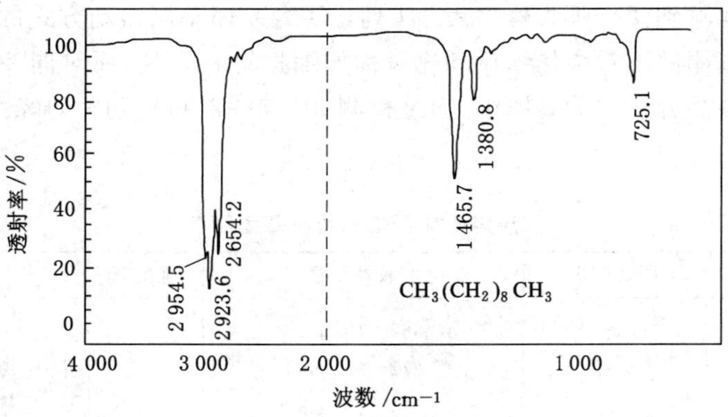

图 5-13　正癸烷的红外光谱

5.4.1.2　烯烃

烯烃与烷烃的结构差别只是前者多了一个或几个 C═C 双键，所以烯烃与烷烃的红外光谱主要差别均与 C═C 有关，主要有三个特征：

① C═C 双键的伸缩振动($\nu_{C=C}$)位于双键区 1 600～1 680 cm^{-1} 区域。不同类型烯烃的 $\nu_{C=C}$ 稍有差别，见表 5-5。共轭的 C═C，振动频率较低，靠近 1 600 cm^{-1}。C═C 伸缩振动是一个中等强度或较弱的吸收峰，其强度受分子对称性影响。在一个完全对称的结构中，C═C 伸缩振动时没有偶极矩的变化，是红外非活性的，因此在这区域不出现 $\nu_{C=C}$ 吸收峰。

② 不饱和 C—H 的伸缩振动($\nu_{=C-H}$)，即烯碳原子上的 C—H 伸缩振动位于 3 000～3 100 cm^{-1}，比烷烃中的饱和 C—H 伸缩振动频率稍高。一般以 3 000 cm^{-1} 为界线来区分饱和 C—H 和不饱和 C—H。

③ 不饱和 C—H 的面外弯曲振动($t_{=C-H}$)位于 650～1 000 cm^{-1} 区域。虽然位于指纹区，但它们的强度大，特征性较强，吸收峰的位置与烯烃的取代类型密切相关(表 5-6)，是鉴别烯烃类型的最重要信息。

上述烯烃的特征吸收峰在 1-辛烯的红外光谱中(图 5-14)均十分明显。同时在谱中还可见到烷基链产生的各吸收峰。

表 5-5　烯烃类化合物的特征基团频率

烯烃类型	$\nu_{=C-H}/cm^{-1}$(强度)	$\nu_{C=C}/cm^{-1}$(强度)	$t_{=C-H}/cm^{-1}$(强度)
$R-CH=CH_2$	3 080(m),2 975(m)	1 645(m)	990(s),910(s)
$R_2C=CH_2$	3 080(m),2 975(m)	1 655(m)	890(s)
$RCH=CHR'$(顺式)	3 020(m)	1 660(m)	760～730(m)
$RCH=CHR'$(反式)	3 020(m)	1 675(w)	950～1 000(m)
$R_2C=CHR'$(三取代)	3 020(m)	1 670(m)	840～790(m)
$R_2C=CR_2'$(四取代)	3 020(m)	1 670(m)	无

表 5-6　羟基化合物的特征基团频率

基　　团	振动形式	吸收峰位置/cm^{-1}	强度	备　　注
OH	$\nu_{O-H(游离)}$	3 600	m	峰形尖锐
OH	$\nu_{O-H(缔合)}$	3 300	s	宽峰
C—OH(伯醇)	ν_{C-O}	1 050	s	峰形较宽
C—OH(仲醇)	ν_{C-O}	1 100	s	峰形较宽
C—OH(叔醇)	ν_{C-O}	1 150	s	峰形较宽
C—OH(酚)	ν_{C-O}	1 200～1 300	s	峰形较宽

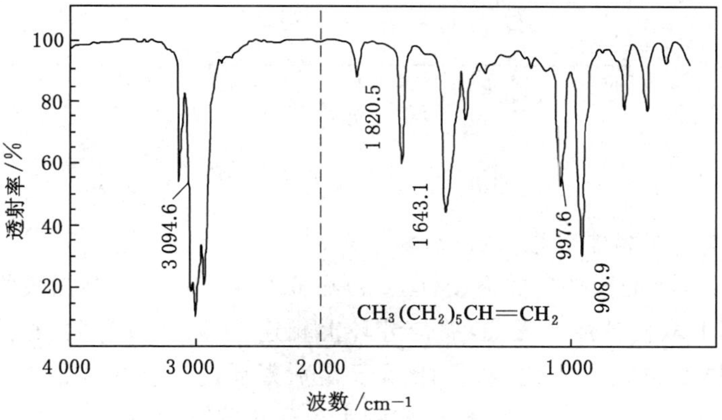

图 5-14　1-辛烯的红外光谱

5.4.1.3　炔烃

炔烃的红外光谱比较简单。端基炔烃有两个主要特征吸收峰,一是叁键旁的不饱和C—H伸缩振动 $\nu_{\equiv C-H}$约在 3 300 cm^{-1}处产生一个中强的尖锐峰,二是 C≡C 伸缩振动 $\nu_{C\equiv C}$吸收峰在 2 100～2 140 cm^{-1}(图 5-15)。C≡C 位于碳链中间的炔烃红外光谱更为简单,只有 $\nu_{C\equiv C}$在 2 200 cm^{-1}左右的一个尖峰,强度较弱,在对称结构中该峰不出现(图 5-16)。

5.4.1.4　芳烃

芳烃的红外吸收光谱与烯烃类似,有以下特征吸收:

① 芳环的骨架振动($\nu_{C=C}$)在 1 450～1 650 cm^{-1}出现 2～4 个吸收峰。由于芳环是一个共轭体系,所以其 C＝C 伸缩振动频率位于双键区的低频一端。

② 芳环上的 C—H 伸缩振动($\nu_{=C-H}$)与烯烃的不饱和 C—H 伸缩振动类似,出现在

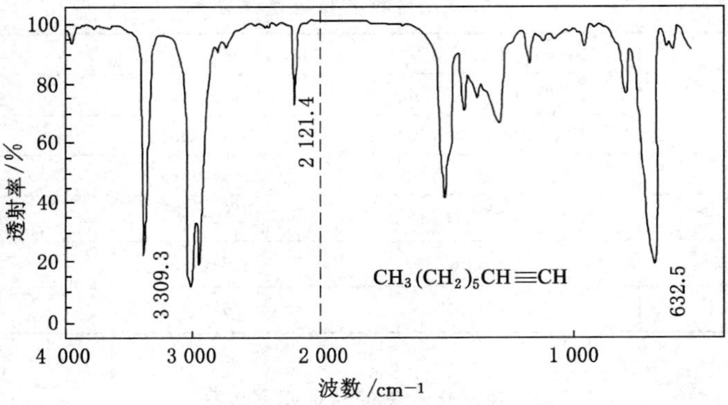

图 5-15　1-辛炔的红外光谱

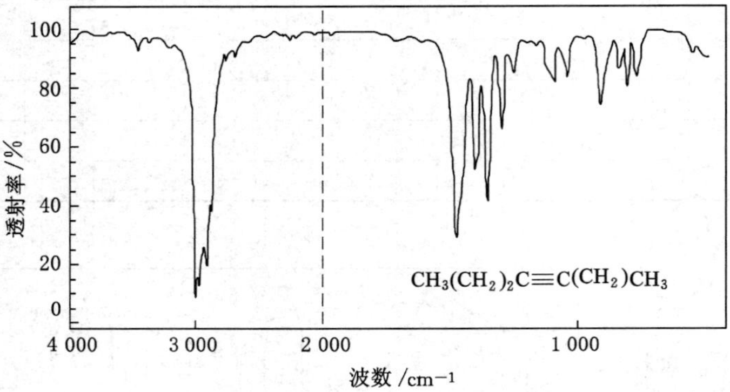

图 5-16　4-辛炔的红外光谱

3 000～3 100 cm^{-1}，但常常有数个吸收峰。

③ 芳环上 C—H 的面外弯曲振动($t_{=C-H}$)在 650～900 cm^{-1}有强吸收。这一区域的吸收峰位置与芳环上取代基性质无关，而与芳环上相连 H 的个数有关，相连的 H 越多，振动频率越低，吸收强度越大。因此，它们能用于鉴别芳环的取代类型。这点也与烯烃类似。图 5-17中 731 cm^{-1}和 694 cm^{-1}的峰，可鉴别为芳环的单取代类型。

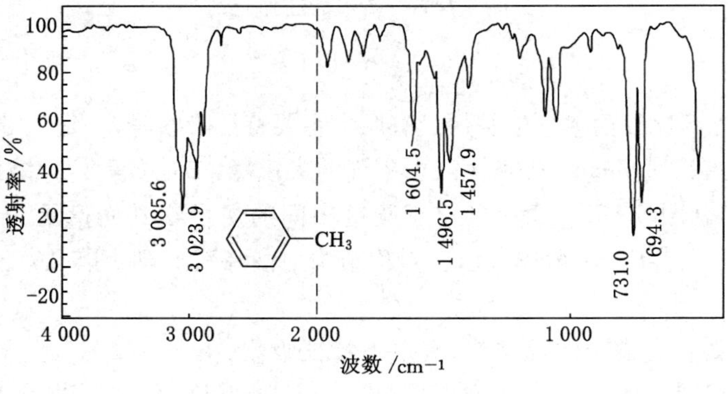

图 5-17　甲苯的红外光谱

5.4.2　醇、酚及醚

5.4.2.1　醇和酚

在氢键区的 ν_{O-H} 是醇、酚红外光谱最显著的特征，游离 OH 伸缩振动出现在较高频的 3 600 cm^{-1}，是一尖峰。形成氢键缔合状态的 OH 则在 3 300 cm^{-1} 左右呈现一个又宽又强的吸收峰[图 5-11(a)]。

醇和酚第二个主要吸收峰 ν_{C-O} 位于 1 000～1 250 cm^{-1}，通常是谱图中的最强吸收峰之一。伯、仲、叔醇的 ν_{C-O} 频率有些差别，而酚的则处于较高频(表 5-6)。这是因为在酚中芳环与羟基的氧有 p—π 共轭，使 C—O 键的力常数增大。

另外，醇和酚的 OH 面内弯曲振动 δ_{OH} 在 1 300～1 500 cm^{-1}，面外弯曲振动 t_{OH} 在 650 cm^{-1} 左右产生吸收峰。由于氢键缔合作用的影响，峰形宽而位置却变化大，因此在结构鉴定时用处不大。图 5-18 是 2-乙基苯酚的红外光谱。图中 756 cm^{-1} 峰位是苯环上邻位二取代的特征峰。

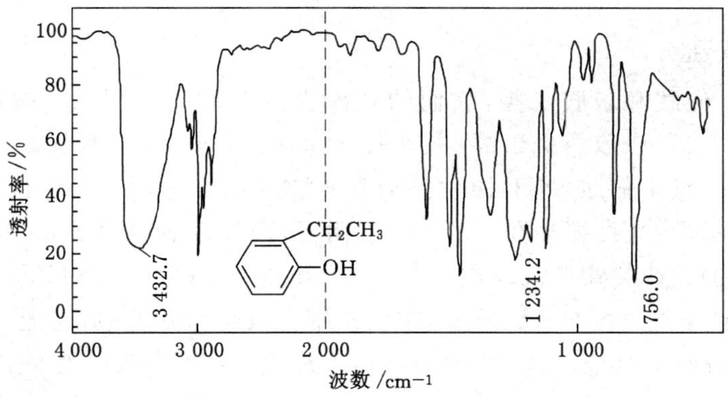

图 5-18　2-乙基苯酚的红外光谱

5.4.2.2　醚

醚类的特征是含有 C—O—C 的结构，有对称和反对称两种伸缩振动吸收，均位于指纹区。由于氧的质量和碳的质量很接近，使醚键的 C—O 伸缩振动吸收位置和 C—C 的接近，但 C—O 的振动时偶极距变化较大，因此吸收强度较大，有利于与 C—C 键的区别，但任何含有 C—O 键的分子(例如醇、酚、酯、酸等)都对醚键的特征吸收产生干扰，因此用红外光谱确定醚键的存在与否是比较困难的。与酚类似，芳香醚的 ν_{C-O-C} 频率比脂肪族的醚高，表 5-7是醚的特征吸收峰频率数据。图 5-19 是正丁醚的红外光谱。

表 5-7　醚的特征吸收峰频率

基　团	振动形式	吸收峰位置/cm^{-1}	强　度	备　注
R—O—R′	$\nu_{asC-O-C}$	1 050～1 210	s	特征性不强
C_6H_5—O—R	$\nu_{asC-O-C}$	1 200～1 300	s	特征性不强
	ν_{sC-O-C}	1 000～1 055	m	特征性不强

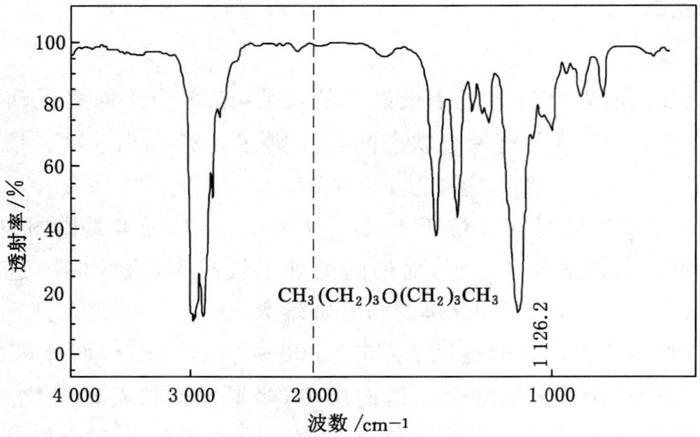

图 5-19　正丁醚的红外光谱

5.4.3　胺和胺盐

胺分为伯胺、仲胺和叔胺三类，它们的红外光谱有较大差别。伯胺和仲胺分子中有 NH_2 或 NH 基团，红外吸收类似于醇，主要由 ν_{N-H}、δ_{N-H} 和 ν_{C-N} 三种振动产生的吸收峰，但重要性各不相同。对于伯胺，NH_2 伸缩振动有对称和反对称两种。一般在 3 300～3 500 cm^{-1} 出现双峰；其面内弯曲振动在 1 600 cm^{-1} 附近，面外弯曲振动在 650～900 cm^{-1}，特征性均较强(图 5-20)。仲胺除了 ν_{N-H} 在 3 400 cm^{-1} 出现一个峰之外，NH 弯曲振动特征性差，很少利用。ν_{C-N} 位于指纹区与 ν_{C-C} 重叠，难以辨别。叔胺与醚类似，因无 N—H 基团，在官能团特征频率区没有吸收峰。C—N 键的极性不很大，不像 C—O—C 能产生强吸收，所以叔胺的红外光谱没有明显特征。

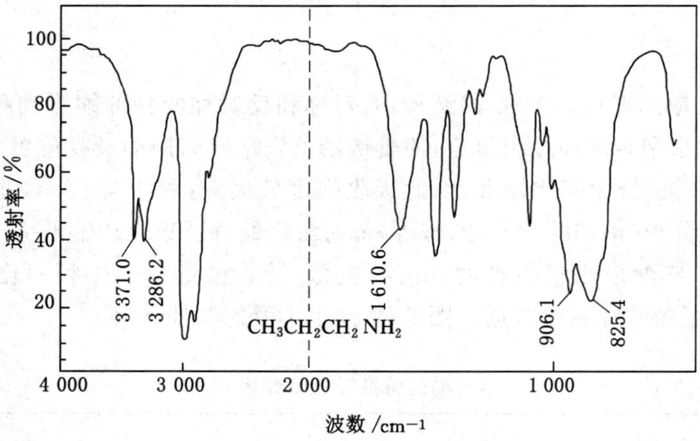

图 5-20　丙胺的红外光谱

胺的碱性较强，易与酸形成铵盐，成盐之后，伯胺和仲胺的 ν_{N-H} 均向低频移动，叔胺盐因有了 N—H 基团而在氢键区 2 250～2 700 cm^{-1} 出现吸收峰，同样 δ_{N-H} 也有变化(图5-21)。

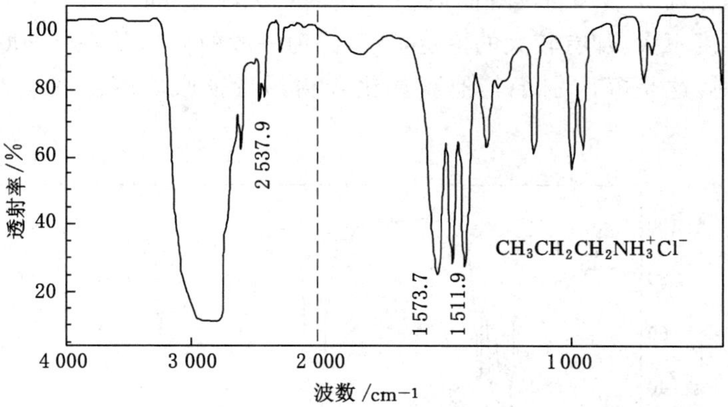

图 5-21　丙胺盐酸盐的红外光谱

5.4.4　羰基化合物

羰基化合物的种类很多，有酮、醛、羧酸、酯、酰胺、酰卤、酸酐等。它们的红外光谱有一个共同特征，在双键区 1 700 cm^{-1}附近有强的 $\nu_{C=O}$吸收峰，因此含羰基的化合物用红外光谱非常容易识别。不同类型的羰基化合物中，C ═ O 所处的化学环境不同，受邻近原子或基团的电子效应、空间效应或氢键缔合的影响 $\nu_{C=O}$的频率各有差异。另外，不同羰基化合物中其他基团还有各自的特征吸收峰，结合 $\nu_{C=O}$的频率，可以将它们相互分开。

5.4.4.1　酮

酮的 $\nu_{C=O}$吸收峰通常是谱带的第一强峰，几乎是酮的唯一特征峰。典型的脂肪酮 $\nu_{C=O}$为 1 715 cm^{-1}，芳酮或 α、β 不饱和酮的 $\nu_{C=O}$向低频位移 20～40 cm^{-1}。酮羰基旁的碳的骨架振动在 1 100～1 300 cm^{-1}有数个吸收峰，但与其他单键伸缩振动较难区别。图 5-22 是丙酮的红外光谱图。

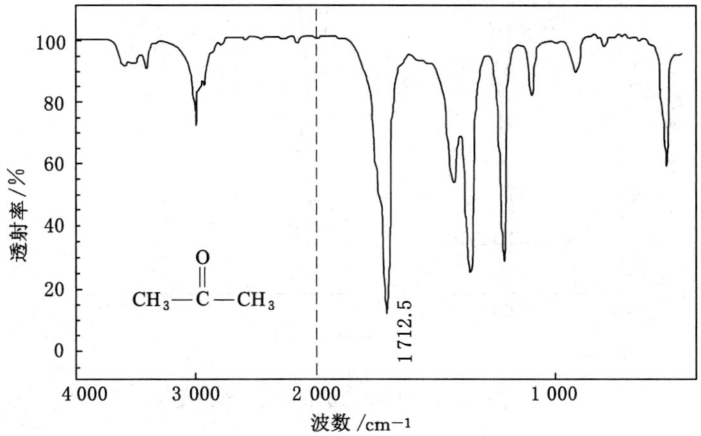

图 5-22　丙酮的红外光谱

5.4.4.2　醛

醛的 $\nu_{C=O}$比相应酮的吸收峰高 10 cm^{-1}左右。单凭这点差别，不足以区别醛酮。所幸醛基碳氢的伸缩振动 ν_{C-H} 和与其弯曲振动 δ_{C-H} 的倍频在 2 850 cm^{-1} 和 2 740 cm^{-1} 出现双峰。该双峰的强度不大，却有较大的鉴定价值，因为一般的 ν_{C-H} 均在 2 800 cm^{-1} 以上，不会干扰它们的识别，这是醛区别于其他羰基化合物的特征吸收峰。图 5-23 是丙醛的红外光谱。

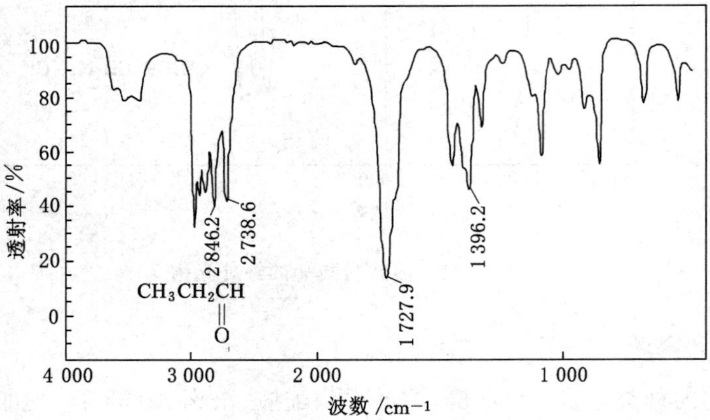

图 5-23　丙醛的红外光谱

5.4.4.3　酯

酯的特征吸收峰是酯基中 C＝O 及 C—O—C 吸收。酯羰基的伸缩振动频率高于相应的酮类约 20 cm^{-1}，也是强吸收峰。在 1 000～1 300 cm^{-1} 区有 C—O—C 的不对称伸缩振动（1 150～1 300 cm^{-1} 附近较强峰）和对称伸缩振动（1 030～1 140 cm^{-1} 附近较弱峰），此两个峰与酯羰基吸收峰是判断化合物是否具有酯类结构的重要依据，图 5-24 是丁酸乙酯的红外光谱图。

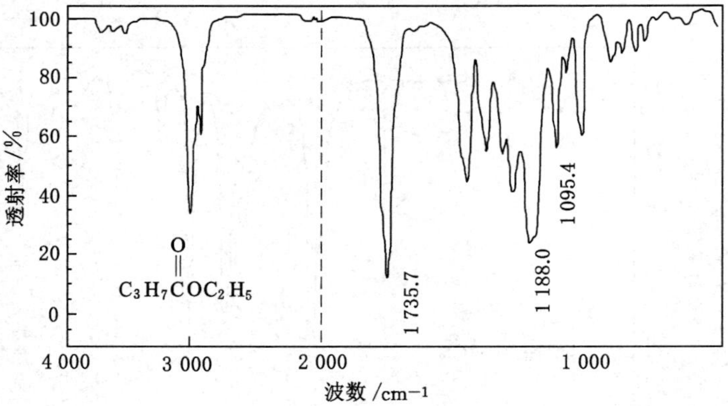

图 5-24　丁酸乙酯的红外光谱图

5.4.4.4　酰胺

酰胺红外光谱兼有胺和羰基化合物的特点。其谱图特征与测定条件密切相关。

酰胺红外光谱的特征主要由 $\nu_{C=O}$、ν_{N-H}、δ_{N-H}、ν_{C-N} 产生的。其中位于 1 650～1 690 cm^{-1} 的 $\nu_{C=O}$ 强吸收峰是各种酰胺都有的特征峰，常称为酰胺 Ⅰ 带，其频率低于相应的酮，原因是 N 和 C ═ O 的 p—π 共轭使 C ═ O 的键力常数减少。

ν_{N-H}位于 3 050～3 500 cm^{-1}。伯酰胺在此区域有两个吸收峰，分别对应于 NH_2的反对称和对称伸缩振动；仲酰胺在此区域会出现多重谱带，这是因为仲酰胺中的氮与羰基能形成 p—π 共轭，使 C—N 键旋转受阻，因此会出现顺反异构现象的关系，顺式易缔合为二聚体，而反式易形成多聚体。叔酰胺在此区域没有吸收峰。

δ_{N-H}产生的吸收峰常常称为酰胺Ⅱ带，不同类型的酰胺吸收峰位置不同。游离态的伯酰胺在 1 600 cm^{-1}附近，缔合态时蓝移到 1 640 cm^{-1}附近，常被酰胺Ⅰ带覆盖。而仲酰胺不论是游离态还是缔合态，它的 δ_{N-H}吸收都在 1 600 cm^{-1}以下，所以仲酰胺的酰胺Ⅰ峰和Ⅱ峰能够分开。利用此特点，可以区别伯、仲酰胺。

ν_{C-N}（酰胺Ⅲ峰）仅伯酰胺在 1 400 cm^{-1}有比较强的吸收峰。仲、叔酰胺的 ν_{C-N}频率无实际使用价值。图 5-25 和图 5-26 分别为丙酰胺和 N-甲基酰胺的红外谱图。

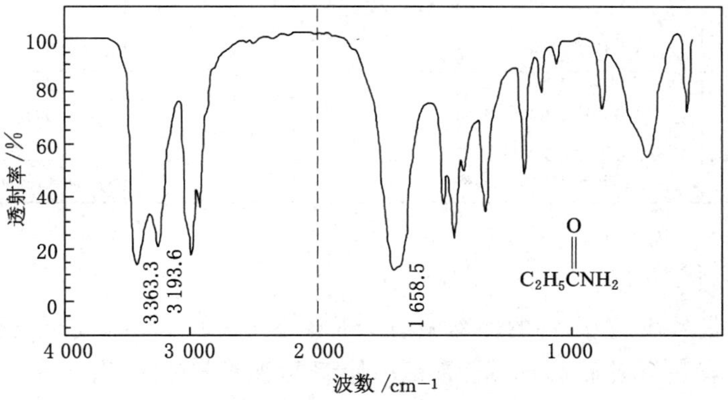

图 5-25　丙酰胺的红外谱图

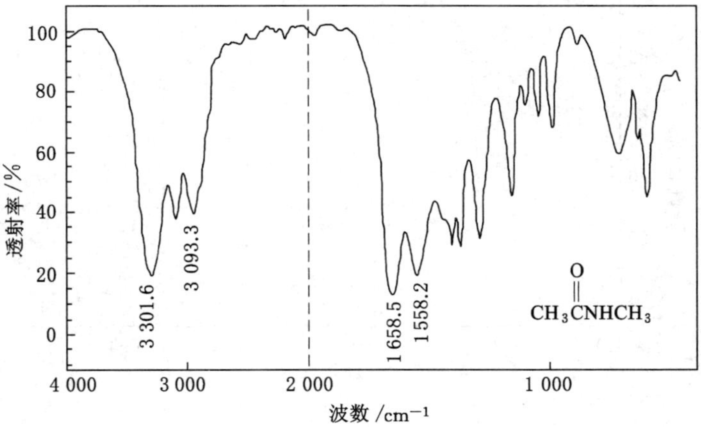

图 5-26　N-甲基酰胺的红外谱图

常见羰基化合物的特征吸收峰归纳于表 5-8 中。其中 $\nu_{C=O}$的频率是常见的脂肪族化合物的数据，若羰基与芳环或 C ═ C 处于共轭位置时，$\nu_{C=O}$会向低波数移动。

表 5-8　　常见羰基化合物的特征频率

化合物	$\nu_{C=O}/cm^{-1}$	其他基团的特征频率$/cm^{-1}$	备　注
脂肪酮	1 700～1 730		$\nu_{C=O}$为第一强吸收峰
脂肪醛	1 720～1 740	醛基 C—H 费米共振 两个峰 2 850、2 740	
羧酸	1 680～1 720(缔合)	ν_{OH}:3 200～2 500 δ_{OH}:～930	
羧酸盐	无	$—CO_{2^-}$的ν_{as}:1 550～1 650 $—CO_{2^-}$的ν_s:1 350～1 440	
酯	1 730～1 750	C—O—C 的ν_{as}和 ν_s:1 000～1 300 两个峰	$\nu_{asC-O-C}$为第一强吸收峰
酸酐	1 815～1 825 1 745～1 755		
酰胺	1 650～1 690	ν_{NH}:3 050～3 500 双峰 δ_{NH}:1 570～1 649	叔酰胺无ν_{NH}和δ_{NH}
酰卤	1 790～1 819		$\nu_{C=O}$位于高频只有一个峰

5.4.5　有机卤化物

卤素原子质量较大，碳卤键的伸缩振动出现在小于 1 400 cm^{-1}的低波数处。一般来说，如果碳原子上只有一个卤素原子，C—X 键的伸缩振动频率较低，当同一个碳原子上连有多个卤素原子时，则随着卤素原子数的增加，该峰向高波数方向移动，如四氯化碳的 C—Cl 吸收峰出现在 797 cm^{-1}处。图 5-27 是 1-氟戊烷的红外光谱图。

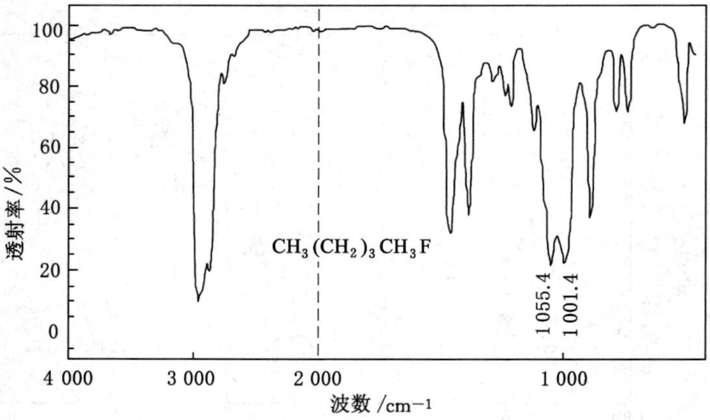

图 5-27　1-氟戊烷的红外光谱图

由于卤素原子的电负性较强，与其相连的其他官能团红外频率往往发生移动。例如当卤素与脂肪族化合物相连时，$—CH_2X$ 中，$—CH_2—$的面内弯曲振动产生的红外吸收频率为：$—CH_2—Cl$ 在 1 250～1 300 cm^{-1}，$—CH_2—Br$ 在 1 230 cm^{-1}附近，$—CH_2—I$ 在 1 170 cm^{-1}附近。当卤原子直接和芳环相连时，由于 C—X 的伸缩振动和芳环振动相互作用，故看不到单纯的芳 C—X 键的伸缩振动吸收峰，而只是能看到的是包含 C—X 键伸缩振动吸收的环振动峰。例如：

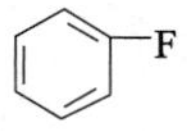

1 100～1 250 cm^{-1}

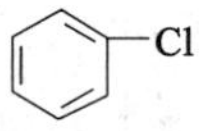

1 100～1 250 cm^{-1}

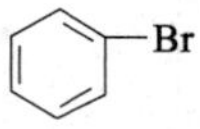

1 100～1 250 cm^{-1}

常见碳卤化合物的特征基团频率见表 5-9。

表 5-9　　常见碳卤化合物的特征基团频率

基　团	振动形式	吸收峰位置/cm^{-1}	强　度
C—F	ν_{as}	1 050～1 150	s
	ν_s	1 000～1 100	s
CF_2，CF_3	ν_{as}	1 200～1 350	s
	ν_s	1 080～1 200	s
C—Cl	ν	700～750	s
CCl_2	ν_{as}	840～790	s
	ν_s	620	m
C—Br	ν	400～670	m
C—I	ν	400～550	m

5.4.6 叁键和累积双键基团

叁键和累积双键的频率范围一般在 1 900～2 500 cm^{-1}，由于这一区域主要来自于 X≡Y或 X＝Y＝Z 型基团的吸收，没有其他吸收峰的干扰，解析比较容易，但应注意 2 340 cm^{-1}左右空气中 CO_2 的吸收峰。在这一区域中比较常见的基团除了炔烃 C≡C 基团外，还有 N＝C＝O(异氰酸酯)、N≡N^+(重氮盐)、C＝C＝C(丙二烯)、C＝C＝O(烯酮)、C≡N(腈类)等基团。它们的振动频率及峰形特点见表 5-10。图 5-28 和图 5-29 列出了对甲苯异氰酸酯和邻甲基苯腈的红外光谱图，图中 2 276 cm^{-1}和 2 221 cm^{-1}分别为 N＝C＝O 和 C≡N 的伸缩振动，它们之间不仅峰位置有差异，而且峰形状完全不同。另外，图中 817.7 cm^{-1}和 763.7 cm^{-1}分别指示了芳环的对位和邻位的取代类型。

表 5-10　　常见叁键和累积双键基团的吸收频率

基　团	振动形式	吸收峰位置/cm^{-1}	强　度	备　注
N＝C＝O	ν	2 250～2 275	vs	强度高、峰形宽
N≡N^+	ν	2 260±20	m	受配对的负离子影响大
C＝C＝C	ν	1 930～1 950	s	与—COOH、—COR 等相连时易发生裂分
C＝C＝O	ν	2 150 附近	vs	强度高、峰形宽
C≡N	ν	2 200～2 210	变化	峰形尖细

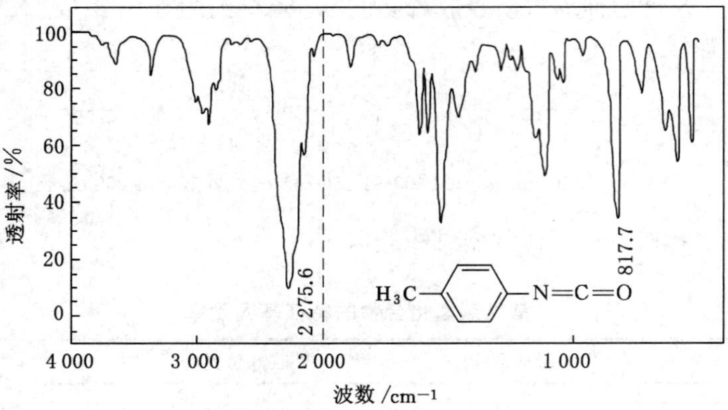

图 5-28　对甲苯异氰酸酯的红外光谱图

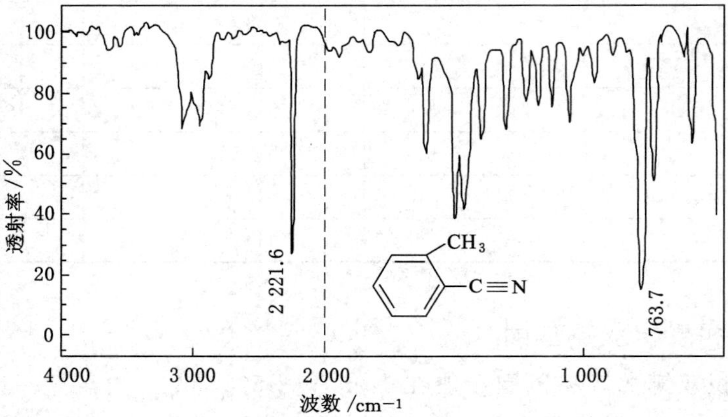

图 5-29　邻甲基苯腈的红外光谱图

5.4.7　其他化合物

5.4.7.1　硝基化合物

硝基(—NO_2)有对称和反对称伸缩振动，强度较高，在红外光谱图中比较容易识别。对于脂肪族的硝基化合物，NO_2的对称伸缩振动位于 1 300～1 370 cm^{-1}之间，反对称伸缩振动则位于 1 500～1 600 cm^{-1}之间，通常后者强于前者。在芳香族硝基化合物中，因共轭作用其对称和反对称伸缩振动频率均低于脂肪族硝基化合物，两者强度相差不大(图 5-30)。当硝基的邻位有大取代基时，由于位阻效应降低了硝基与苯环共轭，其伸缩振动向高波数移动。常见的硝基化合物的特征基团频率见表 5-11。

表 5-11　　硝基化合物的特征基团频率

基　团	振动形式	吸收峰位置/cm^{-1}	强　度
R—NO_2 (脂肪族)	ν_{asNO_2}	1 500～1 600	s
	ν_{sNO_2}	1 300～1 370	s
	$\nu_{C—N}$	830～900	w

续表 5-11

基　　团	振动形式	吸收峰位置/cm^{-1}	强　　度
$C_6H_5—NO_2$（芳香族）	ν_{asNO_2}	1 500～1 530	s
	ν_{sNO_2}	1 330～1 360	s
	$\nu_{C—N}$	845～880	s

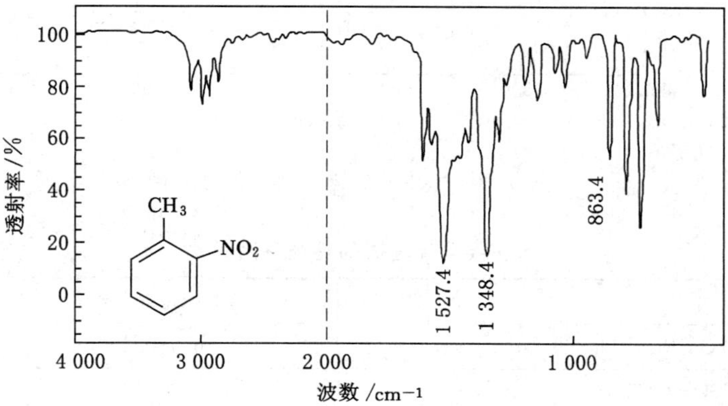

图 5-30　邻硝基甲苯的红外光谱图

5.4.7.2　有机硅化合物

有机硅化合物红外光谱的特征吸收强度特别大，通常可达到碳氢化合物对应吸收的 5 倍左右。除形成氢键外，吸收峰的波数变化很小，不受物态的影响，故其红外光谱被充分利用于有机硅化合物的研究工作中，并推动了有机硅材料工业的成熟和发展。有机硅化合物主要吸收峰见表 5-12，图 5-31 为六甲基二硅氧烷的红外光谱。

表 5-12　　有机硅化合物特征基团的频率

基　　团	振动形式	吸收峰位置/cm^{-1}	强　　度
Si—H	ν	2 095～2 157	vs
	δ	800～947	vs
Si—C	ν	670～840	s
$Si(CH_3)_3$	ν	840,755	s
Si—O	ν	920～1 090	s
Si—F	ν	800～1 000	s
Si—Cl	ν_{as}	500～650	s

5.4.7.3　有机含硫化合物

有机含硫化合物种类较多，各种含硫基团的主要吸收峰见表 5-13。图 5-32 为对甲苯磺酸甲酯的红外光谱图。

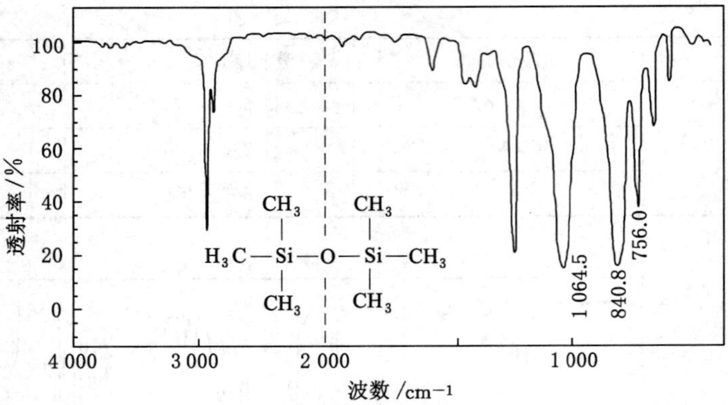

图 5-31　六甲基二硅氧烷的红外光谱

表 5-13　　**主要含硫基团的特征基团频率**

基　　团	振动形式	吸收峰位置/cm^{-1}	强　　度
亚砜 R_1—SO—R_2	ν_{SO}	1 000～1 110	s
亚磺酸 R_1—SO—OH	ν_{SO}	～1 090	s
亚磺酸酯 R_1—SO—OR_2	ν_{SO}	1 135～1 125	s
亚硫酸酯 R_1—O—SO—OR_2	ν_{SO}	～1 200	s
砜 R_1—SO_2—R_2	ν_{as}	1 300～1 350	s
	ν_s	1 120～1 160	m
磺酸 R_1—SO_2—OH	ν_{as}	1 345±5	s
	ν_s	1 155±5	s
磺酸酯 R_1—SO_2—OR_2	ν_{as}	1 335～1 370	s
	ν_s	1 170～1 200	m
硫酸酯 R_1—O—SO_2—OR_2	ν_{as}	1 380～1 415	s
	ν_s	1 165～1 200	m

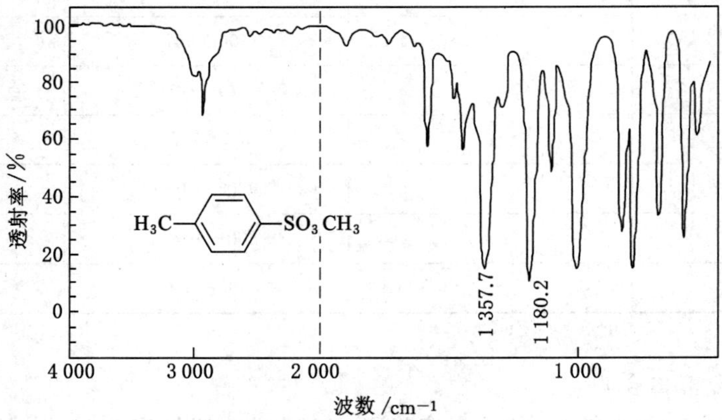

图 5-32　对甲苯磺酸甲酯的红外光谱图

5.4.7.4 有机磷化合物

有机磷化合物在生物化学、农用化学等领域的应用十分重要，现将重要的有机磷基团的红外吸收峰列于表 5-14 中。图 5-33 为二苯基膦酸酯的红外光谱图。

表 5-14　　主要含硫基团的特征基团频率

基　团	振动形式	吸收峰位置/cm^{-1}	强　度	备　注
膦酸酯 $(RO)_2-P(=O)-H$	ν_{P-H}	2 420～2 450	w	常出现双峰
	$\nu_{P=O}$	1 160～1 315	m	
亚膦酸酯 $RO-P(=O)H_2$	ν_{P-H}	2 280～2 380	w	常出现双峰
	$\nu_{P=O}$	1 180～1 220	m	
膦氧化物 $R-P(=O)H_2$	ν_{P-H}	～2 327	w	常出现双峰
	$\nu_{P=O}$	1 150～1 185	m	

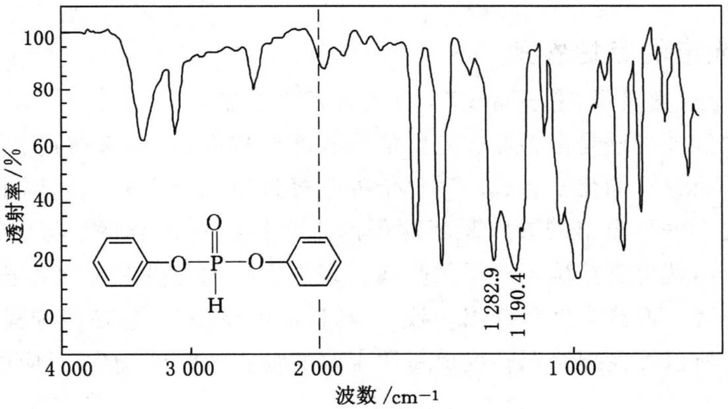

图 5-33　二苯基膦酸酯的红外光谱图

5.4.7.5 高分子化合物

高分子化合物的分子量较大，似乎应有非常大数目的振动形式和复杂的红外光谱。但实际上大多数高分子化合物的红外光谱却比较简单。例如聚苯乙烯的红外光谱并不比苯乙烯的红外光谱复杂。这是因为高分子链是由许多重复的单元组成，每个重复单元的原子振动几乎都相同的，对应的振动频率也相同，故对于重复单元的每一个基团的振动可以近似地按低分子来考虑。正是这些特点，加上高分子化合物分子量比较大，其他的分析仪器如质谱、核磁共振等很难对其进行检测，所以红外光谱法在研究高分子化合物的组成结构方面有广泛的应用。这将在下节进行详细介绍。

5.4.7.6 无机化合物的红外光谱

与有机物相比，无机化合物的红外光谱中吸收峰数目少得多，峰形大多较宽。无机化合物在中红外区的吸收主要是由阴离子的晶格振动引起的，与阳离子的关系不大。阳离子的质量增加仅使吸收峰位置稍向低波数方向移动。例如K_2SO_4的两个吸收峰位于1 118 cm^{-1}和617 cm^{-1}处,而Cs_2SO_4的吸收峰在1 103 cm^{-1}和609 cm^{-1}处。常见的无机盐阴离子的特征频率见表5-15。

表5-15　　常见的无机盐阴离子的特征频率

基　团	吸收峰位置/cm^{-1}	强度
CO_3^{2-}	1 410～1 450,860～880	ν_s,m
HCO_3^-	2 400～2 600,1 000,850,700,650	w,m,m,m,m
SO_3^{2-}	900～1 000,625～700	s,ν_s
SO_4^{2-}	1 050～1 100,575～650	s,m
ClO_3^-	900～1 000,600～650	m→s,s
ClO_4^-	1 025～1 100,575～650	s,m
NO_3^-	1 350～1 380,815～840	vs,m

5.5 红外光谱法的应用

5.5.1 红外光谱的定性鉴别

5.5.1.1 将整个谱图当做“分子指纹”与标准谱图作对照

一个分子的红外光谱是由各原子基团的吸收峰组成的,反过来通过这些吸收峰确定原子基团可以分析出分子的化学组成。对每个吸收峰进行归属是繁琐和困难的,尤其对高分子材料更是如此。一种简单的方法是将测得的未知物红外光谱整个与已知红外光谱相对照,如果完全吻合,就可直接确定分子的归属。理论上峰的位置和强度都必须吻合,但实际上主要看峰的位置。而峰强度常难以一致,它与样品的厚度有关,在某种程度上还取决于所用仪器的种类。所以即使把谱图转换成每厘米厚的吸收为标尺,也难以应用到分析中,仅能作为一种参考。

目前已出版了许多种有关高分子材料剖析方面的红外光谱书籍和谱图集,常用的有以下两种:

① 萨特勒谱图集——美国费城萨特勒(Sadtler)研究室编制。它分两大类:一类为纯度在98%以上的化合物的红外光谱;另一类为商品(工业产品)光谱,其中包括单体和聚合物、橡胶、纤维、增塑剂、颜料等与高分子有关的光谱,还包括了聚合物裂解光谱。

萨特勒标准图谱有四种索引。对于已知物,可查阅分子式索引和字母顺序索引。对于已知大概类型和可能的官能团,可按化学分类索引查找,该索引以官能团类别为序。对于未知物,依据谱线索引检索,该索引以第一强峰为序。

② 树脂及添加剂的红外分析谱图集——赫梅尔(Hummel)和肖勒(Scholl)等著。英文名为*Infrared Analysis of polymers,Resins and Additives,An Atlas*,该书已出版了三册。第一册为聚合物的结构与红外光谱图,第二册为塑料、橡胶、纤维及树脂的红外光谱图和鉴定方法,第三册为助剂的红外光谱图和鉴定方法。

随着计算机技术的进步,当代的一些红外光谱仪已能用计算机检索,如珀金—埃尔默

(Perkin-Elmer)红外工作站的软件就提供了大量高分子红外光谱作查索对照。

在利用分子指纹图法进行对照时，要注意由于高分子结构的复杂性，即使是简单的均聚物，也不能期望它们有完全相同的指纹图。高分子的不均一性表现在如下几个方面：

① 分子长短不一。即使是规则的线型分子(不用说支化或网状分子)也存在分子长短的分布，从而端基的数量(甚至结构)就会有差别，而端基的化学结构与链的结构单元是不同的。

② 高分子不同的构型会引起不同的指纹图。例如二烯烃有1,2加成，顺1,4加成和反1,4加成等不同的加成方式，单烯烃则可能有全同、间同和无规等不同的立体结构。

③ 分子的不同构象也对谱图有影响。无定形态和结晶态高分子可能就有不同的特征峰。由于高分子总是处于半结晶状态，因而结晶高分子的红外光谱应是无定形和结晶两部分光谱的叠加。

对于共聚物，由于序列分布引起的分子结构差异以及分子堆砌方式或分子形状的影响等多种因素叠加在一起，将使谱图解析更为困难。因此，在高分子谱图对照时，难以做到小分子谱图对照那样精细。

用红外光谱进行结构判断时，要特别注意以下几点：

① 由不同分辨率仪器得到的谱图，质量相差很大，吸收峰的位置有可能相差10 cm^{-1}，峰的形状也会有些许变化。

② 聚合物加工、制样、分离提纯时的操作差异，均有可能引起红外谱图的细小差别。要分析差异原因，并结合其他分析数据得出可靠结论。

③ 有些不同种类的高聚物，分子中含有相同的结构单元，红外光谱图差异不大，要格外注意。如酰胺和酮，均含有C═O，1 680 cm^{-1}。

④ 当共聚物中某种单体组分的含量小于5%时，红外光谱中结构特征表现不明显，不要遗漏。

⑤ 当样品纯度不好时，会出现不相关的异常峰，特别是有无机填料存在时，会出现宽而强的吸收峰。

⑥ 如果找不到相同或相近的红外图，则有可能是新型高聚物材料。新型高聚物材料一般价格较高，多应用于高科技领域，普通民用商品材料中十分罕见。所以，在做出新型高聚物材料的结论时，必须考虑到材料的用途和价值。此外，样品红外光谱图是否可靠、样品的纯度如何、是否有杂质干扰等问题也必须考虑周全。

高分子品种繁多，记住全部谱图是不可能的，但熟悉常见品种的红外光谱却很有必要，对于鉴别会有很大帮助。以下介绍一些常见高分子的红外光谱，并扼要叙述它们的主要特征。

① 聚乙烯。图5-34是聚乙烯的红外光谱，这是最简单的高分子红外光谱图。其典型特征是在约2 950 cm^{-1}、1 460 cm^{-1}和720/730 cm^{-1}处有3个很强的吸收峰，它们分别归属于C═H的伸缩、弯曲和摇摆振动。720/730 cm^{-1}是双重峰，其中720 cm^{-1}是无定形聚乙烯的吸收峰，730 cm^{-1}是结晶聚乙烯的吸收峰。由于实际聚乙烯很少是完全线型的，特别是低密度聚乙烯，有许多支链，因而在1 378 cm^{-1}处能观察到甲基弯曲振动谱带。在乙丙共聚物中也会有类似的现象。由于聚乙烯中少量烯端基的存在，在909 cm^{-1}和990 cm^{-1}有时能看到弱谱带，分别对应于$RCH═CH_2$中反式CH面外弯曲振动及CH_2面内弯曲振动；在1 720 cm^{-1}处的小峰是由于含羰基的添加剂引起的，不是聚乙烯本身的峰。

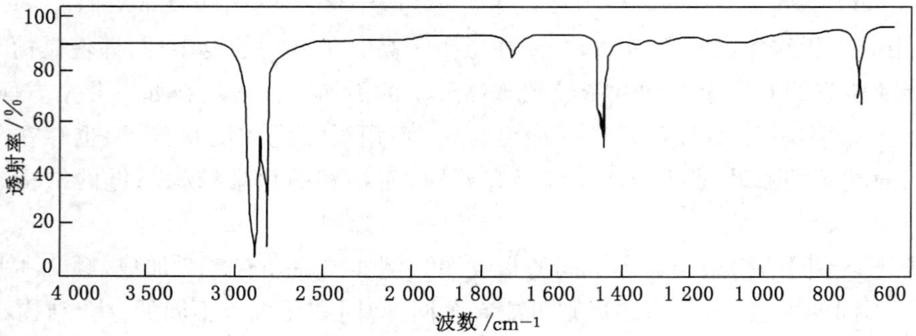

图 5-34　聚乙烯的红外光谱图

② 聚丙烯。聚丙烯中每两个碳就有一个甲基支链，因而除了 1 460 cm^{-1}的 CH_2 弯曲振动外还有很强的甲基弯曲振动谱带出现在 1 378 cm^{-1}。CH_3 和 CH 的伸缩振动与 CH_2 的伸缩振动叠加在一起，出现了 2 800～3 000 cm^{-1}的多重峰。聚丙烯谱图的另一个主要特点是在 970 cm^{-1}和 1 155 cm^{-1}处呈现的$[CH_2CH(CH_3)]_n$ 的特征峰。图 5-35 是全同聚丙烯的红外光谱图。全同聚丙烯与无规聚丙烯的主要区别是：全同聚丙烯除了上述五条谱带外，在 841 cm^{-1}、998 cm^{-1}和 1 304 cm^{-1}等还存在一系列与结晶有关的谱带，而无规聚丙烯不能结晶，故不存在这些谱带。

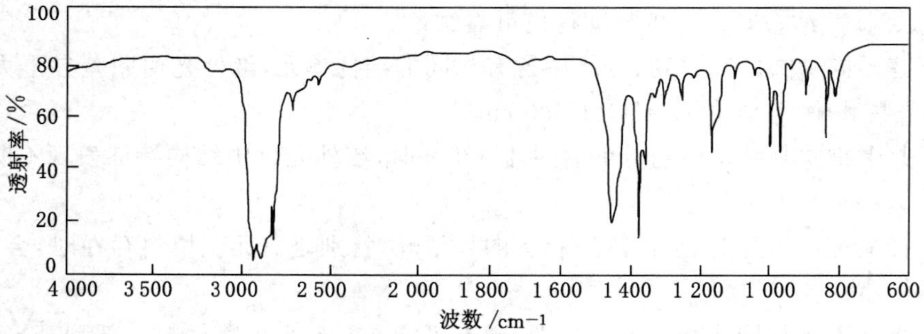

图 5-35　全同聚丙烯的红外光谱图

③ 聚苯乙烯及相关共聚物。图 5-36 是聚苯乙烯的红外光谱。由于其吸收峰很尖锐，聚苯乙烯谱图常作为标准谱图。在 3 000 cm^{-1}附近有丰富的谱带，可分辨出 2 849 cm^{-1}、2 923 cm^{-1}、3 000 cm^{-1}、3 025 cm^{-1}、3 060 cm^{-1}和 3 082 cm^{-1}等锐峰。2 800～3 000 cm^{-1}的谱带是饱和 C—H 或 CH_2 的伸缩振动，而 3 000～3 100 cm^{-1}的谱带属于苯环上 C—H 的伸缩振动。1 600 cm^{-1}的强峰是苯环的骨架振动。700 cm^{-1}和 760 cm^{-1}是苯环上 H 的面外弯曲振动，它们的倍频和组频出现在 1 670 cm^{-1}、1 740 cm^{-1}、1 800 cm^{-1}、1 870 cm^{-1}和 1 940 cm^{-1}，都有力证明了单取代苯的存在。

对于丁二烯—苯乙烯共聚物，910 cm^{-1}和 967 cm^{-1}两个峰增强到与 1 030 cm^{-1}、1 070 cm^{-1}两峰的强度相仿。特别是 967 cm^{-1}强峰表明存在反式丁二烯（顺式丁二烯没有可辨认的峰）。同时在 1 640 cm^{-1}出现峰表明存在不饱和键。

ABS 可以根据在 2 240 cm^{-1}处出现腈基的特征峰而得到证实。

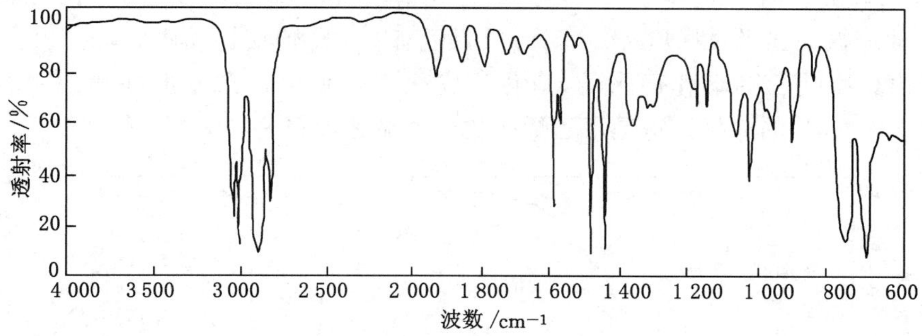

图 5-36　聚苯乙烯的红外光谱图

④ 聚氯乙烯。图 5-37 是聚氯乙烯的红外光谱。2 900 cm^{-1}附近的谱带说明 CH_2的存在。由于受到邻近氯原子的影响，CH_2的弯曲振动谱带从 1 460 cm^{-1}向低频位移至 1 430 cm^{-1}，同时强度增加。而 1 250 cm^{-1}的 C—H 弯曲振动和 1 330 cm^{-1}的 CH 弯曲与 CH_2摇摆的合频振动，也由于有氯原子在同一碳原子上得到增强。在 600～700 cm^{-1}内出现 C—Cl 伸缩振动的吸收峰是另一个显著特征。此外在 960 cm^{-1}有 CH_2面内摇摆谱带，在 1 100 cm^{-1}有 C—C 伸缩振动谱带。

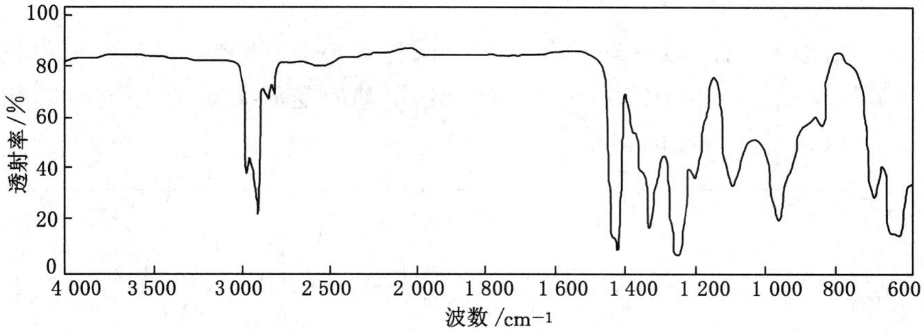

图 5-37　聚氯乙烯的红外光谱图

⑤ 聚四氟乙烯。图 5-38 是聚四氟乙烯的红外光谱。在 1 100～1 250 cm^{-1}有 2～3 条极强的谱带，这是 CF_2的伸缩振动。有时在 2 350 cm^{-1}可观察到它们的倍频 500～850 cm^{-1}内有一系列谱带，来源于聚四氟乙烯的非晶区。

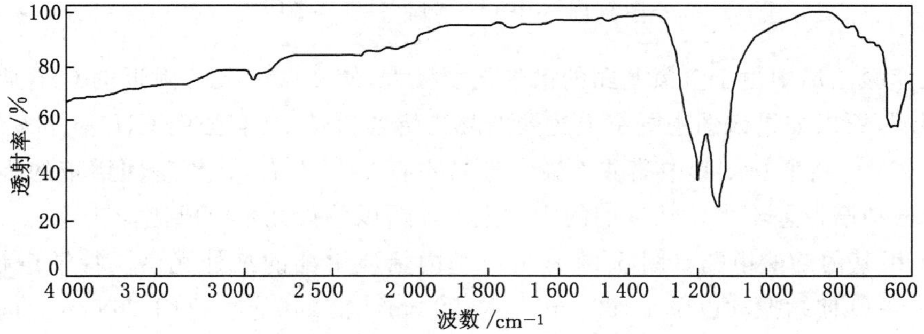

图 5-38　聚四氟乙烯的红外光谱图

⑥ 聚乙烯醇。图 5-39 是聚乙烯醇的红外光谱。在 3 000～3 500 cm^{-1}内有能形成氢键的 O—H 伸缩振动强吸收峰，在 1 100 cm^{-1}附近有 C—O 伸缩振动吸收峰。由于工业上聚乙烯醇是由聚醋酸乙烯皂化而来的，皂化不完全而残留的乙酰基会使谱图中存在 1 740 cm^{-1}和 1 370 cm^{-1}的弱峰。这是聚乙烯醇的一个显著标志。

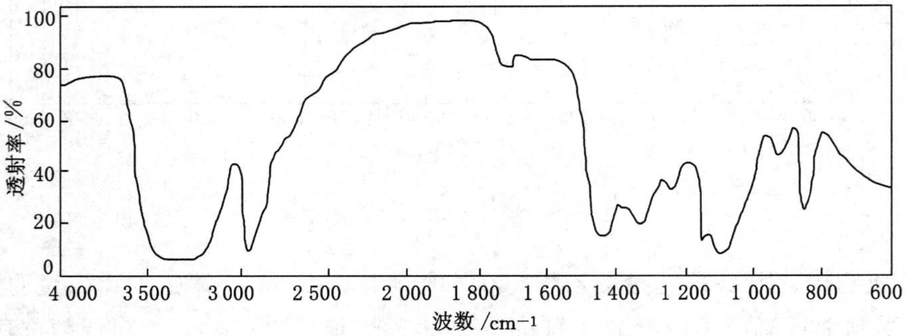

图 5-39 聚乙烯醇的红外光谱图

⑦ 聚醋酸乙烯。图 5-40 是聚醋酸乙烯的红外光谱。由羰基伸缩振动产生的 1 740 cm^{-1}谱带最强。而其明显特征是位于 1 020 cm^{-1}和 1 240 cm^{-1}的两条谱带，分别属于 $-\overset{\overset{O}{\|}}{C}-O-CH-$基团中 $-\overset{\overset{O}{\|}}{C}-O-$ 和—O—CH—的伸缩振动，两者和 1 740 cm^{-1}谱带结合起来可指示酯类的存在。位于 1 370 cm^{-1}的谱带是甲基的变形振动，由于与羰基相连而使强度显著增加，可以指示醋酸酯的存在。

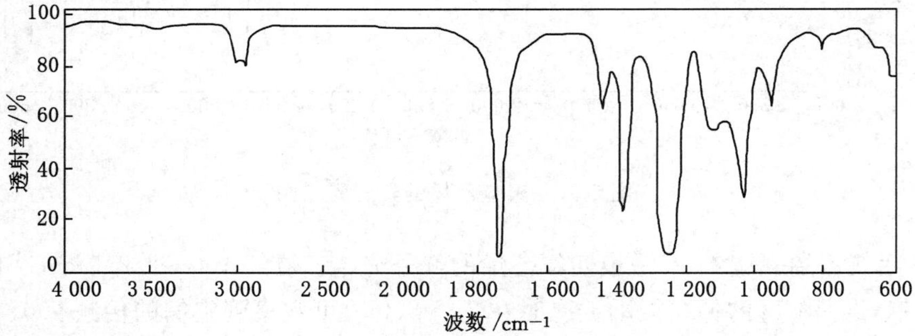

图 5-40 聚醋酸乙烯的红外光谱图

在聚醋酸乙烯中由于含氧基团的谱带强度极大，使 2 900 cm^{-1}附近的 CH_2伸缩振动谱带变得很弱，所以如果谱图中既有上述聚醋酸乙烯各谱带，又有强的 CH_2伸缩振动吸收，说明无疑是 EVA 共聚物。其中醋酸乙烯含量只要有 15%左右，含氧基团谱带的强度就会与 CH_2伸缩振动谱带差不多。从它们的相对强度比可以估计共聚组成比。

⑧ 聚甲基丙烯酸甲酯。图 5-41 是聚甲基丙烯酸甲酯的红外光谱。特征谱带是 1 730 cm^{-1}的 C ═ O 伸缩振动以及 1 150 cm^{-1}、1 190 cm^{-1}、1 240 cm^{-1}和 1 268 cm^{-1}的C—O—C伸缩振动。在C—O—C这四个峰的低波数侧有一个 1 060 cm^{-1}小峰，这是间同立构峰，虽然样品是无规立构体，但总含有少量间同立构体。2 900 cm^{-1}附近甲基和次甲基的伸缩振动

有明显的多峰，可以观察到较高波数的 CH_2 峰比较低波数的 CH_2 峰高，而且按结构单元中氢原子数目可知它们的强度比大致为 3∶1。

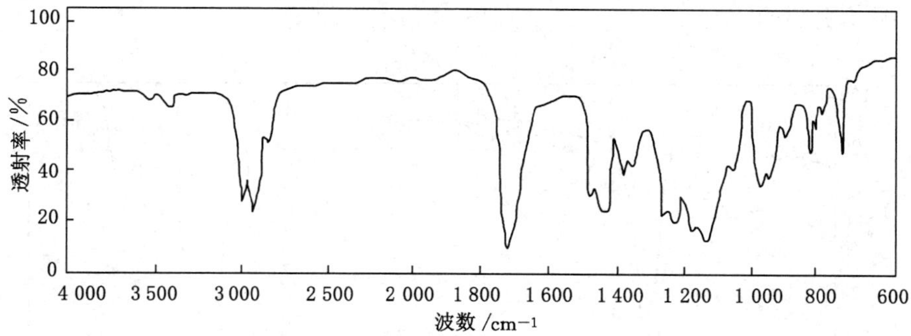

图 5-41　聚甲基丙烯酸甲酯的红外光谱图

⑨ 聚丙烯腈。图 5-42 是聚丙烯腈的红外光谱。最具特征性的谱带是 2 240 cm^{-1} 的 C≡N伸缩振动。在共聚物中这一锐峰也是识别有否腈基的最好标志。这一谱带如此尖锐说明氰基振动是与分子其他部分的振动不偶合的。此外，1 447 cm^{-1} 的 C—H 弯曲振动也是比较尖锐的强谱带。

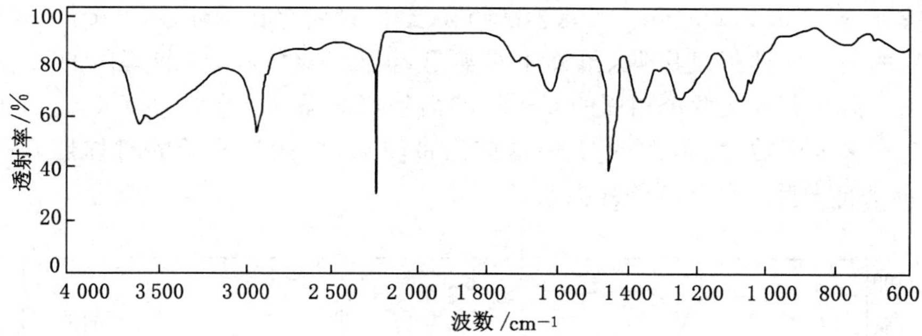

图 5-42　聚丙烯腈的红外光谱图

⑩ 聚甲醛。图 5-43 是聚甲醛的红外光谱。特征谱带是 900 cm^{-1} 和 935 cm^{-1} 的很强的双峰，来自 C—O—C 的伸缩振动与 CH_2 摇摆振动的合频。

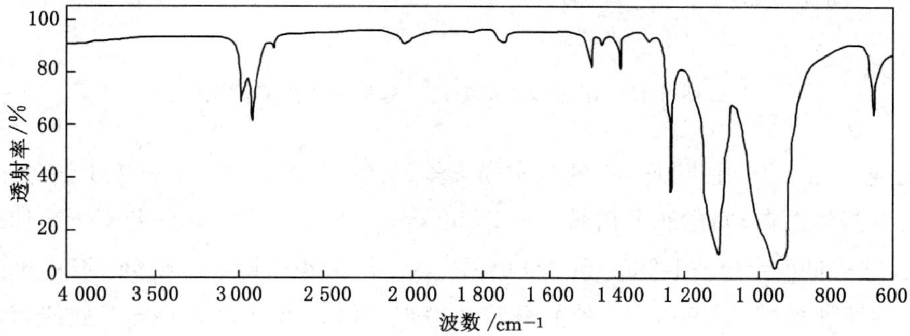

图 5-43　聚甲醛的红外光谱图

⑪ 聚乙二醇。图 5-44 是聚乙二醇的红外光谱。特征谱带是 1 080～1 150 cm^{-1} 的强吸收峰，归属于 C—O—C 伸缩振动。在 3 200～3 600 cm^{-1} 范围内的吸收是形成氢键的端羟基的伸缩振动引起的。

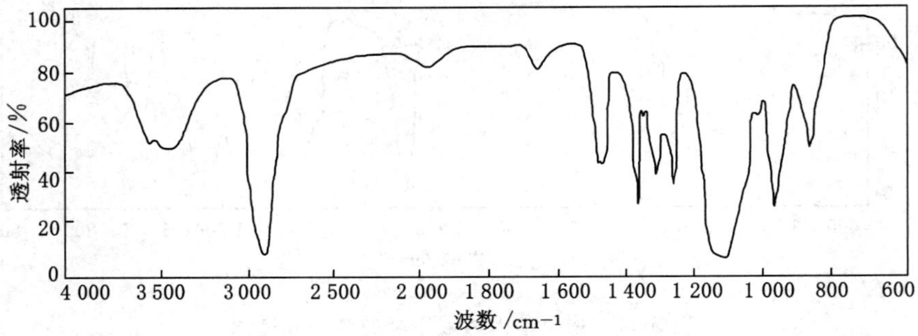

图 5-44 聚乙二醇的红外光谱图

⑫ 聚对苯二甲酸乙二醇酯。图 5-45 是聚对苯二甲酸乙二醇酯的红外光谱。特征谱带有三个：1 730 cm^{-1} 处的 C ═ O 伸缩振动，1130 cm^{-1} 和 1 260 cm^{-1} 处的 C—O—C 伸缩振动，它们均表明酯类的存在。1 130 cm^{-1} 和 1 260 cm^{-1} 处强度相似的两个强峰是对苯二甲酸基团的特征峰。700～900 cm^{-1} 区有丰富的吸收峰，说明存在苯环。730 cm^{-1} 是对位双取代苯环上氢的面外弯曲振动吸收，虽然不很典型，但也是对苯二甲酸基团的另一个证据。830 cm^{-1} 谱带属于芳环上两个相邻的 C—H 的面外弯曲振动。苯环在 1 450～1 620 cm^{-1} 区间内还应有多个吸收峰，但图 5-45 中这些谱带较弱，可能与分子的对称性有关。3 540 cm^{-1} 弱谱带来自未反应羟基的伸缩振动。

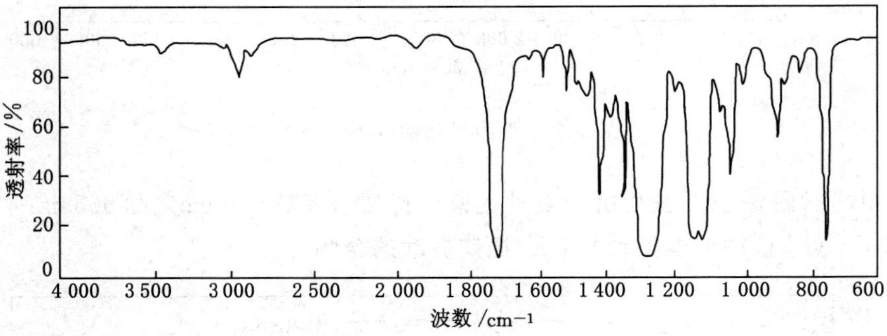

图 5-45 聚对苯二甲酸乙二醇酯的红外光谱图

⑬ 尼龙。图 5-46 是尼龙 66 的红外光谱。其特征谱带如下：酰胺Ⅰ谱带——1 640 cm^{-1} 处的羰基伸缩振动；酰胺Ⅱ谱带——1 550 cm^{-1} 处的 N—H 弯曲和 C—N 伸缩振动的组合吸收；酰胺Ⅲ谱带——1 260 cm^{-1} 处的 C—N—H 的组合吸收。此外，还有 690 cm^{-1} 处的 N—H 的面外摇摆，3 090 cm^{-1} 处的酰胺Ⅱ谱带的倍频以及 3 300 cm^{-1} 处的 N—H 伸缩振动。不同尼龙品种的区分主要依据 800～1 400 cm^{-1} 间弱峰的差别。

⑭ 聚碳酸酯。图 5-47 是双酚 A 型聚碳酸酯的红外光谱。最强峰是出现在 1 240 cm^{-1}

处的 C—O 的伸缩振动，与 1 780 cm^{-1} 处 C ═ O 伸缩振动的吸收共同指示酯类。1 450～1 620 cm^{-1} 区间的吸收峰表明存在苯环。另一个特征是 830 cm^{-1} 有 C—H 弯曲振动的中等吸收。

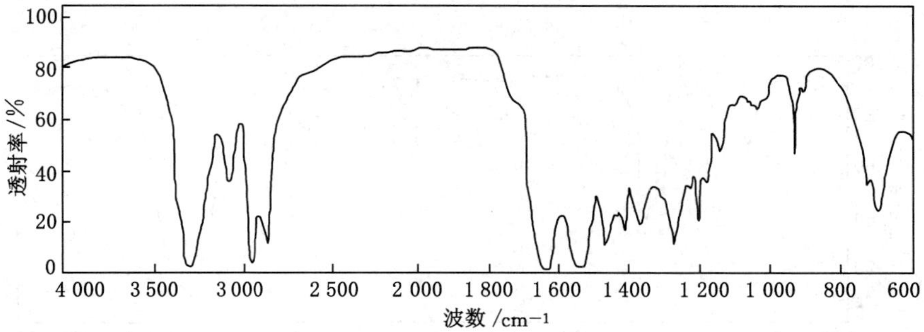

图 5-46　尼龙 66 的红外光谱图

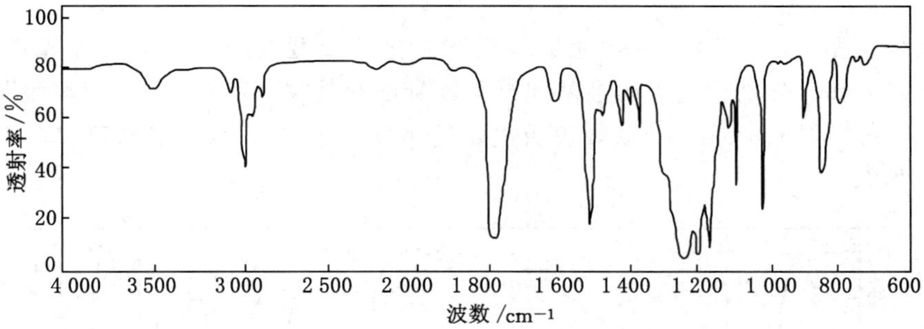

图 5-47　双酚 A 型聚碳酸酯的红外光谱图

⑮ 硝酸纤维素。图 5-48 是硝酸纤维素的红外光谱。硝酸酯的特征谱带是 1 285 cm^{-1}、1 660 cm^{-1} 和 845 cm^{-1}。同时应当存在纤维素的谱带，即 1 050 cm^{-1} 强峰及周围的一系列肩峰以及 3 400 cm^{-1} 附近的宽峰，归属于 C—O 和 OH 的吸收。

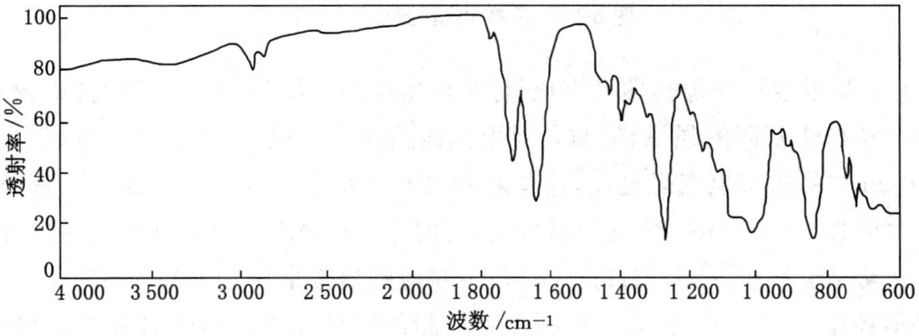

图 5-48　硝酸纤维素的红外光谱图

⑯ 乙基纤维素。图 5-49 是乙基纤维素的红外光谱。它的最强谱带位于 1 100 cm^{-1}，是醚键的伸缩振动。在 3 400 cm^{-1} 处还有残存羟基吸收而产生的谱带。在 885 cm^{-1} 和 920

cm^{-1}有两个弱峰，可以用来与甲基纤维素相区别，因为后者只有 945 cm^{-1}一个峰。

乙基纤维素的红外光谱与聚乙二醇很类似，区别主要是聚乙二醇在 1 100 cm^{-1}附近的峰的峰形很对称，1 050 cm^{-1}处没有吸收。相反，乙基纤维素不对称，且在 1 050 cm^{-1}处有强烈吸收。

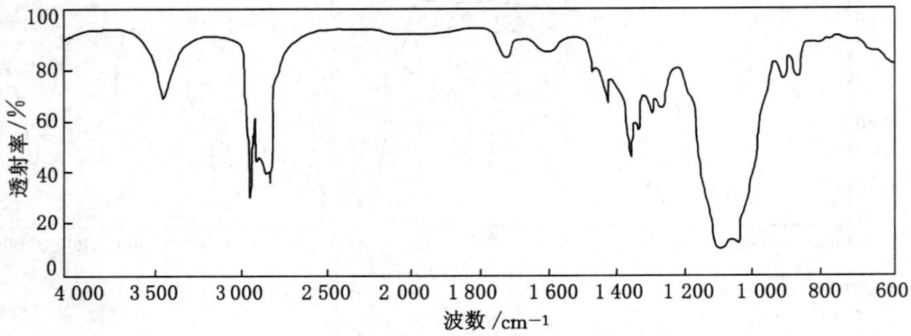

图 5-49　乙基纤维素的红外光谱图

⑰ 酚醛树脂。图 5-50 是用六亚甲基四胺固化的线型酚醛树脂的红外光谱图。3 350 cm^{-1}和 1 230 cm^{-1}分别对应于酚羟基和芳香族醚键的吸收。1 600 cm^{-1}双峰是苯环骨架的振动。760 cm^{-1}和 820 cm^{-1}的双峰表明主要是邻、对位连接。六亚甲基四胺在 1 000 cm^{-1}处有尖锐的峰。

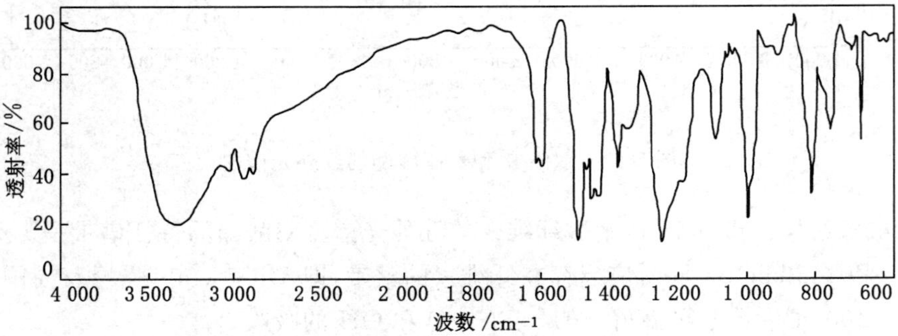

图 5-50　酚醛树脂的红外光谱图

另外有一类酚醛树脂加热即可固化，称为可熔性酚醛树脂。未固化的这类树脂在 1 010 cm^{-1}处有 CH_2OH 基团的强峰，但与六亚甲基四胺的峰比较，它较宽且平滑，很易区分。此外在 3 300 cm^{-1}的谱带也变得更强，这是两种羟基谱带叠加在一起的结果。固化后，1 010 cm^{-1}峰基本消失，3 300 cm^{-1}峰也明显减弱，同时 1 450 cm^{-1}的—OH 弯曲振动峰也显著减弱。交联生成的亚甲基醚桥—CH_2—O—CH_2对应的谱带出现在 1 050 cm^{-1}处。

⑱ 环氧树脂。图 5-51 是双酚 A 型环氧树脂的红外光谱。由于具有芳香结构，其谱带十分丰富。830 cm^{-1}谱带归属于对位取代苯环上两个相邻氢原子的面外弯曲振动，极具特征性。1 250 cm^{-1}谱带对应于苯醚的吸收，1 040 cm^{-1}谱带对应于脂肪族醚的吸收。915 cm^{-1}谱带是由于端环氧基的吸收而产生的，可用来测定未反应的环氧基数量。1 360 cm^{-1}和 1 380 cm^{-1}处一对双峰来自于双酚 A 中双甲基的对称弯曲振动。

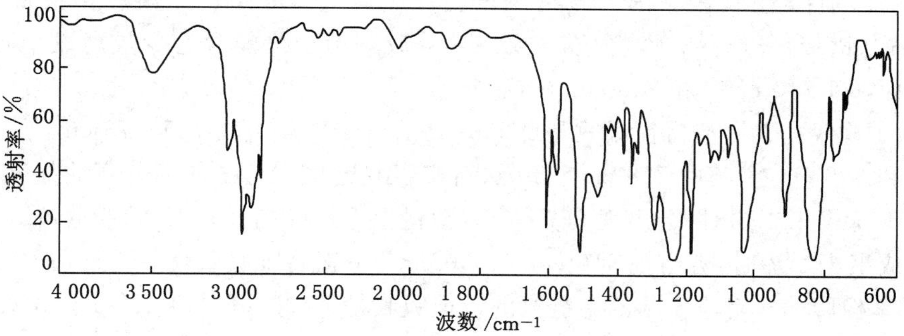

图 5-51　双酚 A 型环氧树脂的红外光谱图

⑲ 橡胶。图 5-52 是 8 种常见橡胶的红外光谱，分别说明如下。

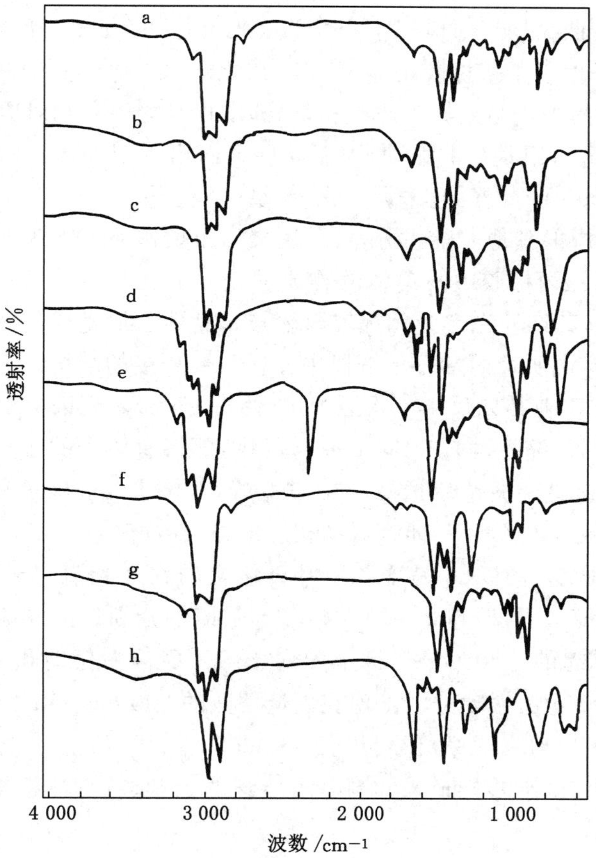

图 5-52　八种常见橡胶的红外光谱图

a——天然橡胶；b——异戊橡胶；c——顺丁橡胶；d——丁苯橡胶；

e——丁腈橡胶；f——丁基橡胶；g——乙丙橡胶；h——氯丁橡胶

a. 天然橡胶和合成的异戊二烯橡胶——两者有相同的结构，都是顺式 1,4-聚异戊二烯，特征吸收峰是 1 372 cm^{-1} 处甲基的变形振动和 835 cm^{-1} 处双键上 C—H 的面外弯曲振动。

两者的区别：天然橡胶中因为含有少量蛋白质，在 1 638 cm^{-1}（酰胺Ⅰ谱带）和 1 540 cm^{-1}（酰胺Ⅱ谱带）出现弱吸收，合成异戊二烯橡胶则由于可能含有少量高级脂肪酸（如润滑油类），而在 1 710 cm^{-1} 和 720 cm^{-1} 有吸收峰。

b. 顺丁橡胶——主要特征吸收是 1 646 cm^{-1}（双键的伸缩振动）、775 cm^{-1}、774 cm^{-1}、738 cm^{-1} 和 690 cm^{-1}，其中 738 cm^{-1} 最强，对应于双键上 C—H 的面外弯曲振动。当存在少量反式 1,4-聚丁二烯时，会出现 967 cm^{-1}（双键上 C—H 的面外弯曲）吸收峰。当存在少量 1,2 加成聚丁二烯时，会出现 910 cm^{-1}、990 cm^{-1} 一对特征吸收峰。

c. 丁苯橡胶——对应于苯乙烯链段的特征吸收是 1 600 cm^{-1}、1 592 cm^{-1}（苯环骨架振动）、3 000～3 100 cm^{-1}（苯环上 C—H 的伸缩振动）和 700 cm^{-1}、760 cm^{-1}（苯环上氢的面外弯曲振动）。对应于丁二烯链段的特征吸收是 967 cm^{-1} 和 910 cm^{-1}、990 cm^{-1} 分别产生自反 1,4 和 1,2 加成的聚丁二烯，顺 1,4 加成物没有可供鉴别的峰。

d. 丁腈橡胶——对应于丙烯腈链段的特征吸收是 2 240 cm^{-1}（腈基的伸缩振动）和 1 447 cm^{-1}（CH_2的弯曲振动），对应于丁二烯的吸收也是 967 cm^{-1} 和 910 cm^{-1}、990 cm^{-1}。

e. 丁基橡胶——由于丁基橡胶是异丁烯和少量异戊二烯或其他二烯（如环戊二烯、丁二烯）的共聚物，所以其光谱与聚异丁烯很相似，即出现与异丙基相对应的一组特征吸收峰；1 368 cm^{-1}、1 388 cm^{-1}（甲基弯曲振动，因振动偶合而出现双峰），1 460 cm^{-1}（CH_2的弯曲振动）。若有 1 235 cm^{-1} 吸收峰，它来源于聚异戊二烯链段。

为了判断共聚物中的其他二烯组分，可采用聚异丁烯作差示谱图分析。

f. 乙丙橡胶——乙丙橡胶中两单体的物质的量百分比接近，所以呈非晶结构，不存在与结晶有关的吸收峰，其红外光谱为无规聚丙烯与非晶聚乙烯光谱的叠加。存在 970 cm^{-1} 和 1 155 cm^{-1} 吸收峰，说明聚丙烯分子链段中存在头尾相接的结构。

g. 氯丁橡胶——工业品以反 1,4 构型为主（约占 87%）。光谱中出现 4 个强的特征峰，即 1 667 cm^{-1}（双键的伸缩振动）、1 430 cm^{-1}（锐峰，邻接氯原子的 CH_2的面内弯曲振动）、1 110 cm^{-1}（宽峰，碳链骨架振动）和 826 cm^{-1}（宽峰，双键上 C—H 面外弯曲振动）。另外，在 600～670 cm^{-1} 出现了与 C—Cl 伸缩振动相应的强吸收峰。

⑳ 聚二甲基硅氧烷。图 5-53 是聚二甲基硅氧烷的红外光谱。Si—O—Si 伸缩振动出现在 1 000～1 100 cm^{-1}。1 260 cm^{-1} 和 1 410 cm^{-1} 谱带分别是由 Si—CH_3基团的 CH_3 面内和面外弯曲振动引起的。800 cm^{-1} 谱带归属于 Si—C 伸缩振动和 CH_3面内摇摆。O—Si—CH_3 和 Si—O—Si 弯曲振动分别出现在更低波数的 390 cm^{-1} 和 490 cm^{-1}。

5.5.1.2 按高分子元素组成的分组分析

如果从化学分析已经初步知道未知高分子所含的元素，就可以根据这个线索将高分子分成五组。

(1) 只含 C、H 或只含 C、H、O 高分子

首先判断未知物是否含氧。除简单的过氧基团—C—O—O—C—没有吸收外，其他含氧基团都产生至少中等强度的吸收峰。若在 O—H 或 C ═ O 区域内有一个或更多个中等以上强度的吸收峰存在，则说明未知物含氧。另一方面从 C—O 峰也能判断。C—O 峰总是很强，若 900～1 350 cm^{-1} 出现的峰强度超过 2 900 cm^{-1} 或 1 400 cm^{-1} 附近 CH 峰的强度，则表明有氧存在。O—H、C ═ O、C—O 等 3 种含氧基团的波数范围和强度情况列于表 5-16。

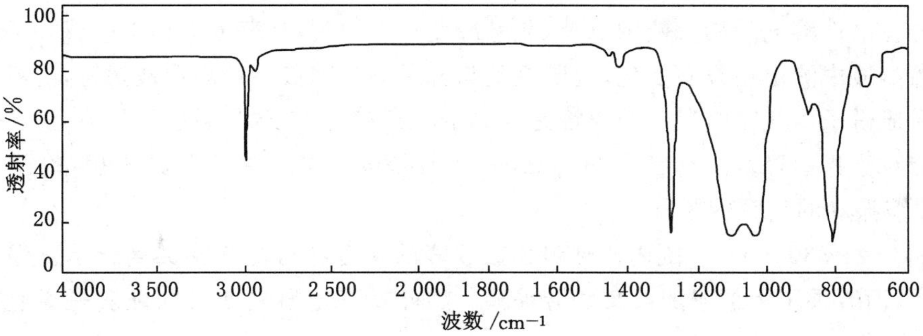

图 5-53　聚二甲基硅氧烷的红外光谱图

表 5-16　　C、H、O 化合物中含氧基团的吸收峰

基　团	吸收峰位置/cm^{-1}	备　注
O—H	3 150～3 550 或 3 550～3 700	弱、锐
C═O	1 550～1 825	强、宽
C—O	900～1 350	强、多峰

① 只含 C、H 的高分子。

所有饱和烃高分子都在 2 940 cm^{-1}左右和 1 430～1 470 cm^{-1}出峰(经常是多峰)，大多数烃还含有甲基，在 1 370 cm^{-1}左右有吸收。环烷烃没有特殊的规律，只是在 770～1 430 cm^{-1}范围内有几个中强的锐峰。

不饱和烃一般在 670～1 000 cm^{-1}有特征峰。由于这些谱带受邻近基团的影响很大，所以利用价值有限。

芳烃在 670～900 cm^{-1}有一些相对较强的峰，可表征苯环及各种取代苯环，它们用于鉴定烃基苯、氯代苯和酚都很可靠。但对另一些化合物，特别是苯环与羰基共轭时，这些峰会有些变化而失去可靠性，虽然仍可以由此确定芳烃。多数芳烃在 1 430～1 670 cm^{-1}有若干弱的锐峰，是苯环骨架振动的吸收。在 1 600～2 000 cm^{-1}内，对应于不同的取代苯类型会出现一系列弱的但很具特征性的谱带，归属于苯环上 C—H 面外弯曲振动的倍频与合频。

② 只含 C、H、O 的高分子。

只含 C、H、O 的高分子主要有三类，含 C═O 高分子、含 O—H 高分子以及醚类高分子，下面分别予以介绍。

含 C═O 高分子主要特征是 1 550～1 825 cm^{-1}的 C═O 伸缩振动峰。脂肪酯与醛、酮的羰基峰位置差别很小，难以区分。许多醛和酮在 910～1 330 cm^{-1}有强的吸收峰，但易与酯的 C═O 吸收峰相混淆。大多数醛在 2 720 cm^{-1}有 C—H 的吸收峰可以区别开来。在酸中由于羧基与羟基形成很强的氢键，使得羟基在 3 330 cm^{-1}的峰难以观察。但如果 C—H 在 2 900 cm^{-1}的峰加宽，以及 C—O 峰向低波数位移，则是酸的有利证据。

含 O—H 高分子主要特征是羟基在 3 130～3 700 cm^{-1}的吸收峰。对于任何情况下都不形成氢键的“自由”状态羟基(如酚羟基附近有大的取代基时)，在 3 570～3 700 cm^{-1}有宽峰。多数羟基化合物的分子间会形成氢键，从而在 3 130～3 570 cm^{-1}出现强的宽峰。这类化合物若在惰性溶剂的稀溶液中测定，羟基峰变得很锐利，且落入 3 570～3 700 cm^{-1}范围。如果在稀溶液中测定也没有变化，说明羟基与分子的其他极性基团形成氢键，羟基间不存在氢键。形成份子内氢键时羟基吸收峰是 3 130～3 570 cm^{-1}的锐峰。3 130～3 700 cm^{-1}区域的谱带对于指示羟基的存在是很可靠的，尤其是酚。但要注意水的干扰，以及 N—H 和 C ═ O伸缩振动的倍频的干扰。

在 910～1 330 cm^{-1}范围内出现最强吸收峰的化合物可能是醚类高分子。但脂肪醚易与醇混淆，而芳香醚类似于酚或某些芳香酯。因此在确定醚之前必须证实是否有羰基和羟基的存在。

(2) 含氮高分子

① 酰胺基团——二级酰胺在 1 560～1 640 cm^{-1}有两个强度相等的峰，是谱图中的主峰。830～1 670 cm^{-1}间的峰是复杂的，一般聚酰胺在这个区域有很多峰，峰的位置和强度受结晶态的影响较大。而脲醛树脂和天然蛋白质内的酰胺峰则通常较宽而且不确定。一级酰胺只在 1 640 cm^{-1}附近有一个峰，通常形状复杂但非常强。

② 聚酰亚胺——聚酰亚胺最有用的吸收峰是酰亚胺环上羰基的 1 720 cm^{-1}和 1 780 cm^{-1}双峰。1 780 cm^{-1}是弱的锐峰，而 1 720 cm^{-1}则较宽和较强。

③ 聚酰胺酰亚胺——其谱图中酰胺和酰亚胺的吸收峰并存，因而在 1 670 cm^{-1}附近有四个强峰表明未知物是聚酰胺酰亚胺，很可靠。

④ 聚氨酯——存在二级酰胺的一对峰，但位置在 1 540 cm^{-1}和 1 690 cm^{-1}。

⑤ 腈类和异氰酸酯——这两类基团都在 2 270 cm^{-1}附近有一个特征峰，由于此峰离其他峰较远，较易识别。但这两类基团间的区别是困难的，差别表现在异氰酸酯的峰很强，约是腈类的 100 倍，形状也经常是双重的或不规则的。

⑥ 其他含氮高分子——共价硝酸酯和硝基化合物产生易识别的峰，如三聚氰胺甲醛树脂在 1 540 cm^{-1}和 1 560 cm^{-1}有强峰，同时在 830 cm^{-1}有弱峰。

(3) 含氯高分子

C—Cl 基团产生中强且常常较宽的峰，但位置变化太大而用处有限。聚偏二氯乙烯的 CCl_2基团在 1 060 cm^{-1}的强峰很有用，在结晶聚合物中分裂成锐利的双峰是很有意义的特征峰。

(4) 含硫、磷或硅的高分子

S—S、S—C 没有特征峰，S—H 峰也很弱。但是 S ═ O 峰很强，例如在高聚物中遇到的硫酸盐、二芳砜、磺酸酯和磺酰胺等的峰都是很强的。1 110～1 250 cm^{-1}间的强峰可以说明硫的存在。如果化学试验中发现有氮，则在 1 320 cm^{-1}处应有吸收峰，表明是磺酰胺。

和硫类似，磷的有用的吸收峰来自 P—O 键。P—H 基团是例外，在 2 380 cm^{-1}附近有中强的特征峰。磷在高分子中常以膦酸酯的形式存在，其 P—O—C 基团在 970 cm^{-1}有吸收，在 1 030 cm^{-1}有一个更强且宽的峰。

硅出现许多有用的吸收峰。Si—H 峰在 2 170 cm^{-1}非常突出，很易识别。Si—O 在 1 000～1 110 cm^{-1}之间有强的复杂的宽峰。Si 甲基和 Si 苯基分别在 1 250 cm^{-1}和1 430 cm^{-1}出现尖锐的峰。Si—OH 峰类似于醇的 OH 基峰。

(5) 含金属的高分子

这类高分子主要是羧酸盐，在 1 540～1 590 cm^{-1}有非常强的吸收，其位置更多地取决于金属阳离子而不是羧酸。该峰十分尖锐，有时有双重峰。在低浓度时，羧酸盐的峰与芳环的峰有些相混淆。

5.5.1.3　按最强谱带的分组分析

一般地，较强的谱带对应的基团浓度较大，所以在鉴定上特别重要。如果高分子中含有极性基团，对应于极性基团的谱带往往是最强的。一些杂原子，如硅、硫、磷、卤素等，也有显著的谱带，能够很具特征地反映这种高分子的结构。

按高分子红外光谱中的第一吸收，可将谱图从 600～1 800 cm^{-1}分为六组即六个区，含有相同极性基团的同一类高分子的吸收峰大都在同一个区内。需要说明的是，有些高分子的第一吸收出现在此范围外，如聚乙烯在 2 900～3 000 cm^{-1}，酚类、醇类可能在 3 200～3 500 cm^{-1}等，这些区域易受水分、溴化钾压片的散射等外界因素的干扰，因此对于这种情况按第二吸收来分组。

表 5-17　按最强吸收峰的分组

组别	最强吸收峰位置/ cm^{-1}	可能的高分子材料
1 区	1 700～1 800	聚酯、聚羧酸、聚酰亚胺等
2 区	1 500～1 700	聚酰胺、脲醛树脂、蜜胺树脂等
3 区	1 300～1 500	聚烯烃，有氯、氰基等取代的聚烯烃，某些聚二烯烃(天然橡胶等)
4 区	1 200～1300	聚芳醚、聚砜、一些含氯聚合物等
5 区	1 000～1 200	脂肪族聚醚、含羟基聚合物、含硅和氟的高分子
6 区	600～1 000	苯乙烯类高分子、聚丁二烯等含不饱和双键高分子，一些含氯聚合物(氯含量较高者)

5.5.1.4　按快速指南图鉴别

图 5-54 是高分子材料的红外光谱中主要谱带的波数与结构的关系图，用做高分子材料鉴定的快速指南。

5.5.2　红外光谱的定量分析

5.5.2.1　定量分析的基础

红外光谱定量分析的基础是朗伯—比尔(Lambert-Beer)定律。

$$A = \lg \frac{I_0}{I} = \varepsilon c l$$

式中，A 为吸光度；I_0，I 为入射光和透射光强度；ε 为吸光系数或消光系数；c 为物质的量浓度；l 为试样厚度。

选择合适的分析谱带是定量分析的一个首要问题。要选择吸收强度大(透射率 25%～50%为宜)且不受其他组分干扰的特征谱带。

吸光度的测定一般采用基线法(峰高法)。峰高法虽然简便，但不能反映峰的宽窄(吸收能量的差别)，很多仪器操作条件因素都会导致定量误差。因而更准确的方法是用积分强度法(峰面积法)，所测数据能通用于各型号仪器。

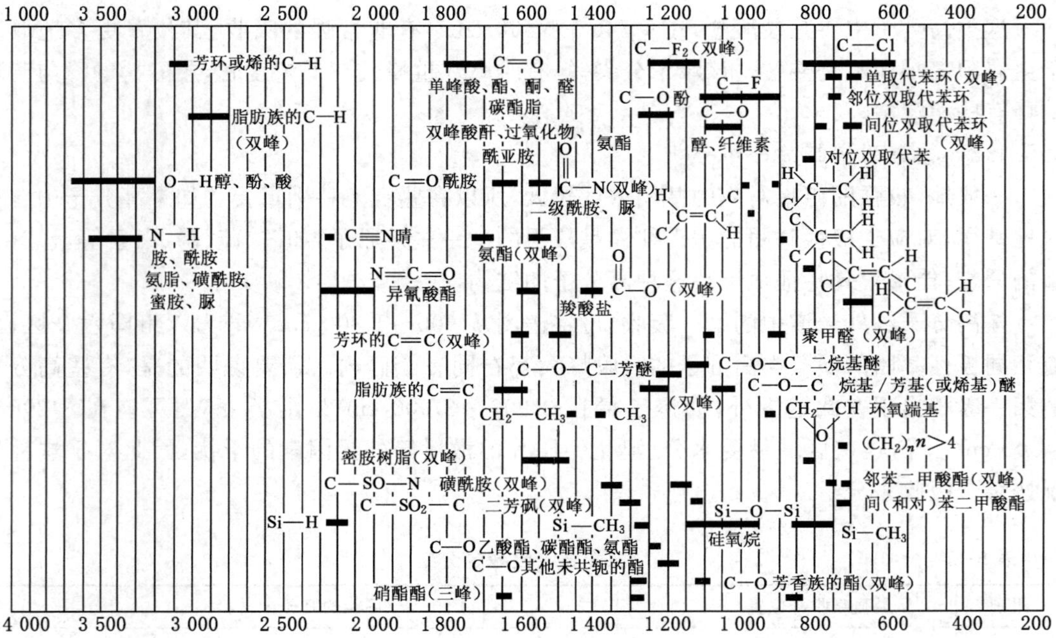

图 5-54　高分子材料的红外光谱主要谱带的波数与结构的关系图

5.5.2.2　吸收峰的选择

吸收峰的选择原则如下：

① 选择被测物质的特征吸收峰。

② 所选的吸收带应有较大的吸收强度且周围尽可能无其他吸收峰干扰。

③ 所选吸收峰处强度与被测物质浓度有线性关系。

5.5.2.3　计算方法

(1) 校正曲线法

由于样品厚度是可准确测量的，因而只需用一个已知浓度的标准样品测定吸光度 A 就可求出比例常数吸光系数 ε。

由于红外狭缝较宽，单色性较差，朗伯—比尔定律有时会有偏差。当浓度变化范围较大时，吸光度可能与浓度不成线性关系，此时应当测定一系列已知浓度的标准样品的吸光度，画出工作曲线，然后在相同的实验条件下利用工作曲线分析未知物浓度。这种方法很可靠，但也费事，一般应用于重复性的常规分析中。

(2) 比例法

比例法是利用吸光度的比值求出样品组分含量的方法。对于二元体系，若两组分特征谱带不重叠，则根据朗伯—比尔定律得到：

$$A_1=\varepsilon_1 c_1 l, A_2=\varepsilon_2 c_2 l, c_1+c_2=1$$

两谱带的吸光度比值为：

$$R=\frac{A_1}{A_2}=\frac{\varepsilon_1 c_1}{\varepsilon_2 c_2}=\varepsilon\frac{c_1}{c_2}$$

利用已知浓度比的样品求出 ε 值，再反过来利用已知的 ε 值计算未知样品的浓度 c_1 和

c_2。这种方法不需要测量样品厚度，对于高分子薄膜、涂膜或溴化钾压片等样品特别方便，因而在高分子共混物或共聚物等的定量分析中最常用。

类似地，当浓度变化范围较大，ε 值不是常数时，可利用工作曲线。这个方法也可推广到三元体系，不过需要做两条工作曲线。

5.5.2.4　应用

主要应用之一是共聚物或共混物的组成测定。首先对每一组成必须选择一条比较尖锐的特征谱带。例如乙丙共聚物中，可选择聚乙烯的 720 cm^{-1} 谱带和聚丙烯的 1 150 cm^{-1} 谱带。EVA 中对聚乙烯用 720 cm^{-1}，对聚醋酸乙烯用 1 235 cm^{-1} 或 1 740 cm^{-1}。ABS 中苯乙烯用 1 600 cm^{-1}，丙烯腈用 2 240 cm^{-1}，丁二烯用 967 cm^{-1}。样品厚度应调节到使吸收尽可能与浓度呈线性关系。以乙丙共聚或共混物为例，计算公式如下：

$$\frac{PE\%}{PP\%}=\varepsilon\frac{720\ cm^{-1}\text{的吸收峰强度}}{1\ 150\ cm^{-1}\text{的吸收峰强度}}$$

为了更加准确，应当用溶液代替固体薄膜样品。

5.5.3　红外光谱的结构分析

5.5.3.1　全同聚丙烯立体规整性的测定

全同聚丙烯没有立体规整性谱带，但有 975 cm^{-1} 和 998 cm^{-1} 两条构象规整性谱带，由于 998 cm^{-1} 谱带与 11～13 个重复单元有关，可能受结晶的影响，因而多半用做结晶谱带计算结晶度。而 975 cm^{-1} 与较短的重复单元有关，可用来测定等规度。

$$\text{等规度}=K\frac{A_{975}}{A_{1\ 460}}$$

1 460 cm^{-1} 是不受等规度影响的 CH_2 弯曲振动谱带，在这里用做测量薄膜厚度的内标。K 值可利用庚烷萃取的样品（等规度接近 100%）测得。

5.5.3.2　双烯高分子立体构型的测定

用红外光谱可以测定聚丁二烯中各种几何异构体的含量。已知各异构体谱带的吸收率见表 5-18。

表 5-18　　聚丁二烯各异构体谱带的吸收率　　L/(mol·m)

异构体	910 cm^{-1}	967 cm^{-1}	738 cm^{-1}
纯 1,2	14 400	447	125
纯反 1,4	0	12 600	0
纯顺 1,4	57.8	329	3 090

分别选择 910 cm^{-1}，967 cm^{-1} 和 738 cm^{-1} 谱带作为 1,2、反 1,4 和顺 1,4 异构体的分析谱带。由于各组分的分析谱带互相干扰，所以采用联立方程法，即：

$$A_{910}=(K_{11}c_1+K_{12}c_2+K_{13}c_3)l$$

$$A_{967}=(K_{21}c_1+K_{22}c_2+K_{23}c_3)l$$

$$A_{738}=(K_{31}c_1+K_{32}c_2+K_{33}c_3)l$$

式中，c_1，c_2，c_3 依次代表各异构体的浓度，且 $c_1+c_2+c_3=1$；l 为试样厚度。

其中各分析谱带的吸收系数均预先用已知纯样求出。测定未知物时，前三个方程两两

相除消去 l，实得两个方程，再与第四个浓度方程联立，得出 3 个未知数 c_1、c_2 和 c_3。

5.5.3.3 聚乙烯支化度的测定

只要测定聚乙烯端甲基的浓度就可以计算支化度。一般以 1 378 cm^{-1} 甲基对称弯曲振动谱带作为分析谱带，但这个谱带受附近的 CH_2 面外摇摆（1 353 cm^{-1} 和 1 368 cm^{-1}）的干扰。排除干扰的方法是差示光谱技术。聚乙烯样品放在测试光路上，而在参比光路上放入投有支化的线型聚乙烯或特别合成的聚亚甲基的楔形薄膜。调整楔形薄膜的厚度，使得1 366 cm^{-1} 和 1 400 cm^{-1} 有相同的吸收（约 70%透射率处）。由于在 1 400 cm^{-1} 处两者都无吸收，这样就可将 1 366 cm^{-1} 调成基线，从而可以得到单一 CH_3 振动谱带的差示光谱，如图 5-55 所示。然后仍需用已知 CH_2 浓度的聚亚甲基标准样品来求得吸收系数 K。

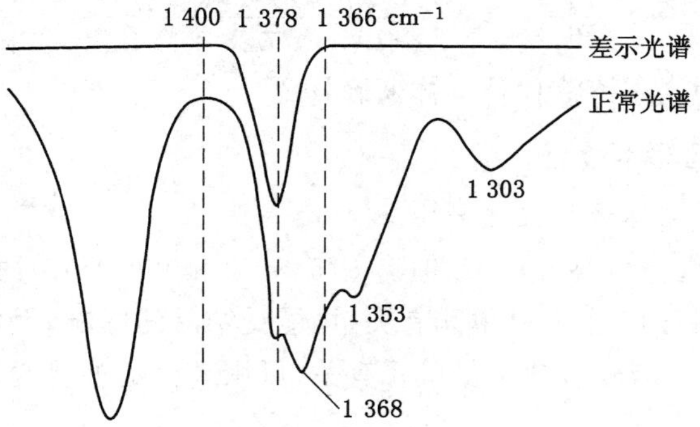

图 5-55 差示光谱技术测定聚乙烯支化度

另一种方法是测定相应 CH_3 和 CH_2 的两种谱带的吸收比，再根据两种基团中氢的比例就可以推算出支化度。

5.5.3.4 共聚物序列和序列分布的测定

通常嵌段和接枝共聚物的红外光谱与混合物的红外光谱几乎没有区别，但无规共聚物则可能有些区别，原因是不同的三单元组（如 AAA、ABA、AAB、BAB 等）可能有不同的吸收频率。对于甲基丙烯酸甲酯丙烯腈共聚物，情况有些不同。在嵌段共聚物中，对应的甲基丙烯酸甲酯在 1 149 cm^{-1}、1 190 cm^{-1} 和 1 240 cm^{-1}、1 270 cm^{-1} 分别出现一对双峰，这同均聚甲基丙烯酸甲酯相同。但在无规共聚物中，在此位置只有 1 140 cm^{-1} 和 1 220 cm^{-1} 两个单峰，这说明在无规共聚物中，短的甲基丙烯酸甲酯序列不能形成聚甲基丙烯酸甲酯（主要是间同结构）那样的螺旋结构，而上述峰的分裂是由于螺旋链段中相邻基团振动的偶合引起的。

乙丙共聚物链由于$(CH_2)_n$链节的 n 值不同，会有不同的 CH_2 摇摆振动的特征吸收 $n=1$ 时是 770 cm^{-1}，$n=2$ 时是 752 cm^{-1}，$n=3$ 时是 733 cm^{-1}，$n=4$ 时是 730 cm^{-1}。根据这些谱带的强度可推知乙烯和丙烯单体在链上的分布情况。

5.5.3.5 高分子结晶度的测定

选择合适的晶带或非晶带就可以测定结晶度。以晶带为分析带，优点是一般峰形尖锐而且强度大，因而测量灵敏度较高。缺点是必须用其他方法如 X 光衍射法预先核准标准样品的结晶度，所以结果是相对的。

用非晶带的主要优点是容易得到完全非晶态高分子，例如用淬火或将熔体以 β 射线辐射交联后再冷却等方法，均可避免结晶。但不能直接用熔体，因为谱带的吸收率会随温度而变化。

以聚氯丁二烯为例，当以 953 cm^{-1}结晶谱带作分析谱带时，可用对结晶不敏感的 2 940 cm^{-1}C—H 伸缩振动谱带作为衡量薄膜厚度的内标，其结晶度计算式如下：

$$结晶度 = K\frac{A_{953}}{A_{2\,940}}$$

又如聚对苯二甲酸乙二醇酯，可用非晶带 898 cm^{-1}作分析带，795 cm^{-1}为内标，结晶度计算式为：

$$结晶度 = 1 - K\frac{A_{898}}{A_{795}}$$

表 5-19 列出了某些常见高分子材料的结晶和非晶谱带。

表 5-19　　常见高分子材料的结晶谱带和非晶谱带

高分子材料	结晶谱带/cm^{-1}	非晶谱带/cm^{-1}
聚乙烯	731	1 303,1 353,1 368
全同聚丙烯	841,998,1 304	
间同聚丙烯	867,977,1 005	1 131,1 199,1 230
全同聚苯乙烯	898,920,985,1 055,1 080,1 185, 1 194,1 261,1 297,1 312,1 365	
聚氯乙烯	603,633	615,690
聚偏二氯乙烯	752,885,1 045,1 070	
聚偏二氟乙烯	614,763,794,975	
聚三氟氯乙烯	440,490,1 290	657
聚四氟乙烯	—	640,770
聚对苯二甲酸乙二醇酯	848,972,1 350	790,898,1 020
尼龙 6	930,959	1 130
尼龙 66	935	1 140
聚 1,4-反式丁二烯	1 053,1 120,1 235,1 340	1 310,1 345
反式聚 1,4-异戊二烯	α 型:807,865,886 β 型:754,802,880	
氯丁橡胶	953	

5.5.3.6　高分子取向度的测定

高分子取向程度的测定可利用红外二向色性，即红外吸收的各向异性。如果没有取向，红外吸收是各向同性的，取向后分子链沿拉伸方向排列，但完全取向是不可能的，因而存在一定取向度，两个相互垂直的方向上红外吸收对同一频率存在差异。

将红外偏振光的电矢量分别平行或垂直于样品的拉伸方向，测得吸光度 $A_{/\!/}$ 和 $A_{\perp}$，其比值 $R = A_{/\!/}/A_{\perp}$ 定义为该谱带的二向色性比。利用已知取向度的样品作出取向度对 R 的

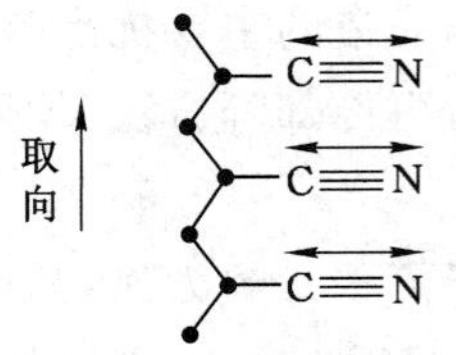

图 5-56　聚丙烯腈中 C≡N 吸收的二向色性行为成因示意图

工作曲线，反过来以这条曲线为标准，测量未知样品的取向度。如果晶区和非晶区有不同的特征谱带，则可以分别测得晶区和非晶区的取向。

例如对取向的聚丙烯腈纤维，以 C≡N 的 2 245 cm^{-1}为分析谱带，这是垂直谱带。如图 5-56 所示，C≡N 的跃迁距垂直于分子轴，当红外偏光垂直于样品的取向方向时会产生最大吸收。相反，平行时吸收最小，取向度越大时二向色性比 *R* 越小。取向测定结果如表 5-20所示，说明 *R* 与 X 光的取向角一样，可以很好地表征取向程度。

表 5-20　　拉伸聚丙烯腈的取向测定结果

牵伸比	1	2.5	4	6	8	10	16
二向色性比 *R*	0.92	0.59	0.50	0.42	0.38	0.36	0.32
X 光取向角	120	36	22	21	19	17	15

再例如，用红外二向色性研究芳香聚酯的取向膜的液晶条带织构。织构中分子以锯齿形排列，因而分子与取向方向存在一个平均取向角。由于羰基与分子方向的夹角可以根据结构中各键长、键角计算出来，因此只要测定 1 730 cm^{-1}羰基伸缩振动的吸收出现最大值时偏振方向（等于羰基的方向）与取向间的角度，就可以推算出分子在织构中的平均取向角 α，如图 5-57 所示。

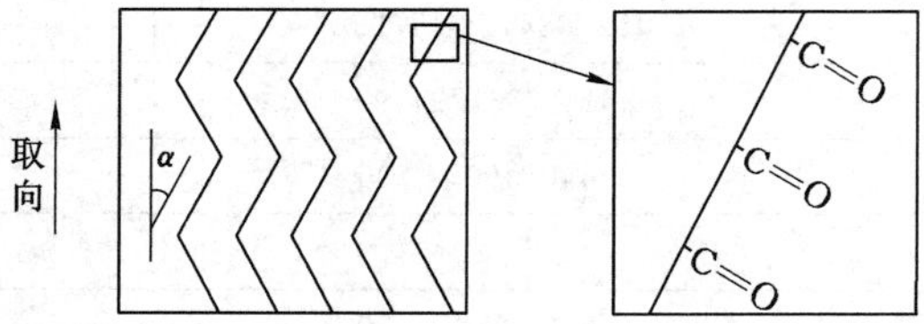

图 5-57　红外二向色性测定液晶聚芳酯取向膜条带织构中分子取向角示意图

参考文献

[1] 董炎明. 高分子材料实用剖析技术[M]. 北京：中国石化出版社，2005.
[2] 潘文群. 高分子材料分析与测试[M]. 北京：化学工业出版社，2005.
[3] 张美珍，柳百坚. 聚合物研究方法[M]. 北京：中国轻工业出版社，2006.
[4] 方惠群，于俊生，史坚. 仪器分析[M]. 北京：科学出版社，2002.
[5] 朱明华，胡坪. 仪器分析[M]. 第 4 版. 北京：高等教育出版社，2008.

第6章 核磁共振波谱法

6.1 核磁共振波谱法的发展与应用

6.1.1 核磁共振的发展

核磁共振(nuclear magnetic resonance，NMR)是指在强磁场下电磁波与原子核自旋之间产生相互作用的物理现象。自NMR现象发现至今，在该领域，研究者先后获得了5次诺贝尔奖。1944年，美国科学家Rabi因发明了研究气态原子核磁性的共振方法而获得了诺贝尔物理学奖；1952年，哈佛大学的Purcell和斯坦福大学的布洛赫Bloch因发现宏观物质的核磁共振现象而共同获得了诺贝尔物理学奖；1991年，瑞士科学家Ernst因在二维NMR及傅立叶变换NMR方面的突出贡献荣获诺贝尔化学奖；2002年，瑞士科学家Kurt Wüthrich因在发展NMR波谱学测定溶液中生物大分子三维结构方面的开创性贡献分享了诺贝尔化学奖；2003年，美国科学家Paul Lauterbur和英国科学家Peter Mansfield因在磁共振成像领域的突出贡献获得诺贝尔医学奖。此外据统计，全世界每年发表的科技文章中，有关核磁共振方面的文章排名第一。

早期的核磁共振技术的应用领域仅限于核物理方面，1991年后的三次诺贝尔奖标志着NMR研究领域从物理学到化学和生命科学的重要转变。NMR波谱法能够通过核磁共振现象研究原子核周围化学环境变化，从而不仅能够帮助人们获得有机或无机分子在原子水平上的结构信息，而且还可以用于定量研究。目前，NMR波谱技术已成为化学、物理、材料、生物、医药等领域中的重要分析测试手段。

世界上第一台商品化NMR谱仪(静磁感应强度0.7 T，^{1}H共振频率30 MHz)于1953年美国瓦里安公司研制成功。1964年瓦里安公司率先研制出世界上第一台超导磁场的NMR谱仪(静磁感应强度4.7 T，^{1}H共振频率200 MHz)。1971年日本电子(JEOL)公司生产出世界上第一台脉冲傅立叶变换(FT)NMR谱仪(静磁感应强度2.35 T，^{1}H共振频率100 MHz)。1994年德国布鲁克公司推出全数字化NMR谱仪。2005年瓦里安公司推出了数字化、智能化程度更高的Varian NMR System，布鲁克公司推出了具有第二代数字接收机的AVANCE Ⅱ新系列。这两种型号的谱仪能够提供高精度和高稳定性的数字信号处理，提高了灵敏度、动态范围和系统稳定性，其谱图干净、基线平整。我国于1960年开始研制NMR谱仪。1974年国内首台高分辨NMR谱仪(静磁感应强度1.4 T)在北京分析仪器厂研制成功。1983年，中国科学院长春应用化学所研制成功我国第一台傅立叶变换NMR谱仪(静磁感应强度2.35 T)。1987年，中国科学院武汉物理与数学研究所研制成功我国第一台超导NMR谱仪(静磁感应强度8.42 T)。总的来说，我国在NMR谱仪研制方面与先进国家相比仍有很大差距，目前国内使用的研究型超导NMR谱仪绝大多数仍依赖进口。

为了改变这种状况，2006 年我国启动了研制具有自主知识产权的高性能 NMR 谱仪的科技支撑计划。

6.1.2 NMR 谱仪的基本组件

根据 NMR 谱仪设计和功能不同可分为不同类型，如按磁体性质可分为永磁、电磁、超导磁体谱仪；按激发和接收方式分为连续、分时、脉冲谱仪；按功能分为高分辨液体、高分辨固体、固体宽谱、微成像波谱仪。随着 NMR 实验技术及电子、超导、计算机技术发展，NMR 波谱仪已大多采用超导高磁场且集多核、多功能于一体。按照 NMR 实验中射频场的施加方式，将其分为两大类：一类是连续 NMR 谱仪，即射频场连续不断地加到试样上，得到频率谱（波谱）。另一类是脉冲 NMR 谱仪，即射频场以窄脉冲的方式加到试样上，得到自由感应衰减（FID）信号，再经计算机进行傅立叶变换，得到可观察的频率谱。由于脉冲傅立叶变换波谱仪具有灵敏度高、快速、实时等优点，并可采用各种脉冲序列实现不同目的且容易用数学方法完成滤波过程，因而得到了广泛的应用，成为当代主要的 NMR 谱仪。

NMR 谱仪的基本组件有：

① 磁体——产生强的静磁场，该磁场使置于其中的核自旋体系的能级发生分裂，以满足产生 NMR 的要求。

② 射频源——用来激发核磁能级之间的跃迁。

③ 探头——位于磁体中心的圆柱形探头作为 NMR 信号检测器，是 NMR 谱仪的核心部件。试样管放置于探头内的检测线圈中。

④ 接收机——用于接收微弱的 NMR 信号，并且放大变成直流的电信号。

⑤ 匀场线圈——用来调整所加静磁场的均匀性，提高谱仪的分辨率。

⑥ 计算机系统——用来控制谱仪，并进行数据显示和处理。

6.1.3 NMR 谱仪的三大技术指标

① 分辨率——有相对分辨率和绝对分辨率，表征波谱仪辨别两个相邻共振信号的能力，即能够观察到两个相邻信号 ν_1 和 ν_2 各自独立谱峰的能力，以最小频率间隔 $|\nu_1-\nu_2|$ 表示。

② 稳定性——包括频率稳定性和分辨率稳定性。频率稳定性与谱图重复性有关，通过连续记录相隔一定时间的两次扫描结果的偏差衡量。频率稳定性主要取决于磁场稳定方法，大多数波谱仪带有场频稳定装置，稳定性能约为每小时 0.1 Hz。分辨率稳定性是通过观察谱峰宽度随时间变化的速率来测量的。提高稳定性的方法：提高磁场本身空间分布的均匀性，控制匀场线圈的电流来补偿静磁场分布的不均匀性，用旋转试样方法平均磁场分布的不均匀性。

③ 灵敏度——分为相对灵敏度和绝对灵敏度。在外磁场相同、核数目相同及其他条件一样时，以某核灵敏度为参比，其他核的灵敏度与之相比称为相对灵敏度。相对灵敏度与核自然丰度的乘积即为绝对灵敏度。灵敏度表征了波谱仪检测弱信号的能力，它取决于电路中随机噪声的涨落，一般定义为信号对噪声之比，即信噪比（S/N）。波谱仪越灵敏，其信噪比越高。提高磁感应强度、应用双共振技术、信号累加等都可提高灵敏度。

6.2　核磁共振基本原理

6.2.1　原子核的自旋和磁矩

原子核是由质子和中子组成的，质子带正电荷，中子不带电荷，因此原子核带正电。其电荷数 Z 等于核所含的质子数，也等于核的原子序数。原子核的质量数(A)等于质子数(Z)加中子数(N)，因此可以把核标记为$^{A}X_{Z}$，如氢核(质子)$^{1}H_{1}$，碳核$^{12}C_{6}$，$^{13}C_{6}$等。在 NMR 理论中，原子核自旋是一个最基本的概念。原子核自旋与质量和电荷一样，是原子核的自然属性，由自旋量子数 I 表征，其值为整数或半整数。I 的取值由原子核的质子数和中子数决定，具体分为以下三种情况：① 当质子数和中子数都是偶数时，核自旋量子数 $I=0$，如$^{16}O_{8}$、$^{12}C_{6}$等核的自旋量子数为零。② 当质子数和中子数一个为奇数，一个为偶数，其自旋量子数为半整数，即 $I=1/2,3/2,5/2\cdots$。如 ^{1}H，^{13}C，^{19}F，^{31}P 等核的 I 为 1/2；^{11}B，^{33}S，^{35}Cl 等核的 I 为 3/2；^{17}O 核的 I 为 5/2。③ 当质子数和中子数都为奇数，其自旋量子数为正整数，如^{2}H 和^{14}N 等核的 I 为 1。

具有自旋的原子核会产生自旋角动量，自旋角动量用 P 来表示，其绝对值为：

$$|P|=\frac{h}{2\pi}\sqrt{I(I+1)}=\hbar\sqrt{I(I+1)} \tag{6-1}$$

式中，h 为普朗克(Plank)常数；$\hbar$值为$\frac{h}{2\pi}$，称为约化 Plank 常数。

根据经典电磁学理论，旋转电荷可以看成在环路上运动的电流，会产生磁矩 M，$M=iA$，A 为环路的有向面积，方向由电流方向右手螺旋定则确定，i 为电流的量。同理，原子核既具有电荷又具有自旋，原子核自旋就像电流流过线圈一样能产生磁场，因此会有相应的核磁矩。核磁矩 μ 与核自旋角动量 P 关系如下：

$$\mu=\gamma P \tag{6-2}$$

式中，γ 为磁旋比，γ 是原子核的重要属性，不同的原子核具有不同的磁旋比。

核磁矩以核磁子 β 为单位，$\beta=5.05\times10^{-27}$ J/T，为一常数。核磁共振中一些常见原子核的核磁性质见表 6-1。

表 6-1　　一些常见磁性核的磁性质

磁性核	天然丰度/%	磁矩 β	磁旋比/[rad/(T·S)]	在 1 T 磁场下的共振频率/MHz
^{1}H	42.577	2.792 7	27.753×10^{4}	42.577
^{13}C	10.705	0.702 2	6.723×10^{4}	10.705
^{19}F	40.055	2.627 3	25.179×10^{4}	40.055
^{31}P	17.235	1.130 5	10.840×10^{4}	17.235

磁性核，即具有核磁矩的原子核是产生核磁共振的首要条件。由式(6-1)和式(6-2)可知，只有当核的自旋量子数 I 不为零时，核自旋才具有一定的自旋角动量，产生磁矩。因此，只有自旋量子数 I 不为零的原子核才能产生核磁共振现象，成为 NMR 研究的对象。相反，一些自旋量子数为零的原子核不能产生核磁共振，不能成为 NMR 研究的对象，如^{12}C，

^{16}O等。

将可自由转动的核磁矩置一个外磁场 B_0 中，如果 μ 的方向与 B_0 的方向不平行，核磁矩 μ 将受到一个力矩 L 的作用，L 的大小为：$L=\mu B_0 \sin\theta$，θ 为 μ 和 B_0 的夹角，用矢量式可表示为：$\boldsymbol{L}=\boldsymbol{\mu}\times\boldsymbol{B}_0$。磁场的力矩导致核磁矩绕磁场方向转动，称为进动，形成的进动轨道如图 6-1 所示。

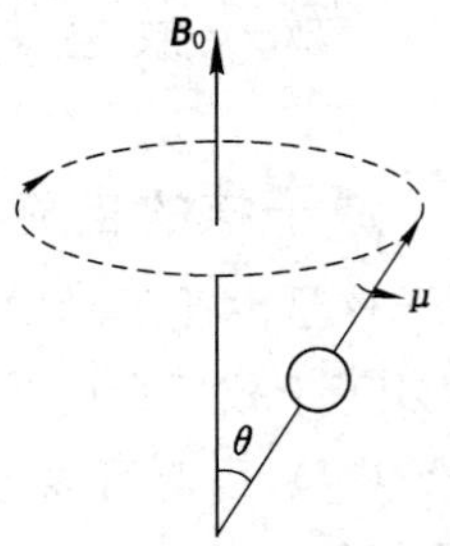

图 6-1　核磁矩绕磁场的进动轨道

核磁矩以一定的角速度进行进动，该角速度用 ω_0 来表示。进动频率、核磁矩的角速度以及外加磁场之间的关系可用 Larmor 方程表示为：

$$\omega_0 = \gamma B_0 = 2\pi\nu_0 \tag{6-3}$$

式中，ν_0 为原子核的进动频率，也称为 Larmor 频率，单位为赫兹(Hz)。

由于核磁矩在与外磁场方向平行时能量达到最低，经过一定时间，θ 减小到 0，此时核磁矩不再受到力矩的作用，进动停止。若再施加一个垂直于 B_0 方向的射频场，核磁矩会离开平衡位置，重新开始进动。

6.2.2　核磁矩的空间量子化

根据量子力学原理，核磁矩 μ 在外磁场的空间取向是量子化的，只能取一些特定的方向。规定外磁场方向为 Z 方向，自旋量子数为 I 的核磁矩在 Z 方向的投影值为：

$$\mu_Z = \gamma m \hbar \tag{6-4}$$

式中，m 为磁量子数，其取值范围为 $-I, -I+1, \cdots, I-1, I$，对应 $2I+1$ 个空间取向。例如，对于自旋量子数 $I=1$ 的核，可有 $m=1, 0, -1$ 三个取向；对于自旋量子数 $I=1/2$ 的核，只存在 $m=1/2$ 和 $-1/2$ 两种空间取向。

从能量的角度来看，核磁矩 μ 与外磁场 B_0 的相互作用能为：

$$E = -\mu_Z B_0 = -\gamma m \hbar B_0 \tag{6-5}$$

原子核不同能级之间的能量差则为：

$$\Delta E = -\gamma \Delta m \hbar B_0 \tag{6-6}$$

这样，在外磁场作用下，原来简并的能级按不同的 m 值分裂成为 $2I+1$ 个不同能级，通常称为塞曼(Zeeman)分裂。由于量子力学规定只允许 $\Delta m=\pm 1$ 的跃迁，因此相邻能级之间发生跃迁的能量差为：

$$\Delta E = \gamma \hbar B_0 \tag{6-7}$$

图 6-2 给出了 $I=3/2$ 的原子核的核磁矩在外磁场作用下的能级分裂图。

由上述内容可知，在外磁场 B_0 中，磁性核存在不同的能级分布，且磁性核相邻能级的能量差 $\Delta E=\gamma\hbar B_0$。不同能级之间可以通过吸收与 ΔE 相等辐射能而发生变化。在核磁共振实验中，采用与核自旋进动频率相等的射频对样品进行辐照，使处于低能态的核自旋跃迁到高能态，该过程称为 NMR 吸收。强弱不同的吸收信号与频率的关系即为 NMR 谱。

假定射频的频率为 ν，则射频的能量可表示为：

$$E_\nu = h\nu = \hbar\omega \tag{6-8}$$

由于发生核磁共振时射频能量等于核能级间的能量差，即：

$$E_\nu = \Delta E = \hbar\gamma B_0 \tag{6-9}$$

因此有：

$$\omega = 2\pi\nu = \gamma B_0 \tag{6-10}$$

此即 NMR 的基本方程。式中 ω 为射频的圆频率。根据该式可知产生 NMR 的基本条件是：

$$\nu = \nu_0 = \gamma B_0 / 2\pi \tag{6-11}$$

即射频的频率 ν 等于核自旋的进动频率 ν_0。核磁共振定义是：处于静磁场中 I 不为零的核自旋体系，受到频率等于核自旋进动频率的射频场激励，所发生的吸收射频场能量的现象。核自旋体系、静磁场和射频场是产生核磁共振的三个要素。

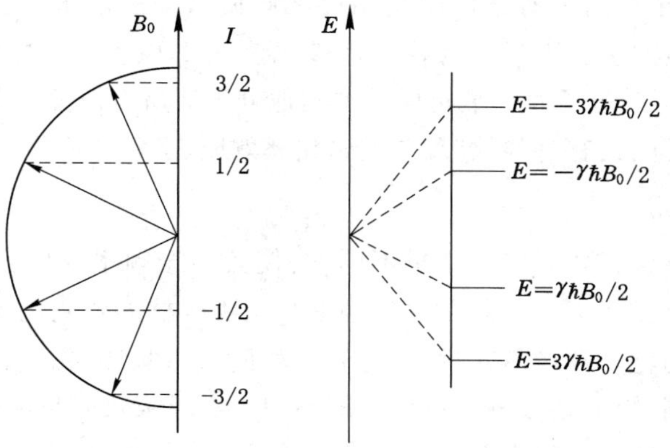

图 6-2　$I=2/3$ 原子核磁矩在磁场中的空间取向及相互作用能级图

6.3　化学位移

6.3.1　屏蔽常数 σ

处于磁场中的原子核被核外电子以及其他化学环境所围绕，因此其发生核磁共振的性质也会受到这些因素的影响。假设一孤立原子，其核外电子云呈球形分布。当将其置于外磁场 B_0 中时，由于电子云被极化，核外电子在磁场方向上绕核运动，相当于一个环形电流，根据楞次定律，电子环流产生一个与 B_0 方向相反、大小正比于 B_0 的感应磁场（次级磁场）B'。这样，原子核实际感受到了一个比外磁场稍低的磁场作用。原子核实际感受到的内部磁场可表示为：

$$B = (1-\sigma)B_0 \tag{6-12}$$

式中，σ 称为屏蔽常数，它反映了核外电子对核的屏蔽作用，由核外电子云密度决定，与所处的化学环境密切相关。

所以式(6-12)可改写为：

$$\nu = \frac{\gamma}{2\pi}B_0(1-\sigma) \tag{6-13}$$

不同的同位素核的 γ 差别很大，但任何同位素核的 σ 均远远小于 1。屏蔽常数 σ 与原子核所处的化学环境有关，主要由原子屏蔽（σ_A）、分子内屏蔽（σ_M）和分子间屏蔽（σ）三部分构成。

① 原子屏蔽——原子屏蔽可指孤立原子的屏蔽，也可指分子中原子的电子壳层的局部

屏蔽，称为近程屏蔽效。分子中原子的屏蔽包括两项：抗磁项 σ_A^D 和顺磁项 σ_A^P。抗磁项起增强屏蔽作用，主要由 s 轨道电子贡献。这是由于 s 轨道电子云大体呈球形对称分布，其感应磁场总是与外磁场方向相反，因此表现出抗磁性；顺磁项起减弱屏蔽作用，主要由 p 轨道电子贡献。这是由于 p 电子具有方向性，在外磁场作用下，电子只能绕其对称轴旋转，因而自身有了磁矩而产生进动，经一定时间后磁矩与外磁场的取向趋于一致，因此表现出顺磁性。

② 分子内屏蔽——分子内屏蔽指分子中其他原子或原子团对所要研究的原子核的磁屏蔽作用。原子核附近有吸电子基团存在使核周围电子云密度降低，屏蔽效应减弱，去屏蔽作用增强。相反，原子核附近有给电子基团存在则使核周围电子云密度增加，屏蔽效应增强。影响分子内屏蔽的主要因素有诱导效应、共轭效应和磁各向异性效应。

③ 分子间屏蔽——分子间屏蔽指样品中其他分子对所有研究的分子中核的屏蔽作用。影响这一部分的主要因素有溶剂效应、介质磁化率效应、氢键效应等。

6.3.2 化学位移 δ

原子核所受到磁屏蔽效应作用结果不同，会使其共振频率发生变化。根据 NMR 条件 $\nu=\gamma B_0/2\pi$，在相同外磁场 B_0 中，核的共振频率只取决于核的磁旋比 γ。虽然同种核的 γ 相同，但是，当核所处的化学环境不同时，尽管处于相同外磁场中，由于磁屏蔽效应，核实际感受到的磁场并不相同，因而共振频率也会有所不同。磁屏蔽效应与屏蔽常数直接相关，当屏蔽常数为 σ 的原子核处于外磁场 B_0 中时，其实际感受到的磁场 $B=(1-\sigma)B_0$ 时，则其共振频率为 $\nu=\gamma B_0(1-\sigma)/2\pi$。$\sigma$ 值不同，共振频率 ν 也会不同。这样，其谱线将出现在谱图的不同位置。我们把这种由屏蔽效应所导致的相同原子核在 NMR 谱图中出现不同位置吸收谱线的现象称为化学位移。

化学位移有两种表示方法，第一种是用共振频率差（$\Delta\nu$）表示，单位为 Hz，表达式为：

$$\Delta\nu = \nu_{试样} - \nu_{标样} = \frac{\gamma B_0}{2\pi}(\sigma_{标准} - \sigma_{试样}) \tag{6-14}$$

由于对于固定物质来说 σ 为常数，因此共振频率差 $\Delta\nu$ 与外磁场 B_0 成正比。对于同一磁性核，用不同磁场强度的仪器测得的共振频率差是不同的。这样，用该种方法表示的化学位移就与仪器的磁场强度有关，需注明外磁场强度，应用起来很不方便。此外，用 $\Delta\nu$ 表示的化学位移时，由于不同化学环境下核的共振频率差很小，加之漂移等因素的影响，要精确测量其绝对值比较困难。

为避免上述因素带来的不便，可采用第二种方法，即实验中常采用某一标准物质作为基准，以基准物质的谱峰位置作为核磁谱的坐标原点，这样，不同官能团的原子核谱峰位置相对于原点的距离，反映了它们所处的化学环境。在连续波 NMR 中有两种实现 NMR 方法：扫频法（固定外磁场 B_0，改变频率）和扫场法（固定发射机的射频频率 ν_0，改变磁感应强度）。

对于扫频法，外磁场是固定的，因此试样 S 与标准物 R 的共振频率分别为，

$$\nu_S = \frac{\gamma B_0}{2\pi}(1-\sigma_S)\times 10^6, \nu_R = \frac{\gamma B_0}{2\pi}(1-\sigma_R)\times 10^6 \tag{6-15}$$

化学位移 δ 定义为：

$$\delta = \frac{\nu_S - \nu_R}{\nu_R}\times 10^6 = \frac{\sigma_R - \sigma_S}{1-\sigma_R}\times 10^6 \tag{6-16}$$

而对于扫场法，固定的是发射频率 ν_0，因此试样 S 和标准物 R 的共振频率满足下列关系式：

$$\nu_0 = \frac{\gamma B_S}{2\pi}(1-\sigma_S)\times 10^6, \nu_0 = \frac{\gamma B_R}{2\pi}(1-\sigma_R)\times 10^6 \tag{6-17}$$

此时，化学位移定义为：

$$\delta = \frac{B_R - B_S}{B_R}\times 10^6 = \frac{\sigma_R - \sigma_S}{1-\sigma_S}\times 10^6 \tag{6-18}$$

由于屏蔽常数 σ 值很小，对于 ^1H 约为 10^{-5}，其他核一般小于 10^{-3}，因此式(6-16)和式(6-18)均可表达为：

$$\delta \approx (\sigma_R - \sigma_S)\times 10^6 \tag{6-19}$$

此时，化学位移与实现 NMR 的方法无关。从式(6-19)可知，如果 $\sigma_R > \sigma_S$，则化学位移 $\delta > 0$。为了尽量使化学位移为正值，通常选择屏蔽常数大的化合物作为参比物。目前，进行 ^1H 和 ^{13}C 核磁共振测量时，常用的参比物为四甲基硅烷[$(CH_3)_4Si$，TMS]，将其化学位移 δ 人为规定为 0。对于试样 S 来说，δ 越大就越往低场(或高频)偏移。采用 TMS 做参比物有下面几个原因：① TMS 中 12 个氢核所处化学环境完全相同，它们的共振条件完全一致，因此只出现一个尖峰。② TMS 中质子的屏蔽常数要比大多数其他化合物中质子的大，只在远离待研究峰的高场区(低频)区有一尖峰。③ TMS 是化学惰性的，易溶于大多数有机溶剂，且易从样品中分离出去。

δ 表示相对位移。需指出的是，迄今为止，国际上通用的化学位移 δ 的单位仍然是 ppm，而在国内则把 ppm 定为非法定单位，1 ppm $= 1\times 10^{-6}$。本书中，采用 ppm 为化学位移的单位。对于给定的吸收峰，不同磁场强度 NMR 仪器所测得的 δ 值是相同的，因此通用性更强。大多数质子的 δ 在 1～12 之间。对于试样 S 来说，δ 越大就越往低场(或高频)方向偏移。

前面已经提到，化学位移是由于核外电子云密度不同而造成的，某种同位素核因处于不同的化学化境(不同的官能团)，其核磁共振谱线位置是不同的。因此许多影响核外电子云密度分布的内部因素都会影响化学位移。典型的内部因素有诱导效应、共轭效应、磁各向异性效应；而外部因素则包括溶剂效应和氢键作用等。

6.4　自旋—自旋偶合

根据产生核磁共振的基本条件，即式(6-11)，具有相同化学环境的同位素核的共振频率应相同，即在核磁共振波谱中出现一条共振吸收峰，实际上，在 NMR 谱中常看到一些多重峰，产生这些多重峰的原因是核自旋之间的偶合。核自旋之间的偶合有两种形式：其一为直接偶合，它是 A 核的核磁矩和 B 核的核磁矩产生直接的偶极相互作用，称为空间偶合。其二为间接偶合，它是通过化学键中的成键电子传递的间接相互作用，称为自旋—自旋偶合，也称为标量偶合或 J 偶合。简单地说，自旋—自旋偶合是指由于核的自旋取向不同，使得相邻核之间相互干扰，从而使原有谱线发生分裂的现象。值得一提的是，只有自旋量子数不为零的原子核之间才会发生偶合作用，自旋量子数不为零的原子核也称为磁性核。如果不是磁性核，就不能对其他原子核产生偶合作用，本身也不能用核磁共振方法测定。

6.4.1 自旋—自旋分裂

1950 年，W. G. Proctor 和当时旅美学者虞福春发现硝酸铵氮谱谱线的多重性之后，Gutowsky 等人在 1951 年报道了另一种峰的多重性现象。他们发现 $POCl_2F$ 溶液的 ^{19}F 谱中存在两条谱线，显然这种情况与硝酸铵中 ^{14}N 的两条谱线不同，在硝酸铵中两条谱线分别来自于铵离子和硝酸根离子，两种离子中 ^{14}N 的化学环境不同，因此产生两条不同的谱线。但是，在 $POCl_2F$ 分子中只有一个 F 原子，从化学位移的角度无法给出合理的解释。

^{19}F 产生的两条谱线是分子中 ^{31}P 与其作用的结果。^{31}P 的自旋量子数 I 为 1/2，在外磁场中有两种取向：一种与外磁场大体平行；另一种与外磁场方向大体反平行。当 ^{31}P 核磁矩和外磁场大体平行时，^{19}F 所感受的磁场强度略有增强。当 ^{31}P 核磁矩和外磁场大体反平行时，^{19}F 所感受的磁场强度略有减弱。这样在 $\nu=\gamma B_0(1-\sigma)/2\pi$ 的位置将不会产生谱线，而是在此位置的左、右距离相等处各产生一条谱线。这种由自旋—自旋偶合所产生的谱线分裂称为自旋—自旋分裂。将上述情况推广，得出谱线分裂的数目 N 与邻近核的自旋量子数 I、核的数目 n 的关系如下：

$$N = 2nI + 1 \tag{6-20}$$

核磁共振中最常研究的核，如 ^1H，^{13}C，^{19}F，^{31}P 等，I 都为 1/2，因此对于这些核自旋—自旋偶合产生的谱线分裂数为 $2nI+1=n+1$，这称为 $n+1$ 规律。此时，裂分谱线的强度之比可由二项式 $(a+b)^n$ 展开式的系数比来表示，式中 n 代表引起偶合分裂的原子核的数目。

为进一步阐明 $n+1$ 规律，下面以乙基"$—CH_2—CH_3$"基团中 ^1H 的 NMR 谱线分裂情况为例进行详细说明。

对于乙基基团中的甲基（$—CH_3$），其邻近的基团 $—CH_2$ 中有两个 ^1H 核，由于 ^1H 的自旋量子数 $I=1/2$，这样每个 ^1H 核自旋在外磁场中都有两种可能的取向。当自旋取向与外磁场 B_0 方向一致时，磁量子数 $m=1/2$，用 α 态表示；当自旋取向与外磁场 B_0 方向相反时，磁量子数 $m=-1/2$，用 β 态表示。这样，两个 ^1H 核的自旋取向就存在三种不同的排列组合方式，见表 6-2。

表 6-2　　二核体系核自旋取向的排列组合方式

组合方式	$\sum m$	概率比值	$—CH_3$感受到的磁场变化
αα	+1	1	增强
αβ，βα	0	2	不变
ββ	−1	1	减弱

由表 6-2 可知，$—CH_2—$基团核自旋取向的三种组合方式相应于 $\sum m=+1,0,-1$，每种方式出现的概率比值为 1∶2∶1。第一种方式——两个 ^1H 核自旋取向与 B_0 相同，因而，在 $—CH_3$ 处产生的局部感应磁场与 B_0 方向相同，$—CH_3$ 感受到的磁场强度略有增加，从而使其共振峰向低场方向移动；第二种方式——两个 ^1H 自旋取向相反，在 $—CH_3$ 处产生的局部感应磁场为零，$—CH_3$ 的共振峰位置不变；第三种方式——情形与第一种方式相反，$—CH_3$ 的共振峰向高场方向移动。这样一来，$—CH_3$ 共振峰的谱线不再是一条，而是分裂成三条，每条谱线的相对强度与其出现方式的概率成正比，即 1∶2∶1。

下面讨论—CH_2—谱线的分裂情况。其邻近基团—CH_3 含 3 个^{1}H 核，即 $n=3$，该 3 个核的自旋取向的排列组合方式列于表 6-3 中。由表 6-3 可知，3 个^{1}H 核自旋取向共有 4 种排列组合方式，相应于$\sum m=+3/2,+1/2,-1/2,-3/2$，每种方式出现的概率比值为 1∶3∶3∶1。以此类推，可得出表 6-4。

表 6-3　　三核体系核自旋取向的排列组合方式

组合方式	$\sum m$	概率比值	—CH_3感受到的磁场变化
ααα	+2/3	1	增强多
ααβ，αβα，βαα	+1/2	3	增强少
αββ，βαβ，ββα	−1/2	3	减弱少
βββ	−2/3	1	减弱多

表 6-4　　$I=1/2$ 核偶合分裂谱线的相对强度

n	谱线相对强度												
0							1						
1						1		1					
2					1		2		1				
3				1		3		3		1			
4			1		4		6		4		1		
5		1		5		10		10		5		1	
6	1		6		15		20		15		6		1
…													

6.4.2　自旋偶合常数 J

由上可知，当自旋体系存在自旋—自旋偶合时，核磁共振谱线发生分裂。由分裂所产生的裂距反映了相互偶合作用的强弱，称为偶合常数 J，单位为赫兹 Hz(周/秒)。如图 6-3 所示，当 A 核和 X 核无偶合时，两个核分别产生一条谱线。而当两个核之间存在偶合时，原有的谱线分裂成两条谱线。裂分成的两条谱线相对于原有谱线左右对称且强度相对，两者之和等于原有谱线。对于 A 核及 X 核来讲，裂分的两条谱线的间距均为 J。

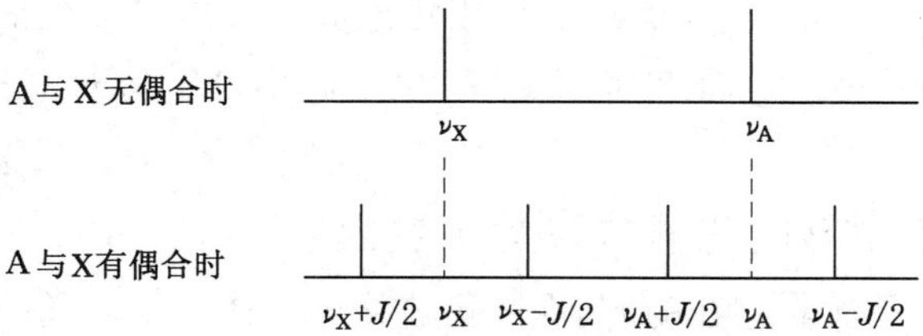

图 6-3　AX 体系的核磁共振谱图

偶合常数 J 反映的是两个核之间作用的强弱，故其值与仪器的工作频率无关。偶合常数 J 的大小和相互偶合的两个核在分子中相隔化学键的数目密切相关，故在 J 的左上方标以两核相距的化学键数目。如$^{13}C—^{1}H$之间的偶合标为^{1}J，而$^{1}H—^{12}C—^{12}C—^{1}H$中两个$^{1}H$之间的偶合常数标为$^{3}J$。偶合常数随化学键数目的增加而迅速下降，因自旋偶合是通过成键电子传递的。两个氢核相距 4 根化学键以上即难以存在偶合作用，若此时 $J\neq0$，则称为远程偶合或长程偶合。碳谱中^{2}J以上即称为长程偶合。

谱线分裂的裂距反映偶合常数的大小，确切地说是反映 J 的绝对值。然而 J 是有正负号的，有偶合作用的两核，若它们取向相同时能量较高，或它们取向相反时能量较低，这相应于 $J>0$，反之 $J<0$。

6.5 核磁共振氢谱

6.5.1 核磁共振氢谱的特点

核磁共振氢谱(^{1}H NMR)是发展最早、研究最多、应用最广泛的 NMR 谱。在较长的一段时期内，核磁共振氢谱几乎是核磁共振谱的代名词。主要是因为：① ^{1}H 的磁旋比较大，加之其非常高的天然丰度，使得^{1}H 的 NMR 信号的灵敏度是所有磁性核中最大的；② 氢核是有机化合物中最常见的原子核，^{1}H NMR 谱在有机化合物结构解析中最为常用；③ 由于受到仪器的限制，20 世纪 70 年代以前，核磁共振研究主要集中于氢核。20 世纪 70 年代前后，随着傅立叶变换谱仪的出现，^{13}C 核的研究得到迅速发展，此外，大量有磁矩的同位素核的研究也广为进行，但迄今为止，由于氢谱的灵敏度最高且累积的数据最丰富，其重要性仍略强于碳谱。

在^{1}H NMR 图中，横坐标为化学位移 δ。图的横坐标从左至右代表磁场增强或频率减小的方向，同时也是 δ 逐渐减小的方向。化学位移 δ 数值反映了氢核的化学环境，是 NMR 谱提供的一个重要信息。纵坐标代表谱峰的强度，谱峰的强度根据谱线的积分面积可以进行精确测量，谱线的积分面积与其代表的质子数目成正比，这是^{1}H NMR 谱提供的另一个重要信息。谱图中有些谱峰还会呈现出多重峰形，这是自旋—自旋偶合引起的谱峰分裂，是^{1}H NMR 谱提供的第三个重要信息。化学位移、偶合常数和积分面积这三个重要信息是化合物定性和定量分析的主要依据。

下面以丙二酸二乙酯[化学式为 $CH_2(COOCH_2CH_3)$]的^{1}H NMR 谱为例进行说明。图 6-4 所示为丙二酸二乙酯的^{1}H NMR 谱。谱图中，$\delta=0$ 处的峰为 TMS 的谱峰。从低场到高场，丙二酸二乙酯的^{1}H NMR 谱共出现三组峰，每组峰代表一类质子。其中，δ4.2 的四重峰是亚甲基的共振信号，δ3.3 的单峰是与羰基相连的碳原子上氢的共振信号，δ4.2 的三重峰则是甲基的共振信号。它们之间峰面积之比为 2∶1∶3，对应于三个基团的质子数之比。

6.5.2 ^{1}**H NMR** 谱中影响化学位移的主要因素

化合物中，质子不是孤立存在的，其周围还连接着其他原子或基团。所连接原子或基团会影响质子周围的电子云密度，从而使质子的吸收峰向低场或高场移动，产生不同化学位移。下面我们来讨论影响质子化学位移的主要因素。

6.5.2.1 诱导效应

从前面介绍可知，屏蔽常数主要由所研究核周围的电子云密度分布决定，而屏蔽常数的

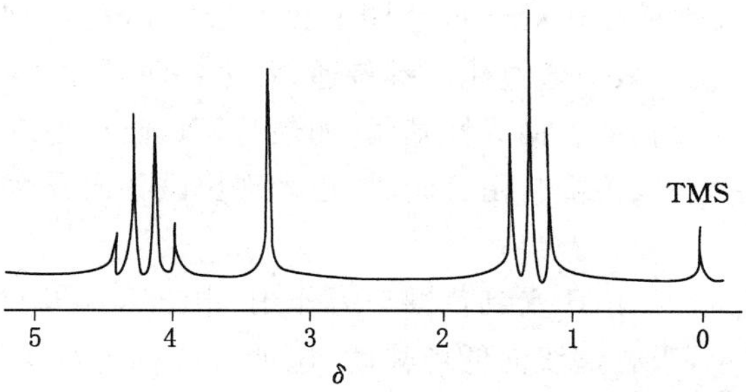

图 6-4　丙二酸二乙酯的^1H NMR 图谱

大小会对化学位移产生直接影响，因此化学位移明显受到取代基的影响。取代基通过诱导效应对质子的电子云分布产生影响。如果被研究的^1H核受到电负性较强的原子或基团的吸电子作用，那么^1H核周围的电子云密度降低，屏蔽效应降低，化学位移值增大，吸收峰左移。相反，若^1H核与推电子基团相连，则其周围的电子云密度增加，屏蔽效应增加，化学位移值减小，吸收峰右移。

表 6-5 给出了取代基电负性不同对甲烷^1H化学位移的影响。可以看出，由于诱导效应，取代基 X 的电负性越强，与取代基相连接于同一碳原子上的氢的共振吸收峰越移向低场，化学位移值增大，反之亦然。

表 6-5　　CH_3X 中^1H的化学位移

X	Li	$Si(CH_3)_3$	H	CH_3	CH_3CH_2	SCH_3	NH_3	Cl	OH	F
δ_H	−1.94	0	0.23	0.86	0.91	2.09	77	3.06	3.39	4.27

此外，取代基的诱导效应可沿碳链延伸，取代基与观察核的距离越近，诱导效应越明显。如表 6-6 所示，—CH_3的^1H化学位移值随着与氯原子间隔距离的增大而减小。

表 6-6　　不同取代的 CH_4 中^1H的化学位移

化合物	CH_3Cl	CH_3CH_2Cl	$CH_3CH_2CH_2Cl$	$CH_3CH_2CH_2CH_2Cl$
δ_H	−1.94	0	0.23	0.86

6.5.2.2　共轭效应

共轭效应与诱导效应一样也可以改变磁性核周围的电子云密度，使其化学位移发生变化，如果有电负性较强的原子存在并以单键的形式连接到双键上，由于发生 p—π 共轭，电子云由电负性原子向 π 键发生移动，使 π 键上连接的^1H电子云密度增加，因此化学位移 δ 减小，共振吸收峰向高场移动。如果电负性较强的原子以不饱和键的形式连接，且产生 π—π共轭，则电子云将移向电负性原子，使 π 键上连接的^1H电子云密度降低，因此化学位移 δ 增大，共振吸收峰移向低场。

6.5.2.3　磁各向异性效应

如果分子具有多重键或共轭多重键，在外磁场作用下，π 电子会沿着分子的某一方向流动，它对邻近的质子附加一个各向异性的磁场，使某些位置的质子处于该基团的屏蔽区，δ

值移向高场，而另一些位置的质子处于该基团的去屏蔽区，δ 值移向低场，我们将这种现象称为磁各向异性效应。诱导效应通过化学键传递，而磁各向异性效应则通过空间相互作用。例如，当被观测核邻近有磁化的各向异性基团（如羰基、双键、三键或芳环）时，磁各向异性效应突出。对于某些单键，当其不能自由旋转时，也表现出磁各向异性效应。

6.5.2.4 范德华效应

当两个原子相互靠近时，由于受到范德华力作用，电子云相互排斥，导致原子核周围电子云密度降低，屏蔽减小，吸收谱线向低场移动，这种效应称为范德华效应。范德华效应与相互影响的两个原子之间的距离密切相关，当两个原子相距 0.17 nm（即两个原子范德华半径之和）时，该作用对化学位移的影响约为 δ0.5，距离 0.20 nm 时影响约为 δ0.2，距离大于 0.25 nm 时范德华效应不明显，可以不予考虑。

6.5.2.5 氢键

氢的化学位移对氢键很敏感。当分子形成氢键后，由于静电场的作用，使氢外围电子云密度降低而去屏蔽，δ 值增加，也就是说，不论分子内还是分子间氢键的形成都会使氢受到去屏蔽作用。分子间氢键的形成程度与试样浓度、温度以及溶剂的类型有关。氢键对质子化学位移的影响规律大致如下：

① 氢键缔合是放热过程，温度升高不利于氢键的形成。因此在较高温度下测定会使这一类质子峰向高场移动，化学位移变小。

② 在非极性溶剂中，浓度越稀，越不利于氢键的形成。因此随着浓度的逐渐降低，能形成氢键的质子共振向高场移动，但分子内氢键的形成与试样浓度无关。

6.5.2.6 溶剂效应

同一化合物在不同溶剂中的化学位移会有所差别，这种由于溶质分子受到不同溶剂影响而引起的化学位移变化称为溶剂效应。溶剂效应主要是因溶剂的各向异性效应或溶剂与溶质之间形成氢键而产生的。

6.5.3 氢谱中各种含氢官能团的化学位移值

了解熟悉氢谱中各种含氢官能团的化学位移值，对于氢谱的解析至关重要。氢谱化学位移的具体值在 20 世纪 60 年代已总结完善，常以图表的形式表示。表 6-7 给出了各种含氢官能团的 δ 值。从表中可以得到各种含氢官能团的 δ 值分布情况。

表 6-7　有机化合物中常见官能团中氢的化学位移

官 能 团	δ_H/ppm	官 能 团	δ_H/ppm
$—(CH_2)_n—CH_3{}^*$	0.87	$>C=CH_2$	4.5～6.0
$—C=C—{}^*CH_3$	1.7～2.0	$—HC=CH—$	4.5～8.0
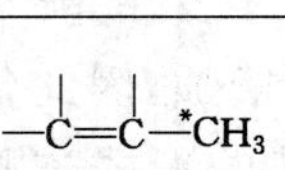	2.1～2.4	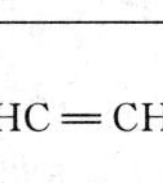	6.5～8.0
$—C(=O)—CH_3^*$	2.1～2.6	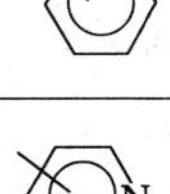	165～175

续表 6-7

官 能 团	δ_H/ppm	官 能 团	δ_H/ppm
$-\overset{\vert}{N}-{}^*CH_3$	2.2～3.1	$R-NH_2$	0.5～3.0
$-O-{}^*CH_3$	3.5～4.0	$R=NH-$ $Ar=NH_2$ $Ar=NH-$	3.0～4.8
$\gt C-CH_2-O$	1.2～1.4	$R-OH$	0.5～5.0
$\gt C-CH_2-N\lt$	2.3～3.5	$Ar-OH$	4.0～10.0
$\gt C-C_2H-O$	3.5～4.5	$R-\overset{O}{\overset{\Vert}{C}}-H$	9.5～10.0
$-C\equiv C^*-$	2.2～3.0	$R-\overset{O}{\overset{\Vert}{C}}-OH$	9.0～12.0

注：* 标注该氢原子的化学位移值。

6.5.4　氢谱的解析

^{1}H NMR 谱为我们提供了化学位移、偶合裂分、偶合常数和积分面积等信息。根据这些信息可以正确地推导出与谱图相关的化合物的结构。

常见的^{1}H NMR 谱多为一级 NMR 谱。一级^{1}H NMR 谱具有以下特征信息：

① 吸收峰的组数代表了分子中处于不同化学环境的质子种类。

② 从谱图中可以直接得到 J 和 δ 值。各组峰的中心位置为该组质子的化学位移 δ，其数值说明分子中该类基团的情况；各峰之间的裂距相等，其值为偶合常数 J，偶合常数 J 与化学结构密切相关。

③ 各组峰的分裂复合 $n+1$ 规律，分裂数目说明各基团的连接关系，分裂后各组峰强度比复合二项式$(a+b)^n$ 展开式各项系数比。

④ 吸收峰的面积与产生该吸收峰的质子数成正比。

分析^{1}H NMR 谱的一般步骤如下：

① 检查谱图是否复合规则：TMS 的信号峰位于 $\delta=0$ 处，基线平直，峰形尖锐对称（有些基团峰形较宽），积分曲线在没有信号的地方应平直。

② 标志杂质峰、溶剂峰、旋转边带等非待测试样的信号。杂质含量较低，其峰面积较试样峰小得多，杂质峰与试样峰能够区分出来。使用氘代试剂时常会有未完全氘代的残余氢信号。确认旋转边带，可以通过改变试样管旋转速度的方法，使旋转边带的位置改变。

③ 计算不饱和度。不饱和度即环加双键的数目，其计算公式为：

$$\Omega=(2+2n_4+n_3-n_1)/2 \tag{6-21}$$

式中，Ω 为分子的不饱和度；n_4，n_3，n_1 为分子中四价、三价、一价元素数目。当不饱和度 Ω 大于等于 4 时，应考虑该化合物可能存在一个苯环(或吡啶环)。

④ 从积分曲线算出各组信号的相对面积简单整数比，参考分子式中氢原子数目，确定各组峰代表的质子数。也可用可靠的甲基信号或孤立的次甲基信号为标准计算各组峰代表的质子数。

⑤ 从各组峰的化学位移、偶合常数及峰形，判断它们与化学结构的关系，推导出可能的结构单元。可以先解析一些特征的强峰、单峰，再考虑其他偶合峰，推导出基团的相互关系。

⑥ 读出 J 值，验证 J 值合理性。

⑦ 仔细核对各组信号的化学位移和偶合常数与推导的结构是否相符，每个官能团均应在谱图上找到相应的峰组，峰组的 δ 值及偶合裂分都应和结构式相符。必要时找出类似化合物的共振谱进行比较，进而确定化合物的结构式。

⑧ 对于一些较复杂的谱图，仅仅依靠核磁共振谱确定结构会有困难，还需要和其他分析手段相互配合。

例题：图 6-5 为一未知结构化合物的^{1}H—NMR 谱图，判断该谱图代表下列四种化合物的哪一种？

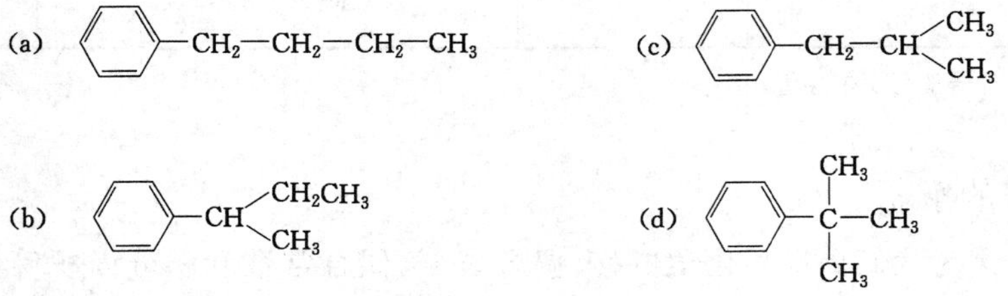

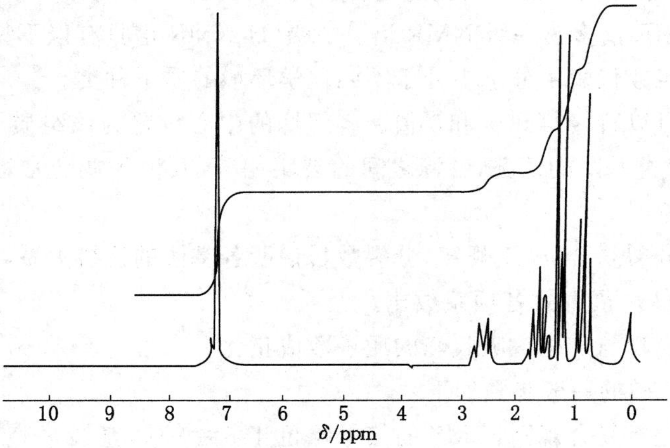

图 6-5　推测结构未知物的^{1}H NMR 图谱

在图 6-5 中出现了 5 组信号，因此可以判断化合物中应存在 5 种不同的氢。由于化合物(c)和(d)中分别只存在 4 种和 2 种不同的氢，因此可以排除。从 δ=0.9 ppm 处的强三重峰可以判断化合物中存在—CH_2—CH_3 基团，化合物(a)和(b)都满足该条件。根据 δ=1.2 ppm 处的强双重峰判断化合物中还应存在—CH—CH_3 基团，推测该化合物可能为(b)。继续根据谱图的特征加以确认。图中各组谱峰积分强度比由高场到低场为 3∶3∶2∶1∶5，与化合物(b)的结构符合。各基团的化学位移如下：

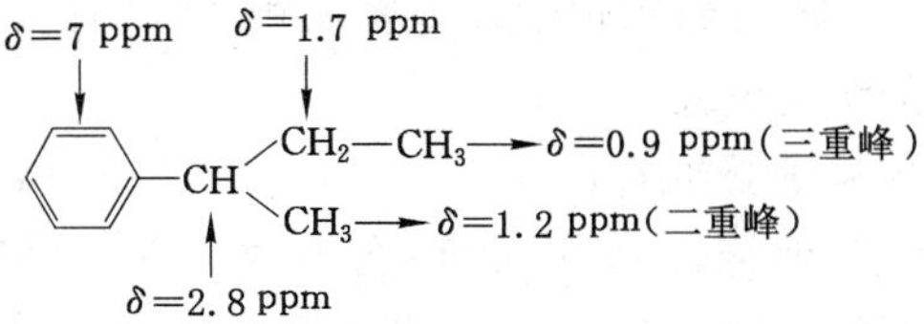

6.6　核磁共振碳谱

碳是构成有机化合物最主要的元素之一，大多数有机化合物分子骨架由碳原子组成，因此利用核磁共振碳谱(^{13}C NMR)研究有机化合物的结构是十分重要的。有机化合物碳谱中，碳的化学位移 δ 多分布在 0～200 ppm，在此范围内，不同化学环境中碳原子的化学位移各不相同，且谱线清晰，为谱图的解析提供了更加丰富的信息。然而，^{13}C NMR 谱直到 20 世纪 70 年代才开始直接应用到有机化合物的研究中，其原因在于 ^{13}C 同位素的天然丰度太低，只有 1.07%，而且其磁旋比 γ 仅是 ^{1}H 的 1/4，相对灵敏度比 ^{1}H 低。因此，用简单的连续波法难以观察到 ^{13}C NMR 信号，必须发展新的更灵敏的 ^{13}C NMR 检测方法。

20 世纪 60 年代后期，宽带去偶合脉冲傅立叶变换技术的引入显著提高了 ^{13}C NMR 的检测灵敏度，并使 ^{13}C NMR 得到实际应用。目前，^{13}C NMR 和 ^{1}H NMR 谱相结合已成为有机化合物结构分析的常规方法，广泛应用于有机化学的各个领域。在结构测定、构象分析、动力学过程、活性中间体及反应机理研究、聚合物立体规整性和序列分布的定量分析等方面发挥了巨大作用，已成为化学、生物、医药等领域不可缺少的重要分析测试方法。

6.6.1　^{13}C NMR 的特点

6.6.1.1　^{13}C 的化学位移

^{13}C NMR 的常见范围为 0～120 ppm，约是 ^{1}H NMR(常见的化学位移值的范围在 0～10 ppm)的 20 倍，这极大消除了不同化学环境的碳原子谱线重叠现象，使 ^{13}C NMR 谱的分辨能力远高于 ^{1}H NMR 谱。一般情况下，在结构不对称的化合物中，每种不同化学环境的碳原子都可以给出特征谱线，有助于分子结构的测定。

6.6.1.2　可检测不与氢相连的碳的共振吸收峰

在 CR_4，$R_2C=O$ 等碳原子上没有氢的基团中，^{1}H NMR 谱不能给出其相关信号，给分子结构解析带来了困难。而 ^{13}C NMR 谱中，这类碳原子均可给出各自的特征吸收峰，更有助于含有该类基团分子的结构测定。

6.6.1.3　灵敏度低和偶合复杂

在 NMR 谱中，灵敏度与被检测核磁旋比的三次方成正比，因此在相同的磁场条件下，^{13}C NMR 的灵敏度仅相当于 ^{1}H NMR 灵敏度的 1/5 800。由于 ^{13}C 与 ^{1}H 间存在偶合(^{1}J～^{4}J)，使得 ^{13}C NMR 谱峰的分裂峰相互重叠，难以分辨，并且信号强度大大减弱，有时谱峰甚至被淹没于噪声中，这给谱图解析带来了困难。

6.6.1.4 ^{13}C 核的自旋—晶格弛豫时间 T_1 较长

^{13}C 核的 T_1 明显大于质子的 T_1。通常质子的 T_1 在 0.1～1 s 之间。而^{13}C 核的 T_1 常在 0.1～100 s 之间，且与^{13}C 核所处的化学环境密切相关。因此，通过对^{13}C 核的 T_1 进行测定，可以分析其在分子内的结构信息。

6.6.1.5 谱峰强度不与碳原子数成正比

只有体系处于平衡状态，即符合 Boltzmann 分布时，NMR 峰的强度才与产生该峰的共振核数目成正比。^{13}C 的弛豫时间较长，共振峰通常是在非平衡条件下观测得到的，加之不同基团上碳原子的弛豫时间不同，因此^{13}C NMR 的峰强度常不与产生该峰的碳核数目成正比。

6.6.2 碳谱中影响化学位移的主要因素

和氢谱一样，碳谱中^{13}C 的化学位移是解析谱图的一个重要参数，它能够充分反映有机化合物结构的特征。碳核周围电子分布及其对碳核磁屏蔽的影响可由^{13}C NMR 的化学位移直接反映，其中包括有关分子构型和构象等多方面的信息。这些信息一方面可用于分析鉴定或测定分子结构，另一方面与某些化学反应过程密切相关，可为了解这些过程提供有益的线索或判据。因此，准确测定^{13}C 的化学位移对研究核应用^{13}C NMR 具有重要意义。

下面来讨论影响^{13}C 化学位移的主要因素。

(1) 碳的杂化轨道

杂化是影响化学位移的重要因素，碳原子的轨道杂化在很大程度上决定着^{13}C 化学位移的范围。杂化轨道的不同会引起碳原子屏蔽常数的变化。一般情况下，屏蔽常数 $\sigma(sp^3)>\sigma(sp)>\sigma(sp^2)$。以 TMS 为参考(即 $\delta_{TMS}=0$)，sp^3 杂化碳的化学位移值 δ 为 0～60 ppm，sp^2 杂化碳的化学位移值 δ 为 100～200 ppm，炔碳为 sp 杂化，化学位移值 δ 为 60～90 ppm。

(2) 诱导效应

与碳相连接的电负性取代基杂原子以及烷基，能使^{13}C 信号向低场移动。随着取代基电负性增加，从碳原子轨道上拉电子的能力增强，去屏蔽能力增加，所有取代基电负性越大，化学位移 δ 向低场移动越大，见表 6-8。

表 6-8　不同取代 CH_4 的^{13}C 化学位移

化合物	CH_3I	CH_4	CH_3Br	CH_3Cl	CH_3F	CH_2Cl_2	$CHCl_3$	CCl_4
δ_c	−20.7	−2.6	20.0	24.9	80	52	77	96

CH_3I 的 δ 较 CH_4 位于更高场，这是由于 I 原子核外有丰富的电子，I 的引入对与其相连的碳核产生磁屏蔽作用，又称为重原子效应。同一碳原子上，I 取代数目增多，屏蔽作用增强，如 CI_4 的 δ 为 −292.5。

诱导效应是通过化学键传递的，随着与取代基距离的增大，该效应迅速减弱。诱导效应对 α 碳影响较大，β 和 γ 碳的诱导的化学位移随电负性取代基的变化不明显。

(3) 空间效应

^{13}C 化学位移对分子的几何形状非常敏感，分子的空间构型对其影响很大。相隔几个键的碳，如果它们的空间距离非常短，将相互发生强烈的影响。这种短程的非成键的相互作

用称为空间效应。由于空间上相互靠近的原子间存在范德华力作用，使得^{13}C的化学位移向高场移动。此外，空间上相互靠近的原子之间存在着排斥力，它引起电子分布和分子几何形状的变化，从而影响到屏蔽常数。

(4) 共轭效应

在芳香系统和其他不饱和系统中，^{13}C化学位移的变化可以用共轭效应来解释。以取代苯为例，当苯环上的氢被给电子基团 NH_2 基取代后，NH_2 上的孤对电子将离域到苯环的π电子系统中，从而增加临位和对位碳的电子云密度，屏蔽增加。当苯环被吸电子基团 CN 取代后，苯环上π电子将离域到 CN 上，从而临位和对位电子云密度减少，屏蔽也随之减少。

在具有孤对电子取代基的羰基系统中，碳原子受到的屏蔽作用增大，羰基碳化学位移值向高场移动。

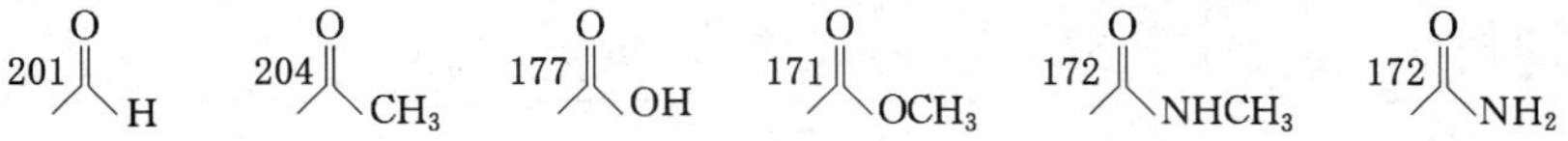

(5) 电场效应

电场效应是带电基团引起的屏蔽作用，如解离后的羧基、质子化的氨基等。它是短距离和中距离非键相互作用而产生的屏蔽效应。一般来说，基团质子化后，其 α 和 β 碳向高场位移 0.15～4 ppm，而 γ 和 δ 碳的位移小于 1 ppm。在氨基酸中，氨基质子化后，所有碳的信号向高场移动，其中 C_β 受到的影响最大，C_α 受到的影响反而最小，这主要是由于电场效应是通过"空间"而不是通过"化学键"起作用。

(6) 重原子效应

电负性取代基对被取代的脂肪酸的屏蔽影响主要为诱导效应。但是，在重原子碘、溴带烷中，随着碘或溴取代的增加，碳的化学位移反而显著减小，称为重原子效应。这是由于重原子核外电子较多，原子半径较大，从而使它们的供电子效应比诱导效应更强所致。

(7) 同位素效应

分子中的质子被其重同位素氘取代后，由于平均电子激发能的增加，导致相连碳的化学位移值减小，称为同位素效应。同位素效应有时可以用来帮助进行分子结构解析。

(8) 分子内氢键

在邻羟基苯甲酸和邻羟基苯乙酮中，由于分子内氢键使得羰基碳产生较强的正碳化，产生去屏蔽效应。

(9) 介质效应

溶剂、溶液浓度、pH 值的变化对^{13}C化学位移的影响比较明显，特别是含极性基团的化合物受到影响更大，主要分为稀释位移、溶剂位移和 pH 位移等。

6.6.3　有机化合物^{13}C的化学位移

核磁共振碳谱一般情况下只有一条条的谱线(极少情况下出现钝峰)，因此没有相应于核磁共振氢谱的偶合裂分的信息。一般情况下，峰的高度近似正比于峰面积。因此，碳谱中主要的信息就是化学位移值。了解有机化合物中不同官能团中碳原子的化学位移对于^{13}C NMR 谱的解析非常重要。表 6-9 给出了有机化合物中各种官能团中^{13}C化学位移的概括情况。

表 6-9　　各种官能团中碳原子化学位移值变化范围

官能团	δ_C/ppm	官能团	δ_C/ppm
$-(CH_2)-CH_3{}^*$	10～15	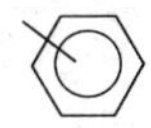	110～150
$^*CH_3-C\lessgtr$	25～30		125～155
$-\overset{\mid}{C}=\overset{\mid}{C}-{}^*CH_3$	15～28	$-C\equiv N$	110～130
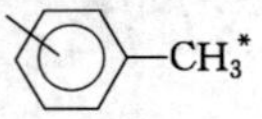	15～25	$R_1-\overset{O}{\overset{\Vert}{C}}-OR_2$	165～175
$-\overset{\mid}{N}-{}^*CH_3$	25～45	$R-\overset{O}{\overset{\Vert}{C}}-Cl$	165～180
$-O-{}^*CH_3$	45～60	$R-\overset{O}{\overset{\Vert}{C}}-OH$	172～185
$-{}^*CH_2-C\lessgtr$	23～37	$R-\overset{\mid}{C}=\overset{\mid}{C}-{}^*\overset{O}{\overset{\Vert}{C}}-H$	165～175
$-{}^*CH_2-N\lessgtr$	41～60	$R-\overset{O}{\overset{\Vert}{C}}-H$	200～205
$-{}^*C_2H-O-$	45～75	$R_1-{}^*\overset{O}{\overset{\Vert}{C}}-\overset{\mid}{C}=\overset{\mid}{C}-R_2$	195～205
$-C\equiv C^*-$	70～100	$R_1-\overset{O}{\overset{\Vert}{C}}-R_2$	205～220
$-HC=CH-$	110～150		

注：* 标注该碳原子的化学位移值。

6.6.4　碳谱中的偶合现象

有机化合物中，碳和氢是最常见的两种元素，因此在^{13}C NMR 研究中不可避免地要遇到^{13}C 和^{1}H 的相互偶合作用。由于^{13}C 的天然丰度仅为 1.07%，在观察^{1}H 谱时，^{13}C 对^{1}H 的偶合峰强度只有 0.555%，不会造成干扰，可以忽略不计。反之，观察^{13}C 谱时，^{1}H 对^{13}C 会有严重的偶合作用。^{1}H 对^{13}C 的偶合作用使^{13}C 的 NMR 峰产生分裂。谱线的裂缝数目复合公式 $N=2nI+1$。N 代表谱线的裂分数目，n 是邻近磁性核的数目，I 为磁性核自旋量子数，当 $I=1/2$ 时的 $n+1$ 规则同样适用于^{13}C 核。

由于天然丰度很低使得^{13}C 核的灵敏度很低，此外，由于会受到^{1}H 的偶合作用使^{13}C 谱线分裂为多重峰。这不仅降低了谱线的强度，而且多重分裂的结果使谱线彼此交叉重叠，给谱线解析带来困难。因此，在^{13}C NMR 测试时需要消除偶合。消除偶合的过程称为去偶，这是进行^{13}C NMR 实验的基本要求。

6.6.5　^{13}C 核磁共振中的质子去偶技术

为了克服^{13}C 核和^{1}H 之间的偶合，可以采用下述几种去偶技术。

(1) 宽带去偶

在测定^{13}C 核磁共振的同时，另外加一个包括全部质子共振频率在内的宽频带射频波照射样品，使^{13}C与^{1}H之间完全去偶，这样得到的^{13}C谱线全部为单峰，从而使谱图简化。

(2) 偏共振去偶

上述方法虽使谱图简化了，但也失去了有关碳原子类型的信息，对谱峰归属的指定不利。若把另加的射频波调到偏离^{1}H核共振频率的几百到几千赫兹处，可以除去^{13}C与临碳原子上的氢的偶合和远程偶合，仍保持^{1}J的偶合，即CH_3为四重峰、CH_2为三重峰等。

(3) 选择性去偶

选择某一质子的特定共振频率进行照射，只对该质子去偶。采用这种方法对谱峰的指定和结构解析是很有用的。

(4) 门控去偶

在傅立叶核磁谱仪中有发射门和接受门。门控去偶是指用发射门及接受门来控制去偶的试验方法。常用门控去偶为抑制 NOE 的门控去偶，亦称为定量碳谱。

6.6.6　碳原子级数的确定

碳原子级数是指碳原子是伯、仲、叔、季那种碳原子，即碳原子是CH_3还是CH_2、CH、C。

测定碳原子级数的方法现在一般采用 DEPT 方法。该方法使用一个脉冲序列，其最后一个脉冲的倾倒角可以是45°、90°或135°。

① 最后一个脉冲的倾倒角是45°时，CH、CH_2和CH_3都出峰，且峰朝上。

② 最后一个脉冲的倾倒角是90°时，仅CH出峰，且峰朝上。

③ 最后一个脉冲的倾倒角是135°时，CH和CH_3都出朝上的峰，CH_2出朝下的峰。

以上3种方法获得的谱图分别称为 DEPT—45 谱、DEPT—90 谱、DEPT—135 谱。DEPT—135 谱实际已经包含了 DEPT—45 谱和 DEPT—90 谱的信息，所以一般只做 DEPT—135 谱，通常称为 DEPT 谱(无需再标注—135)。

以上3种情况季碳(不含氢的碳)都不出峰。

如果 DEPT 实验结果有不明确之处，通过异核位移相关谱(如常用的 HMQC 谱或 HSQC 谱)找到该碳原子对应的和氢谱信号，也能确定碳原子的级数。

6.6.7　碳谱的解析

^{13}C NMR 谱解析的一般步骤如下。

(1) 识别溶剂峰、杂质峰，鉴别真实谱峰

氘代试剂中碳原子均有相应的峰，这和氢谱中的溶剂峰不同(氢谱中的溶剂峰仅因氘代不完全引起的)，因此应熟悉氘代试剂峰组的形状和位置。表6-10给出了常用氘代试剂中碳的核磁共振信号情况。

表 6-10　　常用氘代试剂的^{13}C信号

氘代试剂	$CDCl_3$	CD_3COCD_3		CD_3OD	C_6D_6	CD_3SOCD_3
δ_C	77.0	30.2	206.8	49.3	128.7	39.7
峰形(峰数)	t	7	s	7	t	7

注：1. 氘的子旋量子数$I=1$，它对^{13}C产生的分裂应按$2n+1$计算。被分裂的^{13}C谱线强度不能用二项式展开系数表示。

2. 按惯例，s,d,t,q分别表示单峰、二重峰、三重峰和四重峰。更多的分裂用阿拉伯数字表示。

3. 样品中含有杂质时，应能通过准确识别杂质峰，排除其干扰。碳谱中杂质峰的识别类似氢谱中杂质峰的识别。

(2) 计算化合物的不饱和度

通过化合物的元素组成式计算不饱和度，方法同氢谱中不饱和度的计算。

(3) 分子对称性分析

若谱线组数等于化合物分子式中碳原子的数目，说明分子无对称性。若谱线组数小于分子式中碳原子数目，说明分子有一定的对称性，推测结构时应提起注意。

(4) 根据 δ 值区分碳原子

① 羰基或叠烯区，$\delta>150$ ppm，一般情况下 $\delta>165$ ppm。分子中存在叠烯基团，叠烯两端的碳原子在双键区应也存在峰，两种峰同时存在才说明有叠烯基团。$\delta>200$ ppm 的信号，只能属于醛、酮类化合物，160～180 ppm 的信号则属于酸、脂、酸酐等化合物。

② 不饱和碳原子区（炔碳原子除外），$\delta=90\sim160$ ppm（一般情况下 $\delta=100\sim150$ ppm）。烯、芳环、除叠烯中央碳原子的所有其他 sp^2 碳原子、碳氮三键的碳原子都在这个区域出峰。

③ 脂肪碳链（饱和）原子区，$\delta<100$ ppm。饱和碳原子若不直接连氧、氮、氟等杂原子，一般其 δ 值小于 55 ppm。

炔碳原子 $\delta=70\sim100$ ppm，这是不饱和碳原子的特例。

(5) 确定碳原子级数

碳原子级数一般由 DEPT 谱图确定，如果有不确定处，则结合异核位移相关和氢谱解决。

(6) 推测结构单元并组合可能的结构式

结合碳谱和其他数据信息，写出可能的分子结构式。

(7) 碳谱的确认

根据可能的分子结构式，通过碳谱的指认，从中找出最合理的结构式。另外，氢谱和碳谱是相互补充的，如有氢谱可将碳、氢谱结合起来一起分析。

6.7 固体核磁共振

液体高分辨 NMR 谱能够提供许多重要的结构信息，但是在许多情况下人们还是要进行固体 NMR 研究。这是因为：① 有些样品既难以溶解又难以熔化；② 有些样品虽能够溶解，但人们对其固态的情况更感兴趣，如高分子材料；③ 有些样品一旦溶解，分子结构也就改变了，如种子、燃料等；④ 固体中的各向异性相互作用往往包含许多重要信息，而在溶液状态下由于分子的激烈运动被平均掉了。固体 NMR 谱对试样状态的适应性很强，既可用于对结晶度较高的固体物质的结构分析，也可用于结晶度较低的固体物质及非晶质的结构分析。它研究的是各种核周围的不同局域环境，即中短程相互作用，而与 X 射线衍射、中子衍射、电子衍射等研究固体长程整体结构的方法互为补充，特别是研究非晶体时，由于不存在长程有序，NMR 就更为重要，因此它正在逐步成为一种非晶态物质结构分析的常规手段。

固体高分辨核磁共振方法是近几十年发展起来的一种实验技术。过去对于固体样品只能得到宽线的谱图，这是由于固体样品中存在着多种各向异性的相互作用。除核磁矩与外磁场的塞曼相互作用外，最主要的是偶极—偶极相互作用，它是核与核之间（包括同核及异核)的直接偶合,是通过近邻核磁矩引起的局部磁场产生的相互作用,比液体样品中通过核外电子云产生的间接J偶合作用强得多,约为104 Hz,而后者只有10～102 Hz。化学位移各向异性也是一项重要的作用,每个核有满足自身共振条件的频率,整个样品的共振频率发散、谱线加宽,而在液体中这是一个各向同性的平均值。而 $I>1/2$ 的核还存在四极矩相互作用,为105～107 Hz。这些强的各向异性相互作用使固体样品的NMR谱成为一个难以用于结构分析的宽谱。例如,室温时水的 ^1H 谱线宽仅为0.1 Hz,而0 ℃冰的 ^1H 谱线宽可达105 Hz。此外,自旋—自旋标量偶合作用和核的自旋—自旋弛豫时间过短也都会造成固体NMR谱线宽化。

6.7.1 固体核磁共振实验技术

核磁共振中核自旋的相互作用可以分为两大类——外部相互作用和内部相互作用。前者是核自旋和外部仪器设备产生的磁场(如静磁场,射频场)的相互作用。后者则相反,是核自旋和样品本身所产生的磁场和电场的相互作用,这些作用包括屏蔽作用(化学位移、奈特位移、顺磁位移等)、偶极作用(直接和间接)、四极作用等。这些相互作用的哈密顿可以用下面的通式表达:

$$H_\lambda = C_\lambda \cdot R_\lambda \cdot A_\lambda \tag{6-22}$$

式中,C_λ,R_λ,A_λ 为特定的相互作用 λ 中的常数,表达此相互作用各向异性的二阶张量和与核自旋I相互作用的对象。

固体NMR实验技术是利用魔角旋转(MAS)、交叉极化(CP)等方式测定元素化学位移,通过所测元素的化学位移变化得到所测元素的结构环境变化的实验技术。从20世纪70年代后期起,由于NMR和计算机理论和技术的不断发展并日趋成熟,固体NMR在广度和深度方面都出现了新的飞跃性发展。为了有效地抑制固体NMR谱线增宽因子,目前采用的方法主要有下列几种:魔角旋转(MAS)方法、多脉冲(MP)交叉极化(CP)方法、高功率质子去偶(HPD)方法、多量子(MQ)方法、稀释自旋方法等。这些方法各有其优点和局限性,其中MAS方法最为有效,在实验中使用最多。而MAS与HPD、MP、CP、MQ及自旋稀释等方法结合起来使用是固体高分辨NMR的发展趋势,下面就其中几个重要的技术作简单介绍。

(1) 魔角旋转

固体样品中存在着多种各向异性的相互作用,其引起的一价哈密顿量中均包含 $(3\cos^2\theta-1)$ 项。其中 θ 为核磁偶极矩的连轴、化学键的键轴和晶格电场梯度主轴与外磁场方向间的夹角。魔角旋转技术通过使试样围绕与外磁场方向成54.736°(魔角)的轴高速旋转,使 $(3\cos^2\theta-1)$ 的时间平均值为零,消除直接偶极相互作用,化学位移各向异性和部分消除电四极矩相互作用各向异性的影响,从而得到某种各向同性谱及其旋转边带。魔角旋转技术利用了如图6-6所示的几何关系。使样品绕与外磁场 $\boldsymbol{H}_0$ 成 β 角的轴os高速旋转。样品的向量(如样品中某一对核磁偶极矩的连轴) $\boldsymbol{r}$ 和os的夹角为 χ,而 $\boldsymbol{r}$ 与 $\boldsymbol{H}_0$ 的夹角 θ 则是随时间变化的。根据图6-6所示关系,可得 $3\cos^2\theta-1$ 的时间平均为:

$$3\cos^2\theta - 1 \geqslant \frac{1}{2}(3\cos^2\beta - 1)(3\cos^2\chi - 1) \tag{6-23}$$

若取 $\beta=54.736$,则对于任何取向的自旋都能满足 $3\cos^2\theta-1\geqslant 0$,能够得到高分辨率的核磁共振谱图。当旋转速度足够快,超过各向异性作用大小时,只能在谱图中观测到一个共振信号。否则，可以观察到固体谱图分裂为各向同性的化学位移信号以及一系列频率间隔为自旋转速的自旋边带信号。实验中，样品是装在一端带有叶片的转子中由气流吹动实现高速魔角旋转的。最高转速受到转子的外径的限制：转子外径越小，可能达到的最高转速就越大。目前，用外径约为 1 mm 的转子可以实现约 90 kHz 的最高转速。

(2) 交叉极化

在固体核磁共振中，交叉极化一般通过将丰核 I(如^{1}H)的磁化矢量转移到稀核 S(如^{13}C)上，来提高稀核的灵敏度，其信号强度理论上讲可以增强为原有的 γ_I/γ_S 倍。此外，该实验的等待时间取决于丰核 I 的纵向弛豫时间(T_1)，而这一时间通常远小于 S 核的纵向弛豫时间，因此交叉极化实验中，相同时间内可以比直接观测 S 核的普通实验采集更多次数的信号。

图 6-7 显示的是交叉极化实验的脉冲序列。在旋转坐标系中，y 方向的 $\pi/2$ 脉冲施加于自旋 I，得到 x 方向的横向磁化矢量。接着对自旋 I 和 S 同时施加一个 x 方向的射频脉冲，将磁化矢量锁定在 x 方向上。这段时间在交叉极化实验中称为接触时间，长度通常从几十微秒至数百毫秒。此时间中，自旋 I 和 S 上施加的射频脉冲场的强度需要匹配以满足下式：

$$v_{1\mathrm{I}} = \gamma_{\mathrm{I}} B_{1\mathrm{I}} = \gamma_{\mathrm{S}} B_{1\mathrm{S}} = v_{1\mathrm{S}} \tag{6-24}$$

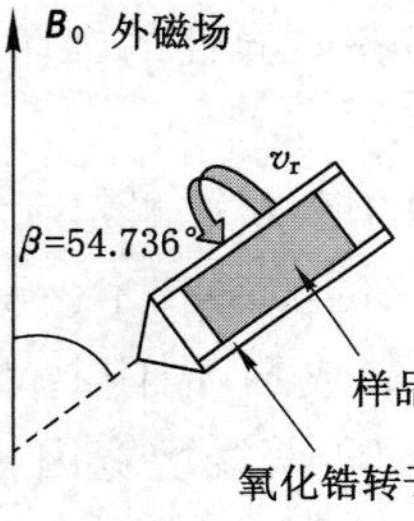

图 6-6　魔角旋转示意图

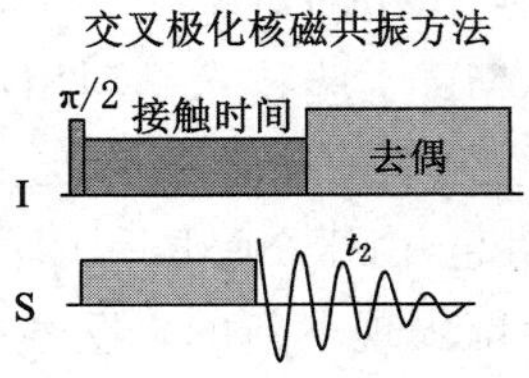

图 6-7　交叉极化实验的脉冲序列

这就是著名的 Hartmann-Hahn 条件。在接触时间内，由于 x 方向的脉冲锁住磁化矢量，可以将自旋 I 和 S 看成在双旋转坐标系内。在新的双旋转坐标系内射频场与时间无关，与时间无关，塞曼裂分对 I 和 S 也是一致的，因此在自旋 I 与 S 之间的极化转移可以进行。交叉极化核磁共振可以用来检测核间空间相关的信息。如果核自旋 S_1 与自旋 I 空间上远离，但 S_2 和 I 相互靠近，则在接触时间内极化交换的效率对 I—S_1 自旋对来说低而对 I—S_2 高。其结果是在最后的谱图中间，S_1 的信号没有或者较弱，而 S_2 的信号强交叉极化(CP)技术是针对天然丰度低的同位素的一种有效增加灵敏度的方法。有许多天然丰度较低的同位素，如^{13}C(1.1%)、^{15}N(0.37%)、^{29}Si(4.7%)等，由于其丰度低，磁旋比 7 小，因此探测灵敏度低。再加上在固体中分子运动受到限制，使自旋一晶格时间 T_0 变长，能量不容易传递给晶格，重复实验的等待时间很长，所以信号累加的效率也很低。利用交叉极化的方法可以提高稀核的探测灵敏度。即首先在强磁场中使丰核极化，通过丰核与稀核之间的热接触，使稀核的极化增强，从而提高探测的灵敏度。同时，这种极化的传递为^{13}C 核的弛豫提供了一条新的途径，大大降低了核的有效弛豫时间，解决了实验费时的问题。CP 实验适用于^{1}H 核与另一种含量较少的核^{13}C、^{31}P、^{15}N、^{29}Si 等核所构成的体系。

在进行高分辨NMR实验时，通常同时采用交叉极化与魔角旋转技术(CPMAS)。该方法主要是为了克服在固体样品中核灵敏度低、弛豫时间长所造成的困难。现代脉冲傅立叶变换NMR方法，是用很短的脉冲激发样品，多次地重复这种激发，然后把获得的信号通过计算机进行同步叠加，以提高信噪比。其叠加的速度由核的自旋—晶格弛豫时间 T_0 决定，因为当一个射频脉冲辐照体系之后需要一定的时间(一般应大于 $5T_0$)，核的磁化强度向量才能恢复到它的平衡值和平衡方向，在液体中 T_0 相对较小，一般为几秒钟，因为分子的运动提供了弛豫的途径。然而对固体而言，由于分子运动受到限制，使得 T_0 长达几分钟甚至更长，因此脉冲的重复时间间隔也大大加长，使实验变得极为费时，同时也很难在长时间内(比如几天的时间内)一直保持仪器的稳定性。所以，要想获得固体高分辨的^{13}C NMR谱图就十分困难。

(3) 强功率质子去偶

固体NMR谱线增宽的原因主要在于近邻核之间的强的偶极—偶极相互作用。以孤立的一对^{13}C—^{1}H为例，^{13}C核磁矩除受到外磁场 H_0 的作用外，还受到邻近质子磁矩产生的磁场 H^H 的作用，即其实际感受到的磁场为 $H_0 \pm H_Z^H$。如图6-8所示，对于单晶样品，核的取向一致。这是孤立的对给出以^{13}C Larmor频率为中心的双重线，其分裂为：

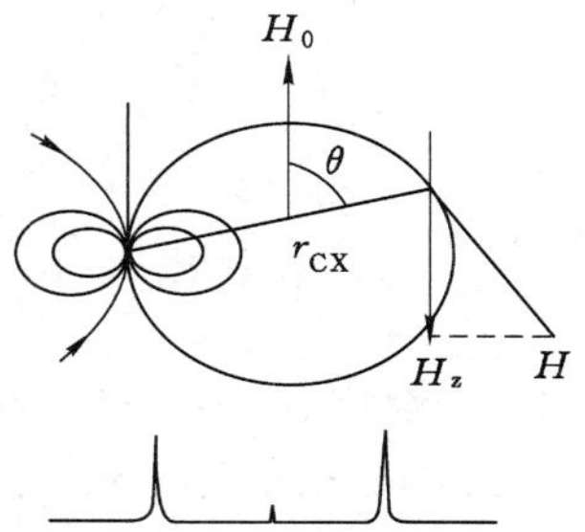

图6-8　一对孤立的偶极—偶极相互作用及单晶样品的双重谱线

$$\Delta V_{CH} = \frac{\gamma_C}{\pi} \left| H_Z^H \right| \tag{6-25}$$

$$H_Z^H = \frac{\mu_Z^H}{r_{CH}^3}(1 - 3\cos^2\theta) \tag{6-26}$$

对于多晶样品，由于存在各种取向，引起共振频率的散开，因此得到的是各种频率叠加成的很宽的谱线。

强功率质子去偶通过在 V_H 上加强的射频场，引起质子在两个自旋态 $+l/2$ 和 $-l/2$ 间产生激烈跃迁，结果使原先与质子存在偶极—偶极偶合作用的另一核A区别不清质子的不同状态，而只“看到”其平均取向，因此A核和质子间的偶极—偶极偶合作用消失。

(4) 多脉冲去偶

强功率质子去偶仅能除去异核(稀核和质子)之间的偶合作用。对^{1}H、^{19}F等丰核，起主导作用的是同核偶合作用，这时需采用多脉冲去偶技术。其实质是重复使用一组特定的循环射频脉冲序列，使两个同核的自旋产生快速运动，从而使两核间的磁作用能量平均为零，消除偶极偶合作用。这个过程的分析要借助于平均哈密顿理论。需要指出的是，许多丰度为100%的核(如^{27}Al)，如果它们在分子中相隔很远，实际上仍可以作为“稀”核对待。一定的脉冲宽度总是对应于一定的射频场强度，脉冲宽度越短，射频场强度越大。一般来说，固体NMR实验需要很短的脉冲来激发或去偶。其中脉冲宽度是探头工作状态的一个重要指标。

多脉冲同核去偶技术与MAS结合，在消除同核偶极相互作用的同时也平均掉了化学位移的各向异性相互作用，从图6-9所示例子可以看出，多脉冲同核去偶技术与MAS结合，能够进一步窄化丰核的谱线。在低速转速条件下，样品对多脉冲的效果的影响基本可以忽略。

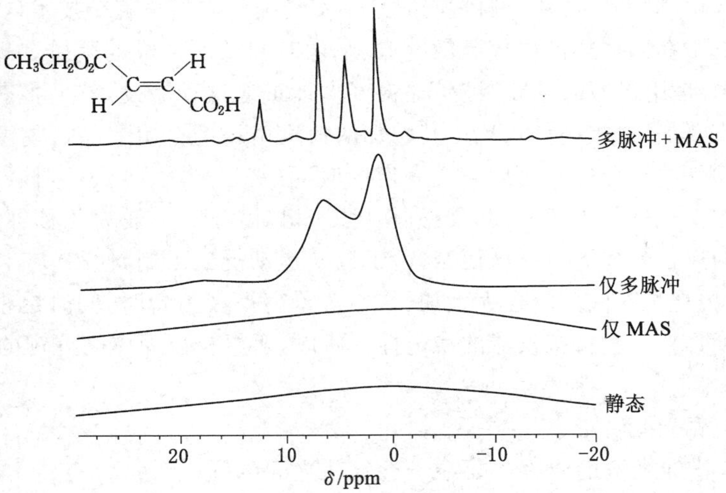

图 6-9　不同脉冲的 NMR 谱图

(5) *四极核的高分辨率核磁共振:多量子魔角旋转*

1995 年,Frydman 和 Harwood 首先提出了能够获得半整数四极核高分辨率谱图的二维多量子魔角旋转核磁共振方法,由于该实验在普通的魔角旋转探头上就能实现,故迅速成为半整数四极核固体核磁共振研究中最流行的高分辨率方法。在多量子魔角旋转实验的二维谱图里,除了正常的各向异性的一维,新增了消除了二阶四极作用的宽化效果的各向同性的一维。近年来,已经发展出多种该实验的变体来提升其使用效果。标准的 z 轴滤波多量子魔角旋转脉冲序如图 6-10 所示。通过第一个强脉冲的激发,多量子相干在 t_1 时间演化。第二个强脉冲将多量子相干转回零量子相干。接下来是 z 轴滤波,以及将零量子相干转化为单量子相干并实现在 t_2 观测信号的软脉冲。这一实验基于的原理是:可以选择并使得四极作用各向异性对谱线展宽的一项在 t_1 时间多量子相干演化时和 t_2 时间的单量子相干演化时的符号相反。因此在 t_2 时间可以生成各向同性的回波信号。

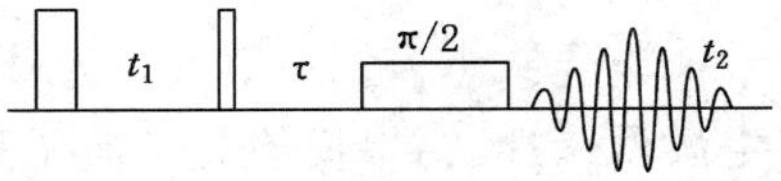

图 6-10　二维 z 轴滤波多量子魔角旋转脉冲序列

多量子魔角旋转示意图如图 6-10 所示。

6.7.2　固体 NMR 对仪器性能的要求

(1) *观测道和去偶道具有高的射频功率*

由于固体样品的刚性,其 T_2 比液态时短得多,因此在射频脉冲激发后所得到的 FID 信号很快衰减。如果用于激发的 90°脉冲本身很宽,则在发射脉冲结束后才开始工作的接收机只能收到 FID 的尾部,甚至完全丢失信号。所以要求 90°脉宽要尽可能短,一般应为 3 μs 左右(而液体 NMR 中 90°脉冲可允许为其几倍的宽度)。在精心设计探头的前提下,减少 90°脉宽的最直接和最有效的方法就是提高射频发射机的脉冲功率,通常要几百瓦,做固体宽谱线 NMR 实验时高达 1 kW。

对于去偶通道,射频场强度 γB_2 应大于 D_{II} 和 D_{IS}。固体的 D 值要比液体的 J 值大得多，约 40 kHz 量级，相应的场强为 10 Gs，对应的射频功率约为 100 W。这要比液体 NMR 波谱仪所需的去偶功率大得多。为实现交叉极化的 Hartmann-Hahn 条件，两个通道的功率均应连续可调。此外，由于固体 NMR 实验中既需要高功率以保证短的 90°脉宽，又需在长时间的交叉极化或去偶采样时降低功率以避免探头的过热损坏，因此，要求发射机的射频功率能够在同一实验中具有不同电平。现在的商品波谱仪一般都有此功能。

(2) 固体探头及附件

固体高分辨的技术充分体现在探头上。与液体探头相比，固体探头具有以下主要特点：样品线圈及其外围电路能承受高的射频脉冲功率，并能从强脉冲的冲击后迅速恢复；具有复杂而精密的机械装置及气路设计，使得样品能在魔角方向上高速、稳定地旋转，且样品的转轴可进行微调较准。针对不同的固体实验，设计有各种专用的固体探头：CP/MAS 探头用于稀核的固体高分辨实验，可以单独或联合使用 CP/MAS、DD 各功能；CRAMPS 探头则用于丰核的固体高分辨实验；此外还有高功率固体宽谱线探头。由于样品要进行高速旋转，固体样品管（亦称转子）需用耐磨、耐高温、高强度的材料制作，如 Al_2O_3、氧化锆等。

为使样品能高速旋转（几千赫兹至十几千赫兹，而液体样品仅为 20～50 Hz），要求空气压缩机具有比液体实验大得多的气压和气流量，并有更加精密而方便的气流控制系统。

(3) 高速模数转换器

对于固体宽谱线实验，由于谱范围极宽（可达 1 MHz），因此要求有非常高的射频功率以保证有最短的 90°脉宽，并且要有高取样速率的模数转换器（ADC），以满足取样定理的要求，ADC 速率一般在 2 MHz 以上。

参考资料

[1] 高汉斌，张振芳. 核磁共振原理与试验方法[M]. 武汉：武汉大学出版社，2008.
[2] 宁永成. 有机波谱学谱图解析[M]. 北京：科学出版社，2000.
[3] 宁永成. 有机化合物结构鉴定与有机波普学[M]. 北京：科学出版社，2000.
[4] 武汉大学. 分析化学（下）[M]. 北京：高等教育出版社，2006.
[5] MELINDA J. Duer. solid-state NMR spectroscopy principles and applications[M]. London：Blackwell Science Ltd，1998.

第7章　光电子能谱

7.1　引言

物体的表面和其本体,在结构以及化学组成上都有显著的差别。由于物体无论是受外界的影响,还是对外界发生作用,都是通过表面来进行的,因此表面常常起着十分重要的作用。在实际工作中,人们发现除固体内部的缺陷和杂质影响材料性能之外,固体的表面(包括晶界和相界等内表面)状态对材料性能也有重要影响。表面分析是指对物体几十纳米以内的表面层结构及组成的检测与分析。表面分析在材料涂层和表面薄膜的研究中具有十分重要的意义,例如金属材料的氧化和腐蚀、材料的脆性和断裂、半导体的外延生长等,都与表面几个原子层范围内的化学成份及结构有密切关系,从而要求从微观的、原子和分子的尺度去认识表面现象。在研究表面现象时,由于涉及的层深很浅,故需对样品的制备和分析过程进行严格控制,以防止外来污染造成的假象和误差。同时,由于被检测信息来自极小的采样体积,信息强度微弱,因此对信息检测系统的灵敏度要求也很高。表面分析技术一直到20世纪60年代以后,随着超高真空技术和电子技术的发展才开始出现,并有了飞速的发展,目前有关表面成份和表面物相分析的研究结果已有大量的报道,根据激发与检测方式的不同,表面分析方法多种多样,其中以表面分析能谱的发展最为迅速,应用也最为广泛。

表面分析能谱是采用光束、电子束、离子束等对固体表面进行激发,使之相应地释放出光、电子、离子、中子等,它们都带有原物质所赋予的特征,呈现出与原物质对应的能量分布,通过对其能量分布进行检测与分析就可以确定原物质的结构组成。电子能谱是20世纪60年代末70年代初才逐步发展起来的一种研究表面的新型物理方法,它是建立在电子技术、弱信号检测技术和超高真空技术发展的基础之上的。目前,比较常见的表面分析能谱就有十几种,其中最为通用的有光电子能谱(ESCA)、X射线光电子能谱(XPS)、紫外光电子能谱(UPS)、俄歇电子能谱(AES)、扫描俄歇电子显微镜(SAM)、低能电子衍射(LEED)、二次离子质谱(SIMS)、离子散射谱(ISS)等。其中,电子能谱包括两种:光电子能谱和俄歇电子能谱。光电子能谱简称ESCA(electron spectroscopy for chemical analysis),它是由X射线或紫外光作用样品表面而产生光电子,分析这些光电子能量分布得到的光电子能谱,由于XPS比UPS在使用方面更普遍,所以常把XPS称为ESCA。本章主要介绍在X射线光电子能谱的基本原理,并结合几种材料的表面能谱分析详细介绍X射线光电子能谱在材料表征中的一些应用,而有关其他表面分析能谱可参阅有关专著。

7.2 X射线光电子能谱的基本原理

7.2.1 X射线光电子能量

X射线光电子能谱(X-ray photoelectron spectroscopy,XPS)是光电子能谱中的一种,它是以X射线作为激发源,将样品表面原子中不同能级的电子激发成自由电子,收集这些带有样品表面信息并具有特征能量的电子,并研究它们的能量分布,就可以确定样品表面的组成和结构。由于X射线的能量较高,它可以把原子内层电子激发成自由电子。XPS主要用于研究样品表面的组成和结构。

X射线光电子的能量:X射线与物质相互作用时,物质可以吸收X射线,所吸收的X射线使原子中电子脱离原子成为自由电子,这就是X光电子。图7-1为一定能量的X射线使原子的K层电子脱离原子成为光电子,这种光电子称为1s光电子。

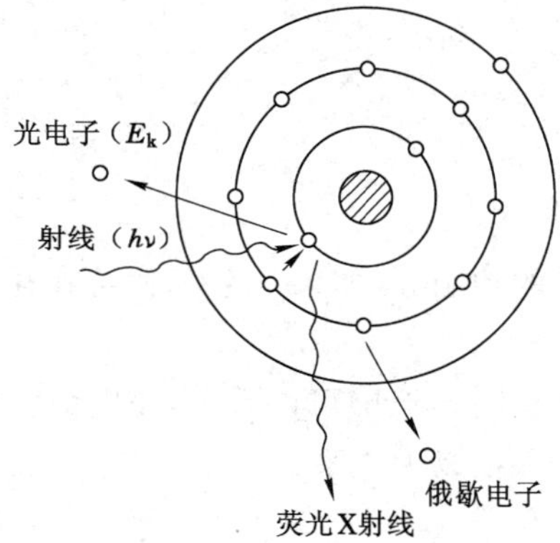

图7-1 X射线作用于原子的K层电子而产生1s光电子示意图

对于气体分子,在产生光电子的过程中,X射线的能量将转变为光电子的动能以及激发态原子的能量变化,可用以下关系式表示:

$$h\nu = E_k + E_b + E_r \qquad (7\text{-}1)$$

式中,E_k为光电子动能;E_b为原子的始态和终态能量之差;E_r为原子的反冲能量。

显然,E_b代表一个电子从结合状态移到无穷远时所做的功。如果原子在发生电离时其他电子仍然维持原来的状态,E_b所代表的就是该电子的结合能。假如由K层激发出光电子,E_b代表K层电子的结合能。

电子的质量相对于原子是很小的,由理论计算可知,原子的反冲能量E_r一般都小于0.1 eV,基本上可以忽略不计,因此式(7-1)简化为:

$$h\nu = E_k + E_b \qquad (7\text{-}2)$$

对于固体样品,计算结合能的参考点不是选用真空中静止的电子,而是选用费米(Fermi)能级,即固体样品中某个轨道电子的结合能,是指它跃迁到费米能级所需的能量,而不是跃迁到真空静止电子所需的能量。费米能级相当于温度0 K时固体能带中充满电子的最高能级。固体样品中的电子由费米能级变到真空中静止电子所需的能量称为逸出功,也称功函数。因此,对于固体样品来说,X射线的能量将分配在:① 内层电子跃迁到费米能级所需的能量;② 电子由费米能级进入真空静止电子所需的能量,即克服功函数;③ 自由电子所具有的动能。其具体的能量关系可以用图7-2(a)来表示。

根据图7-2(a),因此对于固体样品,式(7-2)也可以写成:

$$h\nu = E_k + E_b + \phi \qquad (7\text{-}3)$$

式中,ϕ为样品功函数。

在X射线光电子能谱仪(XPS)中,固体样品和仪器样品架保持良好接触,设ϕ'为仪器

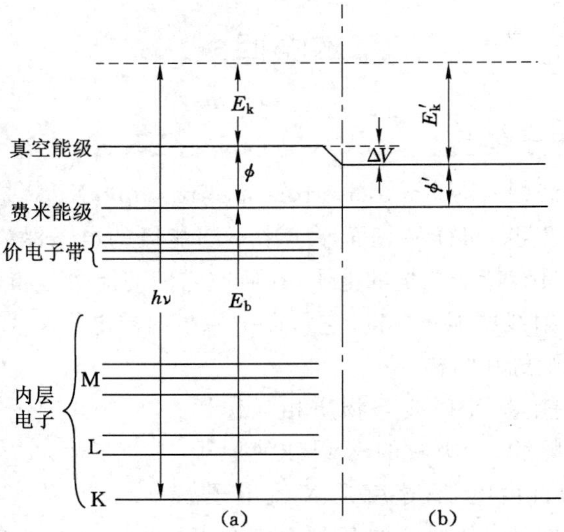

图 7-2 光电子能谱各种能量关系

(a) 样品；(b) 样品与仪器接触

材料的功函数，如果 $\phi > \phi'$，便会在样品和仪器之间产生一个接触电势 ΔV，则有：

$$\Delta V = \phi - \phi' \tag{7-4}$$

从图 7-2(b)可以看出，该电势将加速电子的运动，使自由电子的动能从 E_k 增加到 E'_k。由于存在以下关系：

$$E_k + \phi = E'_k + \phi' \tag{7-5}$$

将式(7-4)代入式(7-2)，得到固体样品光电子能量公式：

$$h\nu = E'_k + E_b + \phi' \tag{7-6}$$

因此可以得到固体样品结合能的公式：

$$E_b = h\nu - E'_k - \phi' \tag{7-7}$$

固体样品的功函数随样品而异，而仪器的功函数 ϕ 是一个定值，约 4 eV。如果 ϕ' 已知，由 XPS 测出光电子能量 E_k，便可得到固体样品的结合能 E_b。各种原子、分子的轨道电子的结合能是一定的，这样可以用 XPS 来鉴别各种原子或分子。

常见元素的各种轨道电子的结合能可查阅有关参考书。通过 XPS 是在已知激发源的能量和仪器功函数之后，准确测光电子的动能，由光电子能量公式求得该电子的结合能，从而可以获得样品表面的重要信息。

7.2.2 X 射线光电子能谱

样品在 X 射线作用下，各轨道的电子都有可能从原子中激发成为光电子，为便于区别各种光电子，通常采用被激发电子所在能级来标志光电子。例如，由 K 层激发出来的电子称为 1s 光电子，由 L 层激发出来的分别记为 2s，$2p_{1/2}$，$2p_{3/2}$ 光电子，依此类推。由于各种原子各轨道上的电子具有其特定的结合能，因而 XPS 可用来定量分析表面中含有的组成元素的种类和含量。内层电子对于原子的化学状态不如外层价电子敏感，保留了较多的原子性质，处于不同分子中的某种原子有大致相同的结合能，能产生最重要的能谱特征。

图 7-3 是 Ag 的 X 光电子能谱，横坐标表示电子的结合能，有时以光电子动能表示，纵

坐标为光电子强度，各峰可用所对应的元素符号和电子轨道来标记，在谱图中选用各元素最强的特征峰来鉴别元素。由于使用 MgK_α 作为激发源，因此不能激发出 Ag 原子的 K 层和 L 层电子。M 层和 N 层都有光电子产生，分别为 Ag3s，$Ag3p_{1/2}$，$Ag3p_{3/2}$，$Ag3d_{3/2}$，$Ag3d_{5/2}$，Ag4s，$Ag4p_{1/2}$，$Ag4p_{3/2}$，$Ag4d_{3/2}$，$Ag4d_{5/2}$。Ag4f 轨道无电子填充，基态 Ag 原子无此光电子峰，Ag5s 已成导带。由图可见，$Ag3d_{3/2}$，$Ag3d_{5/2}$ 光电子是 Ag 的两个最强特征峰，彼此相距 6 eV。一般均用元素的最强特征峰来鉴别元素，有时最强特征峰与其他元素的光电子峰发生重叠，此时可以选用其他光电子峰来鉴别元素。

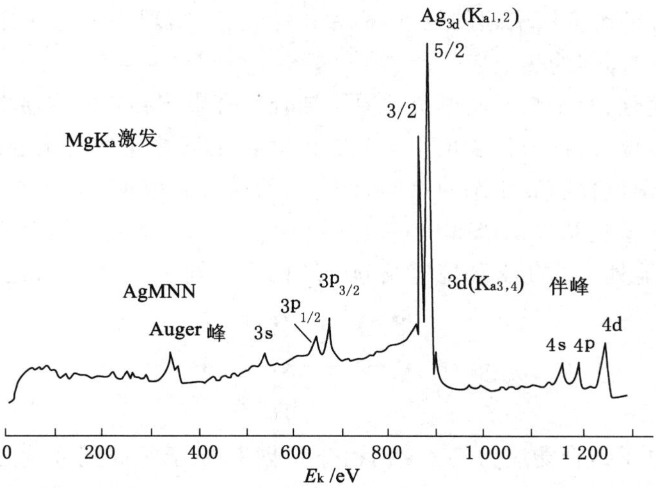

图 7-3　Ag 的光电子全扫描图(激发源为 MgK_α)

光电子峰的强度与许多因素有关。如果 X 射线光源一定，谱峰的强度主要取决于各个能级的光致电离截面和光电子的能量。

电离截面表示一定能量的某种射线在与原子作用时从某个能级激发出一个电子的机率，用 X 射线激发电子的称为光致电离截面，电离截面越大，激发成光电子的可能性也越大。光致电离截面与原子的能级有关，K 层电子的电离截面要远远大于 L 层和 M 层。因此，就能级而言，由 K 层产生光电子的机率最大。但是，当 X 射线的能量不够大，而元素的原子序数又较大，即使该元素的 K 层电离截面很大，也不能激发出 K 层电子，因此，可以理解为什么用 MgK_α 激发不出 Ag 的 K 和 L 层电子。在同一壳层内，电离截面随 I 增大而增大，光电子峰高一般也符合这个规律。有关元素的光致电离截面可参阅有关文献。

X 射线的穿透能力比较强，但是它所产生的光电子由于其能量比较小，它的平均自由程比较短，只有在样品表面很薄一层的光电子才能进入 XPS 分析器。电子的平均自由程是指电子在物质内部两次非弹性碰撞之间的平均距离，它是电子动能的函数，随光电子动能而变化，各个能级所产生的光电子的动能是不同的，因而平均自由程也不相同。在知道光致电离截面和电子的平均自由程之后，利用 XPS 可以通过计算作元素定量分析，由于影响因素很多，这种计算一般比较复杂。目前，XPS 主要用于成份分析和结构分析。

样品原子在受到 X 射线辐照时，除发射光电子外，还发生多种物理过程，由这些物理过程所产生的谱峰在光电子能谱中统称为伴峰。为了正确地解释谱图，必须能识别光电子峰和伴峰,还需要了解伴峰的性质。对于X射线源伴线产生的伴峰,由于其能量与主线相差较大,所产生的光电子峰的位置和强度都与主峰不一致,在谱线上构成主峰的伴峰,如果使用X射线单色器,则这类伴峰将会消失。

7.2.3 谱峰的位移

原子中电子的结合能受到核内外电荷分布的影响,这种分布的任何改变都可能使电子的结合能产生改变,在XPS谱图上所指示的光电子结合能有时偏离理论的电子结合能数值,这种现象称为谱峰的位移。引起光电子峰位移有化学因素和物理因素。前者是由于原子周围的化学环境的改变所引起的位移,称为化学位移;物理因素包括样品的荷电效应、自由分子的压力效应、固体的热效应等。

原子价态的变化、原子与不同电负性原子结合都会影响到它的内层电子的结合能,从而引起光电子峰发生位移,称为化学位移。金属元素的XPS中最容易出现由于氧化引起的化学位移,其电子化学位移随氧化态的增高而增大,而谱线的相对强度对应于原子所在各种不同价态的数码。化学位移在XPS中是一种很有用的信息,通过对化学位移的研究,可以了解原子的状态、可能处于的化学环境以及分子结构等。例如,三氟醋酸乙酯,其结构式为:

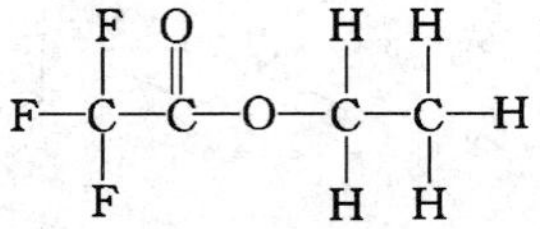

其中C1s的电子结合能应为284 eV,由于不同C原子的周围环境各不相同,C1s的光电子能谱上出现4条谱线(图7-4),最大的谱线位移达8.2 eV。

化学位移现象可以用原子的静电模型来解释。原子中的内层电子主要感受到原子核强烈的库仑作用,使电子在原子内具有一定的结合能,其能量从较轻元素的几百电子伏特到较重元素的十万电子伏特左右。同时,内层电子又受到外层电子的屏蔽作用。因此,当外层电子密度减小的时候,屏蔽作用减弱,内层电子的结合能增加;反之,结合能将减少。当被测原子的氧化态增加或者与电负性大的原子结合时,都能使外层电子密度减小。在三氟醋酸乙酯结构式两端的C原子分别和3个F及3个H原子相连,由于F的电负性很强,而H的电负性比F和O小,所以这两个C原子的1S谱线各在一端,与F原子相连的C化学位移最大。因此,利用化学位移可以研究分子结构。由于受到XPS谱线分辨率和X射线线宽的限制,所能观察到的最小结合能位移约为0.1 eV。

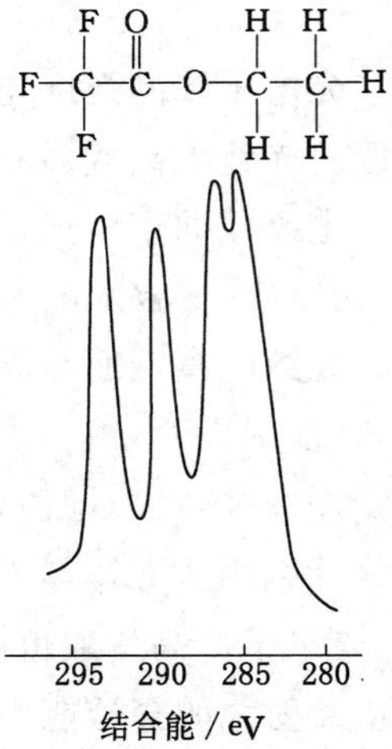

图7-4 三氟醋酸乙酯的C1s光电子能谱

应当指出,尽管原子的氧化态升高时化学位移会增大,但原子的氧化态与结合能位移之间并不存在数值上的绝对关系,因此,在测得某原子的电子结合能之后也难以断定该原子的氧化态,往往要用标准样来对照,找出各种氧化态与位移的对应关系。

荷电效应是影响谱峰位移的物理因素之一,在电子能谱仪中经常遇到这种现象。X射线激发样品,使大量光电子离开样品表面,样品带正电,这是一种荷电效应,其结果使谱图向高结合能方向移动,影响电子结合能的正确测量。在工作中必须注意这一类荷电效应,并设法进行校正。对于金属样品，只要使它与仪器保持良好的接触，即可消除这种影响。非金属样品不能导电，需采取适当措施消除或校正这种影响。

7.3　X射线光电子能谱仪

表面能谱仪主要由激发源、样品室系统、能量分析器、能量检测装置和放大系统、真空系统以及计算机等组成。目前，表面能谱仪总的趋势是向多功能综合能谱仪发展，并采用组件式的设计，形成标准系列。例如，英国 V. G. 科学仪器公司的 ESCA LAB—5 型能谱仪具有 XPS，UPS，AES，SAM，SIMS，ISS 和 LEED 等测定功能，此外还附有蚀刻离子枪、X射线和紫外单色器。下面主要介绍 XPS 谱仪的结构组成及附属设备，并简述一下 XPS 的工作原理。

图 7-5 是 ESCALAB 250Xi 型光电子能谱仪，是 Thermo Scientific 公司的产品，该 X 射线光电子能谱结合了高灵敏度与高分辨率定量成像以及多种测试技术能力。该仪器的主要特点是：高灵敏度能量分析器；标配 X 射线单色器；小面积 XPS；成像空间分辨率优于 3 μm；定量成像；深度剖析能力；微聚焦单色器；标准配置包含离子散射能谱（ISS）；标准配置包含反射电子能量损失谱（REELS）；标准配置包含预备室；多技术分析功能；多种样品制备选项；全自动无人照看分析；多样品分析；基于 Windows 的 Avantage 数据系统 。

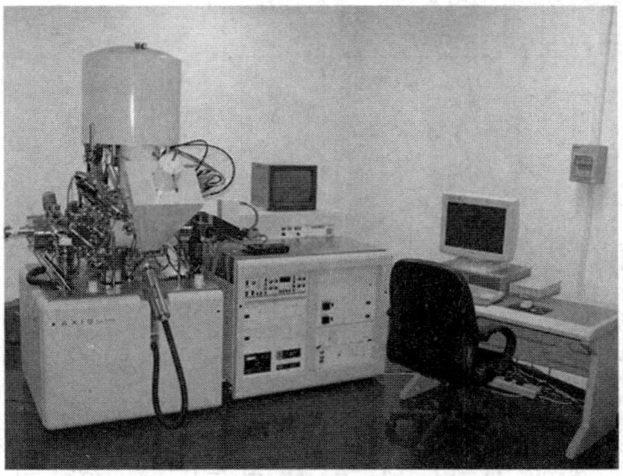

图 7-5　ESCALAB 250Xi 型光电子能谱仪

XPS 是众多材料特性表征技术中行之有效的测试手段，目前已成为从生物材料到半导体材料等许多技术领域先进材料开发的重要工具。ESCALAB 250Xi 满足了分析性能和灵活性不断增长的需求。此外，ESCALAB 250Xi 提供的可选表面分析技术可用于补充应用 XPS 所获取的表征信息。先进的 Avantage 数据采集和处理系统确保了从测试数据中挖掘尽可能多的信息。

图 7-6 是 XPS 光电子能谱仪的结构示意图。从图 7-6 可以看出，它采用 X 射线管作为激发源（某些高分辨仪器还带有单色器，以降低线宽），X 射线经过铝窗后照射到分析室内的试样上。由于操作的需要，样品托台可以在 x，y，z 三个方向上作移动调节。某些仪器的样品台可以同时放置几个试样，依次进行测定以提高效率。考虑到试样表面常需要进行净化，所以还设有氩离子枪进行离子刻蚀处理，同时这种刻蚀还可以进行试样的深层次的分析。另外，在样品台上有加热和冷却装置以满足实验的要求。由试样激发出来的光电子，经过电子透镜组聚焦并减速后经入口光阑送入电子能量分析器。分析器可以采用同心半球式或同

轴镜筒式,亦可用减速场式。能量分析器与扫描电压连接以达到能量分析的作用,通过分析器分辨出的各种不同能量的电子依次经出口光阑进入电子倍增器转变成电讯号,并经前置放大器、鉴别器、多道分析器,最后送入记录仪和打印机,得到谱图曲线或数字数据。为了使多道分析器与电子能量分析器的扫描同步,均由同一电源供给扫描电压。为了使数据的可靠性增加,可以与电子计算机联用,以实现多次重复扫描,使信号逐次累加,由于随机变化的噪声互相抵消而提高信噪比。此外,通过电子计算机还可以具有纠正基线、峰面积积分和分峰的功能,使仪器效能大大提高。

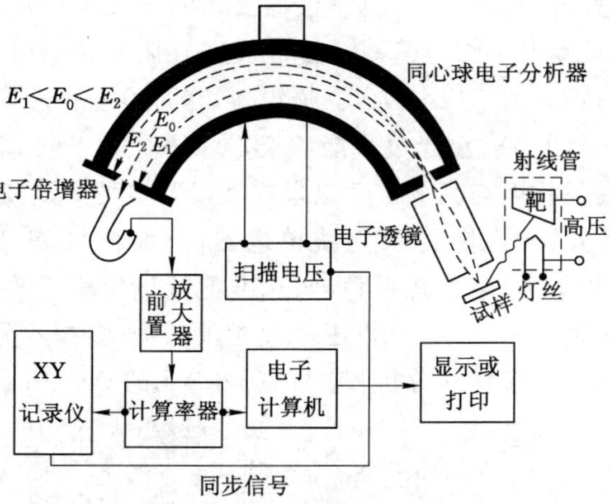

图 7-6　XPS 能谱仪的结构示意图

电子能量分析器有两个主要指标——分辨率和灵敏度。当分析器工作参数一定时,其分辨率也一定。在分析器前加一个减速栅能对进入的电子普遍减速,但不会改变它们能谱的相对分布,却能提高分析器的有效分辨率。另外,减速栅还能改善分析器的灵敏度。特别要指出的是,为了准确测定电子的结合能,实验室需要定期对能谱仪进行校准定标。

用于 XPS 的 X 射线一般采用 Al,Mg 等轻元素的 K_α 线,而 MgK_α 线的能量为 1 254 eV,AlK_α 线的能量为 1 486 eV。表面分析能谱仪对真空度的要求相当高,在目前大型分析仪器中名列首位。获得超高真空是保证进行有效分析的重要手段,如果样品表面附着一层气体分子层,其厚度约为 0.4 nm,两层则有 0.8 nm,由样品发出的电子就将受阻,严重影响分析结果。因此,表面分析能谱仪必须配置超高真空系统,真空度应优于 10^{-6} Pa。

7.4　X 射线光电子能谱的应用实例

光电子能谱法是瑞典 Uppsala 大学的 K. Siegbahn 等经过约 20 年的努力而建立起来的。当初称之为化学分析用电子能谱法(ESCA),因此是以化学领域应用为主要目标,故现在仍用此名称。不过因光源采用了铝、镁等特征软 X 射线,此法逐渐普遍被称为 X 射线光电子能谱法(XPS)。

X 射线光电子能谱在表面分析中具有重要的作用,是目前所有表面分析能谱中能获得化学信息最多的一种方法,除了能进行元素的定性分析外,还能测定该元素在物质中所处的化学价态及受周围其他元素影响所产生的化学位移，据此达到分析化合物结构的目的。除了 H 和 He 外，XPS 可以用来鉴别其他所有元素。利用光电子峰强度(峰面积)可以定量地测定元素或基团含量。本节通过几个具体的实例，介绍 XPS 在离子注入、表面陶瓷化等技术中的具体应用，对于加深 XPS 的理解起到一定的帮助作用。

7.4.1　XPS 在离子注入中的应用

氮离子注入是改善材料表面力学性能和提高其表面耐磨性常用的方法之一，其注入层与基底结合好，抗机械、化学作用不剥落能力强。罗勇等采用常规离子束注入技术 PBII 对 Ti6Al4V 样品进行表面改性，注入能量为 40 keV，氮离子注入剂量分别为 0.91×10^{17} ions/cm^2，2.1×10^{17} ions/cm^2 和 6.17×10^{17} ions/cm^2。钛合金经过氮离子注入后，表面平均纳米硬度比未注入氮离子的钛合金平均提高了约 25%，耐磨性比未注入氮离子的钛合金平均提高了约 2.5 倍。通过微动摩擦磨损试验发现，氮离子注入能有效提高 Ti6Al4V 合金在干摩擦条件和牛血清润滑条件下的抗微动磨损能力。为了分析离子注入后材料性能提高的原因，需要对离子注入后的表面进行 X 光电子能谱分析。

钛合金离子注入后表面的 X 射线光电子能谱分析是在英国 V. G. 公司的 Thermo ESCALAB 250型 X 射线光电子能谱仪上进行的，该能谱仪采用 Al-Kα 辐射源，其功率和能量分别为 150 W 和 1 486.6 eV。全谱分析时分析器的通能(pass energy)为 550 eV，其精度为 1 eV，而进行元素单峰高精度能谱分析时分析器的固定透过能为 20 eV，其精度达到0.05 eV。为了精确测量离子注入后氮元素在注入层的浓度沿深度方向的分布情况，采用 3 eV 的氩离子进行了 20 次深度刻蚀，每次氩离子溅射时间为 100 s，相当于每次刻蚀深度为 10 nm。

钛合金在剂量为 2.1×10^{17} ions/cm^2 氮离子注入后的 X 射线光电子能谱的全谱图如图 7-7 所示。在图中可以看出，结合能量在 0～550 eV 之间，由于采用的是单色 Al-K_α 辐射源，因此消除了伴峰的影响。从图中可以发现在氮离子注入后的表面及表面以下 100 nm 处均能够发现明显的 N、Ti、O、Al 和 V 等元素峰值的存在。

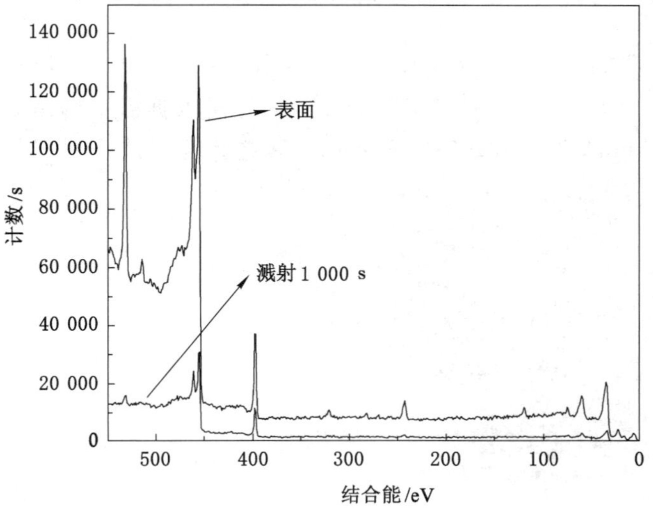

图 7-7　钛合金在剂量为 2.1×10^{17} ions/cm^2 氮离子注入后的 X 射线光电子能谱的全谱图

为了确定各个元素所处的状态，对各个元素所处的峰值进行精细扫描，并结合数据库分析具体元素的结合状态。目前，分析 XPS 元素结合状态最权威的是美国国家标准与技术研究院(NIST)的 X 射线光电子能谱数据库(X-ray Photoelectron Spectroscopy Database)，其网址是：http://srdata.nist.gov/xps/。利用该数据库进行元素结合状态分析和物相分析的大体步骤如下：先在图 7-8 所示的图中左边的导航菜单中点击 Search Menu 进入图 7-9，根据需要可以对未知谱线进行识别，也可以对特定的元素进行检索。

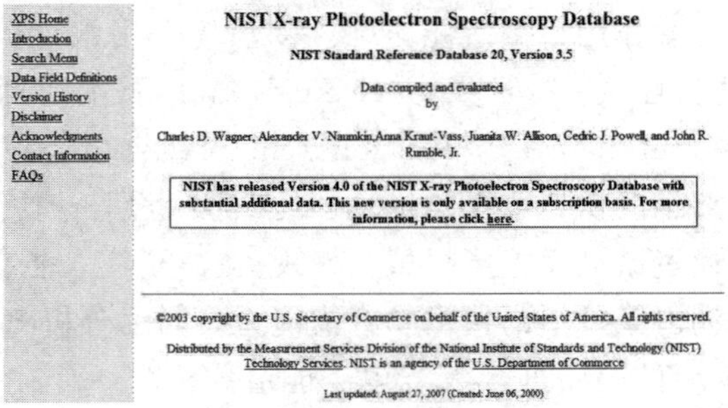

图 7-8　NISI 的 X 射线光电子分析数据库首页

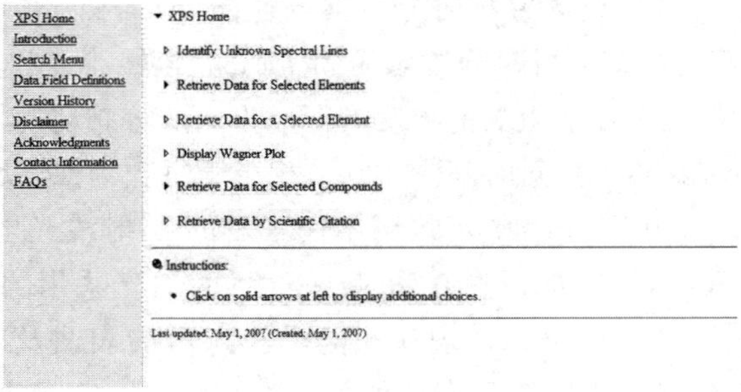

图 7-9　NISI 的 X 射线光电子分析数据库中的检索页

这里为了举例，我们点击 Retrieve Data for a selected Element (对特定的某一元素进行数据检索)，进入图 7-10。在图 7-10 中，有不少选项，这里根据需要选择 Binding Energy(结合能)，单击 Go to Step2，则进入图 7-11 所示的元素选择区。

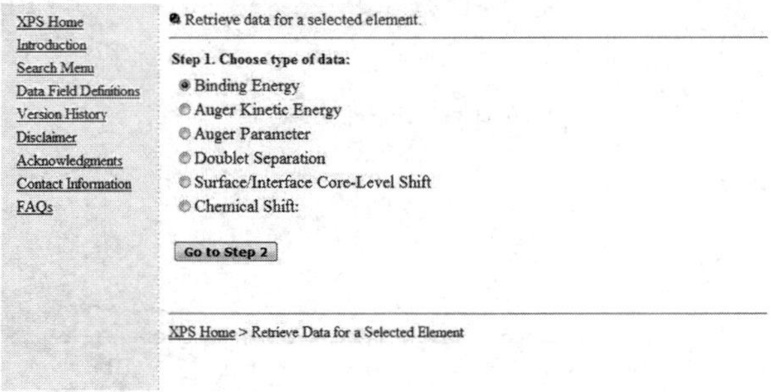

图 7-10　NISI 的 X 射线光电子分析数据库中的数据选择页

在图 7-11 中，我们选择 Ti 元素，并在随后弹出的能谱峰值中勾选需要的 $2p_{1/2}$ 和 $2p_{3/2}$，

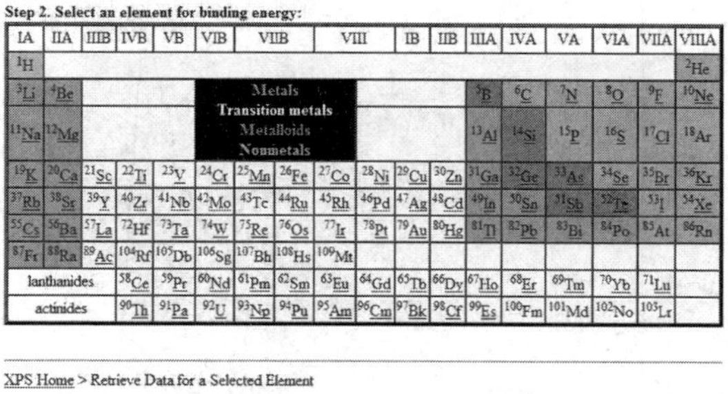

图 7-11　NISI 的 X 射线光电子分析数据库中元素选择页

则得到一系列的检索结果数据，如图 7-12 所示。根据数据的结果进行比较，合理地选择一个比较接近的数据，单击其后的 Click，弹出该数据的具体信息，如图 7-13 所示。经过反复的分析，对比，综合各方面的文献，最终分析出元素的结合状态。

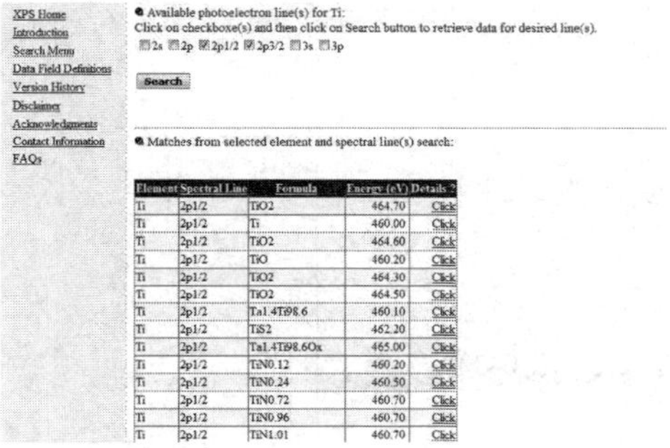

图 7-12　NISI 的 X 射线光电子分析数据库中数据列表

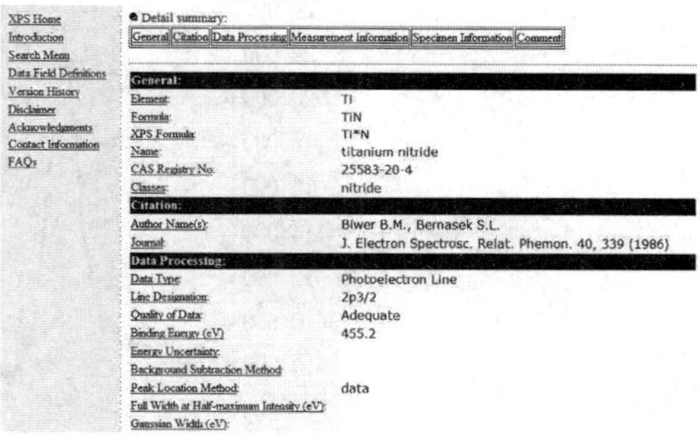

图 7-13　NISI 的 X 射线光电子分析数据库中检索项的信息

为了确定各个元素所处的状态，对各个元素所处的峰值进行精细扫描，得到图 7-14、图 7-15和图 7-16 所对应钛合金氮离子注入后的表面及表面以下 100 nm 处的 Ti、O 和 N 三种元素的元素结合能光谱。根据前面对于数据库的介绍，将图中得到钛合金氮离子注入后表面及深度为 100 nm 处的元素 XPS 能谱进行分析，可以得到在结合能峰值为 454.9 eV 和 460.7 eV 的两个峰分别对应于 Ti2$p_{3/2}$和 Ti2$p_{1/2}$，它们都是由于表面生成了 TiN 层而产生的。35 eV 处的 Ti3p 峰、458 eV 处的 Ti2$p_{3/2}$峰以及 531.3 eV 处的 O1s 峰值都和 TiO_2有很好的对应关系，这也反映出在离子注入过程和随后的样品保存过程中不可避免地带来了污染，导致了钛的氧化，在表面生成了二氧化钛。同时，结合样品表面以下 100 nm 处 O1s 峰变得很弱，可以看出 TiO_2在一定深度处逐渐消失，而该深度下在 397.2 eV 处形成的强烈的 N1s 峰则表明了氮离子注入后在钛合金表面及表面以下 100 nm 处都形成了大量的 TiN 相。正是因为表面形成了坚硬的 TiN 相，所以钛合金氮离子注入后其力学性能和抗微动磨损性能大幅度提高。

7.4.2　XPS 在表面渗碳中的应用

罗勇等人研究了钛合金表面渗碳，通过力学性能、摩擦学性能测试表明，钛合金表面渗碳后其性能得到了极大的提高。为了分析钛合金表面渗碳后表面的状态和物相结构，对其

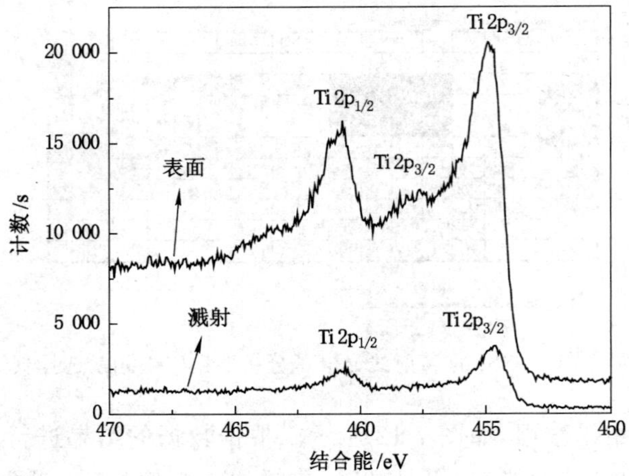

图 7-14　钛合金在剂量为 2.1×10^{17} ions/cm^2 氮离子注入后钛元素的结合能光谱

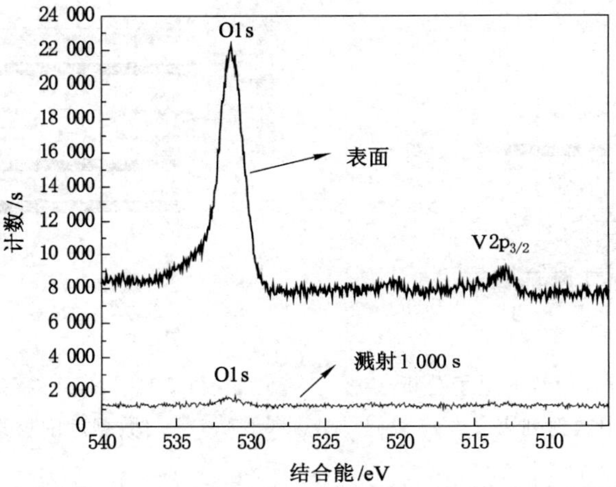

图 7-15　钛合金在剂量为 2.1×10^{17} ions/cm^2 氮离子注入后氧元素的结合能光谱

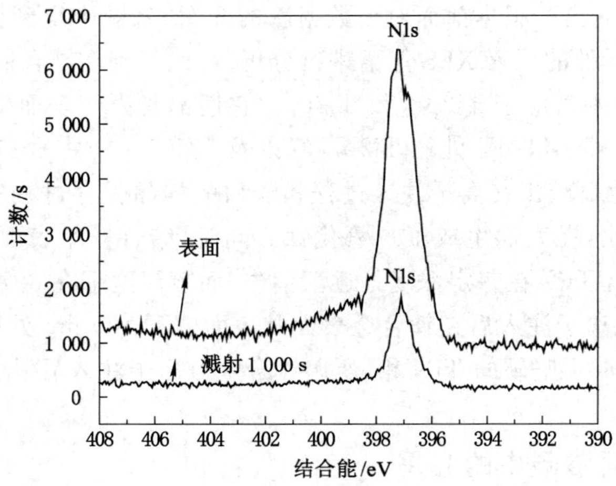

图 7-16　钛合金在剂量为 2.1×10^{17} ions/cm^2 氮离子注入后氮元素的结合能光谱

进行X射线光电子能谱分析。试验采用 Thermo ESCALAB 250 型X光电子能谱(XPS)对渗碳层近表层进行元素成份分析和元素浓度分析,仪器采用单色 AlK_α 靶源,能量为1 486.6 eV,功率为150 W,试验采用直径为500 μm的X射线的束斑进行扫描。首先对试样进行全范围扫描,扫描通能为1 100 eV,扫描间距为1 eV。随后对确定的元素进行小范围高精度扫描,能量分析器的固定透过能为20 eV,扫描间距为0.05 eV。在进行表面光谱分析后,采用深度刻蚀分析,以分析元素浓度梯度的变化,从表面垂直于基体刻蚀31次,每一次刻蚀的深度为20 nm,总刻蚀深度越为620 nm。

图7-17是钛合金表面渗碳后的XPS全谱扫描图,从图中可以看到3个主要的元素为Ti、C、O,其能级峰分别出现在454 eV、284 eV和531 eV附近。同时,在561 eV、61 eV和35 eV附近也观察到较微弱的峰,被证明是Ti2s、Ti3s和 $Ti2p_{3/2}$ 峰。

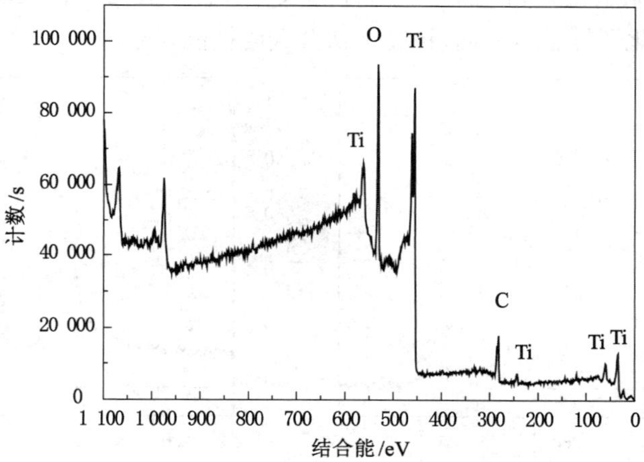

图7-17 钛合金表面渗碳后的XPS全谱图

图7-18是钛金属陶瓷表面(40 nm深度)元素浓度分布图。可以看出,渗碳后表面主要有碳、钛、氧、铝。其中,碳元素占了44.47%,而钛元素则占了14.56%,结合X衍射的结果,可以看出试样表面形成了大量TiC陶瓷,而少量的氧元素则是由于试样暴露在空气中而造成的不可避免的氧化造成的。

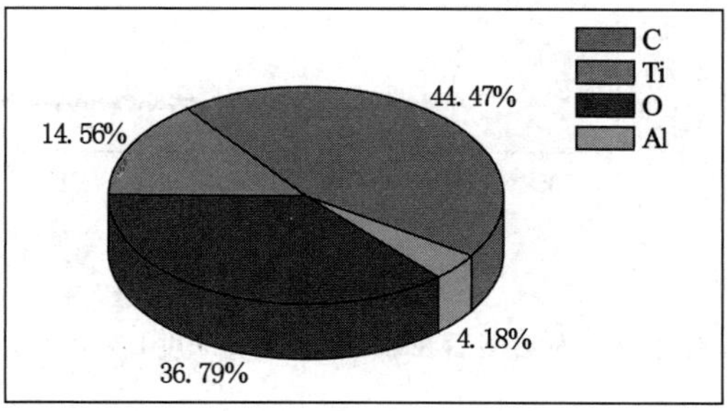

图7-18 钛合金表面渗碳后表面元素分布图

为了更精确地表征各个元素存在的状态,需要对XPS能谱中的各元素的能级峰进行详细分析。图7-19所示是钛金属陶瓷表面(40 nm深度)分别是元素钛、碳、氧和铝的XPS能谱图。

从图 7-19(a)可以看出，Ti2p 峰对应有两个能级峰，分别是结合能为 454.9 eV 处的 $Ti2p_{3/2}$ 峰和 461 eV 处的 $Ti2p_{1/2}$ 峰，这两个峰正是 TiC 对应的能级峰，充分表明了表面的钛是以碳化钛的形式存在的。此外，根据 NIST 的 XPS 标准图谱，TiO_2 所对应的 $Ti2p_{3/2}$ 峰和 $Ti2p_{1/2}$ 峰的位置应该在 459.0 eV 和 464.6 eV 处，而通过图 7-19(a)可以看出，钛在该位置处并无能级峰出现，因此钛金属陶瓷表面的钛不可能是以二氧化钛的形式存在。在 XPS 浓度分析中注意到了大量的碳元素存在于表面。从图 7-19(b)碳的 XPS 光谱可以看出，C1s 有两个很强的能级峰，一个是结合能为 281.6 eV 的 C1s 峰，对应于 TiC 中的 C1s 峰，另一个是结合能为 284.7 eV 处的 C1s 峰，对应于游离态的碳的 C1s 峰，表明钛金属陶瓷表面有游离态的碳单质存在，经过进一步的证实，这些游离态的碳是以石墨的形式存在的。Ti2p 和 C1s 在图 7-19 中的能级峰都与 TiC 的能级峰相吻合，并且显示出很尖锐的波峰，这进一步证明了表面形成了大量的均匀的 TiC 陶瓷，也与 X 衍射的结果相一致。研究结构表明钛合金表面渗碳后，在表面形成了坚硬的 TiC 陶瓷，有效地强化了钛合金表面，提高了钛合金的性能。

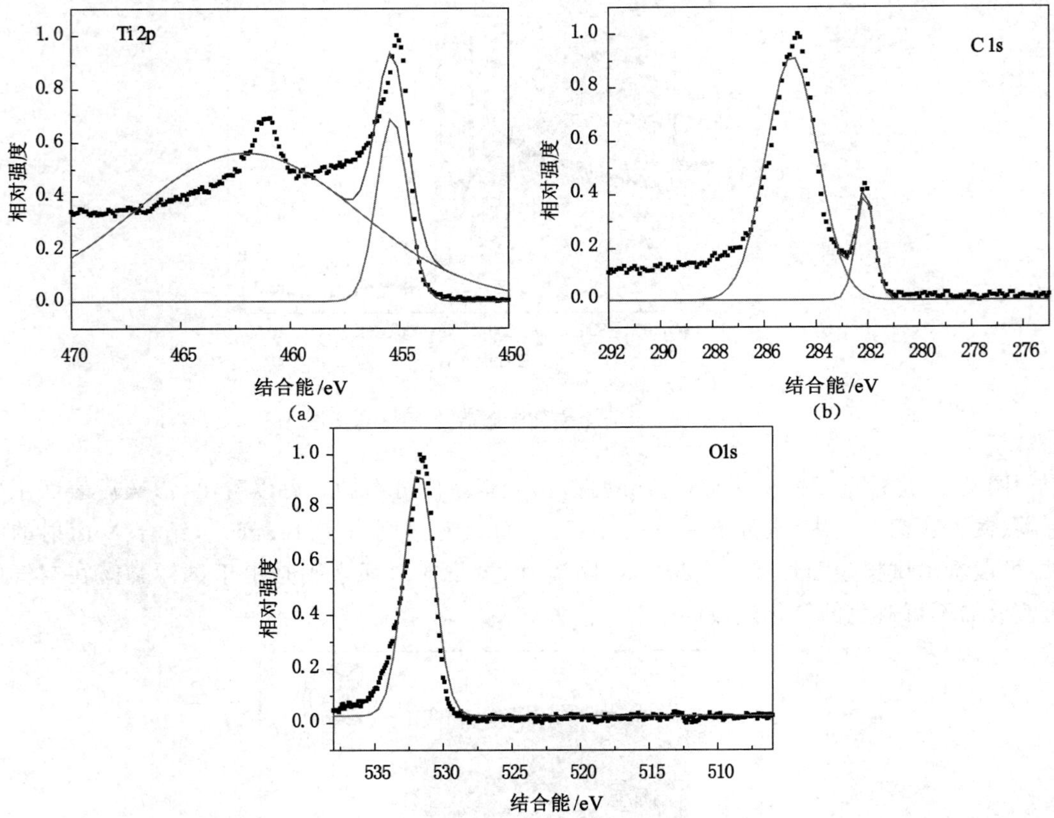

(c)

图 7-19　钛合金表面渗碳后在表面(40 nm 深度)各个元素的 XPS 能谱

7.4.3　XPS 在有机高分子研究中的应用

高分子材料表面元素组成的分析由于受外界环境的影响，高分子表面的组成、结构与性能往往同本体有较大差别。高分子表面的结构与性能的变化会进一步影响其整体性能，有时甚至起着决定性的作用。X 射线光电子能谱不但在高分子的元素分析和结构分析方面有着重要的应用，在高分子黏结界面的研究中也有着广泛的应用。近十多年来，由于 XPS 等表面分析技术的发展，界面黏结现象的研究有了新的进展，它不但能测定表面原子组成及基团，而且能判定黏结破坏的区域，这为检查表面处理的效果、界面间的相互作用、黏结机理的探讨提供了重要依据，能更深入地了解界面黏结现象的本质，控制黏结过程，设计合理的界面状态，最大限度地提高界面黏结强度。

XPS 在界面表征中的一个重要的应用时确定黏结点破坏区域。如果一个黏结点的破坏能确切判定落在界面区，则可以从中推断破坏可能发生的机理以及设法改善表面的物理和化学性能，提高界面黏结强度。但假如判定破坏发生在高分子本体和被黏结表面弱边界层区域，那么就可设法改变胶黏剂的配方和固化条件来提高黏结剂本体的力学性能，并除去黏结体表面弱边界层，以期改善黏结效果。过去由于受测试手段的局限，凭肉眼和电镜判定破坏发生的区域往往不太确切，因而提不出有力的改进措施。

近年来，Wyatt 等人用扫描电镜（SEM）和 XPS 技术对 NBS—8958 密封胶黏结点破坏区域进行了研究，得到一些有趣的结果。从 SEM 分析的结果来看，胶衣剥离后的铝片，表面没有发现胶黏剂残留的斑点，而与干净铝板表面一样，根据这些结果，认为破坏区域发生在界面上。图 7-20 是采用 XPS 得到的数据结果。但从 XPS 所得的结果可以看出，胶衣剥离后的铝片表面谱图曲线[图 7-20(b)]和胶黏剂本体的表面谱图曲线[7-20(a)]完全一致，C1s 的结合能和半高宽值完全一样，说明剥离后的铝片表面上残留有胶黏剂。为了测定残留量有多少，则将剥离后的铝片表面进行离子刻蚀 15 rain(每 90 s 刻去一个原子的单分子层)，得到谱图[7-20(c)]的曲线，C1s 结合能和半高宽值还是不变，只是相对强度减弱了一些，这些事实说明剥离后的铝表面至少残留有 10 个原子单分子层的胶黏剂，所以黏结点的破坏区发生在胶黏剂的本体，而不是黏结点的界面。因此可以认为黏结点破坏区的确定，仅凭电镜分析的结果是不够的，最后需要 XPS 的结果予以确证。

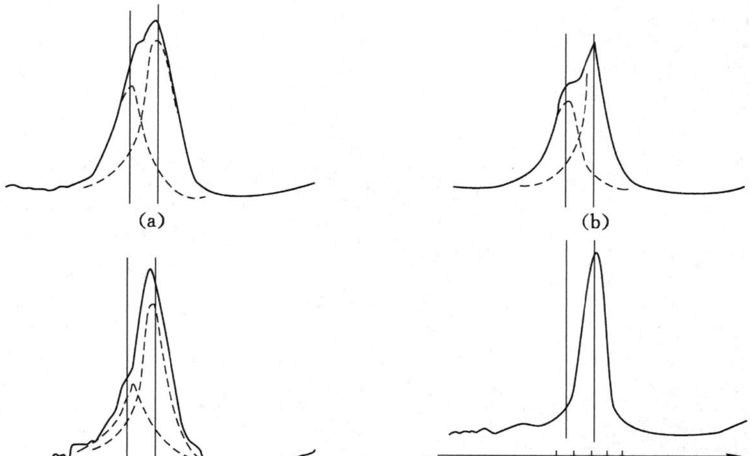

图 7-20　聚合物 8958 的 C1s XPS 谱图

(a) 本体聚合物双峰；(b) 聚合物剥离后铝表面的双峰；
(c) 剥离的铝表面刻蚀后的双峰；(d) 清洁铝表面的峰

参考文献

[1] 常铁军,刘喜军.材料近代分析测试方法[M].哈尔滨:哈尔滨工业大学出版社,2005.

[2] 杜廷发.现代仪器分析[M].北京:国防科技大学出版社,1994.

[3] 金日光.高分子物理[M].北京:化学工业出版社,2007.

[4] 靳九成,赵传国,等.磨削变质层及表面改性[M].长沙:湖南大学出版社,1988.

[5] 曾幸荣.高分子近代测试分析技术[M].广州:华南理工大学出版社,2007.

[6] LUO Y, GE S. Fretting wear behavior of nitrogen ion implanted titanium alloys in bovine serum lubrication[J]. Tribology International,2009,42(9),1373-1379.

[7] LUO YONG, GE SHIRONG, JIN ZHONGMIN, et al. Formation of titanium carbide coating with micro-porous structure[J]. Applied Physics A,2010,98(4):765-768.

第 8 章　综合应用与分析

8.1　医用 **CoCrMo** 合金表面离子氮化层分析实例

钴铬钼合金具有良好的耐腐蚀性、耐磨损性能和生物相容性，已广泛应用于人工髋和膝关节假体的制造。CoCrMo 合金是以钴为基本成份所形成的固溶体，一般含有铬、钼等合金化元素，合金中 5wt%～7wt%的钼元素固溶在基体中可以细化晶粒，且钼的原子半径比钴大，固溶在钴基体中能够成为位错流动的壁障，经铸造或锻造后可有效提高合金的强度。合金中含有较多的铬，能够在合金表面形成薄且致密的 Cr_2O_3 氧化层，提高合金的耐腐蚀和抗磨损性能，这类薄层氧化膜同样形成于医用不锈钢和钛合金表面。应用于临床关节假体制造的 Co 基合金分两类，即铸造和锻造 CrMo 合金，铸造合金因加工较容易而常用于关节假体的制造，但铸造合金常存在一些铸造缺陷，如气泡、孔洞、晶粒粗大，树枝状结构等，导致其拉伸、耐腐蚀等使用性能降低，也影响了铸造合金的耐磨损性能。锻造 CoCrMo 合金不仅可避免铸造合金的不利因素，而且具有比铸造 CoCrMo 合金更高的屈服强度和抗疲劳强度等，现已用于制造承受大载荷的关节假体。由于假体接触面载荷的增加，必然对假体摩擦副带来更为严重的磨损，因此，对假体材料的抗磨损性能提出了更高的要求。

离子轰击化学热处理是近二三十年发展起来的一个新兴领域，离子氮化是其中应用最广泛的一种。离子氮化作为强化金属表面的一种化学热处理方法，具有氮化速度快、氮化层组织易于控制、脆性小、无环境污染、节约电能、变形小等优点。目前该方法已广泛适用于铸铁、碳钢、合金钢、不锈钢及钛合金的表面改性，零件经离子氮化处理后可显著提高材料表面的硬度，使其具有高的耐磨性、疲劳强度、抗蚀能力及抗烧伤性等。

气体辉光放电的实质就是在特定的场合下稀薄气体发生的一种导电现象。在受到外来具有高能的粒子撞击时，气体分子可能出现两种现象：一是电离，当气体分子或原子系统内失去一个电子时，该系统即带正电荷，此时即为气体的电离。二是受激，受激过和是当系统内核电子受到高能粒子作用时，会跃迁到较高能量的轨道，此时电子处在不稳定状态，当外界输入能停止时，电子会随之迁回低能级力道，而这一过程中，电子由高能级向低能级跃迁时多余的能量会以光波的形式辐射出来，即通常所见的辉光。但由于每种气体原子的能级不同，故跃迁时所释放的能量不同，每种颜色的光对应不同的波长，能量也不同，故辉光的颜色也可能不同。比如氮的辉光为紫红色，氢的辉光为淡蓝色，而本研究中离子氮化用氨的辉光为紫蓝色。

离子氮化的过程即为离子轰击，它是在金属表面进行辉光放电形成等离子体，从而在金属工件表面进行离子氮化，借助离子氮化技术可在铸造/锻造 CoCrMo 合金表面获得较高硬度的离子氮化涂层，进一步提高 CoCrMo 合金抗磨损性能。本研究实例的目的就是利用各类材料分析测试方法，分析离子氮化层的组织结构特征，为 CoCrMo 合金的表面改性技术的应用提供可靠地技术支持。

8.1.1 实验材料及方法

实验材料为医用锻造和铸造 CoCrMo 合金，执行标准分别为 ISO5832—12 和 ISO5832—4，合金的成份及力学性能见表 1。实验前，将锻造和铸造合金棒切割成 ϕ30 mm ×5 mm 的盘试样和 ϕ4 mm×20 mm 的销试样，依次用 180#、400#、800# 和 1 200# 的水砂纸打磨盘试样表面和销试样的一个端面，进行表面抛光，丙酮和去离子水超声波清洗 15 min 后烘干备用。为了确保实验结果的可比性，锻造和铸造试样的表面粗糙度(Sa)控制在 10～15 nm。

离子氮化处理采用的离子氮化设备为 HZLT-ISO 型离子渗碳/高压气冷真空炉。设备的主要参数为：最高加热温度为 1 300 ℃；有效加热尺寸为 900 mm×600 mm×600 mm；气冷压强为 6 bar(1 bar=0.1 MPa)；可实现的功能包括高压气体淬火、离子渗碳、离子氮化、离子碳—氮共渗、真空退火、真空烧结等。

表 8-1　CoCrMo 合金成份及性能

材　料	Co	Cr	Mo	Ni	Fe	Mn	C	拉伸强度/MPa	屈服强度/MPa	延伸率/%	粗糙度/nm
锻造 CoCrMo	余量	28.2	5.98	0.41	0.70	0.64	0.23	840	590	17.5	11
铸造 CoCrMo	余量	28.7	6.18	0.38	0.73	0.61	0.21	690	465	8.5	15

离子氮化技术工艺为：以纯氨气(NH_3)作为气源，实验前将准备好的两种试样(盘和销)放入反应室内，先用氩气对样品进行统一的溅射清洗，清洗在升温的过程中同步进行，清洗时气压为 100 Pa，电压为 500 V。升温达到预定的温度后清洗停止，按照下表 8-2 的实验条件进行离子渗氮实验，保温 9 h 后炉冷至 100 ℃出炉。

表 8-2　离子氮化试验参数

材　料	温度/℃	时间/h	电压/V	电流密度/(mA/cm²)	气体压强/Pa
铸造/锻造 CoCrMo 合金	500	9	400	1.0	400～500
	600	9	460	2.4	400～500
	700	9	520	3.7	400～500
	800	9	580	5.0	400～500

8.1.2 合金的组织结构分析

图 8-1 给出了锻造和铸造 CoCrMo 合金的 XRD 分析图谱。可以看出，两者的物相组成相一致，基体合金皆由 α-CoCr 和 ε-CoCr 固溶体相组成。α-CoCr 为面心立方(FCC)结构，为 Co-Cr 合金的非平衡组织相，ε-CoCr(也有资料称为 γ-CoCr)为密排六方(HCP)结构，为 Co-Cr 合金的平衡组织相。在锻造和铸造 CoCrMo 合金中 α-CoCr 和 ε-CoCr 固溶体相的比

例有明显差别，锻造合金中含有较高的非平衡 α-CoCr 相，α/ε 的强度比约为 3.39，铸造合金中含有较高的 ε-CoCr 相，α/ε 的强度比仅为 0.63。相同化学成份范围内，合金物相含量的不同，使得锻造和铸造 CoCrMo 合金的性能有明显差异，如图 8-1 所示。含较高非平衡组织 α-CoCr 的锻造 CoCrMo 合金的抗拉强度、屈服强度及延伸率等明显高于铸造 CoCrMo 合金。锻造和铸造 CoCrMo 合金的金相组织如图 8-2 所示。图 8-2(a)中白色粗大的枝晶状组织，为 Co-Cr 合金的平衡组织 ε-CoCr 相，其间的片状组织为非平衡 α-CoCr 马氏体相。另外图中灰色离散的不规则块状组织为碳化物相，由于含量相对较少，XRD 实验结果没检测出来。图 8-2(b)的锻造合金的组织主要为非平衡 α-CoCr 马氏体相，同时可观察到具有平直界面的孪晶，而少量 ε-CoCr 相则存在于晶界、孪晶界等结构缺陷处。

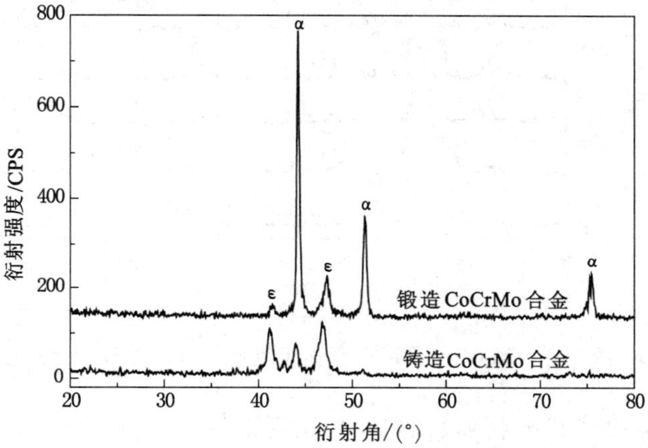

图 8-1　CoCrMo 合金的 XRD 衍射图谱

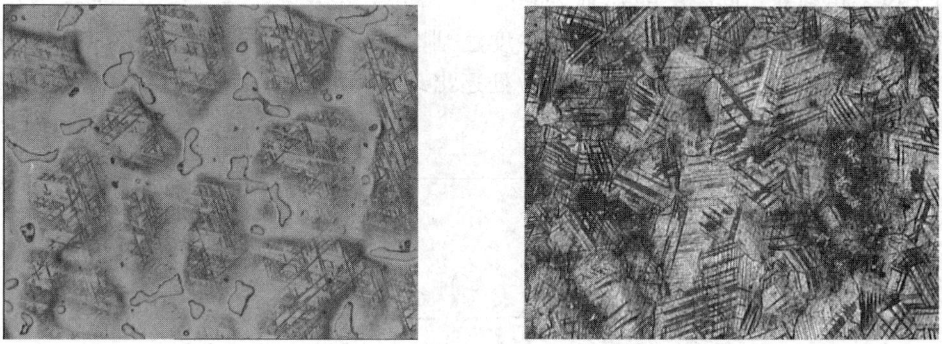

(a)　　(b)

图 8-2　CoCrMo 合金的金相组织(200×)

(a) 铸造合金；(b) 锻造合金

8.1.3　离子氮化合金 XRD 物相分析

铸造 CoCrMo 合金离子氮化前后的 XRD 衍射图谱如图 8-3 所示。从图中可以看到，未处理的铸造 CoCrMo 合金基体由 α-CoCr 和 ε-CoCr 固溶体相组成。铸造合金中含有较高的 ε-CoCr 相与 Co-Cr 二元合金相图相一致。离子氮化后，由于离子氮化温度的不同，氮化层出现了一些新相,包括 CrN、Cr_2N 和 S-相(σ-CoCr 相)。当离子氮化温度较低时(500 ℃和 600 ℃),氮化层出现了少量 CrN 相,峰位约为 37.2°和 62.8°,同时 ε-CoCr 相消失。当离子氮化温度达到 700 ℃时,在 ε-CoCr 峰位附近出现了 σ-CoCr 相,σ-CoCr 相是高温条件下形成的含有高浓度 Co 的富 Co 相,与此同时,在 44.2°和 55.1°峰位出现 Cr_2N 相。当离子氮化温度达到 800 ℃时,σ-CoCr 相几乎完全消失,此时铸造 CoCrMo 合金表面离子氮化层的物相组成主要为 α-CoCr、CrN 和 Cr_2N。

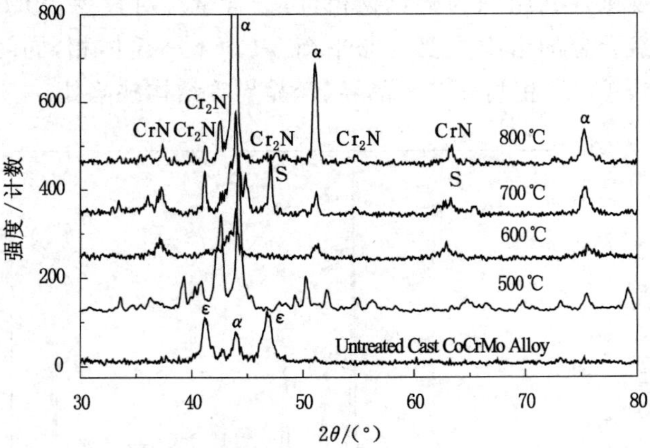

图 8-3 铸造 CoCrMo 合金离子氮化前后的 XRD 谱线

锻造 CoCrMo 合金离子氮化前后的 XRD 衍射图谱如图 8-4 所示。与铸造 CoCrMo 合金不同,锻造合金中含较高的 α-CoCr 相。离子氮化后,锻造 CoCrMo 合金也出现了 CrN,Cr_2N 和 S-相(σ-CoCr 相)等新相。当离子氮化温度较低时(500 ℃和 600 ℃),氮化层主要是由 ε-CoCr 相和 σ-CoCr 相组成,此外在 62.5°峰位处出现了少量 CrN 相,同时 47.2°典型峰位处的 ε-CoCr 相消失。当离子氮化温度达到 700 ℃及以上温度时,除 α-CoCr 相(51.2°峰位)和 CrN 相外,在 44.2°和 55.1°峰位处还出现了 Cr_2N 相。另外值得注意的是,离子氮化温度高于 700 ℃时,σ-CoCr 相消失。

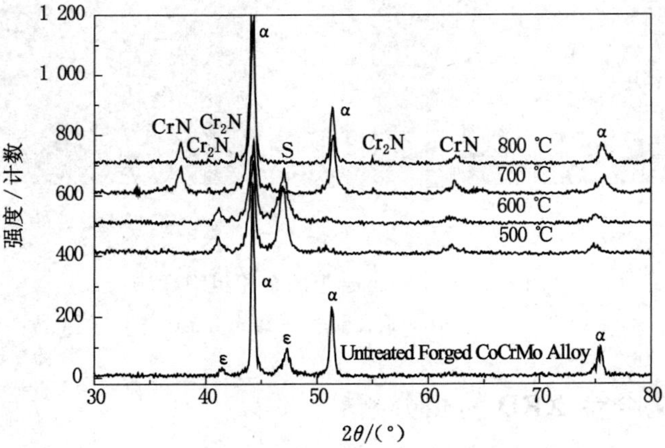

图 8-4 锻造 CoCrMo 合金离子氮化前后的 XRD 谱线

国外文献有报道，在离子氮化铸造/锻造 CoCrMo 合金离子氮化层中观察到 CrN 和 Cr_2N相，并有人研究指出，在 600 ℃处理条件下，锻造 CoCrMo 合金中除 CrN 和 Cr_2N 相外，还会形成 Co_2N 相。但在本实验中，在不同的离子氮化处理温度下，铸造/锻造 CoCrMo 合金离子氮化层中均可观察到 CrN 和 Cr_2N 相，但并未观察到 Co_2N 相。在较低的离子氮化温度下，两种合金氮化层的结构主要是由基体中的 α-CoCr 相和离子氮化处理形成的 S-相(σ-CoCr 相)与 CrN 相的固溶体。S-相是亚稳的间隙过饱和相，在低温下，氮化物/碳化物形成以前，可以在一个面心立方的结构基体上引入一个间隙。S-相表面工程技术可以为关节支撑材料使用寿命的延长及性能的提高提供技术支持，特别是在金属—金属的关节材料中。在高温离子氮化条件下，两种合金氮化层的结构均为基体中的 α-CoCr 相和离子氮化处理形成的 CrN 和 Cr_2N 相。但同种处理条件下，两种合金中的 CrN 和 Cr_2N 相百分含量不一样，所处的峰位也有细微的差别。此外，随着离子氮化温度的升高，两种合金均出现 Cr_2N 相含量上升，S-相消失的现象。这主要是由于 S-相是富钴相，从 Co-Cr 二元合金相图中可以看出，S-相的形成主要需要一个较高的温度并依赖于 Co/Cr 含量比，随着温度的升高，导致 Cr 原子从 S-相(σ-CoCr 相)中分解出来，并与 N 原子结合，形成氮化物 Cr_2N 和 CrN，造成 S-相减少，甚至消失。Cr_2N 和 CrN 硬质化合物相的形成有利于提高 CoCrMo 合金的表面硬度及抗磨损性能。

8.1.4　离子氮化合金 XPS 分析

离子氮化层的 XPS 分析采用 Kratos AXIS ULTRA DLD 型 X 光电子能谱(XPS)，主要对氮化层近表层进行元素成份分析。图 8-5 为铸造(700 ℃)和锻造(800 ℃)CoCrMo 合金表面离子氮化层刻蚀前后的 XPS 全谱扫描图，从图中可以看出，铸造和锻造合金的离子氮化层中的元素均有 Co、Cr、Mo、N、O 以及 C 元素，其能级峰分别出现在 778.0 eV、577.0 eV、421.0 eV、397.0 eV、531.0 eV 和 284.0 eV 附近。同时在 62.0 eV 和 228.0 eV 附近也观察到较弱的峰，分析认为是 Mo4s 和 Mo3d 峰。此外，刻蚀后还观察到更强的 N1s 和 $Cr2p_{3/2}$ 峰出现。

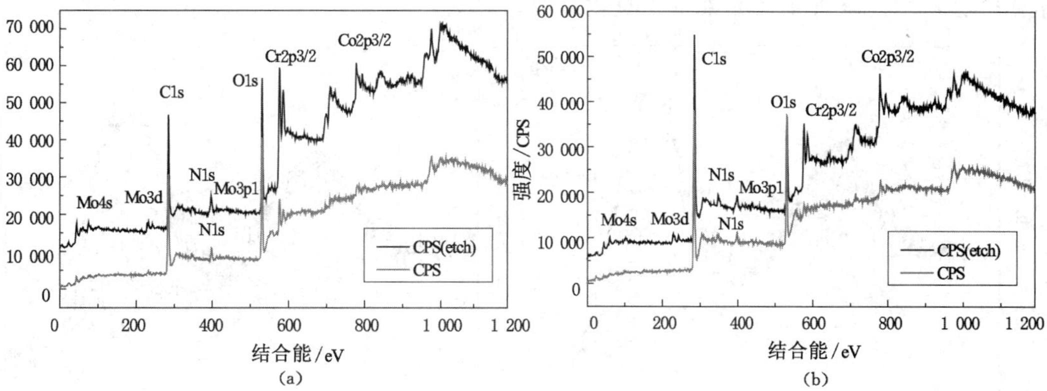

图 8-5　CoCrMo 合金离子氮化层刻蚀前后的 XPS 全谱扫描图

(a) 铸造，700 ℃；(b) 锻造，800 ℃

图 8-6 为离子氮化层表面(约 10 nm 深度)元素浓度分布图。可以看出，离子氮化处理后，其表面主要含有的元素有钴、铬、钼、氮、氧、碳，其中，氮元素占 8.8%(铸造 700 ℃)和

11.4%(锻造 800 ℃),铬元素占 25.1%(铸造 700 ℃)和 18.4%(锻造 800 ℃)。分析结果可以看出,离子氮化层中含有少量的氧元素和碳元素。氧元素主要是由于离子氮化过程中,在高温条件下,样品表面不可避免的氧化过程所引入。碳元素存在除合金本身含一定碳外,离子氮化环境中碳污染也是引入碳元素的主要原因之一。

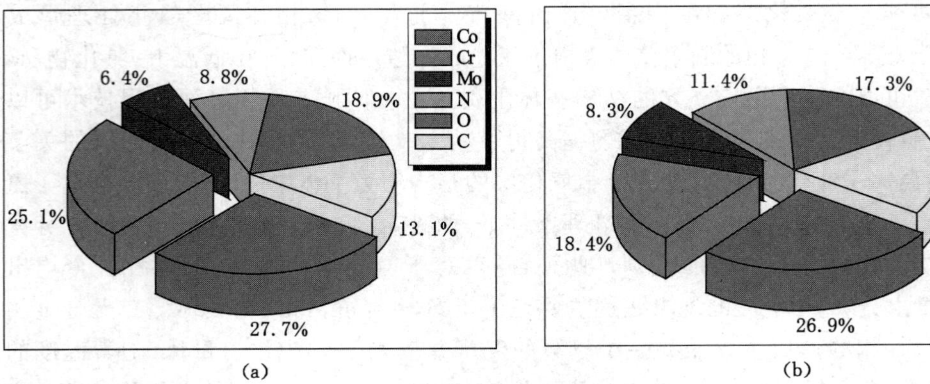

图 8-6　CoCrMo 合金离子氮化层元素分布图

(a) 铸造,700 ℃; (b) 锻造,800 ℃

为了更精确地表征各个元素的存在状态,需对 XPS 能谱中的各元素的能级峰进行详细分析,图 8-7 是铸造/锻造 CoCrMo 合金离子氮化层表面(约 10 nm 深度)的铬元素 XPS 能谱图。利用 Casa XPS 软件对数据进行分峰处理。可以看出,铸造/锻造 CoCrMo 合金的 Cr2p 峰分别对应 577.25 eV 处的 Cr-O 峰,575.55 eV 处的 Cr-N 键峰以及 574.7 eV 处的 Cr2p3/2 峰。通过定量分析,可以准确地得到两种合金离子氮化层中铬元素键能的分布图,如图 8-8 所示,两种合金氮化层中 Cr-N 键的含量分别为 31.3%(铸造 700 ℃)和 29.8%(锻造 800 ℃)。除此之外,氮化层均出现了较高含量的 Cr-O 键,铸造合金(700 ℃)氮化层含量为 54.4%,锻造(800 ℃)合金氮化层含量为 61.4%,主要是由于在高温离子氮化过程中钴铬钼合金与炉内空气中氧元素发生氧化造成。

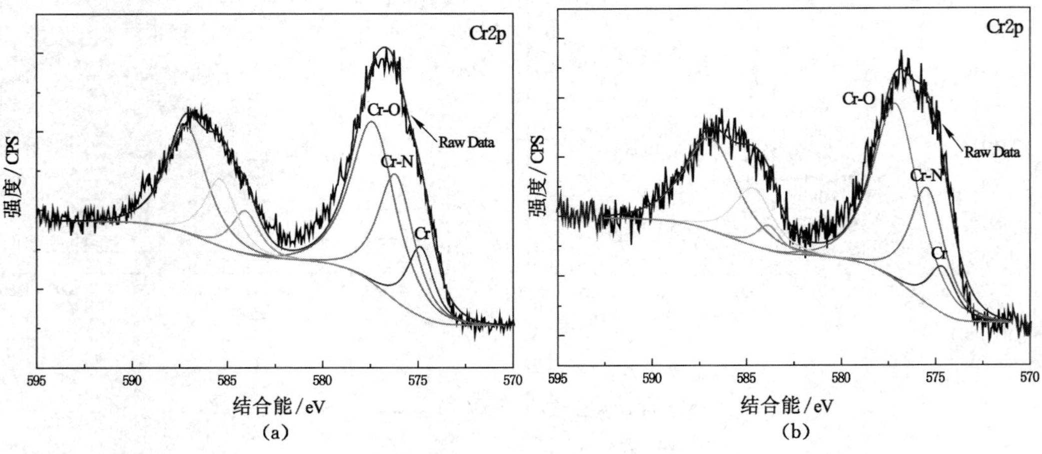

图 8-7　离子氮化层中铬元素 XPS 能谱分峰图

(a) 铸造,700 ℃; (b) 锻造,800 ℃

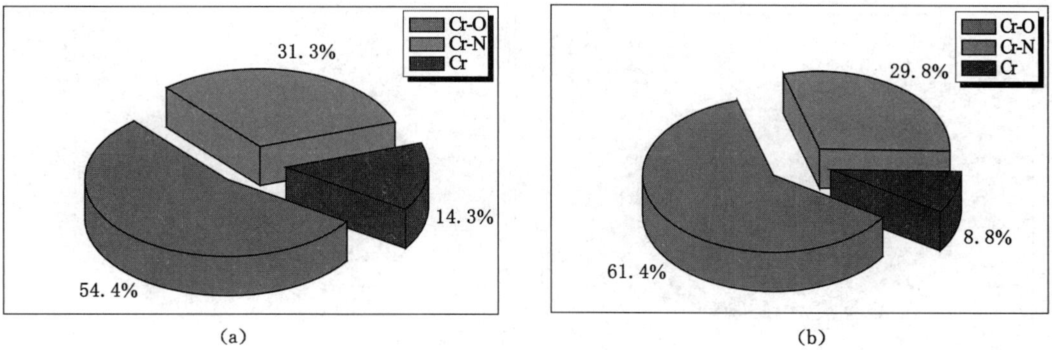

图 8-8　离子氮化层中铬元素键能分布

(a) 铸造，700 ℃；(b) 锻造，800 ℃

铸/锻 CoCrMo 合金离子氮化后，Cr-N 键的结合状态，可以通过对氮元素进一步分峰得到，如图 8-9 所示氮元素的 XPS 能谱图。用 Casa XPS 软件对数据进行分峰处理，得到 N1s 峰对应的两个能级峰，结合能分别是 397.4 eV 和 399.0 eV，分别对应 Cr_2N 和 CrN 的能级峰。对两种合金表面氮元素 XPS 谱图进行分峰积峰处理，得到两种氮化物相对含量，分别为 39.1%Cr_2N-60.9%CrN（铸造 700℃）和 29.8%Cr_2N-70.2%CrN（锻造 800 ℃），如图 8-10所示。可见锻造和铸造 CoCrMo 合金离子氮化层中存在不同含量的 CrN 和 Cr_2N 硬质相，两者的硬度直接影响了氮化层的硬度。由于 CrN 的显微硬度高于 Cr_2N，含较多 CrN 相的锻造合金则表现出高的显微硬度值。

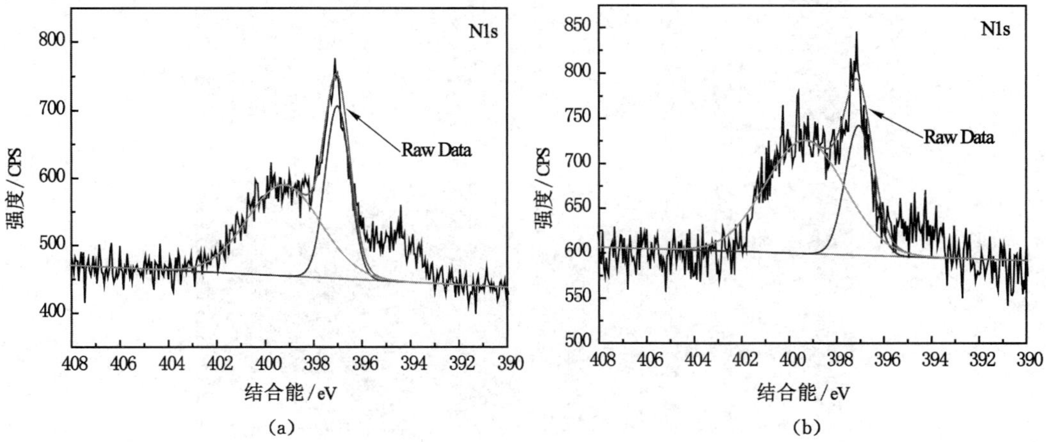

图 8-9　离子氮化层中氮元素 XPS 能谱分峰图

(a) 铸造，700 ℃；(b) 锻造，800 ℃

8.1.5　离子氮化层形貌分析

8.1.5.1　扫描电镜形貌

图 8-11 为离子氮化铸造 CoCrMo 合金表面 SEM 形貌。可以看出，铸造 CoCrMo 合金表面的氮化层由均匀细小的纳米级的氮化物颗粒构成，且颗粒尺寸小于 200 nm。氮化温度高于 700 ℃时，样品表面有少数的尺寸较大的颗粒，仔细观察可以发现，这类较大尺寸颗粒

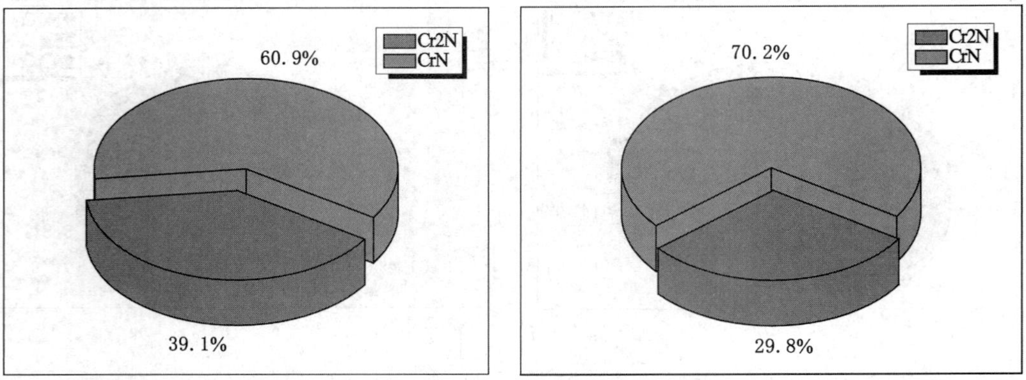

(a) (b)

图 8-10 离子氮化层中 Cr_2N 和 CrN 的含量分布

(a) 铸造,700 ℃;(b) 锻造,800 ℃

依然由细小的纳米颗粒组成,为纳米颗粒的团聚体。由此表明,随离子氮化温度的升高,组成氮化层的纳米颗粒有发生团聚的趋势,伴随这种颗粒的团聚,样品表面粗糙度会有所上升。

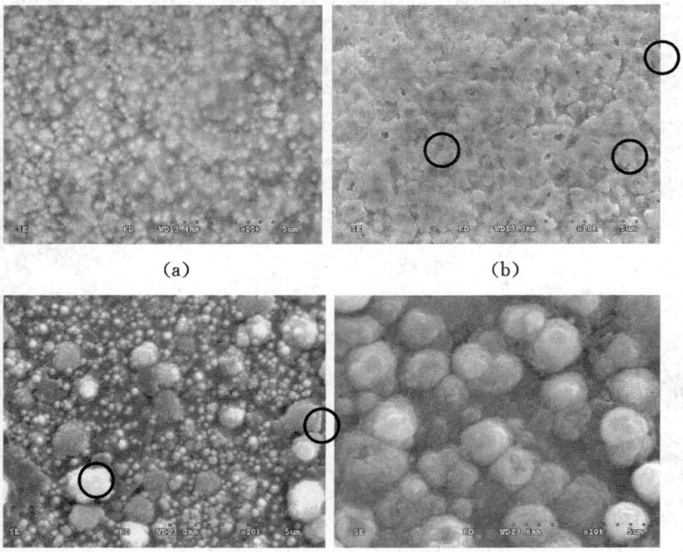

(a) (b) (c) (d)

图 8-11 离子氮化铸造 CoCrMo 合金表面形貌图

(a) 500 ℃;(b) 600 ℃;(c) 700 ℃;(d) 800 ℃

图 8-12 为离子氮化锻造 CoCrMo 合金表面 SEM 形貌图,锻造合金离子氮化后所呈现的表面形貌与铸造 CoCrMo 合金非常相似。值得注意的是,离子氮化铸造/锻造 CoCrMo 合金表面均会产生一些微孔缺陷,图中圆圈标记处。

(a)　(b)　(c)　(d)

图 8-12　离子氮化锻造 CoCrMo 合金表面形貌图(10 000×)

(a) 500 ℃；(b) 600 ℃；(c) 700 ℃；(d) 800 ℃

8.1.5.2　原子力显微镜(AFM)形貌

图 8-13 和图 8-14 分别为铸造/锻造 CoCrMo 合金和 700 ℃离子氮化样品表面 AFM 形貌图。未离子氮化样品表面光滑，除样品抛光时留下的痕迹外没有明显的特征。700 ℃离子氮化样品表面颗粒状结构特征，粗糙度明显上升。主要由于在高温高压离子氮化过程中，合金样品作为阴极放入通有含氮介质的负压容器中，通电后介质中的氮氢原子被电离，在阴阳极之间形成等离子区。在等离子区强电场作用下，氮和氢的正离子以高速向工件表面轰击。由于离子的轰击，合金表面产生原子溅射，从而得到净化，同时也由于吸附和扩散作用，氮元素遂渗入工件表面，并在高温下与合金中铬元素形成化合物，附着于合金表面，形成图中观察到的形貌。与电子扫描显微镜的分析一致，离子氮化样品氮化层由纳米级颗粒构成，与 SEM 的观察结果相一致。

8.1.5.3　离子氮化层端面厚度

采用扫描电镜对离子氮化样品的断面进行分析，以确定氮化层厚度。实验前对离子氮化样品的断面进行打磨抛光，并腐蚀处理以便清晰地观察氮化层。制样过程中对断面处的氮化层进行保护处理，以免造成破坏而影响分析结果。制样采用 ZXQ—2B 型自动金相试样镶嵌机，对样品进行镶嵌制样，镶嵌粉体为胶木粉(热镶嵌粉)。图 8-15 和图 8-16 分别为铸造和锻造样品的断面形貌。可以看出，低温氮化时，氮化层呈现双层结构，500 ℃时锻造合金氮化层总厚度约为 12 μm，铸造合金约为 9 μm。高温氮化时的双层结构消失，出现较宽的 CrN 和 Cr_2N 相氮化层。锻造合金 700 ℃的氮化层厚度达 17 μm。可见，CoCrMo 合金离子氮化层的厚度随离子氮化温度的升高而增加。

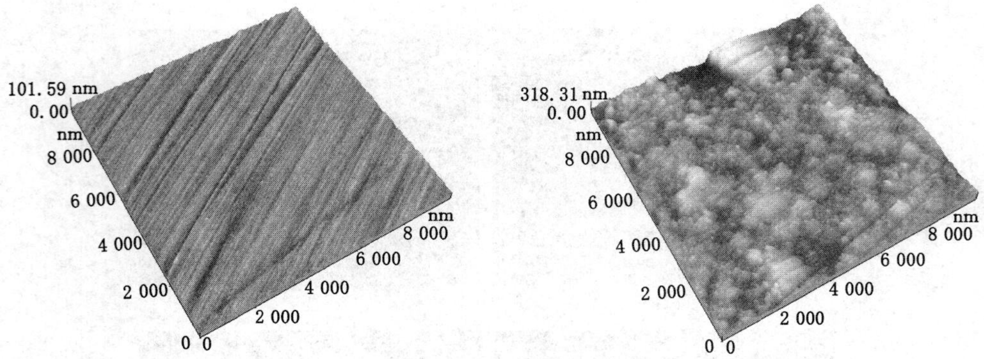

(a) (b)

图 8-13 铸造 CoCrMo 合金 AFM 形貌

(a) 未处理；(b) 700 ℃离子氮化

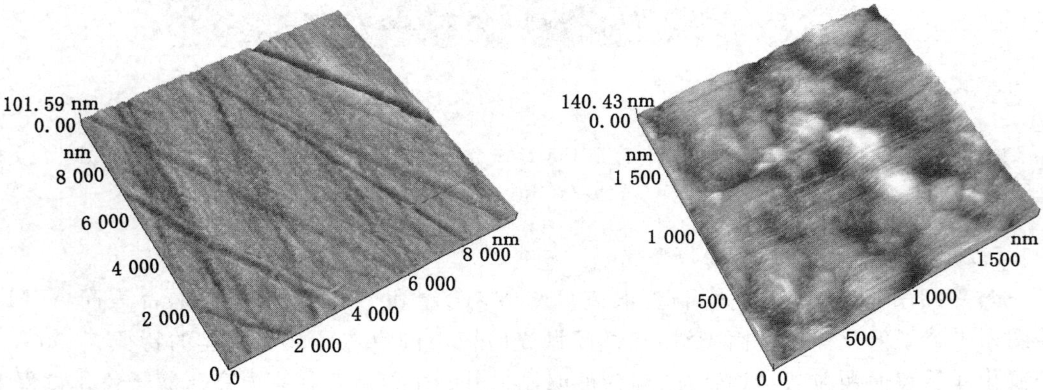

(a) (b)

图 8-14 锻造 CoCrMo 合金 AFM 形貌

(a) 未处理；(b) 700 ℃离子氮化

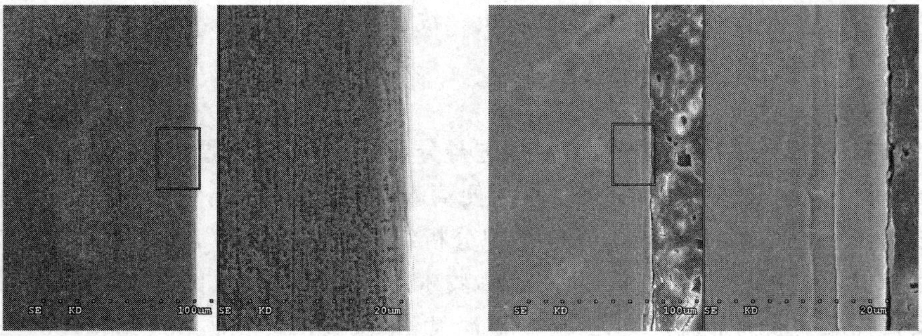

(a) (b)

图 8-15 铸造合金断面 SEM 形貌

(a) 未处理；(b) 500 ℃离子氮化

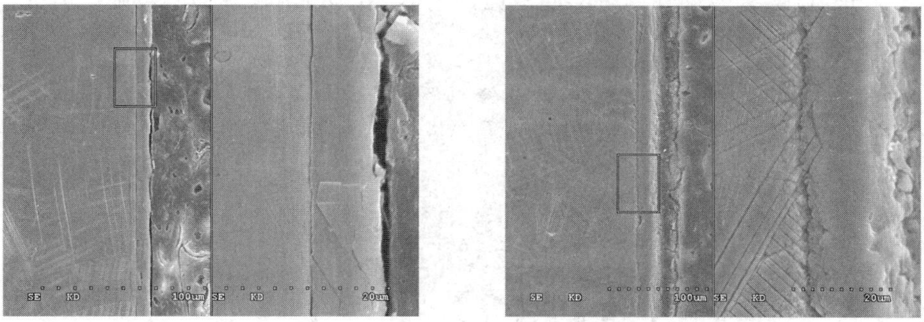

(a)　　　　　　　　　　(b)

图 8-16　锻造合金样品断面 SEM 形貌

(a) 500 ℃离子氮化；(b) 700 ℃离子氮化

8.2　水泥基复合材料应用分析测试技术实例

混凝土是一种由填充料与胶凝材料组成的复合材料。由于复合化是混凝土材料获得高性能的主要途径，所以从 20 世纪 80 年代以后人们开始采用“水泥基复合材料”名词来概括各种混凝土材料。从混凝土发展历史来看，混凝土是一种应用先行、实用导向的材料，历来缺乏系统的科学研究。事实上，混凝土是一种极其复杂的多尺度结构材料，其微结构跨越了从纳米、微米、毫米多个尺度。对混凝土黏结强度贡献最大的水化产物，水化硅酸钙(C—S—H)凝胶，其微结构即在纳米尺度。然而，由于测试手段及研究方法的局限，一百多年来混凝土的研究与发展始终未能揭示其水化与微结构形成的本质，尤其是纳米尺度 C—S—H 凝胶的本质，从而为科学有效地发展与使用这种材料提供可靠的科学依据。近年来，现代测试技术的飞速发展为混凝土研究的科学化带来了极大的活力，也为研究混凝土水化机理及纳米尺度微结构和 C—S—H 凝胶提供了有效的手段。

8.2.1　水泥基复合材料中 **XRD**、**SEM** 的应用

马保国等人采用 XRD、SEM 等微观测试手段研究了混凝土在硫酸根和碳酸根共同作用下发生的一种特殊形式的硫酸盐侵蚀，硅灰石膏型硫酸盐侵蚀。图 8-17 是 2 种被腐蚀混凝土样品的 XRD 谱。混凝土样品 1 中的水泥水化产物已经完全分解，水泥石变为一种泥状混合物；混凝土样品 2 中的大部分水化产物被腐蚀分解，尽管呈碎块状，但结构非常脆弱，一捏即碎。从图 8-17 看出：2 个试样都没有明显的水泥水化产物存在的迹象。从结晶物相组成看，除了杂质石英外，腐蚀产物主要为钙矾石($3CaO \cdot Al_2O_3 \cdot 3CaSO_4 \cdot 32H_2O$)和/或硅灰石膏[$Ca_3Si \cdot SO_4CO_3(OH)_6 \cdot 12H_2O$]，另外有少量的石膏($CaSO_4 \cdot 2H_2O$)、方解石($CaCO_3$)和食盐晶体(NaCl)存在。由于钙矾石与硅灰石膏的主要特征峰值非常接近，很难分辨开来，但从其他一些小峰值分析，腐蚀产物中应该是这两种物质都存在，可通过其他手段共同分析进一步确定。钙矾石和石膏是典型的硫酸盐侵蚀产物，方解石是氢氧钙石(CH)受碳化或碳酸盐侵蚀后的产物，NaCl 则是来自高浓度地下盐水的结晶相，而硅灰石膏就是硫酸盐和碳酸盐在较低温度下共同作用的腐蚀产物。因此可以初步判断：该混凝土是

在硫酸盐侵蚀、碳酸盐侵蚀和两者共同侵蚀作用下，结构解体破坏而导致强度丧失。

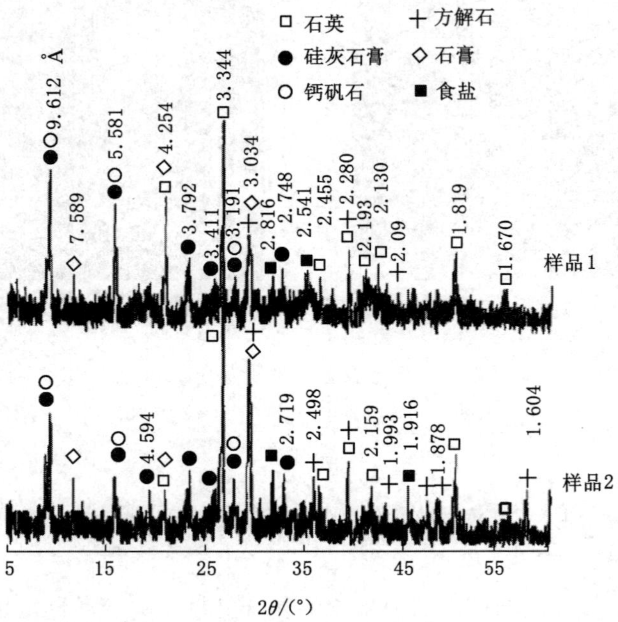

图 8-17　被腐蚀混凝土样品的 XRD 谱

图 8-18 是 2 种混凝土样品的 SEM 照片。由图 8-18 可见：样品 1 的微观结构中已完全没有水泥水化产物存在，整个试样呈现为一种稀软的泥沙混合物。由图 8-18(a)可知：样品 1 泥状体中嵌有一些长径比约为 3∶1 的短而粗的结晶体，这是结晶完好的棒状钙矾石晶体，还有少量的粒状晶体是来自环境水中的 NaCl 微晶。图 8-18(b)为局部放大后的腐蚀产物形貌，可见大量平行排列的针状晶体，这些针状晶体棱角清晰，表面平直光滑，它们的直径大都在 0.5 μm 以下，长度为 3～4 μm，与文献中描述的硅灰石膏的形貌非常相像。对这些针状晶体进行能谱微区元素分析，结果如图 8-19(a)所示。针状晶体的主要组成元素为 Ca，S，Si，Al，Na 等，换算成氧化物的质量比为：41.26∶27.91∶12.91∶3.95∶3.92。C，Ca，Si，S 的共同存在证明这些针状晶体物质绝大多数为硅灰石膏。质量比 $m(SO_3)$∶$m(SiO_2)$为 2.16，远大于硅灰石膏分子中的理论值 1.33。过剩的 SO_3 参与形成了钙矾石和少量石膏晶体，而 Cl 和 Na 元素的原子数基本相等，证明了以少量 NaCl 微晶体形式存在。

由图 8-18(c)可知：混凝土样品 2 结构疏松，水化产物大部分已经分解，在样品断面及孔隙中充满了大量乱向排列的针状、棒状晶体。由图 8-18(d)可知：这些针状晶体的尺寸大小不一，较大的接近于钙矾石晶体，细而长的晶体类似于硅灰石膏形貌，但这类晶体含量并不多，说明样品 2 受硅灰石膏型硫酸盐侵蚀的程度小于样品 1。另外，在针、棒状晶体间有大量细小的粒状体，这些物质是一些未分解的颗粒状 CSH 凝胶和少量 NaCl 晶体。对图 8-18(d)区域进行能谱分析，结果如图 8-19(b)所示。混凝土样品主要组成元素为：Si，Ca，S，Al，Na，Mg，换算成氧化物的质量比为 32.2∶31.6∶15.43∶9.66∶5.17∶2.84。因此，混凝土中的主要水化凝胶体因受 Na^+，Mg^{2+}，SO_4^{2-}，CO_3^{2-} 等的侵入而严重破坏，一方面发生了 Na^+，Mg^{2+} 取代水化产物中 Ca 的固溶现象；另一方面水化产物中的 Ca 因地下水腐蚀而流失一部分，导致水泥水化凝胶体的分解。SO_4^{2-}，CO_3^{2-} 的侵入生成了钙矾石、硅灰石膏和石膏的混合腐蚀产物会产生结晶膨胀，从而使混凝土结构肢解破坏，强度损失。

图 8-18　混凝土样品的 SEM 照片

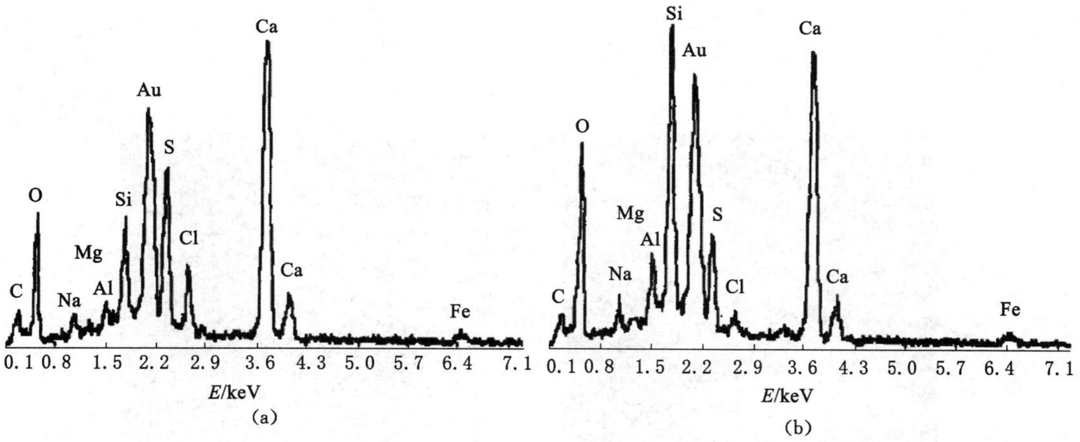

图 8-19　不同形貌晶体的 EDAX 谱

8.2.2　水泥基复合材料中 TEM 的应用

张文生等人采用 XRD、TEM 等微观测试手段研究了聚羧酸类减水剂对水化硅酸钙微观结构的影响。图 8-20 示出纯 C—S—H 的 TEM 谱。图 8-20 的分析表明：纯 C—S—H 的形貌呈卷曲的薄片状。这主要是由于当溶液中 pH＞13 时，硅酸盐一般以低聚物的形态出现，而 C—S—H 凝胶以包含 CaO_2 层的聚硅氧烷形态存在。同时这也表明在 C—S—H 的形成过程中，CaO_2 首先出现，而后聚硅氧烷沿 CaO_2 排列。图 8-20(b) 中晶格区很不明显，这说明合成的 C—S—H 主要以无序状存在。

图 8-21 为掺有 15 g/L 聚羧酸减水剂的 TEM 照片。由图 8-21(a) 可看出：掺聚羧酸有

机大分子的 C—S—H 中长出了一条纤维状长管。图 8-21(b)中可看到许多晶格区，经初步推算 A 区的晶格间距约为 0.28 nm，其对应托贝莫来石结构中 Ca—O 面。B 区晶格间距约为 0.18 nm，对应 C—S—H 的(020)面。结合图 8-20 和图 8-21 的分析表明：聚羧酸有机大分子能促进 C—S—H 由结晶度很差的凝胶态向结晶态转变。

图 8-20 和图 8-21 的 TEM 表明：掺入减水剂后，C—S—H 的形貌由卷曲薄片状到长出纤维状的长管，且出现了大片晶格区。由此可知，聚羧酸有机大分子使 C—S—H 结晶程度提高。

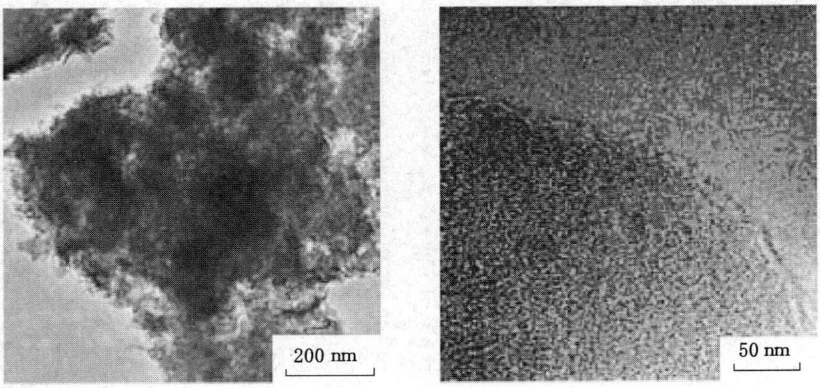

(a)　　(b)

图 8-20　纯 C—S—H 的 TEM 照片

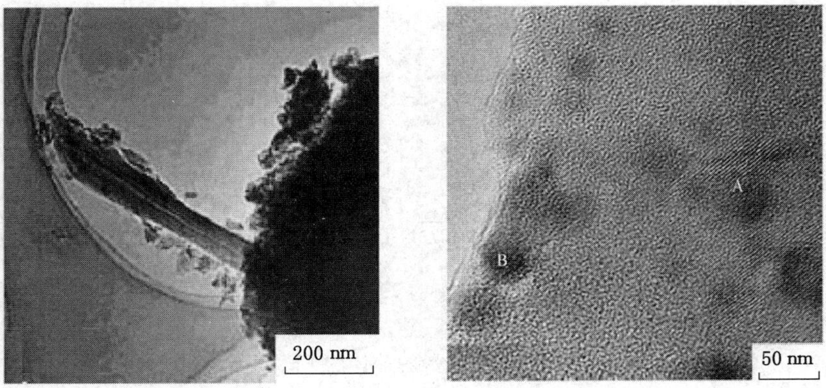

(a)　　(b)

图 8-21　掺聚羧酸有机大分子 C—S—H 的 TEM 照片

8.2.3　水泥基复合材料中综合热分析的应用

王冲等人采用 X 射线衍射与差示扫描量热—热重法研究了粉煤灰与矿渣对水泥早期水化及其火山灰放热行为的影响。纯水泥浆试样(基准样)、掺 20%粉煤灰试样(FA—20)与掺 20%矿渣试样(GGBS—20)的 DSC 试验结果示于图 8-22 至图 8-24。图 8-22 至图 8-24 结果表明，基准、FA—20 和 GGBS—20 等 3 个试样在 30～1 000 ℃之间有 3 个明显的吸热峰。第 1 个吸热峰出现在 100～110 ℃，这主要是 AFt 和 C—S—H 水化产物的凝胶水脱去所致。$Ca(OH)_2$ 的吸热峰出现在温度 440～480 ℃之间，900 ℃左右的吸热峰为 C—S—H 凝胶结构分解。DSC 试验结果表明：不掺任何混合材，与分别掺入粉煤灰和磨细矿渣作为混合材的水化产物类型基本相同，主要是 C—S—H 凝胶和 $Ca(OH)_2$。此外，在图 8-22 至图 8-24 的 DSC 曲线 725 ℃附近有 1 个非常小的吸热峰，这主要是 $Ca(OH)_2$ 的碳化产物 $CaCO_3$。

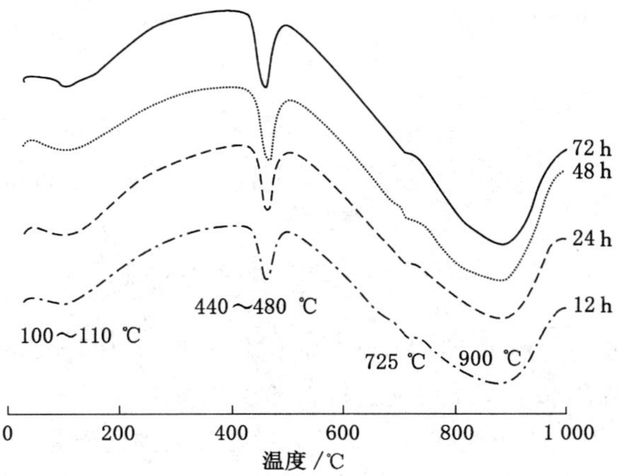

图 8-22　基准试样的 DSC 曲线

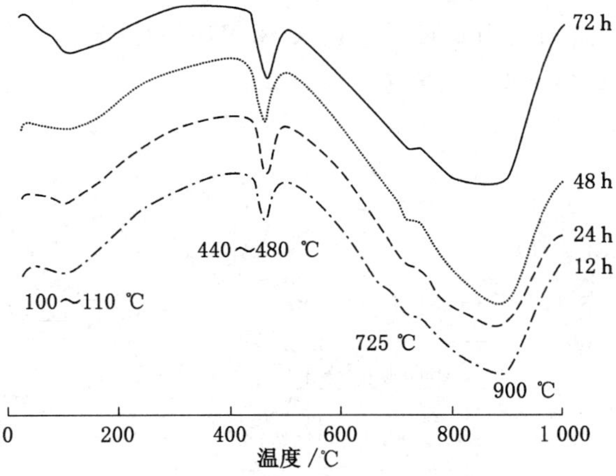

图 8-23　试样 FA—20 的 DSC 曲线

XRD 分析结果已经显示，不掺混合材时水泥的水化产物中 AFt 不稳定存在，因而图 8-22中 100～110 ℃范围内的吸热峰面积代表了 C—S—H 水化产物生成量，水化时间从 12 h 到 72 h 变化时吸热峰面积增加，表明 C—S—H 凝胶生成量增加。同时，440～480 ℃温度范围内 $Ca(OH)_2$ 吸热峰面积也随水化时间而呈增加趋势，这与 XRD 试验结果相符。

图 8-23 和图 8-24 表明，主要代表了 $Ca(OH)_2$ 生成量的 440～480 ℃的吸热峰面积随水化时间从 12 h 到 72 h 而略微增加，粉煤灰与矿渣的火山灰反应消耗 $Ca(OH)_2$ 的速度不明显。

TG 试验结果示于图 8-25 至图 8-27。图 8-25 至图 8-27 中，通过计算 440～480 ℃范围

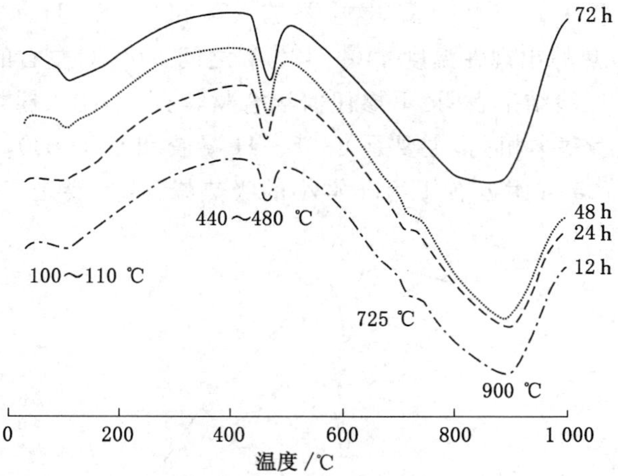

图 8-24　试样 GGBS—20 的 DSC 曲线

的质量损失可以得到水化产物中 $Ca(OH)_2$ 的含量，从温度 105～1 000 ℃范围内的质量损失可得到水化产物的结合水量以反映胶凝材料的水化程度。

图 8-25 至图 8-27 中 TG 曲线在 440～480 ℃温度范围内质量损失表明，无论掺与不掺活性混合材，水化产物中 $Ca(OH)_2$ 含量随水化时间而增加，特别是掺入粉煤灰或矿渣后的样品 FA—20 与 GGBS—20 试样的 $Ca(OH)_2$ 含量并未因其火山灰反应而减少水化产物中 $Ca(OH)_2$ 的含量，这与图 8-22 的 DSC 结果相符。相同水化时间内水化产物结合水量也增加，反映出粉煤灰与矿渣的火山灰反应消耗 $Ca(OH)_2$ 的结果是促进了水泥熟料的水化反应，从而使得水化产物中 $Ca(OH)_2$ 含量并未降低。

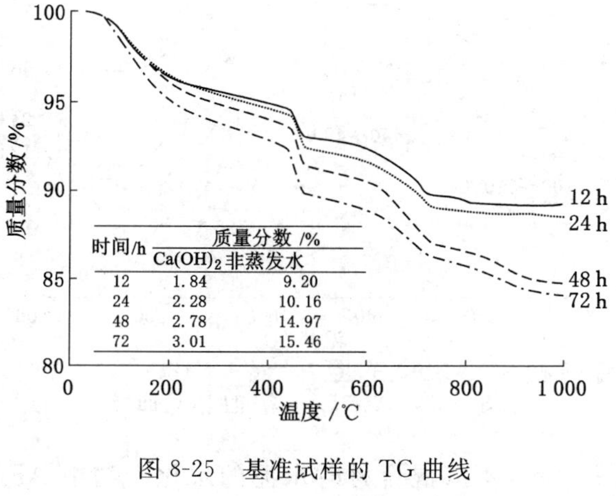

图 8-25　基准试样的 TG 曲线

结果也表明，分别掺入粉煤灰（图 8-26）和矿渣粉（图 8-27）后试样的水化产物中 $Ca(OH)_2$ 含量少于基准试样中 $Ca(OH)_2$ 含量，48 h 和 72 h 的结合水量也小于基准试样，这表明粉煤灰与矿渣的掺入降低了水泥的水化程度。虽然图 8-26 与图 8-27 结果显示水化 12 h 与 24 h 时的结合水量含量大于基准试样，这主要是因为 24 h 前掺入活性混合材后水泥水化产物中有 AFt 存在，AFt 结晶水含量高，因而测试得到的结合水量也高，这并不意味着水泥水化程度高。对比图 8-26 与图 8-27 的 $Ca(OH)_2$ 含量试验结果，可以发现，FA—20 试样

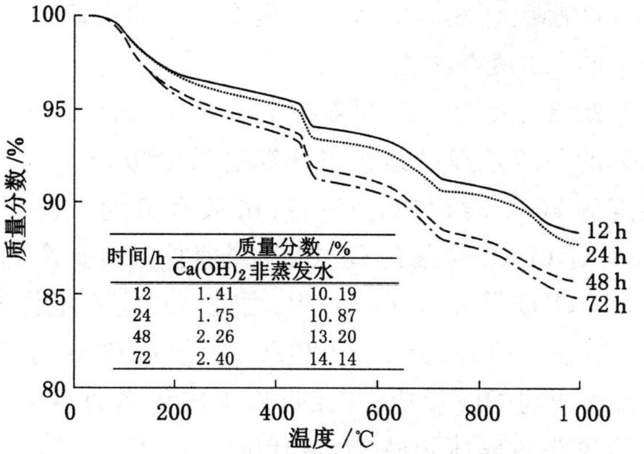

图 8-26　试样 FA—20 的 TG 曲线

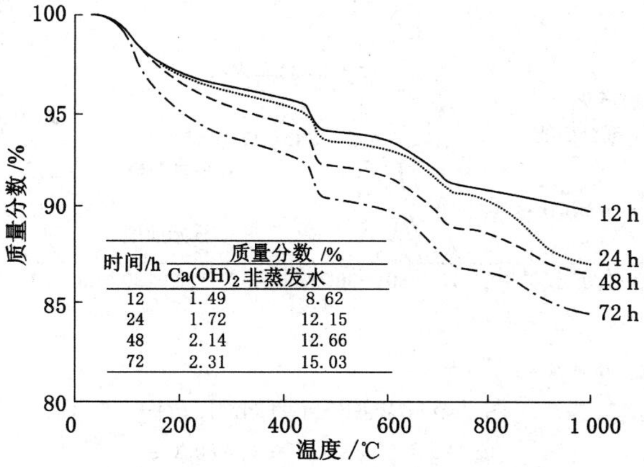

图 8-27　试样 GGBS—20 的 TG 曲线

在水化 12 h 时 AFt 含量高，$Ca(OH)_2$ 含量低；GGBS—20 试样在水化 24 h 时 AFt 峰值较强。结果表明，活性矿物掺合料对水泥水化热的降低除其活性不如熟料而导致水化热降低外，活性矿物掺合料延迟了 AFt 的分解，AFt 覆盖在水泥熟料颗粒表面，从而阻碍了水泥的水化，水泥水化热降低，与此同时 $Ca(OH)_2$ 含量降低，粉煤灰与矿渣的火山灰反应也受到影响。

8.2.4　水泥基复合材料中 NMR 的应用

C—S—H 结构的分析是 ^{29}Si NMR 技术在水泥化学中应用的又一个重要方面。NMR 波谱中 ^{29}Si 的化学位移通常对应 ^{29}Si 所处的不同环境，其大小与最邻近原子配位密切相关，配位数越高，屏蔽常数越大，共振频率降低，化学位移向负值方向移动。^{29}Si(I＝1/2)天然丰度为 4.6%，铝存在情况下，能够取代部分的硅形成 Si(Al_n)($n=0\sim4$)。^{29}Si MAS 谱最多可出现五条谱峰——五种可能的 SiO_4 四面体结构。C—S—H 凝胶平均分子链长(mcl)、Al 原子取代 Si 原子的比例(Al/Si)的计算公式：

$$mcl = 2[Q^1 + Q^2(0Al) + 1.5Q^2(1Al)]Q^1$$

$$Al/Si = 0.5Q^2(1Al)/[Q^1 + Q^2(0Al) + Q^2(1Al)]$$

于文金等人采用固体 ^{29}Si 核磁共振等手段研究了养护温度、温度变化对大掺量粉煤灰水泥基材料水化 C—S—H 凝胶硅氧四面体聚合程度的影响规律。

(1) 养护 7 d 的 C—S—H 聚合状态

图 8-28 是 FA50 在 20 ℃、50 ℃、80 ℃养护 7 d 的^{29}Si NMR 谱图。位于下半部分的曲线为原始曲线，上半部分的曲线是经过去卷积计算之后的拟合曲线。对比不同养护温度的谱图可以发现：养护温度为 20 ℃时，与 C—S—H 凝胶有关的 Q^1、Q^2(1Al)、Q^2(0Al)谱峰，存在较多 Q^1 和 Q^2(0Al)，Q^2(1Al)隐藏在 Q^1 中；而当养护温度提高到 50 ℃和 80 ℃时，存在较多 Q^2(1Al)和 Q^2(0Al)，Q^1 隐藏在 Q^2(1Al)中；由此可以定性地说明高温养护有助于提高 C—S—H 凝胶平均分子链长。另外，50 ℃和 80 ℃的 Q^3 和 Q^4 峰低于 20 ℃的，表明高温养护至 7 d 时，有较多的粉煤灰与 CH 反应，二次反应生成更多的水化硅酸钙；同时，高温养护促使更多的 Al 原子从粉煤灰玻璃体中解离，取代 C—S—H 凝胶中的 Si 原子，形成四配位的铝氧四面体。

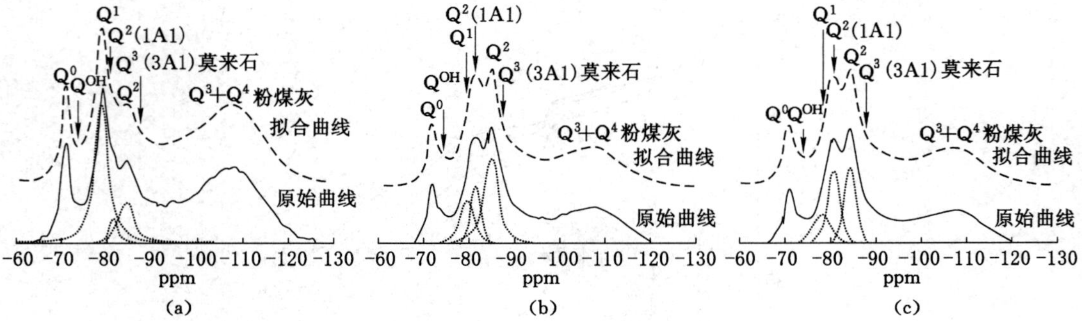

图 8-28　养护 7 d 的 NMR 谱图

(a) 20 ℃；(b) 50 ℃；(c) 80 ℃；

(2) 50 ℃、80 ℃养护 7 d，20 ℃养护到 28 d 的 C—S—H 聚合状态

图 8-29 是 50 ℃、80℃养护 7 d 后 20 ℃养护到 28 d 的 NMR 谱图，图 8-30 和图 8-31 分别为 50 ℃、80 ℃养护 28 d 的 NMR 谱图，NMR 去卷积结果见表 8-3。

表 8-3　NMR 去卷积结果一

养护温度/℃	MCL	铝硅比
20	2 d，2.9；28 d，4.1	7 d，0.04；28 d，0.06
50	7 d，9.8；28 d，13.8	7 d，0.19；28 d，0.18
80	7 d，8.4；28 d，15.6	7 d，0.10；28 d，0.12

可以看出，50 ℃和 80 ℃养护 7 d，20 ℃养护到 28 d 的硬化浆体的 C—S—H 凝胶的平均分子链较长。在 7 d 至 28 d 的龄期内，20 ℃养护更加有利于 C—S—H 凝胶硅氧四面体聚合程度的增加。水泥中的主要矿物 C_3S 在 7 d 养护龄期时水化程度约为 75%，其后期反应程度增长空间十分有限。在养护龄期 7 d 至 28 d 的时间段中，粉煤灰火山灰反应在整个胶凝材料的水化反应中占有很大比例。辅料的反应速率与孔溶液中的 OH^- 浓度有关。随着反应温度的升高，CH 的溶解度降低，影响到粉煤灰的水化反应进程，这可能是造成两种硬化浆体的 C—S—H 凝胶硅氧四面体聚合状态不同的主要原因。两种不同养护制度的

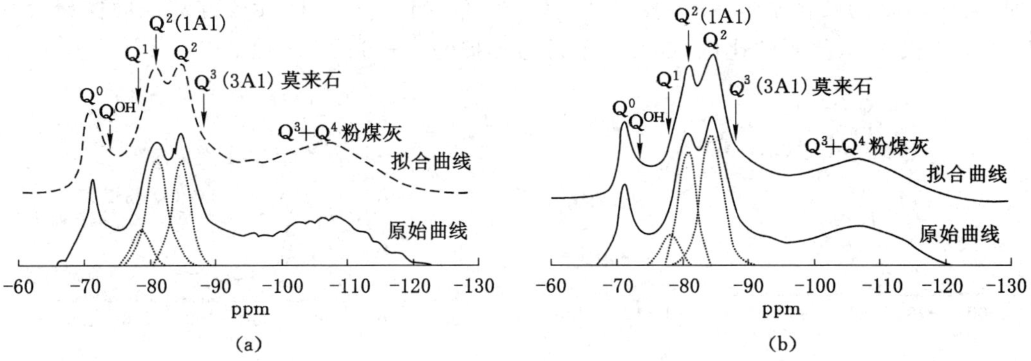

图 8-29　50 ℃、80 ℃养护 7 d，20 ℃养护到 28 d 的 NMR 谱图

(a) 50 ℃；(b) 80 ℃

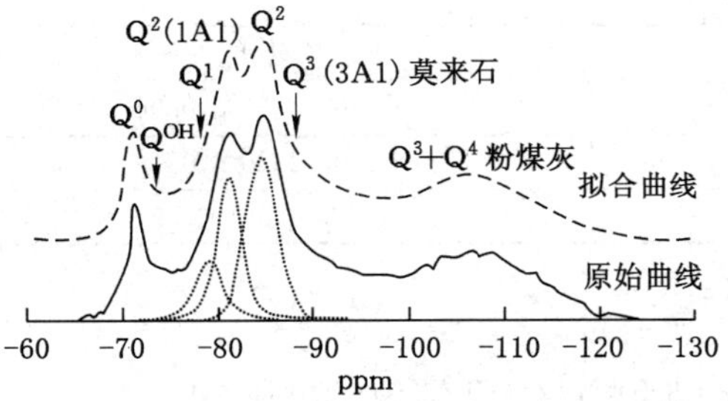

图 8-30　50 ℃养护 28 d 的 NMR 谱图

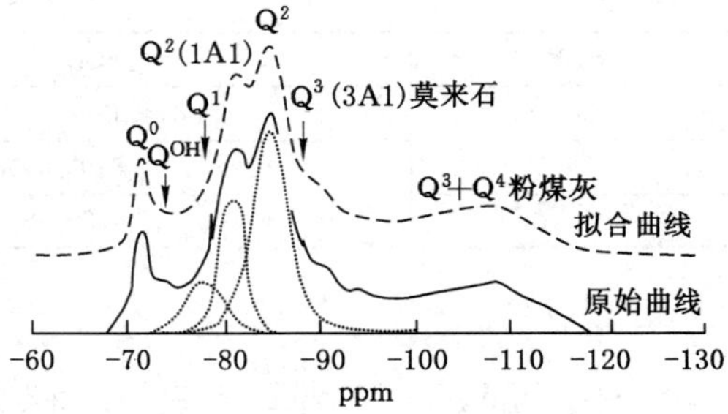

图 8-31　80 ℃养护 28D 的 NMR 谱图

C—S—H 凝胶聚合状态的差别也体现在 Al/Si 值的不同，50 ℃和 80 ℃养护 7 d、20 ℃养护至 28 d 的硬化浆体 Al/Si 值，大于 50 ℃和 80 ℃养护 28 d 的。在这种养护制度下，50 ℃和 80 ℃的硬化浆体，其 C—S—H 凝胶的 MCL 值与 Al/Si 值成正比关系；50 ℃和 80 ℃养护 7d 的硬化浆体，其 C—S—H 凝胶的 MCL 值与 Al/Si 值同样成正比关系。这说明，在 7 d 至 28 d 的时间段，过高的养护温度（80 ℃）不但对 C—S—H 凝胶聚合程度的促进作用不大，而且对起桥接作用的 Al 原子进入 C—S—H 凝胶产生负面影响。

(3) 50 ℃养护 28 d，20 ℃养护到 90 d 的 C—S—H 聚合状态

图 8-32 是 20 ℃养护 90 d 的 NMR 谱图，图 8-33 是 50 ℃养护 28 d，20 ℃养护到 90 d 的 NMR 谱图。图 8-32 中出现了 Q^2(1Al)的谱峰，说明随着养护龄期的延长，20 ℃养护的 C—S—H 凝胶聚合程度和铝氧四面体所占比例均有增加。Q^0 峰相对较弱，说明 90 d 时水泥硅酸盐矿物反应程度较高。由表 8-4 可知当 50 ℃养护 28 d 后，再在 20 ℃养护 90 d 的 MCL 值增幅很小，说明 C—S—H 凝胶硅氧四面体聚合程度在 28 d 至 90 d 的时间段中变化不大；同时，Al/Si 值有一定程度的降低。龄期 28 d 至 90 d 的时间段，常温养护和高温养护的 Al/Si 值变化规律截然相反：常温养护的 Al/Si 值略有升高，高温养护的 Al/Si 值降低 25%。高温养护能够明显促进粉煤灰的火山灰活性，粉煤灰中网络状玻璃体的—O—Si—O—和—O—Si—O—Al—O—更容易解离，造成了高温养护至 28 d 时 C—S—H 凝胶铝氧四面体含量较多。冷却至室温养护至 90 d，部分含铝元素较高的 C—S—H 凝胶链状结构发生重构。养护至 90 d 的硬化浆体，高温养护的 C—S—H 凝胶硅氧四面体聚合度仍然较高。

同时,各个龄期的硬化浆体,高温养护(50 ℃、80 ℃)的C—S—H凝胶硅氧四面体聚合程度和Al原子取代Si原子的比例,都要高于常温养护的C—S—H凝胶。

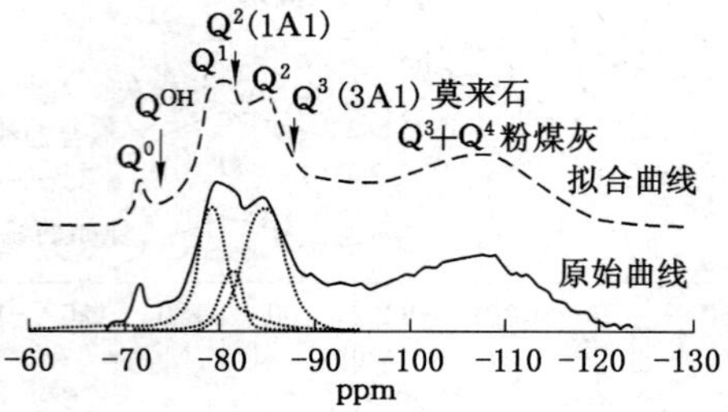

图 8-32　20 ℃养护 90 d 的 NMR 谱图

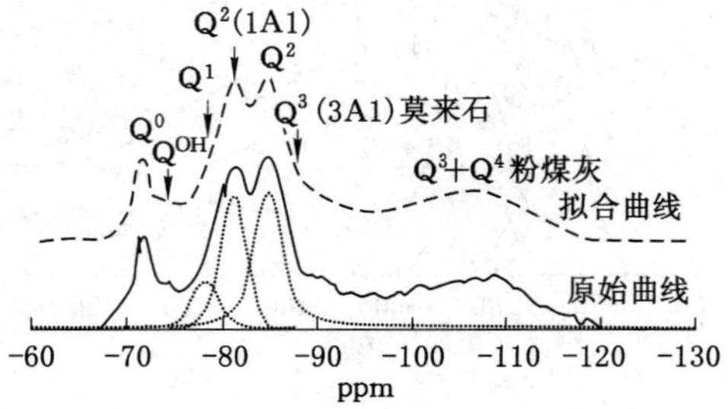

图 8-33　50 ℃养护 28 d,20 ℃养护到 90 d 的 NMR 谱图

表 8-4　NMR 去卷积结果二

养护温度/℃	MCL	铝硅比
20	28 d,4.1;90 d,5.1	28 d,0.05;90 d,0.06
50	28 d,17.6;90 d,18.7	28 d,0.24;90 d,0.18
80	28 d,20.1	28 d,0.19

8.3　SiC颗粒增强铝基复合材料SiC颗粒体积分数的测定

8.3.1　测定方法

SiC颗粒增强铝基复合材料因其具有高的比强度、高比模量、耐磨损、低热膨胀系数等优点,已经应用于火箭、导弹的构件以及大功率柴油发动机、汽车发动机活塞和连杆以及电子封装和热控制器件等零部件,在国民经济的各个领域都起着至关重要的作用。

SiC颗粒增强铝基复合材料中SiC颗粒的含量对于复合材料本身的强度、硬度以及复合材料钎焊钎料润湿性、焊缝的结合方式与结合强度等物理化学性能和焊接性能有着重要的影响。因此,有必要对SiC颗粒增强铝基复合材料中SiC颗粒的体积分数进行测定。文中主要采用定量金相法和XRD定量分析法对SiC颗粒增强铝基复合材料中的SiC颗粒的体积分数进行测定,并对两个方法的测定结果进行了对比。

(1) *定量金相法*

首先是获得复合材料的金相照片。金相试样经研磨、抛光以后,利用Gx51倒置式金相显微镜获得四张不同位置的金相照片。然后利用photoshop软件对每张金相图片进行如下处理,将图片分成若干大方格,将每个方格再分成10×10的小方格。在图片上随机选取不同位置的大方格,每张共选取5个大方格。根据《定量金相测定方法》(GB/T 15749—2008)定量金相测定方法中的网格数点法测定SiC颗粒增强铝基复合材料中SiC颗粒的体积分数。

(2) *XRD定量分析法*

衍射强度理论指出,各物相衍射线条的强度随着该相在混合物相中相对含量的增加而增加。利用 K 值法可以避免由于吸收而产生的误差。因此，物相衍射强度可以采用衍射峰的面积表示。

采用 40 mA 电流，40 kV 电压、使用 Cu 靶以 6°/min 的步长对 SiC 颗粒增强铝基复合材料试样进行 X 射线扫描，扫描角度为 20°～90°，利用 Origin 处理扫描数据，并利用 Jade5.0对扫描结果进行 XRD 物相检索，然后利用 K 值法和绝热法进行物相定量分析。

① 获得材料的 X 射线衍射数据。

② 用 Jade5.0 打开衍射数据。

③ 鼠标右键点击“S/M”按钮，选择多种 PDF 子库，检索对象选择为主相，点击“OK”，弹出的对话框点“Yes”。进行物相检索，检索出的是主要物相。

④ 鼠标右键点击“S/M”按钮，选择多种 PDF 子库，检索对象选择为次要相或微量相，在“Use Chemistry”前的空格里点上对号，点“Chemistry”按钮，在弹出的元素周期表的对话框中将样品中可能存在的元素全部输入，点“OK”返回前一个对话框界面，点“OK”，检索出剩余的相。

⑤ 若还存在没有被检索出来的峰，可用单峰搜索。在主窗口选择“计算峰面积”按钮，在峰下划出一条底线，该峰被指定，鼠标右键点击“S/M”。

⑥ 选择菜单命令“View”→“Report&Files”→“Peak ID(Extended)”，查看峰的物相鉴定报告，将标准卡片标明为 $I\%=100$ 的峰留下，其余峰都删除，保存结果。

⑦ 单击主窗口下面的 PDF 卡片列表后面的数字，显示物相鉴定过程中产生的 PDF 卡片列表，并保存。

⑧ 选择菜单命令“View”→“Report&Files”→“Report—Peak Search Report”，会列出报告，保存峰搜索报告。

⑨ 记录 PDF 卡片列表中的每相的 RIR 值和 Area 值。

⑩ 选取其中一相 A 为标样，则记 $K_A=\dfrac{RIR_A}{RIR_A}=1, K_A^B=\dfrac{RIR_B}{RIR_A}, K_A^C=\dfrac{RIR_C}{RIR_A}\cdots$。

⑪ 如果一个材料中存在 N 个相，其中第 x 相的质量分数为：$W_x=\dfrac{Area_i}{RIR_x\sum\limits_{i=x}^{N}\dfrac{Area_i}{RIR_x}}$。

⑫ 查出每相的密度，就可以利用公式 $V_x=\dfrac{W_x}{\rho_x\sum\limits_{i=x}^{N}\dfrac{W_i}{\rho_i}}$ 得到 x 相的体积分数。

8.3.2　实验结果与计算

试验用 SiC_P/Al 复合材料为采用无压浸渗法制备的 $SiC_P/A356$。

8.3.2.1　金相法统计结果与计算

获得的 SiC 颗粒增强铝基复合材料金相图片如图 8-34 所示。金相法数据统计结果见表 8-5。

表 8-5　金相法各项数据统计结果

项　　目	第一张图	第二张图	第三张图	第四张图
格点数	273.0	299.5	301.0	298.0
总的格点数	500	500	500	500

续表 8-5

项　　目	第一张图	第二张图	第三张图	第四张图
待测物相点	54.6%	59.9%	60.2%	59.6%
待测物相体积	58.6%			

图 8-34　SiC 颗粒增强铝基复合材料的显微组织

由表 8-5 可知，SiC 颗粒增强铝基复合材料中 SiC 颗粒的体积分数为 58.6%。

8.3.2.2　XRD 定量分析法结果与计算

SiC 颗粒增强铝基复合材料的 X 射线衍射图及物相检索结果如图 8-35 所示。

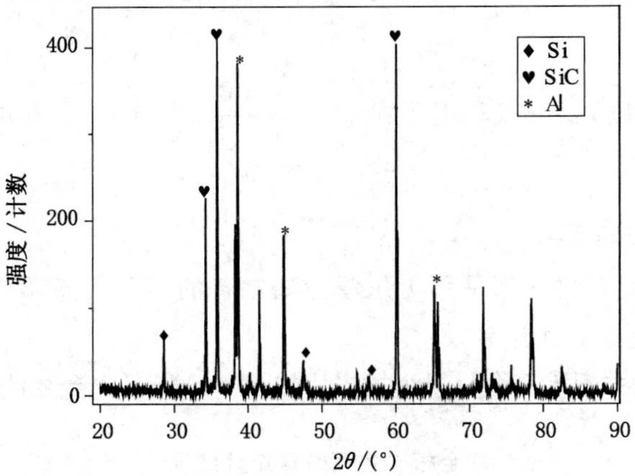

图 8-35　SiC 颗粒增强铝基复合材料的 X 射线衍射图

经过 XRD 物相检索和查所得物相的 PDF 卡片获得的有关数据见表 8-6。

表 8-6　　物相检索结果

物相名称	Si	SiC	Al
衍射峰面积(Area)	487	3 364	3 906
K 值(RIR)	4.55	1.41	3.62

(1) K 值计算

K 值可由 PDF 卡片获得。PDF 卡片上的 RIR 值就是 K 值,即:

$$\mathrm{RIR}_{\mathrm{Al}}=K_{\mathrm{Al_2O_3}}^{\mathrm{Al}}=3.62,\mathrm{RIR}_{\mathrm{SiC}}=K_{\mathrm{Al_2O_3}}^{\mathrm{SiC}}=1.41,\mathrm{RIR}_{\mathrm{Si}}=K_{\mathrm{Al_2O_3}}^{\mathrm{Si}}=4.55$$

本文以 Al 相作为标样,则:

$$K_{\mathrm{Al}}^{\mathrm{Si}}=\frac{K_{\mathrm{Al_2O_3}}^{\mathrm{Si}}}{K_{\mathrm{Al_2O_3}}^{\mathrm{Al}}}=\frac{4.55}{3.62}=1.27,K_{\mathrm{Al}}^{\mathrm{SiC}}=\frac{K_{\mathrm{Al_2O_3}}^{\mathrm{SiC}}}{K_{\mathrm{Al_2O_3}}^{\mathrm{Al}}}=\frac{1.41}{3.62}=0.39$$

(2) 绝热法

根据绝热法,则复合材料中的 SiC 颗粒的质量分数为:

$$w(\mathrm{SiC})=\frac{I_{\mathrm{SiC}}}{K_{\mathrm{Al}}^{\mathrm{SiC}}\left(\frac{I_{\mathrm{SiC}}}{K_{\mathrm{Al}}^{\mathrm{SiC}}}+I_{\mathrm{Al}}+\frac{I_{\mathrm{Si}}}{K_{\mathrm{Al}}^{\mathrm{Si}}}\right)}=\frac{3\ 364}{0.39\times\left(\frac{3\ 364}{0.39}+3\ 906+\frac{487}{1.27}\right)}=67\%$$

$$w(\mathrm{Si})=\frac{I_{\mathrm{Si}}}{K_{\mathrm{Al}}^{\mathrm{Si}}\left(\frac{I_{\mathrm{Si}}}{K_{\mathrm{Al}}^{\mathrm{Si}}}+I_{\mathrm{Al}}+\frac{I_{\mathrm{SiC}}}{K_{\mathrm{Al}}^{\mathrm{SiC}}}\right)}=\frac{487}{1.27\times\left(\frac{487}{1.27}+3\ 906+\frac{3\ 364}{0.39}\right)}=3\%$$

其中,$I=\mathrm{Area}$;$w(\mathrm{Al})=1-w(\mathrm{SiC})-w(\mathrm{Si})=30\%$。

有 $\rho_{\mathrm{Al}}=2.7\ \mathrm{g/cm^3}$,$\rho_{\mathrm{si}}=2.3\ \mathrm{g/cm^3}$,$\rho_{\mathrm{SiC}}=3.22\ \mathrm{g/cm^3}$,经过转换计算,得到 SiC 的体积分数:

$$\varphi(\mathrm{SiC})=62.7\%$$

8.3.3 结论

① 由金相法测得 SiC 颗粒增强铝基复合材料中 SiC 的体积分数为 58.6%。

② 由 XRD 定量分析法测得的 SiC 颗粒增强铝基复合材料中 SiC 的体积分数为 62.7%。

③ 由金相法和 XRD 定量分析法测得的 SiC 颗粒增强铝基复合材料中 SiC 的体积分数的误差为 4.1%,在可以接受的范围之内。